U0163693

国家出版基金项目
NATIONAL PUBLICATION FOUNDATION

"十三五"国家重点图书

网络信息服务与安全保障研究丛书

丛书主编　胡昌平

协同构架下
网络信息安全全面保障研究

The Guarantee of Network Information Security under Collaboration Framework

■ 严炜炜　邓胜利　万莉　著

WUHAN UNIVERSITY PRESS
武汉大学出版社

图书在版编目(CIP)数据

协同构架下网络信息安全全面保障研究/严炜炜,邓胜利,万莉
著.—武汉:武汉大学出版社,2022.1
"十三五"国家重点图书　国家出版基金项目
网络信息服务与安全保障研究丛书/胡昌平主编
ISBN 978-7-307-22901-3

Ⅰ.协…　Ⅱ.①严…　②邓…　③万…　Ⅲ.计算机网络—信息安
全—研究　Ⅳ.TP393.08

中国版本图书馆 CIP 数据核字(2022)第 018856 号

责任编辑:胡　艳　　　责任校对:李孟潇　　　版式设计:马　佳

出版发行:**武汉大学出版社**　（430072　武昌　珞珈山）
（电子邮箱:cbs22@whu.edu.cn　网址:www.wdp.com.cn）
印刷:武汉中远印务有限公司
开本:720×1000　1/16　印张:23.25　字数:428 千字　插页:5
版次:2022 年 1 月第 1 版　　2022 年 1 月第 1 次印刷
ISBN 978-7-307-22901-3　　定价:96.00 元

版权所有,不得翻印;凡购我社的图书,如有质量问题,请与当地图书销售部门联系调换。

作者简介

严炜炜，博士，副教授，硕士生导师，武汉大学信息管理学院信息系统与电子商务系副主任，美国肯特州立大学访问学者，高级电子商务师。主持国家自然科学基金青年项目、国家社会科学基金青年项目等项目研究工作，参与国家社科基金重大项目、教育部哲学社会科学研究重大攻关项目等十余项研究课题，在SCI&SSCI源刊、权威期刊等国内外核心及以上级别刊物中发表论文40余篇，出版学术专著2部。

网络信息服务与安全保障研究丛书
学术委员会

召集人：胡昌平　冯惠玲　靖继鹏　王知津

委　员：陈传夫　陈　果　初景利　曹树金

　　　　邓小昭　邓胜利　方　卿　黄水清

　　　　胡吉明　贾君枝　姜益民　刘　冰

　　　　陆　伟　林　鑫　李广建　李月琳

　　　　梁孟华　刘高勇　吕元智　马　捷

　　　　苏新宁　孙建军　沈固朝　吴　鹏

　　　　王忠军　王学东　夏立新　易　明

　　　　严炜炜　臧国全　曾建勋　曾子明

　　　　张　敏　张海涛　张久珍　朱庆华

　　　　赵　星　赵　杨　赵雪芹

网络信息服务与安全保障研究丛书

主　编：胡昌平

副主编：曾建勋　胡　潜　邓胜利

著　者：胡昌平　贾君枝　曾建勋

　　　　胡　潜　陈　果　曾子明

　　　　胡吉明　严炜炜　林　鑫

　　　　邓胜利　赵雪芹　邰杨芳

　　　　周　知　李　静　胡　媛

　　　　余世英　曹　鹏　万　莉

　　　　查梦娟　吕美娇　梁孟华

　　　　石　宇　李枫林　森维哈

　　　　赵　杨　杨艳妮　仇蓉蓉

总　序

　　"互联网+"背景下的国家创新和社会发展需要充分而完善的信息服务与信息安全保障。云环境下基于大数据和智能技术的信息服务业已成为先导性行业。一方面，从知识创新的社会化推进，到全球化中的创新型国家建设，都需要进行数字网络技术的持续发展和信息服务业务的全面拓展；另一方面，在世界范围内网络安全威胁和风险日益突出。基于此，习近平总书记在重要讲话中指出，"网络安全和信息化是一体之两翼、驱动之双轮，必须统一谋划、统一部署、统一推进、统一实施"。① 鉴于网络信息服务及其带来的科技、经济和社会发展效应，"网络信息服务与安全保障研究丛书"按数字信息服务与网络安全的内在关系，进行大数据智能环境下信息服务组织与安全保障理论研究和实践探索，从信息服务与网络安全整体构架出发，面对理论前沿问题和我国的现实问题，通过数字信息资源平台建设、跨行业服务融合、知识聚合组织和智能化交互，以及云环境下的国家信息安全机制、协同安全保障、大数据安全管控和网络安全治理等专题研究，在基于安全链的数字化信息服务实施中，形成具有反映学科前沿的理论成果和应用成果。

　　云计算和大数据智能技术的发展是数字信息服务与网络安全保障所必须面对的，"互联网+"背景下的大数据应用改变了信息资源存储、组织与开发利用形态，从而提出了网络信息服务组织模式创新的要求。与此同时，云计算和智能交互中的安全问题日益突出，服务稳定性和安全性已成为其中的关键。基于这一现实，本丛书在网络信息服务与安全保障研究中，强调机制体制创新，着重于全球化环境下的网络信息服务与安全保障战略规划、政策制定、体制变革和信息安全与服务融合体系建设。从这一基点出发，网络信息服务与安全保障

---

① 习近平. 习近平谈治国理政[M]. 北京：外文出版社，2017：197-198.

作为一个整体，以国家战略和发展需求为导向，在大数据智能技术环境下进行。因此，本丛书的研究旨在服务于国家战略实施和网络信息服务行业发展。

大数据智能环境下的网络信息服务与安全保障研究，在理论上将网络信息服务与安全融为一体，围绕发展战略、组织机制、技术支持和整体化实施进行组织。面向这一重大问题，在国家社会科学基金重大项目"创新型国家的信息服务体制与信息保障体系""云环境下国家数字学术信息资源安全保障体系研究"，以及国家自然科学基金项目、教育部重大课题攻关项目和部委项目研究成果的基础上，以胡昌平教授为责任人的研究团队在进一步深化和拓展应用中，申请并获批国家出版基金资助项目所形成的丛书成果，同时作为国家"十三五"重点图书由武汉大学出版社出版。

"网络信息服务与安全保障丛书"包括 12 部专著：《数字信息服务与网络安全保障一体化组织研究》《国家创新发展中的信息资源服务平台建设》《面向产业链的跨行业信息服务融合》《数字智能背景下的用户信息交互与服务研究》《网络社区知识聚合与服务研究》《公共安全大数据智能化管理与服务》《云环境下国家数字学术信息资源安全保障》《协同构架下网络信息安全全面保障研究》《国家安全体制下的网络化信息服务标准体系建设》《云服务安全风险识别与管理》《信息服务的战略管理与社会监督》《网络信息环境治理与安全的法律保障》。该系列专著围绕网络信息服务与安全保障问题，在战略层面、组织层面、技术层面和实施层面上的研究具有系统性，在内容上形成了一个完整的体系。

本丛书的 12 部专著由项目团队撰写完成，由武汉大学、华中师范大学、中国科学技术信息研究所、中国人民大学、南京理工大学、上海师范大学、湖北大学等高校和研究机构的相关教师及研究人员承担，其著述皆以相应的研究成果为基础，从而保证了理论研究的深度和著作的社会价值。在丛书选题论证和项目申报中，原国家自然科学基金委员会管理科学部主任陈晓田研究员，国家社会科学基金图书馆、情报与文献学学科评审组组长黄长著研究员，武汉大学彭斐章教授、严怡民教授给予了学术研究上的指导，提出了项目申报的意见。丛书项目推进中，贺德方、沈壮海、马费成、倪晓建、赖茂生等教授给予了多方面支持。在丛书编审中，丛书学术委员会的学术指导是丛书按计划出版的重要保证，武汉大学出版社作为出版责任单位，组织了出版基金项目和国家重点图书的论证和申报，为丛书出版提供了全程保障。对于合作单位的人员、学术委员会专家和出版社领导及詹蜜团队的工作，表示深切的感谢。

丛书所涉及的问题不仅具有前沿性，而且具有应用拓展的现实性，虽然在专项研究中丛书已较完整地反映了作者团队所承担的包括国家社会科学基金重大项目以及政府和行业应用项目在内的成果，然而对于迅速发展的互联网服务而言，始终存在着研究上的深化和拓展问题。对此，本丛书团队将进行持续性探索和进一步研究。

胡昌平
于武汉大学

前　　言

　　数字中国建设战略导向下，国家创新发展极大程度上依赖于数字化进程和自主创新能力的培育，网络环境不仅支撑着多元、丰富的网络信息资源建设和网络信息活动开展，也成为支持行业数字化转型和发展，推进科技、经济、文化发展与社会进步的重要基础设施。然而，伴随着网络环境的广泛普及和网络信息技术的升级应用，网络信息安全威胁和安全问题日益突出，针对网络信息安全的保障也已成为国家重大战略方向。习近平总书记在中央网络安全和信息化领导小组第一次会议重要讲话中就明确指出网络安全和信息化事关国家安全和国家发展，并提出了"一体之两翼、驱动之双轮"的发展战略。以网络信息安全保障为目标，面对复杂、多变的网络环境和网络信息安全风险，为全面实现网络信息安全保障，可通过协同多元主体的网络信息安全保障资源与能力，按各主体在网络信息活动中的定位和特性，充分发挥各自在网络信息安全保障中的优势，从而开展协同构架下网络信息安全全面保障实践。本书立足于国家网络安全战略，围绕网络环境下的信息安全保障需求与影响因素、协同保障层次架构、协同保障模块设计、协同保障服务组织、协同管理与控制等进行探究，旨在形成网络信息安全保障从需求引发到全过程协同实施的理论基础和应用指导，进而有效推进网络信息安全全面协同保障的实践进程。

　　本书首先梳理了网络环境下信息安全所面临的管理与技术挑战，并从网络信息安全概念及特征、网络信息安全政策及制度、网络信息安全技术及标准、网络信息安全实践等方面综述了网络信息安全相关研究与实践进展，以作为网络信息安全保障研究的基础，进而梳理网络信息安全发展阶段和信息安全保障背景，提出网络信息安全保障支撑条件和所面临的现实问题。

　　考虑到网络环境下的信息安全威胁的泛在性，需要针对网络信息资源和信息活动全过程实现网络信息安全全面保障。基于此，本书提出了网络信息安全全面保障内涵及相关理论基础，分别从横向和纵向梳理网络信息安全全面保障

1

的主客体构成，并从国家层面、机构层面和个体层面，逐层揭示相应主体网络信息安全全面保障的需求和目标定位，为面向网络环境的信息安全全面保障目标制定提供层级化依据。

由于网络信息安全全面保障行为的复杂特性，为理解网络信息安全全面保障行为意愿规律，本书结合保护动机理论、任务技术匹配理论等相关理论模型，从威胁评估、应对评估和安全性评估三个维度构建了网络信息安全全面保障影响因素模型，并通过实证分析进行模型的验证，进而在影响关系比较分析中揭示网络信息安全保障组织中所需要关注的关键要素。

进一步考虑到网络信息安全保障的多元主体参与特征，本书强调了网络信息安全全面保障导向下的组织协同变革问题，为提出协同框架下的网络信息安全保障路径奠定基础。通过梳理网络信息安全模式的变革特征和网络信息安全保障的协同发展规律，并明确网络信息安全全面保障规划者、提供者、实施者、协调者等多元主体定位，继而提出面向网络信息安全全面保障的组织要求，强调组织协同中的合作关系、资源共享、业务融合和管理控制，同时结合组织协同和国际合作实践，阐述面向网络信息安全全面保障的协同趋势。

网络信息安全全面保障的协同框架是在组织协同的基础上搭建的，本书通过从保障对象与类型划分、保障资源与技术条件、保障策略与路径拟定、云安全保障通用框架等方面归纳基于组织协同的网络信息安全全面保障基础，并分别按组织维度和内容维度提出基于组织协同的网络信息安全保障层次，同时阐明网络信息安全全面保障协同关系、任务划分和过程规划，以形成基于组织协同的网络信息安全全面保障流程和体系架构。

在具体的网络信息安全全面保障模块设计中，基于协同框架，构建涵盖身份认证与访问控制、加密与密钥管理、虚拟化技术与传输安全、数据容灾与备份的网络信息安全全面保障协同技术模块，包含协同信息资源存储保障、协同信息系统运作保障、协同信息网络交互保障、协同信息风险处置保障的网络信息安全全面保障协同业务模块，涉及协同物理安全管理、协同运营安全管理、协同标准与规范管理、协同人员与用户安全管理的网络信息安全全面保障协同管理模块，从而支撑网络信息安全全面保障体系的模块化构建。

在网络信息安全全面保障的协同服务组织中，通过明确网络信息安全全面保障的服务定位与协同组织原则，并具体从安全风险跟踪识别与预警功能、数据安全保障功能、系统安全保障功能、资源共享安全保障功能等方面构筑面向网络信息安全全面保障的协同服务功能体系，同时从跨系统安全保障的目标业绩评价和跨系统安全保障能力评价角度，提出面向网络信息安全全面保障的功能评价方案。

在网络信息安全全面保障的协同实施中，本书强调针对网络信息安全全面保障全过程构建实施框架，继而结合安全链基本思想，提出了网络信息安全全过程保障的安全链模型，并从跨系统共享网络安全全面保障、信息资源开发与获取安全全面保障、信息资源存储安全全面保障、信息资源交换安全全面保障、信息资源服务与用户安全全面保障等维度，提出了网络信息安全全面保障的全过程协同实施方案。

协同构架下网络信息安全全面保障工作的有序开展还依赖于网络信息安全全面保障的协同管理与控制。对此，本书分别从国家层面、区域层面和微观层面梳理了网络信息安全全面保障的全员协同管理思路，提出了网络信息安全全面保障中的信息安全测评体系，从安全监测和应急响应角度构建了网络信息安全全面保障的协同跟踪预警机制，并归纳网络信息安全全面保障的全程协同控制策略。

此外，考虑到网络信息安全全面保障工作需要在实践中不断改进和完善，为推进网络信息安全全面保障实践工作，本书进一步探讨了网络信息安全全面保障的循环改进组织方法，结合纵深防御推进和联动机制完善，揭示了网络信息安全全面保障的技术完善与实施优化路径，同时围绕网络新安全全面保障的管理制度和运作管理协同问题提出了协同推进指导方案。

最后，为进一步推动协同构架下网络信息安全全面保障的实现，本书结合面向共建共享的信息资源平台建设中的信息安全保障问题进行案例分析，提出协同构架下网络信息安全全面保障技术和管理策略，从而指导网络信息安全全面保障协同实践工作的开展。

总体而言，网络信息安全全面保障不仅需要站在国家战略的高度进行工作统筹和部署，更需要从多元主体的角度出发，探讨网络信息安全全面保障的目标与协同实施路径。本书将网络信息安全作为国家信息安全的重要组成部分，立足于国家创新发展中的信息安全保障需求，研究协同构架下网络信息安全全面保障，在满足信息资源建设和网络信息活动有序开展的同时，保障网络信息安全，实现网络信息资源建设与信息安全保障的同步发展。本书在进行网络信息安全保障的理论研究的同时，还旨在推进网络信息安全保障的全方位、全员、全过程管理的协同实现，促进网络信息安全战略规划与保障在面向多元主体协同的实践中产生实际社会价值。

本书由严炜炜、邓胜利和万莉合著完成，温馨、邓婉莹、黄为、孙晓瑞共同参与了研究资料的梳理、书稿的修改以及图表的完善等工作。另外，本书的写作还得到了丛书负责人胡昌平教授的指导，并参阅和引用了诸多作者的研究成果，进行了脚注引用或作为参考文献列于书末（或有因疏忽而遗漏的），在此特致谢意。本书研究内容还有待继续提升和探索，对于本书中存在的疏漏甚至错误，也恳请同行和读者不吝批评指正。

严炜炜

目　　录

1 网络环境下的信息安全挑战与安全保障背景

　　互联网环境作为支撑当今社会、经济发展的重要基础，其在创造、提供海量信息资源的同时，促进了信息资源在多元主体之间的分享与传递，从而支撑着创新型国家的建设。然而，在对网络环境下的信息资源的组织与利用实践中，由于监督管理等机制相对滞后于网络资源及信息技术的发展，飞速的网络环境变化也不断引发了诸如网络病毒、隐私与知识产权等信息安全问题，形成了网络环境下信息安全所面临的挑战。显然，为了保障网络环境下企业经营、科研创新、社会管理、人际交往以及信息资源建设等活动的健康有序、持续高效的开展，亟待明确网络环境下的信息安全问题，并面向相关主体或对象探寻信息安全保障路径。

1.1　网络环境下信息安全面临的挑战

　　信息安全在早期主要是指以密码论为基础的计算机安全，特别是在网络出现以前，信息安全聚焦于信息的机密性、完整性和可控性的保护；伴随着网络环境的发展，以及计算机技术、通信网络技术与编程技术的不断突破，实现了狭义计算机安全的概念延伸，内涵由面向数据的安全逐渐拓展到面向用户的安全。① 然而，网络环境不仅促进着信息安全技术不断突破与更新，而且在实践中也面临着众多信息安全问题与挑战。

---

　　① 李飞，吴春旺，王敏. 信息安全理论与技术[M]. 西安：西安电子科技大学出版社，2016：2-3.

1.1.1　网络环境下信息安全面临的管理挑战

习近平总书记在中央网络安全和信息化领导小组会议上明确指出，"没有网络安全就没有国家安全"。习总书记的讲话从根本上揭示了信息安全与国家安全的关系。而党的十八大以来，党中央也密切关注并统筹着各领域网络安全重大问题，推动着网信事业取得历史性成就。① 由中共中央党史和文献研究院编辑的《习近平关于网络强国论述摘编》于 2021 年 1 月全国发行，一系列围绕网络强国建设的重要论述为新时代网信事业发展提供了根本遵循。② 这些均体现出国家对网络环境下信息安全的重视，进一步凸显了信息安全能力及其管理水平提升的国家战略地位和社会价值。然而，与网络环境下信息安全管理重要意义相对应的，网络环境下信息安全管理面临着来源于管理部门、管理机制、管理实践和管理效果等方面的众多挑战，如图 1-1 所示。

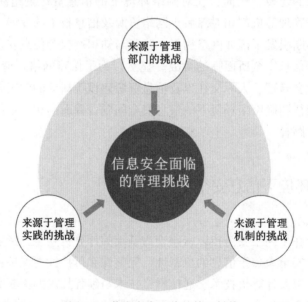

图 1-1　信息安全面临的管理挑战

---

① 习近平：没有网络安全就没有国家安全［EB/OL］.［2019-04-15］. http://www.cac.gov.cn/2018-12/27/c_1123907720.htm.

② 《习近平关于网络强国论述摘编》出版发行［EB/OL］.［2021-09-26］. https://www.ccps.gov.cn/xtt/202101/t20210122_147237.shtml.

(1) 来源于管理部门的挑战

信息安全问题广泛分布于网络环境下各行为主体之中，既有组织内部的信息安全问题，也有信息资源在跨组织传递中所产生的信息安全问题。这意味着，既可由组织内部网络和信息化相关职能部门承担信息安全的管理，也可依赖于负有网络环境治理等特定职责的管理机构面向广大网络用户群体实现信息安全综合管理。

对于组织内部而言，相关部门主要负责实现组织内部信息系统安全、信息资源存贮安全、数据库容灾备份、网络防火墙构建等工作，切实为组织内部信息化建设和相关工作开展提供信息安全保障。然而，在组织内部的信息安全管理过程中，也存在组织成员信息安全意识、组织信息化建设成熟度等方面的影响，相关管理部门往往在组织内部缺乏影响力和执行力，得不到其他操作部门的积极配合和贯彻落实，导致信息安全风险在操作层无法有效规避，进而对组织长期运作产生危害。如对于银行系统而言，其信息安全管理通常由信息科技部等相关部门承担，针对操作系统、数据库、中间件、系统设备以及其中产生的数据资源等进行防控和管理；此外，结合网络安全管理需求，还可能建有网络安全部，涉及银行内部网络安全管理，外网和专线网络的安全管理，开展互联网防控等工作。[①] 在管理实践过程中，相关管理部门既要攻克信息安全技术性难关，也需要督促、协调并保障组织内部各业务部门的信息化活动。

而对于跨组织间的信息安全问题，相关管理机构或部门则既需要进行具体的信息安全防范和应对工作，同时更需要进行相关信息安全标准、操作规范、行为准则等的制定工作。如中共中央网络安全和信息化委员会办公室[②]，在其门户网站中，既有违法和不良信息举报入口，进而受理网络不良信息举报，净化网络环境；也有网络安全管理及审查的相关动态，及时跟进我国重要网络信息安全问题；同时，其所发布的政策法规、规范性文件、司法解释等信息内容，也进一步为我国网络环境和组织间信息安全问题的规范提供了保障。然而，此类宏观管理部门亦面临着一定的信息安全管理的滞后性挑战，相关管理办法和政策的出台、更新，以及在各实践部门的执行效果等有

---

①　银行内控合规之信息与网络安全思考 [EB/OL]. [2019-04-15]. http://www.cfc365.com/technology/security/2018-01-25/14650.shtml.

②　中共中央网络安全和信息化委员会办公室 [EB/OL]. [2019-04-15]. http://www.cac.gov.cn/.

待不断突破。

(2)来源于管理机制的挑战

围绕网络环境下的信息安全问题,相关部门的管理举措通常是按照一定的信息安全管理机制开展和执行的。相关管理者的管理视野以及信息安全意识影响着管理机制的制定工作,尽管当前针对具体信息安全问题的管理模式已得到了广泛的重视,但因管理机制缺失和不成熟而带来的管理挑战依然普遍存在。

当前的网络信息安全管理机制既包含相关法律法规的约束,也包含具体管理流程和方法所实现的管控。如对于网络用户隐私安全问题,从法律法规来看,与网络环境下的其他管理问题相似,均面临着立法的局限性问题,虽然在《侵权责任法》的互联网专条中有所提及,但仍受网络环境本身所存在的匿名、分散、传播迅速等问题的限制,在管理和防范上具有壁垒。此外,全国信息安全标准化技术委员会针对以网络隐私安全为代表的个人信息面临的安全问题,为规范个人信息的收集、共享与使用等相关信息行为,于 2017 年 12 月 29 日发布了《信息安全技术个人信息安全规范》①;然而,在该规范施行(2018 年 5 月 1 日)不足一年后,又于 2019 年 2 月 1 日发布消息,面向全社会公开征求《信息安全技术个人信息安全规范(草案)》的修订意见,其中进一步要求不得强迫收集网络用户个人信息,也明确了用户可拒绝基于个人信息的个性化推送。② 可见,由于网络环境飞速发展,网络用户的信息行为更加丰富,这也使得网络隐私泄露等安全问题不断变化,法律法规的制定往往是在新网络隐私安全问题发生之后开展,如何在相关法律法规制定中体现前瞻性和适用性,从而在一定程度上消减滞后性的影响,已成为针对网络隐私安全等信息安全问题的法律法规制定过程中的重要挑战。

而从管理流程和方法上看,其主要表现为事前预防和事后处置的管控导向。对于事前预防而言,为了避免信息安全事件的发生,对于网络信息资源和信息服务可进行网络日志记录或实施跟踪监控,及时探查不合规的行为隐患,并实现预警处理,这就提出了事前预防策略的挑战,即如何识别潜在的信息安

---

① 何培育,马雅鑫,涂萌. Web 浏览器用户隐私安全政策问题与对策研究[J]. 图书馆,2019(2):19-26.

② 关于开展国家标准《信息安全技术 个人信息安全规范(草案)》征求意见工作的通知[EB/OL].[2019-04-15]. https://www.tc260.org.cn/front/postDetail.html?id=20190201173320.

全隐患，并进行及时遏制。对于事后处置而言，其焦点在于及时控制信息安全事件恶性传播及降低其产生的危害，同时配合反馈机制，进一步完善事前预防方案，而在这个过程中，同样具有舆情管理、危机管理等方面的挑战，对于不同信息安全事件是否采取了合理的处置策略，将影响着信息安全事件的最终结果。

(3) 来源于管理实践的挑战

针对网络信息安全的管理，需要面向实践活动开展，而网络环境下的信息活动具有多样性，尤其是大数据环境下，网络信息行为往往创造、利用并传播着海量的数据与信息资源，信息安全问题较易引发，这对信息安全管理机制引导下的信息安全管理执行力和管理效果带来了挑战。

互联网在由 Web1.0 向 Web2.0 发展的过程中，用户的去中心化现象逐渐显现，网络环境下的信息行为参与主体不再仅仅是机构或网站门户，而是涉及了广大的大众参与者，尤其是用户生产内容(User Generated Content，UGC)资源已成为网络环境下信息内容的重要组成部分，这意味着，对于信息安全的管理，在实践中，不仅需要针对平台和组织，还需要对用户个体行为进行约束，参与用户的多元性无疑加大了信息安全管理的复杂度，加之用户间信息素养的巨大落差，均影响着信息安全管理的执行力。例如以微博为代表的社交媒体中，其开放化特征使得用户不仅能够在其中自主地开展 UGC 活动，也支持着用户间开展便捷的交互。然而，用户个人身份信息和 UGC 资源也在平台开放利用中产生了信息内容合规性、隐私泄露等信息安全问题。尽管相关平台通过个人信息实名制、举报功能设计等方式约束着用户的 UGC 行为，亦通过相关规范和机制的制定保障用户隐私等信息安全，但用户发表不当言论，恶意传播虚假信息，机构私自采集用户隐私信息开展广告精准投放并谋取经济利益等现象仍较为普遍，信息安全管理的执行力仍有待提高。

此外，对于信息安全管理的效果而言，其反映在实践中需要长期跟踪考察、动态反馈和不断改善，这亦是网络环境下信息安全面临的重要管理挑战。通常来说，如计算机病毒查杀技术、防火墙技术、密码保护技术等面向信息安全技术的安全管理效果较容易保证；而针对个人的信息安全管理则往往更加复杂，在信息安全管理实践中须充分考虑到用户的信息素养、心理因素、环境因素等方面对用户网络信息行为的影响，探寻更容易让用户接受的信息安全管理策略，所以说在提升信息安全管理效果方面更具挑战性。

5

1.1.2 网络环境下信息安全面临的技术挑战

网络环境下信息安全不仅受到管理制度与能力的挑战，还受到不断更新的技术带来的挑战。尤其是大数据环境下，以及国家在大力推进智慧城市建设的进程中，基于云计算技术、人工智能技术、虚拟现实技术等计算机和网络相关信息技术所开展的科技、经济、社会、文化等领域活动往往存在着由技术革新而带来的信息安全问题，对此类安全问题的规避和解决亦依赖于相关技术的不断突破和完善。具体而言，网络环境下信息安全面临的技术挑战可归纳为信息安全导向的技术完善挑战和信息安全技术的创新挑战，如图1-2 所示。

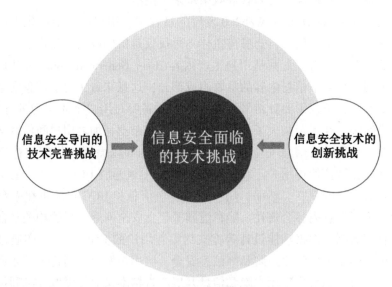

图 1-2　信息安全面临的技术挑战

（1）信息安全导向的技术完善挑战

网络环境的开放化使得信息技术在发展和应用中存在着诸多信息安全风险，而对于现有信息技术所产生的信息安全问题，需要以信息安全为导向，在进行技术的改进和完善中，实现相关信息技术的安全能力提升。

例如，云计算技术是基于大规模的数据中心或者网格提供高性能的计算服务，一方面，其以面向服务的方式提供给用户计算资源，具有大规模、计算性能突出等特征;① 另一方面，其为信息资源管理与服务提供了新手段，是支撑多元主体开展网络信息资源共建共享的新模式，实现了在网络信息资源整合的基础上面向海量用户提供云服务，在节约成本的同时，可显著提升网络信息资源建设与利用效率。②

然而，随着云计算服务的应用与普及，爆发了众多的云安全事故，引发了人们的广泛担忧。如为网络公司提供网页加载性能优化和安全服务的知名云安全服务商 Cloudflare，曾由于编程错误导致其服务器内存里的部分内容会在特定环境下缓存到网页中，从而导致泄露用户 HTTPS 网络会话中的加密数据长达数月，包括 Uber、1password 等知名互联网公司在内，至少 200 万公司网站均受此影响。③ 显然，网络信息安全已经成为阻碍云计算技术发展的关键因素。此外，由于以公有云为代表的云端及相关应用的快速增长，不仅包含潜在风险敏感内容，而且其中所存储着大量的数据也已逐渐成为网络犯罪分子的重要目标。云计算促进了数据的流动与利用，云环境中的数据由于脱离了数据主体的控制，因而滋生了比在传统网络环境中更高的安全风险。④ 为了帮助企业及其他用户认识到云计算技术所带来的安全问题，云安全联盟（Canadian Standards Association，CSA）对云计算中突出的数据泄露、不安全接口和应用程序编程接口、账户劫持、拒绝服务攻击、数据丢失、共享的技术漏洞等最严重的安全问题进行汇总并发布了《12 大顶级云安全威胁：行业见解报告》⑤。

针对云计算技术所面临着的网络信息安全问题的持续冲击，必须以信息安全为导向，提升云计算技术的信息安全保障能力。尽管当前国内外针对云计算环境下数据加密、安全日志捕获、服务协议框架等关键安全领域进行了

---

① 王佳隽，吕智慧，吴杰，等.云计算技术发展分析及其应用探讨[J].计算机工程与设计，2010，31(20)：4404-4409.

② 钱文静，邓仲华.云计算与信息资源共享管理[J].图书与情报，2009，153(4)：47-52，60.

③ 史上最大的云安全事故? 数百万网站数据泄露数月[EB/OL].[2019-04-16]. http://tech.163.com/17/0225/12/CE4DFCMG00097U7T.html.

④ 肖冬梅，孙蕾.云环境中科学数据的安全风险及其治理对策[J].图书馆论坛，2021，41(2)：89-98.

⑤ 2018 年 12 大顶级云安全威胁[EB/OL].[2019-04-16]. http://www.sohu.com/a/213251714_490113.

研究与探讨①②，但由于网络用户对云计算技术利用需求与使用场景的不断丰富，加之网络信息资源的开放性、共享性等特征，使其安全问题的复杂性更加突出，对云计算环境下安全技术的完备性提出了挑战，尤其是面对云环境下的大数据分布存储与开放计算处理所引发的安全问题，迫切需要进行云计算技术的安全升级和安全保障的全程化实施。

（2）信息安全技术的创新挑战

除了以信息安全为导向实现技术的完善之外，网络环境下信息安全还面临着来源于信息安全技术本身的创新挑战，即信息安全技术能否在创新中适应不断变化的网络环境，并为网络环境下的信息资源与信息行为提供充分、有效的安全保障。

例如，围绕信息安全技术的创新与发展问题，在 2017 年 Gartner 安全与风险管理峰会上列举了当年的 11 大信息安全技术，分别是云工作负载保护平台（Cloud Workload Protection Platforms）、远程浏览器（Remote Browser）、欺骗技术（Deception）、终端检测与响应（Endpoint Detection and Response）、网络流量分析（Network Traffic Analysis）、可管理检测与响应（Managed Detection and Response）、微隔离（Microsegmentation）、软件定义边界（Software-Defined Perimeters）、云访问安全代理（Cloud Access Security Brokers）、面向 DevSecOps 的开源软件安全扫描与软件成分分析（OSS Security Scanning and Software Composition Analysis for DevSecOps）以及容器安全（Container Security）。③④ 这些信息安全技术既标明了当前信息安全技术的前沿和关键性领域，也指引了信息安全技术创新突破和挑战的方向。Gartner 在 2020 年进一步指出，技术安全人员短缺、云计算快速迁移等方面仍然是当前最重要的主要安全挑战，另外，

---

① Beunardeau M, Connolly A, Geraud R, et al. Fully homomorphic encryption：computations with a blindfold[J]. IEEE Security & Privacy, 2016, 14(1)：63-67.

② 胡昌平，吕美娇. 云环境下国家学术信息资源安全保障组织研究现状与问题[J]. 情报理论与实践, 2017, 40(11)：10-16.

③ Almorsy M, Grundy J, Müller I. An analysis of the cloud computing security problem [EB/OL]. [2021-05-23]. https://www.researchgate.net/publication/307636677_An_Analysis_of_the_Cloud_Computing_Security_Problem.

④ Gartner Identifies the Top Technologies for Security in 2017[EB/OL]. [2019-04-16]. https://www.gartner.com/en/newsroom/press-releases/2017-06-14-gartner-identifies-the-top-technologies-for-security-in-2017.

对于 COVID-19 的响应也是 2020 年大多数安全机构面临的最大挑战，以此提出了 2020 年九大安全和风险趋势，这些趋势突出了安全生态系统尚未被广泛认可的战略转变，但预计会产生广泛的工业影响和潜在的破坏力。①②

又如，具体对于云计算环境下的数据安全保护技术，由于云环境下的信息资源物理边界模糊，需要利用虚拟技术隔离方式，通过每台虚拟服务器分配独立的硬盘分区，通过 VLAN 划分不同的 IP 网段等进行逻辑上的分离，同时安装防火墙、杀毒软件、IPS 等多层次防范体系，并结合分属不同安全管理域的层次密钥等访问控制策略。基于此，云计算数据安全保护技术所面临的创新挑战既包括开发云访问控制技术，确保相同资源池中的数据资源不被非法访问；又在于提升云计算数据加密使用效果，进而优化云计算运行环境。③

1.2　网络信息安全相关研究与实践进展

伴随着网络安全被提升到国家安全的战略高度，围绕网络信息安全方面的研究得到了研究者们的广泛关注。相关研究内容主要涉及网络信息安全概念、特征，网络信息安全政策、制度，网络信息安全技术、标准等方面。同时，在网络信息安全研究实践方面，相关工作从国家层面到个体用户层面，各类网络信息安全实践也得以普遍开展。

1.2.1　网络信息安全概念及特征研究

针对网络信息安全概念及特征研究方面，相关机构和学者尝试对网络信息安全的概念和核心范畴进行了探讨，并从不同视角对网络信息安全特征进行了概括。

(1)网络信息安全概念

信息安全理念最早起源于军事领域，指保守国家军事秘密，防止重要的战

---

① Gartner Top 9 Security and Risk Trends for 2020［EB/OL］.［2021-09-26］. https://www.gartner.com/smarterwithgartner/gartner-top-9-security-and-risk-trends-for-2020.

② Gartner：2020 年九大安全与风险趋势［EB/OL］.［2021-09-26］. https://baijiahao.baidu.com/s?id=1670400096858704590&wfr=spider&for=pc.

③ 高原，吴长安. 云计算下的信息安全问题研究［J］. 情报科学，2015，33(11)：48-52.

略情报和国家机密遭到窃取和泄露，后来逐渐扩展到政治、经济领域，旨在对涉及国家安全的国家秘密、商业秘密和科学技术秘密等信息本身保密。① 随着20世纪40—50年代计算机的出现，信息本身保密的概念与内涵已远远不能涵盖计算机技术环境下的信息安全，这一时期的信息安全主要是指对政府内部计算机系统安全的被动保护。② 随着互联网在全世界的普及与应用，信息安全更多地集中于网络数字世界，各个国家或组织针对"信息安全"给出明确定义，如2016年11月7日发布的《中华人民共和国网络安全法》第76条指出，网络安全是指通过采取必要的措施，防范对网络的攻击、侵入、干扰、破坏和非法使用以及意外事故，使网络处于稳定可靠运行的状态，以及保障网络数据的完整性、保密性、可用性的能力。③ 也有学者指出，信息安全是指保障国家、机构、个人的信息空间、信息载体和信息资源不受来自内外各种形式的危险、威胁、侵害和误导的外在状态和方式及内在主体感受。④

　　由于网络带来的诸多安全问题，信息安全开始更多地体现在网络安全领域，反映在跨越时空的网络系统和网络空间之中，反映在全球化的互联互通之中，⑤ 因此直接用"信息安全"一词难以准确表述和揭示网络安全的新进展和新特征。网络信息安全就是确保网络信息系统中的各种信息数据，不受未经所有权人授权而擅自发生破坏、更改等行为，避免给国家和人民造成一定的损失。⑥ 在具体研究中，网络信息安全被视为一门综合性学科，涉及计算机科学、网络技术、通信技术、密码技术、信息安全技术、应用数学、数论、信息论等多个领域。⑦ 在近年研究中也指出，对于网络信息安全及其保障体系的研究内容正在从某个单一角度的政策、法律、战略管理、应用技术走向包含政治、文化等的全方位构建框架，研究领域横跨通信网络、计算机、图书情报、

　　① 相丽玲. 信息法制建设研究[M]. 太原：山西人民出版社，2006：7-25.
　　② 相丽玲，陈梦婕. 试析中外信息安全保障体系的演化路径[J]. 中国图书馆学报，2018，44（2）：113-131.
　　③ 中华人民共和国网络安全法[EB/OL]. [2019-04-16]. http://www.cac.gov.cn/2016-11/07/c_1119867116_3.htm.
　　④ 上海社会科学院信息研究所. 信息安全辞典[M]. 上海：上海辞书出版社，2013.
　　⑤ 王世伟. 论信息安全、网络安全、网络空间安全[J]. 中国图书馆学报，2015，41（2）：72-84.
　　⑥ 尤婷. 网络信息安全监管机制之完善[D]. 长沙：湖南师范大学，2017.
　　⑦ 彭珺，高珺. 计算机网络信息安全及防护策略研究[J]. 计算机与数字工程，2011，39（1）：121-124，178.

通信保密等多个学科,① 强调网络信息安全在于个人、企业和国家层面的信息存储、传输与应用等安全相关问题,既涉及个人和企业的数据安全事宜,也有关政府与国家安全的网络攻击威胁,② 各国政府对信息安全的认知也从早先的通信安全和数据安全向以维护国家安全为核心,构建综合防护体系转变。③

(2)网络信息安全特征

网络信息安全具有五大特征:一是保密性,即信息不泄露给非授权用户、实体或过程,或供其利用的特性;二是完整性,即数据未经授权不能进行改变的特性;三是可用性,即可被授权实体访问并按需求使用的特性;四是可控性,即对信息的传播及内容具有控制能力;五是可审查性,即出现安全问题时提供依据的能力。④ 从构成来看,美国佛罗里达州的国际信息系统安全认证组织(International Information Systems Security Certification Consortium, (ISC)²)将信息安全划分为十大领域,包括物理安全、商务连续和灾害重建计划、安全结构和模式、应用和系统开发、通信和网络安全、访问控制领域、密码学领域、安全管理实践、操作安全、法律侦察和道德规划。⑤ 有学者指出,信息安全就是物理安全、网络安全、信息基础设施安全与公共信息安全的总和。⑥ 亦有学者指出,信息安全主要包括信息设备安全、数据安全、内容安全和行为安全四个层面,信息系统硬件结构和操作系统的安全是信息系统安全的基础,密码、网络安全等技术是保障信息安全的关键技术,并且只有从硬件与软件两方面采取安全措施,才能更有效地确保信息系统的安全。⑦

诸多学者还结合特定领域,探讨网络信息安全及其风险。如面向图情领域,马晓英(2011)指出图书馆数字资源安全影响因素主要包括物理环境设施

---

① 相丽玲,陈梦婕. 试析中外信息安全保障体系的演化路径[J]. 中国图书馆学报,2018,44(2):113-131.

② 吴小坤. 新型技术条件下网络信息安全的风险趋势与治理对策[J]. 当代传播,2018(6):37-40.

③ 尹佳音. 对外开放背景下我国信息安全体系建设思路研究[J]. 社会科学文摘,2021(8):11-13.

④ 刘忠华,曾昭虎. 提高企业网络信息安全方法的研究[J]. 信息系统工程,2017(5):60.

⑤ 卢新德. 构建信息安全保障新体系[M]. 北京:中国经济出版社,2007.

⑥ 黄瑞华. 信息法[M]. 北京:电子工业出版社,2004.

⑦ 张焕国,王丽娜,黄传河,等. 信息安全学科建设与人才培养的研究与实践[C]// 全国计算机系主任(院长)会议论文集. 北京:高等教育出版社,2005.

安全、组织管理安全、操作系统安全、安全技术措施、运行系统与数据安全等;① 马晓亭(2011)指出云计算数字图书馆信息资源面临的安全威胁包括:数据存储的安全威胁、云平台可靠性与服务可持续性问题、用户个人权限管理及用户数据保密、虚拟化安全问题;② 张宏亮(2008)指出数字图书馆安全威胁主要包括:环境因素、内部人员因素、数据传输过程中的不安全因素、硬件因素、软件因素、计算机病毒、黑客攻击、网络通信协议的不安全性;③ 刘万国(2015)根据国外数字网络信息资源的访问途径,提出国外数字网络信息资源存在的信息安全潜在风险主要包括:资源的可用性、资源的可持续性,其中数字资源长期保存可以解决资源在"可用性"方面的风险,"可持续性"方面的风险则依赖于长期和持续性成本的投入;④ 程风刚(2014)指出数字图书馆数据安全风险主要表现在数据传输风险、数据存储风险、数据使用风险、数据泄露风险、云终端安全风险五个方面。⑤ 而面向商业领域,Choi(2013)指出面向云服务消费者角度的安全风险主要包括四个方面:物理安全(数据位置),合规审计(法律挑战、合规与审计、业务连续性与灾难修复),技术(应用发展、可移植性、基础设施能力),数据安全与隐私(数据隔离、访问管理、可用性与备份、数据隐私、安全、安全数据删除、数据丢失与泄露、用户访问);面向云服务提供商角度的安全风险主要包括:物理安全(数据位置、服务器存储与网络),合规审计(法律挑战、合规与审计、业务连续性与灾难修复),技术(应用发展、可移植性、缺乏互操作标准),数据安全与隐私(访问权限管理、多租户、可用性与备份、数据隐私与安全),组织(资源计划、组织改革管理)。⑥ 此外,面对疫情防控的特殊背景下,宁园(2020)指出健康码的推广同样也酝酿着个人信息安全风险,如改造、升级健康码的乱象使个人信息利益遭

①　马晓英.图书馆数字化资源安全评估方法研究[J].图书情报工作,2011,54(1):70-74.

②　马晓亭,陈臣.云计算环境下数字图书馆信息资源安全威胁与对策研究[J].情报资料工作,2011(2):55-59.

③　张宏亮.数字图书馆安全新策略研究[D].长春:东北师范大学,2008.

④　刘万国,黄颖,周利.国外数字学术信息资源的信息安全风险与数字资源长期保存研究[J].现代情报,2015,35(10):3-6.

⑤　程风刚.基于云计算的数据安全风险及防范策略[J].图书馆学研究,2014(2):15-17,36.

⑥　Choi K, Cho I, Park H, et al. An empirical study on the influence factors of the mobile cloud storage service satisfaction[J]. Journal of the Korean Society for Quality Management, 2013, 41(3):381-394.

受不当限制；大量个人敏感信息集中于政府控制之下，增加了个人信息泄露风险等。①

　　当前新兴技术的应用所出现的网络信息安全问题也是众多学者所集中关注的内容。基于大数据时代的背景，有学者进一步将网络信息安全概括为四个方面的问题：一是网络的自由特征会对全球网络信息安全提出较大的挑战；二是海量数据的防护需要更高的软硬件设备和更有效的网络管理制度才能实现；三是网络中的各类软件工具自身的缺陷和病毒感染都会影响信息的可靠性；四是各国各地区的法律、社会制度、宗教信仰不同，部分法律和管理漏洞会被不法之徒利用，来获取非法利益。② 而对于云计算技术，Carroll(2011)从风险发生率高低角度，认为云计算风险主要包括：第三方、管理与控制、法律法规、可移植性与互操作性、灾难修复、虚拟化、标准与审计缺失、技术成熟度、无法控制的成本；③ Brender(2013)指出云计算风险包括：信息安全、特权用户访问、法律合规、数据位置、调查支持、有用性与灾难修复、供应商锁定与持续使用性；④ 江秋菊(2014)指出云计算技术给数字图书馆带来了技术应用、信息安全、虚拟化等方面的安全隐患；⑤ 袁艳(2015)指出影响高校图书馆私有云存储的安全因素包括网络安全、服务器的稳定性安全、数据安全、访问对象控制的安全、系统管理员操作的安全等方面。⑥ 黄国彬等(2020)指出图书馆应用云服务可能面临的信息安全风险包括：云服务协议内容缺失，用户信息安全难以得到确切保护；云服务协议表述模糊，尚未建立健全的安全保障机制；云服务协议的制定更有利于云提供商，用户权利易受侵犯。⑦

---

① 宁园. 健康码运用中的个人信息保护规制[J]. 法学评论, 2020, 38(6)：111-121.

② 马遥. 大数据时代计算机网络信息安全与防护研究[J]. 科技风, 2020(16)：82.

③ Carroll M, Van Der Merwe A, Kotze P. Secure cloud computing: Benefits, risks and controls[C]//Information Security South Africa (ISSA), 2011. IEEE, 2011：1-9.

④ Brender N, Markov I. Risk perception and risk management in cloud computing: Results from a case study of Swiss companies[J]. International Journal of Information Management, 2013, 33(5)：726-733.

⑤ 江秋菊. 基于云计算数字图书馆信息安全实现研究[J]. 现代情报, 2014, 34(3)：68-71.

⑥ 袁艳. 高校图书馆私有云存储的安全性问题分析[J]. 出版广角, 2015, 9(下)：46-47.

⑦ 黄国彬, 郑霞, 王婷. 云服务协议引发的信息安全风险及图情机构的应对措施[J]. 图书情报工作, 2020, 64(12)：38-48.

1.2.2 网络信息安全政策及制度研究

网络信息安全对于不同国家而言，均具有重要的战略意义，围绕网络信息安全问题和网络信息安全保障工作的推进，各国在网络信息安全政策及制度层面发力，旨在切实引导网络信息安全实践探索，提升网络环境的信息安全水平。

（1）美国

美国对于网络信息资源共享机制和体系的安全问题研究较为关注，其网络信息安全战略诞生于克林顿总统时期，发展至今，共经历了战略起步、战略强化、战略扩展和战略修复四个阶段，彰显出五个重要特征，即在战略生成动态上由被动转向主动、在信息安全防护范围上不断扩展、在战略实施态势上由防御转向进攻、在战略实施手段上由单一趋向丰富、在对网络空间大国关系的处理上由合作为主转向竞争为主。①

"二战"后，美国国家安全政策制定者已经开始认识到国家安全与特定种类信息流动之间存在的关系，1946 年的《原子能法》以及 1966 年的《信息安全法》是美国国家信息安全立法"萌芽"阶段的标志②，其中《原子能法》提出了"受限制的数据"（Restricted Data，RD）来限制接触信息人员权限来保障信息安全，但也阻止了信息在其他领域发挥价值。而 1967 年的《信息自由法》（FOIA）赋予公众从任何联邦机构访问记录的权利，还要求代理机构主动在网上发布某些类别的信息，包括经常请求的记录。1977 年美国的《联邦计算机系统保护法案》第一次将计算机系统安全纳入法律之中，预防计算机犯罪和保障信息系统安全成为被关注的重点。2003 年的《网络空间安全国家战略》是乔治·沃克·布什政府网络安全战略思维的集中体现，该文件提出要实施"国家网络安全意识和培训计划"，以凸显网络安全在网络安全教育中的突出地位。③ 2008 年美国政府发布的《国家网络安全综合计划》是一份有关美国信息化战争与国防法律和政策问题的报告，它指出奥巴马政府的网络安全重点是继续加强行政和立

---

① 刘勃然，魏秀明. 美国网络信息安全战略：发展历程、演进特征与实质[J]. 辽宁大学学报(哲学社会科学版)，2019，47(3)：159-167.

② 柏慧. 美国国家信息安全立法及政策体系研究[J]. 信息网络安全，2009(8)：44-46，63.

③ 许畅，高金虎. 美国公民国家网络安全意识培养问题研究[J]. 情报杂志，2018，37(12)：135-139，146.

法部门，国家和国土安全部门关注的首要威胁是对政府关键基础设施的网络攻击。① 2011年美国政府发布的《网络空间可信身份国家战略(NSTIC)》计划用十年左右的时间建立一个以用户为中心的身份生态体系，该方案将网络空间身份认证管理提升为国家战略，明确指出了美国可信身份体系的四个建设目标，即建设综合的身份生态系统框架；构建并实施彼此联通的身份解决方案；提高身份生态系统的安全性，扩大参与范围；保证身份生态系统的长期可用性。② 2011年美国政府发布《网络空间行动战略》提出了五项战略措施：把网络空间视为与陆、海、空和太空同样重要的行动领域；运用新理念来保护国防部的网络和系统；加强与其他政府部门及私营机构的合作；加强与盟国及国际伙伴的合作；加强人才培养和技术创新等。这五项措施为国防部在网络空间有效开展行动、保卫国家利益、达到国家安全目标提供了指导方针。③ 2019年美国国防部发布了2019—2023年的信息资源管理战略计划《国防部数字现代化战略》，该战略明确提出了国防部数字现代化未来四年的愿景——创建"一个更安全、协调、无缝、透明和经济高效的IT体系结构，可将数据转换为可操作的信息，并确保在面临持续的网络威胁时可靠地执行任务"，明确了四大总体目标与四大战略方向。④

此外，美国还注重信息共享的安全性，在历届发布的政策指南中都有专门章节强调信息共享的重要性和具体策略。⑤ 2008年美国情报总监办公室《情报界信息共享战略》指出将情报共享确立为美国情报界的长期发展目标。2012年《信息共享及保障战略》建立政府机构间数据共享机制。2013年第13536号行政令《增强关键基础设施网络安全》提出要建立政府和民营机构的信息共享机制，制定降低网络安全风险框架。2015年美国国家标准与技术研究院、商务部联合发布《网络威胁信息共享指南》，作为指导性文献帮助组织规划、实施与维护信息共享，促进网络安全运营与风险管理活动。2017年发布的《在线系统漏洞披露计划框架》旨在帮助各机构制定接收网络、软件和系统漏洞的报

---

① 国家信息技术安全研究中心. 美国奥巴马政府网络安全新举措[J]. 信息网络安全，2009(8)：11-15.

② 刘耀华. 国际网络可信身份战略研究及对我国的启示[J]. 网络空间安全，2018，9(2)：1-5.

③ 李恒阳. 美国网络军事战略探析[J]. 国际政治研究，2015，36(1)：113-134.

④ DOD Digital Modernization Strategy[EB/OL]. [2021-09-26]. https://media.defense.gov/2019/Jul/12/2002156622/-1/-1/1/DOD-DIGITAL-MODERNIZATION-STRATEGY-2019.PDF.

⑤ 程工，孙小宁，张丽，等. 美国国家网络安全战略研究[M]. 北京：电子工业出版社，2015.

告，以及披露漏洞的正式程序。

（2）欧洲国家

以 1992 年的《信息安全框架决议》为开端，欧盟开启了网络空间安全的立法活动，对于电信基础设施安全、软硬件安全、使用和管理安全等方面做出了规定。① 欧盟网络安全战略始于 20 世纪 90 年代，以 2013 年出台的《欧盟网络安全战略》为标志，包含网络安全管控机构、战略文件与法律法规、信息技术保障、安全合作实践以及网络安全文化建设五大保障机制，构成了一个立体的战略框架体系，② 它评估了欧盟当前面临的网络安全形势，确立了网络安全工作的指导原则，明确了各利益相关方的权利和责任，确定了未来五大优先战略任务和具体行动举措。③ 2016 年欧盟通过的《通用数据保护条例》（General Data Protection Regulation，GDPR），是在数据保护方面的另一重要立法，针对近年来用户隐私被泄露造成的一系列问题，要求对欧盟所有成员国个人信息进行收集、存储、处理及转移等活动时，要按照要求，采取技术和管理手段对个人敏感隐私数据进行保护。④ 2021 年欧洲议会通过了一项关于欧盟数字十年网络安全战略的决议，目的是使互联产品和相关服务在设计上具有安全性，对网络事件具有弹性，并且能够在漏洞出现时快速修补，呼吁在整个欧盟促进安全可靠的网络/信息系统、基础设施和连通性的发展。⑤

除欧盟之外，欧洲的各个国家（如英国、法国等）自身也在积极推进网络信息安全的政策与制度保障。1995 年英国发布《信息安全管理实施细则》，"信息安全"一词在国外政策文件名称中首次出现，并且在此基础之上，国际标准化组织（International Standard Organization，ISO）在 2000 年将此修订为国际标准 ISO17799，该标准为组织中的信息安全管理的启动、实施、维护和改进建立了

————————————

① 林丽枚. 欧盟网络空间安全政策法规体系研究[J]. 信息安全与通信保密，2015（4）：29-33.

② 周秋君. 欧盟网络安全战略解析[J]. 欧洲研究，2015，33（3）：60-78，6-7.

③ 雷小兵，黎文珠.《欧盟网络安全战略》解析与启示[J]. 信息安全与通信保密，2013（11）：52-59.

④ GDPR（欧盟通用数据保护条例）重点条例分析[EB/OL].［2021-09-26］. http://bigdata.idcquan.com/dsjjs/158318.shtml.

⑤ Parliament Calls for Tighter EU Cybersecurity Standards for Connected Products and Associated Services［EB/OL］.［2021-09-26］. https://eucrim.eu/news/parliament-calls-for-tighter-eu-cybersecurity-standards-for-connected-products-and-associated-services/.

指导方针和指导原则。2009 年英国发布首个《英国网络信息安全战略》，将网络信息安全与历史上英国重要的安全政策放在同等重要的位置上，并且成立了旨在协调政府部门关系的"网络信息安全办公室和运行中心"，统一协调网络信息安全工作和监测网络空间安全。① 2011 年 11 月英国政府公布了新的《网络安全战略》，该战略继承了 2009 年英国发布的网络安全战略，在继续高度重视网络安全基础上进一步提出了切实可行的计划和方案。② 2016 年英国公布了《国家网络安全战略 2016—2021》政府计划，指出 2021 年的愿景是"让英国成为安全、能应对网络威胁的国家，在数字世界繁荣而自信"，并提出了控制、发展和行动三方面的具体目标与未来行动计划。③ 1996 年法国成立了"法国信息系统安全中心"，2001 年，法国政府在其信息安全服务部门外另设了一个中央信息系统安全局(DCSSI)。该局由国防部长直接主管，负责协调政府机构和基础设施的网络保护。2009 年，这一中央指挥办公室升级成为国家信息系统安全局(Agence Nationale la Sécuritédes Systèmes d'Information，ANSSI)，承担起保障信息系统安全的整体社会责任，负责为全国重点行业系统和企业就保护措施提供指导甚至制定规章。④ 此外，法国还相继出台了系列国家网络安全战略的中央政策文件，包括 2008 年《国防与国家安全白皮书》、2011 年《法国网络战略》、2013 年《国防与国家安全白皮书》、2015 年《法国国家数字安全战略》等。⑤

(3)中国

我国也相继出台了一系列政策制度，指导解决网络信息安全问题，提供政策支持和制度保障。20 世纪 90 年代开始，网络立法工作进入快车道。据相关学者统计，从 1991 年开始至 2012 年，我国出台的有关网络规制的法律、法

---

①　张志华，蔡蓉英，张凌轲. 主要发达国家网络信息安全战略评析与启示[J]. 现代情报，2017，37(1)：172-177.

②　方兴东，张笑容，胡怀亮. 棱镜门事件与全球网络空间安全战略研究[J]. 现代传播(中国传媒大学学报)，2014，36(1)：115-122.

③　National Cyber Security Strategy 2016 to 2021[EB/OL]. [2021-09-26]. https://www.gov.uk/government/publications/national-cyber-security-strategy-2016-to-2021.

④　梅丽莎·海瑟薇，克里斯·德姆查克，强森·科本，等. 法国网络就绪度报告[J]. 信息安全与通信保密，2017(10)：67-86.

⑤　Premier Ministre. French National Digital Security Strategy[EB/OL]. [2019-04-16]. https://www.ssi.gouv.fr/uploads/2015/10/strategie_nationale_securite_numerique_en.pdf.

规、规章、司法解释和政策文件达到 111 件。① 在我国的网络安全立法中，属于国家法律的有《电子签名法》(2004 年)；带有国家法律性质的有《全国人民代表大会常务委员会关于维护互联网安全的决定》(2000 年)和《全国人民代表大会常务委员会关于加强网络信息保护的决定》(2012 年)；属于行政法规层级的包括《中华人民共和国电信条例》(2002 年)、《中华人民共和国计算机信息系统安全保护条例》(1994 年)、《计算机信息网络国际联网管理暂行规定》(1996 年)、《计算机信息网络国际联网安全保护管理办法》(1997 年)、《互联网信息服务管理办法》(2000 年)、《计算机软件保护条例》(2002 年)、《互联网上网服务营业场所管理条例》(2002 年)、《信息网络传播权保护条例》(2006 年)等。② 2016 年出台的《中华人民共和国网络安全法》既是我国一部网络安全的基础法、综合法，也是网络安全的专门法，在信息网络立法分层中属地基性的法律，它将网络主权安全问题以互联网基础性法律的形式予以确认，为维护国家网络主权提供了基础性法律的依据，对于维护我国网络安全、信息安全和国家安全具有重要意义。③ 2018 年国务院印发的《科学数据管理办法》明确了我国科学数据保密与安全等方面内容，进一步加强和规范了科学数据管理，为我国科学数据隐私保护政策的制定提供了宏观指导。④ 2021 年 6 月 10 日第十三届全国人民代表大会常务委员会第二十九次会议通过《中华人民共和国数据安全法》，以此规范数据处理活动，保障数据安全，促进数据开发利用，保护个人、组织的合法权益，维护国家主权、安全和发展利益。⑤

此外，在重要会议中，"信息安全""网络信息安全"等问题也被数次提及并引起重视。2001 年上海亚太经合组织(Asia-Pacific Economic Cooperation, APEC)第九次会议发布的《数字 APEC 战略》中，提出了 APEC 经济体应该建立一个政策环境的要求，应当建立的政策和采取的行动包括：在线交易法规；

① 叶敏. 网络执政能力：面向网络社会的国家治理[J]. 中南大学学报(社会科学版)，2012，18(5)：173-180.

② 陆冬华，齐小力. 我国网络安全立法问题研究[J]. 中国人民公安大学学报(社会科学版)，2014，30(3)：58-64.

③ 王晓君. 我国互联网立法的基本精神和主要实践[J]. 毛泽东邓小平理论研究，2017(3)：22-28，108.

④ 魏来，李思航. 国内外科学数据隐私保护政策比较研究[J]. 新世纪图书馆，2020 (12)：17-23.

⑤ 中华人民共和国数据安全法[EB/OL]. [2021-09-26]. http://www.npc.gov.cn/npc/c30834/202106/7c9af12f51334a73b56d7938f99a788a.shtml.

实行电子认证与签名的工作；加强信息安全、个人数据保护和消费者信誉度；提高获取数字信息的平衡政策。① 2013 年中共十八届三中全会围绕"设立国家安全委员会"展开的国家安全论述，涉及安全的领域进一步扩大，关注信息安全和网络安全。② 2014 年 2 月 27 日，中央网络安全和信息化领导小组宣告成立并在京召开了第一次会议，习近平任组长，李克强、刘云山任副组长，这充分体现了中国最高领导层在保障网络安全、维护国家利益、推动信息化发展上的决心，因而也被舆论视为"中国网络安全和信息化国家战略迈出的重要一步，标志着这个拥有 6 亿网民的网络大国加速向网络强国挺进"。③ 2014 年习近平总书记在主持召开的中央网络安全和信息化领导小组举行第一次会议上强调，"做好网络安全和信息化工作，要处理好安全和发展的关系"；"没有网络安全就没有国家安全，没有信息化就没有现代化"。④ 2017 年习总书记在国家安全工作座谈会中强调要筑牢网络安全防线，提高网络安全保障水平，强化关键信息基础设施防护，加大核心技术研发力度和市场化引导，加强网络安全预警监测，确保大数据安全，实现全天候全方位感知和有效防护。⑤ 2020 年的上海合作组织成员国元首理事会第二十次会议通过并发表了《上海合作组织成员国元首理事会莫斯科宣言》以及关于保障国际信息安全、数字经济领域合作等一系列声明。⑥

1.2.3　网络信息安全技术及标准研究

互联网以及信息技术的发展为网络信息资源的存储、共享和利用在技术方

---

① 蔡鹏鸿. 亚太经合组织应对新经济挑战的策略分析[J]. 上海社会科学院学术季刊，2002(2)：61-67.

② 刘跃进. 中国官方非传统安全观的历史演进与逻辑构成[J]. 国际安全研究，2014，32(2)：117-129，159.

③ 迈出建设网络强国的坚实步伐——习近平总书记关于网络安全和信息化工作重要论述综述[EB/OL]. [2021-05-23]. http://www.cac.gov.cn/2019-10/19/c_1573013721916638.htm.

④ 习近平主持召开中央网络安全和信息化领导小组第一次会议强调总体布局统筹各方创新发展努力把我国建设成为网络强国[EB/OL]. [2021-05-23]. http://www.cac.gov.cn/2014-02/27/c_133148354.htm? from = timeline.

⑤ 习近平主持召开国家安全工作座谈会[EB/OL]. [2021-05-23]. http://jhsjk.people.cn/article/29089833.

⑥ 习近平出席上海合作组织成员国元首理事会第二十次会议并发表重要讲话[EB/OL]. [2021-05-23]. http://jhsjk.people.cn/article/31926258.

面提供了日益完善的支持，同时也对网络信息安全安全管理和标准提出了新的要求。特别是当前云计算等新技术的出现，云环境下网络信息资源共享和利用逐渐成为常态，而由于云计算技术存在漏洞，一旦受到攻击，网络信息资源将遭受巨大损失。如2009年微软Danger云计算平台发生故障，存储在云端的大量用户数据丢失且无法恢复;① 2021年欧洲最大云服务和托管服务提供商OVH数据中心被大火烧毁导致大量客户网站瘫痪。② 网络信息安全的技术问题及其标准研究日益引起学者们的高度关注。

(1) 网络信息安全技术

在网络信息安全技术研究方面，国内外学界对数据安全与安全检测、访问安全与隐私保护等方面开展了系统研究，取得了多方面成果。

在数据安全与安全检测技术方面，Gentry(2009)利用理想格创建了云环境下具有完全同态性的加密算法，改善了云环境下数据加密的效果。③ Li 等(2010)、Wang 等(2009)分别从模糊搜索、搜索结果的排序和多关键字搜索方面对加密数据搜索这一云存储安全中的关键技术进行了研究。④⑤ Song 等(2012)提出数据保护作为服务(Data Protecting as a Service, DPaaS)的云平台架构，为云环境下的数据保护问题提供了新的技术方案。⑥ Ateniese 等(2015)研究了云环境下的远程数据完整性验证协议，提出了一种仅根据部分原始数据的标识就可以进行完整性验证的技术方案。⑦ Nirmala(2013)在对于影响云环

---

① Microsoft's Danger Sidekick data loss casts dark on cloud computing [EB/OL]. [2016-02-24]. http://appleinsider. com/articles/09/10/11/microsofts_danger_sidekick_data_loss_casts _dark_on_cloud_computing. html.

② 大量数据丢失且无法恢复! 欧洲云服务巨头数据中心起火[EB/OL]. [2021-09-27]. https://baijiahao.baidu.com/s? id=1694004166551897891 6&wfr=spider&for=pc.

③ Gentry C. Fully homomorphic encryption using ideal lattices//STOC[C]. 2009, 9: 169-178.

④ Li J, Wang Q, Wang C, et al. Fuzzy keyword search over encrypted data in cloud computing[J]. Infocom, 2009(9): 1-5.

⑤ Wang C, Cao N, Li J, et al. Secure ranked keyword search over encrypted cloud data [C]// Distributed Computing Systems (ICDCS), 2010 IEEE 30th International Conference. IEEE, 2010: 253-262.

⑥ Song D, Shi E, Fischer I, et al. Cloud data protection for the masses[J]. Computer, 2012 (1): 39-45.

⑦ Ateniese G, Burns R, Curtmola R, et al. Provable data possession at untrusted stores [C]// Acm Conference on Computer & Communications Security. ACM, 2007: 598-609.

境的各种安全问题以及在完整性方面进行相关工作后，提出了一种结合加密机制和数据完整性检查机制的技术来解决活跃数据问题，以确保在服务器端不会发生数据泄露。① 沈艺敏等(2020)提出一种基于 SIR 模型的隐蔽信道数据安全检测方法，能够有效完成隐蔽信道数据检测，精准度、效率和稳定性均优于传统方法。② 而 Zhao(2013)则将研究重点放在物联网领域，根据其跨平台通信的特点并结合安全的加解密、签名和认证算法，构建一个安全的物联网通信系统的物元区分模型通信环境，提出一种标准的数据包结构，即智能业务安全物联网应用协议(Intelligent Service Security Application Protocol, ISSAP)。③ Liu(2010)提出了一种面向抗拒绝服务攻击的监测技术方案。④ Martignoni 等(2009)提出了一种基于行为的分析框架用以检测云平台上的恶意程序。⑤ 宋娟等(2021)则关注于虚拟机迁移过程的安全性，提出一种基于安全检测的虚拟机迁移策略，利用隔室技术及病毒传染模型(Susceptibleinfected Recovered, SIR)在虚拟机迁移过程把有安全威胁的虚拟机隔离出来，保证云数据中心的能量消耗与安全级别的平衡。⑥

在访问控制与隐私保护技术方面，Xu 等(2004)提出一种 Web 服务环境中基于角色的访问控制模型和安全体系结构模型，采用 SOAP 代理对 Web 服务执行访问控制，实现将安全性机制与业务逻辑分离。⑦ Yan 等(2009)基于联合

---

① V Nirmala, R K Sivanandhan and R S Lakshmi. Data confidentiality and integrity verification using user authenticator scheme in cloud[C]// 2013 International Conference on Green High Performance Computing (ICGHPC). Nagercoil, 2013: 1-5.

② 沈艺敏，蒋小波. 基于 SIR 模型的隐蔽信道数据安全检测仿真[J]. 计算机仿真，2020, 37(4): 385-388, 445.

③ Zhao Y L. Research on Data Security Technology in Internet of Things[J]. Applied Mechanics and Materials, 2013: 433-435.

④ Liu H. A new form of DOS attack in a cloud and its avoidance mechanism[C]// Proceedings of the 2nd ACM Cloud Computing Security Workshop. CCSW 2010, Chicago, IL, USA, October 8, 2010: 65-76.

⑤ Martignoni L, Paleari R, Bruschi D. A framework for behavior-based malware analysis in the cloud[M]// Information Systems Security. Springer Berlin Heidelberg, 2009: 178-192.

⑥ 宋娟，潘欢，马晓. 带安全检测的云数据中心虚拟机迁移策略[J]. 重庆邮电大学学报(自然科学版)，2021, 33(2): 311-318.

⑦ Xu F, Lin G, Huang H, et al. Role-based access control system for Web services [C]// The Fourth International Conference on Computer and Information Technology, 2004. CIT '04, Wuhan, China, 2004: 357-362.

身份管理系统，面向身份认证问题的解决，提出了层次化的身份加密互认证方案。① 靳姝婷等（2021）则考虑到用户隐私信息、访问控制粒度较粗等问题，提出一种基于本体推理的隐私信息保护访问控制机制，从访问控制粒度方面进行信息优化，从隐私主体的角度考虑更多隐私主体的隐私需求。② Popa 等（2010）提出了多租客云中的网络访问控制问题，给出了在虚拟机监督程序处强制实施访问控制的技术解决方案。③ Yu 等（2010）提出了基于加密的数据访问控制方案，使用户在加密数据和生成密钥的时候能够设定访问控制权限，以此实现数据访问的用户自主控制。④ Pearson（2009）、Mowbray（2009）等则分别提出了不同的隐私管理器技术架构和实现方案。⑤⑥ 此外，近年来一些新兴技术也被应用于隐私保护之中，王辉等（2020）提出了一种融入区块链技术的医疗数据存储机制，改进的 PBFT 共识算法以及数据交互系统的架构，解决了医疗数据集中存储、不可追溯和易受攻击等难点，保护患者的医疗隐私。⑦ 李默妍（2020）引入了人工智能领域新兴的联邦学习概念并与教育数据挖掘的各类算法相结合，以解决教育数据挖掘中可能存在的隐私保护问题。⑧

（2）网络信息安全标准

对于国外的网络信息安全标准而言，从美国国防部 1985 年发布著名的《可

---

① Yan L, Rong C, Zhao G. Strengthen cloud computing security with federal identity management using hierarchical identity-based cryptography[M]//Cloud Computing. Springer Berlin Heidelberg, 2009：167-177.

② 靳姝婷，何泾沙，朱娜斐，等. 基于本体推理的隐私保护访问控制机制研究[J]. 信息网络安全，2021，21(8)：52-61.

③ Popa L, Yu M, Ko S Y, et al. Cloud Police：taking access control out of the network[C]//Proceedings of the 9th ACM SIGCOMM Workshop on Hot Topics in Networks. ACM, 2010：7.

④ Yu S, Wang C, Ren K, et al. Achieving secure, scalable, and fine-grained data access control in cloud computing[J]. Proceedings-IEEE INFOCOM, 2010, 29(16)：1-9.

⑤ Pearson S, Shen Y, Mowbray M. A privacy manager for cloud computing[M]// Cloud Computing. Springer Berlin Heidelberg, 2009：90-106.

⑥ Mowbray M, Pearson S. A client-based privacy manager for cloud computing[C]// Proceedings of the 4th International Conference on COMmunication System Software and Middleware (COMSWARE 2009), Dublin, Ireland, 2009.

⑦ 王辉，刘玉祥，曹顺湘，等. 融入区块链技术的医疗数据存储机制[J]. 计算机科学，2020，47(4)：285-291.

⑧ 李默妍. 基于联邦学习的教育数据挖掘隐私保护技术探索[J]. 电化教育研究，2020，41(11)：94-100.

信计算机系统评估准则》(Trusted Computer System Evaluation Criteria, TCSEC)起,世界各国根据自己的研究进展和实际情况,相继发布了一系列有关安全评估的准则和标准。① 1970 年由美国国防部推出的 TCSEC 标准是计算机系统安全评估的第一个正式标准,它将计算机系统的安全划分为 4 个等级、7 个级别。法、英、荷、德欧洲四国在 20 世纪 90 年代初联合发布的《信息技术安全评估标准》(Information Technology Security Evaluation Criteria, ITSEC)指出,有益的信息通常应当具备三大特征(简称 CIA),即保密性(Confidentiality)、完整性(Integrity)和可用性(Availability),并将可信计算机的概念提高到可信信息技术的高度。② 1989 年,加拿大可信计算机产品评估准则 CTCPEC 1.0 版公布,其专为政府需求而设计,将安全分为功能性要求和保证性要求两部分。③由英国标准协会(British Standards Institution, BSI)制定的信息安全管理标准BS779 (ISO17799),是一个得到国际上广泛承认的信息安全管理体系(Information Security Management Systems, ISMS)实践章程和指导建设 ISMS 的全面框架,也是用于保护企业和组织的国际标准,认为信息安全的核心目标在于保持信息的可信性、完整性和可用性。④ 后来,在 2005 年国际标准化组织(International Organization for Standardization, ISO)更新 ISO17799 标准时,在原来信息安全概念基础上加入真实性、可核查性、可靠性和防抵赖性的要求,并对信息和信息系统的使用行为做出规定。

同时,相关组织也在积极推进规范制定工作,结合云计算等技术的实际应用,不断完善和优化技术标准。ISO/IEC/JTC1/SC27 是国际标准化组织(International Organization for Standardization, ISO)和国际电工委员会(International Electrotechnical Commission, IEC)的信息技术联合委员会(Joint Technical Committee, JTC1)下属的信息安全分技术委员会,通过研究明确了关于云计算安全与隐私标准研制的三个领域,即信息安全管理领域、安全技术领域、身份管理和隐私保护技术领域,发布了包括《基于 ISO/IEC 27002 的云计算服务的信息安全控制措施实用规则》《ISO/IEC 27002 的云计算服务使用的信息安全管理指南》《公共云计算服务的数据保护控制措施实用规则》等一系列的

---

① 冯登国,张阳,张玉清. 信息安全风险评估综述[J]. 通信学报,2004(7):10-18.

② 曾海雷. 信息安全评估标准的研究和比较[J]. 计算机与信息技术,2007(5):89-91,94.

③ 陈兵,钱红燕,冯爱民,等. 电子政务安全概述[J]. 电子政务,2005(Z5):51-63.

④ 郭建东,秦志光,刘乃琦. 组织安全保障体系与智能 ISMS 模型[J]. 电子科技大学学报,2007(5):838-841.

云计算安全与隐私保护相关标准。

美国联邦商务部国家标准与技术研究所（National Institute of Standards and Technology，NIST）是负责标准测量的非管制性（研究）机构，职责从原先主要负责标准制定变化为聚焦提升美国工业竞争力，在信息技术方面，NIST 及其七大实验室之一的信息技术实验室（Information Technology Laboratory，ITL）负责国家安全之外的信息安全管理和技术标准等的开发和制定，① 并于 20 世纪 90 年代中期联合法国、德国等国提出信息技术安全性评估通用准则（Common Criteria，CC），在 2012 年出版的《云计算梗概和建议》中论述了云计算技术的主要类别，提出的云计算定义、3 种服务模式、4 种部署模型、5 大基础特征被广泛认同为描述云计算领域的基础性参照标准，为组织云采纳过程中如何处理云计算技术应用与组织安全之间的关系提供了指导性建议。该组织还在 2014 年发布了《网络安全框架 1.0 版》，帮助能源、银行、通信和国防工业关键基础设施部门管理网络安全风险。2018 年 NIST 发布《提升关键基础设施网络安全的框架》（也被称为《网络安全框架 1.1》正式版），对于验证和身份、自我评估网络安全风险、供应链中的网络安全管理、漏洞披露等内容进行了更新。②

非营利性组织云安全联盟（Cloud Security Alliance，CSA）在云安全威胁、云安全控制矩阵、云安全度量等方面开展的研究已经获得了广泛的认可与关注，为云计算行业的健康发展起到了重要的指导作用，为相关云计算标准的制定提供了重要的参考，比如在《云计算关键领域安全指南》（第三版）中，从架构、治理和实施 3 个部分、14 个关键域对云安全进行了深入探讨，发布了《云计算的主要风险》《云安全联盟的云控制矩阵》《身份管理和访问控制指南》一系列报告用于指导云计算实践。

欧洲网络与信息安全管理局（European Network and Information Security Agency，ENISA）针对云计算安全标准化研究，在 2009 年至 2011 年先后发布了《云计算中信息安全的优势、风险和建议》《云计算信息安全保障框架》《政府云的安全和弹性》。2012 年发布了《云计算合同安全服务检测指南》，对云服务提供商的合同安全服务情况进行检测。2013 年 2 月，发布了《从关键信息基础设施（Critical Information Infrastructure Protection，CIIP）角度审视云安全》，基

① 黄璜. 美国联邦政府数据治理：政策与结构[J]. 中国行政管理，2017(8)：47-56.
② 美国 NIST 更新《网络安全框架》[EB/OL]. [2021-09-27]. http://www.casisd.cn/zkcg/ydkb/kjzcyzxkb/2018/201807/201806/t20180612_5025271.html.

于云服务安全保障的目标对构建的信息安全体系进行审查。2020 年根据《网络安全法案》（EUCSA）第 48.2 条，ENISA 提出了欧洲云服务网络安全认证方案的草案版本，作为欧洲网络安全认证框架的一部分。① 2021 年 ENISA 提出《医疗保健服务的云安全》的通用实践方案，旨在帮助医疗保健安全环境中的 IT 专业人员在选择和部署适当的技术与组织措施的同时建立和维护云安全。②

　　而对于国内的网络信息安全标准而言，我国具有代表性的组织包括工业和信息化部信息技术服务标准工作组、全国信息技术标准化技术委员会，逐步开展了网络环境下信息安全标准的研究，立足于我国网络信息安全保障关键问题的解决，对网络信息安全标准化进行了探索，并与国际相关标准接轨。

　　工业和信息化部信息技术服务标准工作组（Information Technology Service Standards，ITSS）是在工业和信息化部主导下成立的，目标在于通过标准化工作促进我国信息技术服务业发展的规范化，研究涉及了软件即服务（Software-as-a-Service，SaaS）、软件应用服务等方面网络信息安全标准的研究。

　　全国信息技术标准化技术委员会主要负责国家信息技术领域相关标准的制定，面向技术在我国应用中的实际问题，进行国家标准的研究，标志着我国标准化工作进入了新的阶段。特别是对于云计算技术方面，2015 年 9 月 16 日，正式发布全国信息技术标准化技术委员会制定的 4 项云计算国家标准《信息技术弹性应用接口》（GB/T31915—2015）、《信息技术云数据存储和管理第 1 部分：总则》（GB/T31916.1—2015）、《信息技术云数据存储和管理第 2 部分：基于对象的云存储应用接口》（GB/T31916.2—2015）、《信息技术云数据存储和管理第 5 部分：基于键值（Key-Value）的云数据管理应用接口》（GB/T31916.5—2015）。云计算标准工作组是由全国信息技术标准化技术委员会牵头成立的针对云计算标准制定的专门部门，研究领域包括云计算技术标准、测评标准、服务标准、系统标准等。目前，全国信息技术标准化技术委员会云计算标准工作组的研究焦点涉及云安全管理、云安全审计、云安全认证与授权、云安全测评体系等众多方面的研究。2015 年 12 月 31 日，由全国信息技术标准化技术委员会云计算标准工作组制定的管理类云计算国家标准《信息技术云

---

　　① EUCS - Cloud Services Scheme[EB/OL]. [2021-09-27]. https://www.enisa.europa.eu/publications/eucs-cloud-service-scheme.

　　② Cloud Security for Healthcare Services[EB/OL]. [2021-09-27]. https://www.enisa.europa.eu/publications/cloud-security-for-healthcare-services.

计算参考框架》（GB/T32399—2015）、《信息技术云计算概论与词汇》（GB/T32400—2015）发布。全国信息技术标准化技术委员会及其云计算工作组已经发布的6项标准都归口到管理，云测评标准、云认证和授权标准、云审计标准等仍缺乏，整体云计算标准工作仍处在持续推进过程中。

此外，相关部门和组织也联合制定了有关网络信息安全的标准规范来保障我国网络信息安全，如2007年公安部和国家保密局等四家单位印发了《信息安全等级保护管理办法》（公通字〔2007〕43号），全国信息安全标准化技术委员会制定了《信息系统安全等级保护基本要求》（GB/T 22239—2008）、《信息安全风险评估规范》（GB/T 20984—2007）等信息安全等级保护和风险评估标准，其中2008年颁布的《信息系统安全等级保护基本要求》提出了不同安全等级信息系统的基本安全要求，分为基本安全技术要求和基本安全管理要求两大类，采用信息安全等级保护措施实现对网络信息安全的综合防范。① 2020年国家市场监督管理总局、国家标准化管理委员会正式发布了《信息安全技术个人信息安全规范》（GB/T 35273—2020）为企业开展数据合规管理，为认证机构开展App安全认证提供了标准依据。②

1.2.4 网络信息安全实践及实验项目

信息化建设中，各个国家十分重视信息安全技术及其应用发展研究，在网络信息安全保障的实践中取得进展，适应基于网络的信息服务发展需要。网络信息安全实践及实验项目的研究目前主要从国家层面、机构层面以及个人层面展开。

（1）国家层面

美国设立了相应的机构来保障网络信息资源安全，明确参与主题的职责范围，开展了专门的研究和针对性实践。国家网络安全和通信整合中心（National Cybersecurity and Communications Integration Center，NCCIC）是国土安全部设立的一个24×7网络态势感知、事件响应和管理中心，通过扩大和深化公私伙伴

---

① 项文新. 基于信息安全风险评估的档案信息安全保障体系构架与构建流程［J］. 档案学通讯，2012(2)：87-90.

② 移动互联网应用程序（App）安全认证标准依据——解读 GB/T 35273—2020《信息安全技术 个人信息安全规范》［EB/OL］.［2021-09-27］. https://www.tc260.org.cn/front/postDetail.html？id=20200526094328.

之间关于威胁、漏洞和突发事件的信息共享，提高对网络漏洞、突发事件和减损的安全意识，寻求整合全国性行动，打破妨碍信息交换、态势感知、威胁认知的技术和机构壁垒，确保对威胁国家安全的网络和通信突发事件的响应能力。① 信息共享和分析中心（Information Sharing and Analysis Center，ISACs），是由关键基础设施所有者和运营商组成的在政府和行业之间共享信息的非营利的成员驱动型组织，② 其信息共享和分析中心全国委员会（National Council of ISACs，NCI）负责国防、财政、医疗等各个部门机构间的合作与协调，且纳入国家网络安全和通信集成中心守护平台。③ 2015 年，奥巴马进一步签署《改善私营领域网络安全信息共享行政令》，批准建立新的"信息共享和分析组织"（Information Sharing and Analysis Organization，ISAOs），制定一系列 ISAOs 的自愿加入标准，促进政府与私营部门之间对网络威胁情报的信息共享。④

欧洲国家也建立了网络安全信息共享机制和保障项目。网络安全信息共享伙伴关系（Cyber-Security Information Sharing Partnership，CiSP）由英国政府和产业界联合设立，用来在安全、机密、动态的环境下，实时交换网络威胁信息，增加对网络态势的感知意识，降低对商业的影响。⑤ 欧洲图书馆参与的 European Cloud 项目是网络信息资源共享安全保障的一个实例。该项目于 2013 年启动，其目标是构建一个为欧洲图书馆提供云服务的平台。在信息安全保障中，从云服务架构和访问控制着手，按计算和存储安全进行基于安全流程的服务保障。德国数字资源长期存储专业网络项目（Network of Expertise in Long-term Storage of Digital Resources，Nestor），面向德国长期保存安全的需要，在参考国家标准的基础上，开发了符合德国实践需要的长期保存系统的认证指标体系。同时，Nestor 还与美国研究图书馆组织（Research Libraries Group，RLG）和联机计算机图书馆中心（Online Computer Library Center，OCLC）进行了合作，

---

① National Cybersecurity and Communications Integration Center[EB/OL].[2019-02-24]. https://www.us-cert.gov/nccic.

② Information Sharing and Analysis Center[EB/OL].[2019-02-24]. https://www.isac.io/.

③ National Council of ISACs[EB/OL].[2019-02-24]. https://www.nationalisacs.org/about-nci.

④ 王玥，方婷，马民虎. 美国关键基础设施信息安全监测预警机制演进与启示[J]. 情报杂志，2016，35(1)：17-23.

⑤ Cyber-security Information Sharing Partnership[EB/OL].[2019-02-24]. https://www.ncsc.gov.uk/section/keep-up-to-date/cisp.

构建了具有普适性的长期保存系统的认证指标体系。另有英国数字管理中心（Digital Curation Centre，DCC）与欧洲数字保存机构（Digital Preservation Europe，DPE）在《基于风险管理的数字仓储风险评估研究》中，针对长期保存系统中的风险因素进行了评估。

（2）机构层面

对于网络信息的存储等风险问题，信息化发展水平较高的机构同样采取了相应的措施，进行了专门的研究和针对性实践。

对于亚马逊、微软等商业云平台，其学术资源信息的保护依赖于云平台的安全和机构保障来实现。如微软 Windows Azure 的云资源和存储空间服务，在采用数据中心常规的系列安全措施保障数据安全之外，将数据完全交由用户自主控制。而对于独自构建云平台的机构，往往通过建立特有的安全保障体系来实现，比较典型的如联机计算机图书馆中心（Online Computer Library Center，OCLC），在 2009 年推出的基于云计算的图书馆服务方案，为了消除用户对云环境下的信息安全顾虑，从人员环境、权限与隐私保护、网络安全、灾难数据备份等方面，建立了一系列信息安全保障规则。① 在 2020 年，OCLC、博物馆和图书馆服务研究所与 Battelle 推出重新开放档案馆、图书馆和博物馆（REopening Archives，Libraries，and Museums，REALM）研究项目旨在基于科学的 COVID-19 信息的制作和分发，这些信息可以帮助当地的档案馆、图书馆、博物馆做出运营决策。②

美国的相关机构在网络信息安全的相关研究和实践中对安全问题给予了较多关注，且取得了突出成果。美国国会图书馆从 2000 年开启的网络信息保存项目（Mapping the Internet Electronic Resources Virtual Archive，MINERVA）旨在为网络信息资源的收集和保存过程中出现的实际问题提供指导和经验。③ 2008年，美国国会图书馆发布了《版权对数字保存影响的国际研究》报告，建议制定数字信息存储法规，以鼓励和支持无商业目的的长期保存项目在确保信息安全的前提下保存共享资源。美国国会图书馆的国家数字信息基础设施与保存项

---

① OCLC Annual Report 2009［EB/OL］.［2016-02-24］. http://library. oclc. org/cdm/ pageflip/collection/p15003coll7/id/39/type/singleitem/pftype/pdf.

② REALM PROJECT［EB/OL］.［2021-09-27］. https://www.oclc.org/realm/home.html.

③ MINERVA：Mapping the Internet Electronic Resources Virtual Archive［EB/OL］. ［2016-02-24］. http://www.loc.gov/minerva/.

目(National Digital Information Infrastructure and Preservation Program, NDIIPP)联合 DuraSpace 公司,2009 年开启了 Duracloud 云服务试验项目的建设,为了提高数据的一致性、安全性和可靠性,由 Duracloud 提供统一的界面,通过底层存储管控对资源的完整性进行检查,同时进行加密传输、身份验证及访问控制多级安全保障。① 斯坦福大学图书馆负责实施的多备份资源保存项目(Lots of Copies Keep Stuff Safe, LOCKSS),为最大限度地降低系统的风险,采用了分布式保存策略、操作系统与存储系统分离、轮询和权利分离策略。② 佛罗里达数字保存项目组开发的 DAITSS(Dark Archive in the Sunshine State)系统,为保障信息安全,强调对各种格式的文档通过安全存储、安全备份、安全更新、迁移环节控制来保证文件的安全性和完整性,并采用了异地多重备份策略进行异地存储。③ 此外,随着云计算的发展,采用云存储来实现长期保存的探索不断取得进展,其实验性项目包括 DuraSpace、MetaArchive、LOCKSS、Library of Congress 等。其中,MetaArchive 项目在安全保障方面的措施较为典型,所进行的存储安全保障包括数据、系统、人员、物理设备等方面,所制定的备灾和恢复计划旨在进行安全风险控制。

北欧国家的相关机构对于网络信息资源的保存主要以多国合作的形式展开,如 Nordic Web Archive 项目由北欧国家图书馆发起,通过丹麦、挪威、瑞典、芬兰、冰岛五国在技术开发等方面的共同努力来保存北欧国家的网络信息资源,以便未来开展研究和公众访问。④ 而 1998 年启动的欧洲国家版本图书馆项目(Networked European Deposit Library, NEDLIB)是由欧洲国家图书馆馆长联席会(Conference of European National Librarians, CENL)发起,荷兰、法国、挪威等欧洲 8 个国家图书馆和 1 个国家档案馆以及 3 个出版商参与合作的项目,主要目的在于确保长期保存在线和离线数字出版物,提供信息资源存储的通用架构框架和基本工具,从而为欧洲国家图书馆的网格化基础设施建设奠

---

① Dura Cloud to Test Cloud Technologies for Digital Preservation [EB/OL]. [2016-02-24]. http://digital-scholarship.org/digitalkoans/2009/07/15/duracloud-to-test-cloud-technologies-for-digital-preservation/.

② Reich V, Rosenthal D S H. Lockss (lots of copies keep stuff safe)[J]. New Review of Academic Librarianship, 2000, 6(1): 155-161.

③ Caplan P. Building a dark archive in the sunshine state: A case study[C]//Archiving Conference. Society for Imaging Science and Technology, 2005, 2005(1): 9-13.

④ NORDIC WEB ARCHIVE Introduction [EB/OL]. [2016-02-24]. https://www.kansalliskirjasto.fi/extra/tietolinja/0100/nwa.pdf.

定了基础。① 欧洲图书馆参与的 European Cloud 项目是数字信息资源共享安全保障的一个实例。该项目于 2013 年启动，其目标是构建一个为欧洲图书馆提供云服务的平台。在信息安全保障中，拟从云服务架构和访问控制着手，按计算和存储安全进行基于安全流程的服务保障。②

澳大利亚国家图书馆在 1996 年开展的保护和存取澳大利亚网络信息资源项目（Preserving and Accessing Networked Documentary Resources of Australia，PANDORA）采取选择存储策略，收集和保存与澳大利亚有关的网络出版物和网站合集，记录文化、社会、政治等方面的材料。为了支持获取和管理日益增长的数据量，同时也为了给远程工作站的参与者提供更加安全有效的存档，澳大利亚国家图书馆开发了 PANDORA 数字档案系统（PANDAS），并且经过重新设计和优化的版本 PANDAS 3 已于 2007 年 7 月发布并投入实际应用。③ 2019 年，它成为澳大利亚网络档案馆的一部分，该档案馆旨在包括澳大利亚域中的所有网站内容。④

日本国立国会图书馆于 2006 年正式启动网络信息资源采集和保存的实验项目（Web Archiving Project，WARP），2010 年全面采集和保存公有机构的网络信息资源。该项目以网络存储为中心，涉及著作权处理、缴送制度、网络信息采集技术和长期保存等多方面工作内容，进一步整合和挖掘项目采集到的网络信息资源，赋予资源新的价值，并积极进行揭示和宣传，以供读者充分利用。⑤

2003 年年初，中国国家图书馆组成网络文献收集与保存试验小组，主要由参考咨询、编目员、网络管理员组成，分别针对表层网页和深层网页采取了不同的整合策略，即网络信息资源采集与保存试验项目（Web Information Collection and Preservation，WICP）和网络数据库导航项目（Online Database Navigation，ODBN），目前已经保存了 70 个主题的网络信息资源，数据量达到 30TB 左右。⑥ 除了国家图书馆进行的网络信息存档试验，北京大学计算机网

① NEDLIB-Networked European Deposit Library[EB/OL]. [2016-02-24]. http://www.ifs. tuwien.ac.at/~aola/publications/thesis-ando/NEDLIB.html.

② European Cloud Initiative[EB/OL]. [2016-02-24]. https://ec.europa.eu/digital-single-market/european-cloud-computing-strategy.

③ PANDORA OVERVIEW[EB/OL]. [2021-05-23]. http://pandora.nla.gov.au/overview.html.

④ Pandora Archive [EB/OL]. [2021-09-27]. http://www.schetchik.net/pandora-archive.html.

⑤ 陈瑜. 日本国立国会图书馆网络信息资源采集保存项目介绍研究[J]. 图书馆杂志，2014，33(3)：91-94.

⑥ 陈力，郝守真，王志庚. 网络信息资源的采集与保存——国家图书馆的 WICP 和 ODBN 项目介绍[J]. 国家图书馆学刊，2004(1)：2-6.

络与分布式系统实验室开发建设了中国网页历史信息存储与展示系统"中国
Web 信息博物馆"（Web Info Mall），该系统收录了几乎所有中文网站的网页信
息，已经维护超过 75 亿的中文网页，并还在快速增长。①

（3）个人层面

个人层面的实践与实验项目主要从理论、技术等角度开展网络环境下的信
息安全服务研究，在保障机制、安全管理、技术优化等方面取得进展。

从理论角度，一些学者关注到国家与社会信息化进程中所面临的信息安全
问题，如冯建华（2018）在"我国国际传播话语体系建设的理论创新研究"项目
研究中，从学理层面辩证把握网络信息安全的意涵，促使其在正当合理的范畴
内得到理解与运用，以此应对网络与信息化技术发展及现实环境的变化；② 刘
勃然等（2019）在"美国网络信息安全战略对中国边疆民族地区稳定的影响及应
对研究"项目研究中，在对于美国网络信息安全战略发展历程的考察中探寻规
律，认清其演进特征及实质，为制定具有中国特色的网络空间治理方略提供参
考。③ 同时，一些学者也注意到诸如云计算等新兴技术的应用对于信息安全领
域所带来的机遇与挑战、困境与对策、审查与评估，如王笑宇（2014）在"云计
算下多源信息资源云服务模型可信保障机制的研究"项目中，提出了从制度上
进行服务监管的第三方可信保障机制；④ 张秋瑾（2015）从技术、管理、法律、
其他四个风险类构建云计算隐私安全风险评估指标体系。⑤ 此外，部分学者还
围绕特定领域（如数字图书馆）构建了相应的理论模型，如黄水清（2011）在专
著《数字图书馆信息安全管理》中，用综合理论和实践构建了数字图书馆信息
安全管理的体系；⑥ 邵燕等（2014）在"数字图书馆的云计算应用及信息资源安
全问题"项目中，分析了数字图书馆技术、管理和政策层面的安全问题，提出

---

① 刘青，孔凡莲. 中国网络信息存档及其与国外的比较——基于国家图书馆 WICP 项
目的研究[J]. 图书情报工作，2013，57（18）：80-86，93.

② 冯建华. 网络信息安全的辩证观[J]. 现代传播（中国传媒大学学报），2018，40
（10）：151-154.

③ 刘勃然，魏秀明. 美国网络信息安全战略：发展历程、演进特征与实质[J]. 辽宁
大学学报（哲学社会科学版），2019，47（3）：159-167.

④ 王笑宇，程良伦. 云计算下多源信息资源云服务模型可信保障机制的研究[J]. 计
算机应用研究，2014，31（9）：2741-2744.

⑤ 张秋瑾. 云计算隐私安全风险评估[D]. 昆明：云南大学，2015.

⑥ 黄水清. 数字图书馆信息安全管理[M]. 南京：南京大学出版社，2011.

了数字图书馆信息资源安全保障对策。①

　　从技术角度，既有面向特定业务所涵盖众多技术的系统剖析，如冯朝胜等（2015）关注云数据安全存储相关研究，深入分析和评述云计算环境下的网络存储、网络安全审计和密文的访问控制三个技术领域的研究进展；② 又有基于某一技术应用于多方向的综合讨论，如刘敖迪等（2018）在项目研究中对比与分析区块链技术应用于信息安全领域的身份认证、访问控制、数据保护这三个方向的研究现状。③ 加密算法的设计与优化是技术研究中的一大重点，许多学者对此展开研究，以此增强相应情境下的安全性和保密性。戴云等（2002）承担的网络信息安全重点项目中使用对称密钥加密算法和改进的 Base64 编码算法，对需要保护密钥或口令文件的应用系统有重要的应用价值；④ 赵琦等（2016）的研究项目则侧重于密钥的安全分发技术，可有效解决窃听者通过单向耦合同步方式窃听的问题。⑤

　　验证技术、隐私保护、行为检测、风险评估等方面的算法改进和技术优化也逐渐得到关注。在验证技术方面，吴坤等（2014）在"云图书馆虚拟环境可信验证过程的设计与实现"项目研究中，通过构建基于可信第三方的验证模型实现云图书馆虚拟环境的可信验证；⑥ 周彦伟等（2018）的研究项目提出模糊的直接匿名漫游认证协议，实现身份合法性匿名认证，在存储、执行效率和通信时延等方面具有更优的性能，更适用于全球移动网络。⑦ 在隐私保护方面，赵朝奎等（2004）在国家网络信息安全相关项目中提出的数字水印的嵌入和提取

　　① 邵燕，温泉. 数字图书馆的云计算应用及信息资源安全问题［J］. 图书馆研究，2014，44（3）：39-42.

　　② 冯朝胜，秦志光，袁丁. 云数据安全存储技术［J］. 计算机学报，2015，38（1）：150-163.

　　③ 刘敖迪，杜学绘，王娜，等. 区块链技术及其在信息安全领域的研究进展［J］. 软件学报，2018，29（7）：2092-2115.

　　④ 戴云，范平志. 一种对密钥或口令文件的双重安全保护机制［J］. 计算机应用，2002（3）：60-61.

　　⑤ 赵琦，王龙生，郭园园，等. 利用保密增强实现基于混沌激光同步的安全密钥分发［J］. 中国科技论文，2016，11（14）：1587-1593.

　　⑥ 吴坤，颉夏青，吴旭. 云图书馆虚拟环境可信验证过程的设计与实现［J］. 现代图书情报技术，2014（3）：35-41.

　　⑦ 周彦伟，杨波，王鑫. 基于模糊身份的直接匿名漫游认证协议［J］. 软件学报，2018，29（12）：3820-3836.

算法,具有强不可察觉性、高容量性和抗击常见方法干扰的顽健性;① 陈思(2020)在项目研究中提出一种基于同态加密技术及盲化技术的朴素贝叶斯安全分类外包方法,在不降低分类准确率的前提下实现了针对训练模型、输入数据及分类结果的隐私保护。② 在行为检测方面,蔡武越等(2017)在项目研究中设计了一种基于并行化主成分分析的异常行为检测方法,能够较好地发现用户的异常行为;③ 董颖等(2015)在项目研究中通过设计工具 Joom Hack,可有效实现对于 Joomla 站点的漏洞扫描,为漏洞修复等安全工作打下基础。④ 在风险评估方面,毛子骏(2020)的"非传统安全问题风险识别与防范机制——以智慧城市治理中的信息共享与使用为例"项目研究则利用贝叶斯网络等方法来探索智慧城市信息安全风险评估的量化路径,为智慧城市信息安全风险的评估与应对提供方法参考和对策建议。⑤

1.3 网络环境下信息安全保障的提出

随着各国国家管理部门和各类网络用户对网络环境下的信息安全威胁和问题的重视,以及网络信息安全技术等相关研发工作的推进,为了切实营造有利于全球经济一体化和网络社会的发展的网络环境,相关机构和研究者们开始关注并提出网络环境下信息安全保障议题,努力推进各类网络信息安全保障体系的建设。

1.3.1 网络信息安全的发展阶段与信息安全保障背景

纵观信息安全在实践中的发展过程(如图 1-3 所示),从 20 世纪 60 年代开

---

① 赵朝奎,姚鸿勋,刘绍辉.一种基于边信息的数字水印算法[J].通信学报,2004(7):115-120.

② 陈思.云计算环境下朴素贝叶斯安全分类外包方案研究[J].计算机应用与软件,2020,37(7):275-280.

③ 蔡武越,王珂,郝玉洁,等.一种 Hadoop 集群下的行为异常检测方法[J].计算机工程与科学,2017,39(12):2185-2191.

④ 董颖,张玉清,乐洪舟.Joomla 内容管理系统漏洞利用技术[J].中国科学院大学学报,2015,32(6):825-835.

⑤ 毛子骏,梅宏,肖一鸣,等.基于贝叶斯网络的智慧城市信息安全风险评估研究[J].现代情报,2020,40(5):19-26,40.

始，人们在计算机和网络技术的逐步规模化应用中，关注了信息的可用性、完整性和保密性等安全问题。美国国家标准局（National Bureau of Standards，NBS）和美国国防部（Department of Defense，DoD）在这一时期相继公布了《数据加密标准》（Data Encryption Standard，DES）与《可信计算机系统评估准则》（Trusted Computer System Evaluation Criteria，TCSEC），体现了此阶段对计算机信息系统安全与保密问题的标准化应对方案的实践探索。20 世纪 80 年代，计算机和网络技术的发展促使相关应用范围的进一步扩大，信息资源得以基于网络环境进行连接和共享，为了解决由信息扩散和共享带来的新信息安全问题，这一时期信息安全相关工作重点不仅专注于计算机系统软硬件安全、信息存储与处理安全、信息传输安全，还专注于对信息的访问控制。国际标准化组织（International Organization for Standardization，ISO）也进一步在计算机安全定义中突出了计算机安全是围绕计算机硬件和软件数据，为数据处理系统建立的安全保护。20 世纪 90 年代后，随着 Internet 的普及与发展，信息安全需求不断体现于社会各领域，对信息安全也提出了可控性和不可否认性的新需求，实现了计算机安全向信息安全的过渡与发展，并且以高级加密标准（Advanced Encryption Standard，AES）为代表，加密算法等信息安全技术取得了突破性进展。

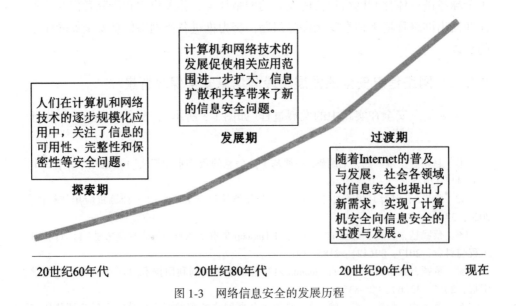

图 1-3　网络信息安全的发展历程

　　在进入 21 世纪后，由于信息技术和网络技术的飞速发展，信息系统的攻击和信息安全事件已泛化到面向用户个体层面，人们的信息安全需求不仅体现在信息保护和防御，而且还进一步突出了对发现、应急、恢复、对抗等能力的需求，并强调其中的信息安全技术和相应机制的完备性、系统性和动态性，提出了信息安全保障的需求。信息安全保障作为信息安全发展的新阶段，既体现了对信息安全的保护，又进一步强化了对系统脆弱性和其他信息安全事件的检测，进而提升了应急反应能力和系统恢复能力。信息安全保障作为复杂的系统性工程，逐渐成为国家信息化建设和可持续发展的重要组成部分。① 2017 年 3 月，中国外交部和国家互联网信息办公室共同发布了《网络空间国际合作战略》，该战略即是以构建网络空间命运共同体为目标，在和平发展、合作共赢的主题下，全面系统地提出了网络空间国际交流合作、破解全球网络空间治理难题的方案，体现了我国对信息安全保障的进一步国际化战略思考和所付诸的实践努力。② 随着 5G 时代的来临，加之大数据背景所产生的海量数据资源，信息泄露等信息安全隐患仍将愈发突出，这也对网络环境下的信息安全保障提出了新的要求和挑战。

　　此外，从国家法律法规方面来看，相关立法工作的逐步开展，既是信息安全保障的实践背景和支撑，也体现了国家对信息安全保障的推进，利用法律法规的普遍性、稳定性和强制性，从根本上防范和干预网络犯罪，进而全面规范网络信息行为，并保障网络信息安全。③ 如 1994 年 2 月，国务院第 147 号令发布了《计算机信息系统安全保护条例》，关注系统安全和网络安全，标志着我国在计算机信息系统及其应用发展方面的立法的起步；④ 2010 年 1 月发布的工业和信息化部第 11 号令《通信网络安全防护管理办法》则明确了网络安全防护工作，体现了计算机安全和网络安全向广义的网络安全的转变；⑤ 2016

---

　　① 罗森林，王越，潘丽敏，等. 网络信息安全与对抗[M]. 第 2 版. 北京：国防工业出版社，2016：32-34.

　　② 龙凤钊. 2017 年全球信息安全立法与政策发展年度综述[J]. 保密科学技术，2017（12）：18-22.

　　③ 李飞，吴春旺，王敏. 信息安全理论与技术[M]. 西安：西安电子科技大学出版社，2016：35-36.

　　④ 于志刚. 网络安全对公共安全，国家安全的嵌入态势和应对策略[J]. 法学论坛，2014，6(13)：5-19.

　　⑤ 中华人民共和国工业和信息化部令第 11 号[EB/OL]. [2019-04-26]. http://www.gov.cn/flfg/2010-02/03/content_1527077.htm.

年 11 月，全国人民代表大会常务委员会通过并发布了《中华人民共和国网络安全法》，进一步保障了国家网络安全，并保护了公民和组织的合法权益，从而促进经济社会信息化健康发展。《中华人民共和国个人信息保护法》于 2021 年 11 月 1 日起正式施行，为个人信息权益保护、信息处理者的义务以及主管机关的职权范围提供了全面的、体系化的法律依据，这标志着我国个人信息保护立法体系进入新的阶段。① 国际上，以美国为代表的发达国家近年来也在信息安全的法律保障方面取得了重大发展和突破，如《电子邮件隐私法案》《网络空间漏洞披露报告法案》《外国情报监视法》等均得到了美国众议院的表决通过，旨在改善网络信息安全环境和提升网络信息安全保障状况。欧盟委员会等国际性组织也提议并发布了《网络信息安全指令》《隐私与电子通信条例》《一般数据保护条例》等，同样为世界范围的信息安全保障工作开展奠定了基础。②③

1.3.2　网络信息安全保障的支撑条件

互联网已成为企业、政府、军事以及公众活动中不可或缺的重要基础设施，这意味着提供具有高度可信的网络基础设施并保障网络基础设施安全，已成为网络信息安全保障的重要物理基础和支撑条件。④《俄罗斯联邦网络安全战略构想》中指出，关键基础设施的安全主要体现在 CPU、操作系统和网络三个技术层面，而此三个层面的国家技术自主，则是确保物理层面国家网络安全保障的必由之路。⑤ 习近平总书记在 2016 年网信工作座谈会上强调了网络基础设施安全防护对我国网络生态治理的重要性，尤其突出强调了通信等领域的关键信息基础设施是经济社会运行的神经中枢，是网络安全的重中之重，并要求加快构建关键信息基础设施安全保障体系，制定《关键信息基础设施安全保

---

① 《个人信息保护法》：构筑新时代个人信息权益保护的安全防护网［EB/OL］. ［2021-09-26］. http://www.cac.gov.cn/2021-09/08/c_1632692967516943.htm.

② 龙凤钊. 2017 年全球信息安全立法与政策发展年度综述［J］. 保密科学技术，2017（12）：18-22.

③ 陈梦华，罗琲，陈才麟，等. 欧盟《一般数据保护条例》对我国个人信息保护的启示［J］. 海南金融，2018，360（11）：38-42.

④ 牛小敏. 统一步调 密切协作 提高网络和信息安全保障水平 访北京邮电大学校长、中国工程院院士方滨兴［J］. 电信技术，2009，1（1）：44-47.

⑤ 任琳，吕欣. 大数据时代的网络安全治理：议题领域与权力博弈［J］. 国际观察，2017（1）：130-143.

护条例》。①

　　由于网络信息安全保障的开放性，决定了相关保障的开展需要依托于成熟的安全管理体系。信息安全管理体系(Information Security Management Systems,ISMS)的建立也是信息安全方针与目标确立，及实施信息安全保障的重要基础条件。关于信息安全管理体系，英国标准协会(British Standards Institution,BSI)于1995年就制定了《信息安全管理标准体系》(BS7799)，其后在版本修订和多国研讨中不断完善，并将其中部分内容作为国际通用标准施行。而在网络环境下，网络信息安全管理体系的建立也同样为网络信息安全保障提供重要支撑。网络化ISMS的建设中不仅突出网络信息安全策略的确立、网络信息安全管理范围的界定，而且还进行网络信息安全风险评估与安全风险管理，并选择和确定管制目标与策略。在具体实施中，信息安全技术层面，可建设安全的主机系统和安全的网络系统，并配备适当的安全产品；而在管理层面，则通过构架网络化ISMS实现，进而从整体上为网络信息安全保障提供网络信息安全管理支撑。②

　　此外，网络信息环境与信息技术的发展既带来了网络信息安全风险，同时也成为进一步提供网络信息安全保障的支撑条件。以云计算技术为例，其在服务模式与技术上的突破，为网络信息资源管理提供了一种全新的手段，也产生了传统本地信息资源存储与利用中并不突出的网络信息安全问题；而针对网络信息资源建设及其安全保障的分散组织问题，基于云计算技术的网络信息资源组织、云存储和云服务，在产生信息安全问题的同时，也实现了网络信息资源云服务业务的拓展，支撑了多渠道网络信息资源协同利用的安全服务体系的完善，进而推动国家网络信息资源服务和网络安全的融合发展，体现国家软实力的同时，也增强国家的创新实力。

　　具体而言，云计算的支撑作用表现为云计算技术发展对国家学术资源信息的数字化存储和应用模式变革及其安全保障策略的推进。例如，由于云计算的可编程特征，对信息资源存取应用中的配置错误和偏差的监控可实现完全自动化，即相应主体可为关键信息资源建设自我修复基础设施，进而实现敏感数据的保护；而在相关基础设施的配置或更新之前，各主体亦可通过自动化测试手

---

① 工业和信息化部网络安全管理局.深化网络基础设施安全防护　大力开展网络生态治理[N].中国电子报,2016-05-17,2.
② 李飞,吴春旺,王敏.信息安全理论与技术[M].西安：西安电子科技大学出版社,2016：30-31.

段进行相应代码程序是否符合组织安全策略的测试，从而辅助组织快速实现信息安全问题修复和相关信息资源处理工作的创新。① 这种云计算支撑下的信息安全自动化方案将比传统的数据中心在应对信息资源安全保障方面更容易和有效。

1.3.3　网络信息安全保障的现实问题

以网络信息安全保障的支撑条件为基础，尽管网络信息安全保障已上升为国家战略高度，且被社会经济活动中各方主体所逐渐重视，但相对于迅猛发展的网络信息环境和海量增长的网络信息资源，网络信息安全保障依然面临着诸如战略部署、协同实施、保障效果和利益冲突等方面的诸多现实问题，如图1-4所示。

图 1-4　网络信息安全保障的现实问题

（1）网络信息安全保障的战略部署

网络信息安全保障的开展依赖于网络信息安全保障的全面战略部署，其安全保障范围的明确、安全保障战略方向的拟定等则是网络信息安全保障战略部署的首要现实问题。习近平总书记在中央网络安全和信息化领导小组第一次会议中所发表的重要讲话即强调了"网络安全和信息化是一体之两翼、驱动之双

---

① Andrew Wright. 云计算支持 IT 安全的 12 种方式［N］. 中国信息化周报，2019-05-20，14.

轮，必须统一谋划、统一部署、统一推进、统一实施"。① 这说明党中央极为重视国家网络信息安全保障战略，也明确了相关战略制定和部署需要综合多方面力量统一开展。然而，相关工作统一开展的基本前提是，首先，网络信息安全保障战略部署需要立足于国家战略的高度进行思考和统筹，具有全球化网络环境与信息化发展视野，与国家的网络化进程相匹配，同时支撑国家信息化建设；其次，战略部署需要逐层分解，构建网络信息安全保障框架，明确网络信息安全保障实施范围、界限与权责义务，且具备多元主体的可执行性。

相关决策者对安全保障意识的薄弱与信息素养方面的局限性也正成为网络信息安全保障的战略部署方面的现实问题。Fortinet 公司关于全球企业安全调查的结果显示，在员工数超过 250 人的全球组织机构中，近一半 IT 决策者认为企业高管对网络安全不够重视，董事会对网络安全的重视程度亟待提高，②在极大程度上影响了组织的网络信息安全保障战略部署。尤其是以云环境下的信息化建设中的问题更为突出，尽管部分相关决策者关注到了云计算技术所带来的基础设施建设、存取效率等方面的优势，但可能对云端信息安全风险和问题的准备不足，在选择云服务提供商及相关云计算服务时缺乏全局思考，极易造成组织在可持续发展进程中遭受网络信息安全问题的打击。可见，网络信息安全保障的战略部署现实问题的解决将直接影响着国家网络信息安全保障工作的有序开展。

（2）网络信息安全保障的协同实施

在网络信息安全保障的协同实施方面，其首要现实问题在于多元主体之间的协作实践。网络信息在实现传递的过程中，必然存在信息发送者和信息接收者，而当信息发送者和信息接收者由多元主体组成时，任何一方存在的信息安全隐患都有可能引发全局性的信息安全问题。为保障网络信息安全问题，须由相关管理部门有效协调和合作，并由共同参与的多元主体协同实现网络信息安全保障。例如，随着我国工业和信息化部的成立，在信息系统等级保护管理方面存在着工业和信息化部与公安部之间的职能交叉问题，即两个部门的相互协调合作决定了信息系统等级保护管理工作在网络信息安全保障

① 习近平：网络安全和信息化是一体之两翼　必须统一谋划[EB/OL]．[2019-04-28]．http://www.cac.gov.cn/2014-02/28/c_126205866.htm.
② 全球企业安全调查报告解读[EB/OL]．[2019-04-28]．http://www.sohu.com/a/198164652_257305.

方面的实施效果。① 然而，由于多元主体内部所建设的数据库、信息系统、网络信息设备等均存在差异，在元数据标准、数据存储格式与传输协议等中亦可能存在差异，这不仅造成了数据开放获取、系统互操作等方面的障碍，更对网络信息安全保障的多元主体协作带来了基础设施层面和实践操作层面的困难。尤其是在电子政务、电子商务快速发展的趋势下，产学研等跨部门信息共享等业务需求的迅猛增长对网络信息安全保障的协同实施不断提出新的要求，而其中的同步、异步信息处理中所涉及的信息安全与协同保障问题也日益突出。

在网络信息安全保障的协同实施中，信息安全保障的相关标准同样影响着信息安全保障活动有效的开展。信息安全保障标准作为提供信息安全保障的行为主体的行动指南，实际上依赖于信息安全及其管理标准和规范，如为系统互操作的安全问题设立的对称/非对称加密标准(DES、IDEA、RSA)、传输层加密标准(SSL)、安全电子交易标准(SET)等；为信息安全技术与安全系统工程设立的信息产品通用测评准则(ISO/IEC 15408)、安全系统工程能力成熟度模型(SSE-CMM)等；为网络信息安全管理设立的信息安全管理体系标准(BS 7799)、信息安全管理标准(ISO 13335)等。② 但由于网络环境下的信息交换与传播消除了地域的局限性，这使得网络信息安全保障标准的制定要适应不同区域、不同国家的相关要求，即全国化、全球化的网络信息安全保障标准的统一仍旧是影响网络信息安全保障协同实施的现实问题。对此，我国在进行网络信息安全保障标准统一方面也进行了不断探索，如中央网信办、国家质检总局、国家标准委在2016年联合印发了《关于加强国家网络安全标准化工作的若干意见》，并强调要建立统一权威的国家标准工作机制，原则上不制定网络安全地方标准。③ 然而，多元主体间的网络协同实践中，网络信息安全保障标准的统一依旧存在较为普遍的现实问题。

(3) 网络信息安全保障的效果

从网络信息安全保障的效果来看，其现实问题表现为滞后性和局限性。前者是指网络信息安全保障规范的发布和完善，往往是针对新出现的网络信息安

---

① 牛小敏. 统一步调　密切协作　提高网络和信息安全保障水平　访北京邮电大学校长、中国工程院院士方滨兴[J]. 电信技术，2009，1(1)：44-47.

② 罗森林，王越，潘丽敏，等. 网络信息安全与对抗[M]. 第2版. 北京：国防工业出版社，2016.

③ 关于加强国家网络安全标准化工作的若干意见[EB/OL]. [2019-04-28]. http://www.cac.gov.cn/2016-08/22/c_1119430337.htm.

全事件或冲突而设计的，很难制定全局性、预见性的完备方案。这一方面源于监管和保障中所存在的天然滞后性，另一方面则源于网络信息环境的开放性特征和相关技术的快速变革。例如，当前人工智能技术发展迅猛，依赖于人工智能技术所开发的网络应用产品不断出现，然而与之相配套、适应人工智能技术发展的成熟的法律制度和信息安全监管体系则尚未形成，信息安全监管与保障理念和策略严重滞后，导致智慧赋能后的信息安全监管缺位或内部控制失效，从而制约了面向人工智能技术的网络信息安全保障效果。①

网络信息安全保障的局限性表现在因对全局性信息安全缺乏全面认识、缺乏对潜在信息安全风险的评估和影响预测而导致网络信安全保障不足，同时，受相关技术和实施条件限制，导致网络信息安全保障范围仅针对特定群体或特定信息活动。例如，科研协同信息行为风险管理体系的构建首先需要识别科研协同信息行为中的风险要素，并对可能发生的风险来源和内容进行归纳，这其中可能既存在宏观政策及形势把握风险、科研协同方向决策风险、科研协同发展过速风险、科研协同关系风险等战略风险，也同样可能存在协同信息交互流程风险、信息系统与技术支持风险等运作风险。② 科研协同信息行为主体如若缺乏对战略层面和运作层面的系统思考，可能存在对网络环境下的信息安全风险估计不足的状况；同时，网络信息安全保障技术在面对复杂的协同信息活动中的技术障碍和关系协调问题，也将一定程度上限制信息安全保障范围，从而共同使得相应信息安全保障活动具有一定局限性。

(4) 网络信息安全保障的利益冲突

由于网络信息活动参与主体的多元性，使得网络信息安全同样涉及多元主体的利益，即在协同实现网络信息安全保障的过程中还应契合多元主体的利益，协调各层级信息安全利益与各方主体权益。

对于个体利益与组织利益相冲突的问题，集中反映在个人信息安全保障不足而致使部分企业和其他类型组织在利用个人信息从事社会、经济活动时所引发的信息安全问题。例如，"支付宝年度账单"事件一度成为企业违背个人信息安全规范的典型，即涉事企业将涉及用户个人信息的协议选项"我同意《芝

---

① 邓文兵. 人工智能时代信息安全监管面临的挑战及对策[J]. 中国信息安全，2018（10）：106-108.

② 严炜炜，赵杨. 面向科研协同信息行为的风险管理体系构建[J]. 情报科学，2018，36（1）：19-23.

麻服务协议》"设置在页面中不显眼处,并设置为用户默认勾选状态,这使得众多用户"被自愿"地同意相关协议内容,而导致个人信息被企业收集,并被用于企业相关功能服务完善和营销活动之中。① 显然,在此事件中,个人利益与组织利益存在个人信息安全所引发的冲突。《网络安全法》中部分章节对个人信息安全保障提供了尚不全面的依据,我国于2017年12月还出台了推荐性国家标准《信息安全技术个人信息安全规范》,其虽然提供了以遵循《网络安全法》为基础的运作实施方案给相关数据控制方,但由于是推荐性国家标准,缺乏强制力手段,对于相关冲突行为的把控性仍存在不足。② 2020年正式获批发布的《信息安全技术 个人信息安全规范》替代了GB/T 35273—2017,新标准的修改在于加强标准指导实践、支撑App安全认证,这将进一步契合我国相关法律法规的要求,增加标准指导实践的适用性,帮助提升行业和社会的个人信息保护水平,为我国信息化产业健康发展提供坚实保障。③

对于组织与组织间利益相冲突的问题,则集中体现于网络信息安全保障的协同实施过程中。网络信息安全保障的协同实施依赖于各协同主体在统一信息安全保障目标的前提下协作开展相关业务。而多元的信息标准、复杂的协作关系和协同流程,容易导致组织间在协同实现信息安全保障时产生组织间的利益冲突,从而影响网络信息安全保障的可持续性。诸如在多元主体间的跨系统信息流转中,以及具有竞合关系的组织间的竞争情报工作之中,均易产生由开放接口、信息资源共享等而产生的组织间的网络信息安全保障冲突。此外,伴随网络恐怖主义与国家网络冲突的日益显著,网络信息安全冲突与保障也成为网络主权安全治理的全球性难题,信息社会世界峰会、联合国信息安全政府专家组、国际电信联盟等组织均尝试通过相关规则的制定,实现网络空间的跨国、跨组织共同治理,④ 以推进相关网络信息安全保障利益冲突的解决。

---

① 聚焦"支付宝年度账单事件"[EB/OL].[2019-04-28]. https://www.sohu.com/a/219129029_100011665.

② 5月1日起正式实施!"个人信息安全规范"针对这三大问题出招[EB/OL].[2019-04-28]. http://www.sohu.com/a/229572917_467340.

③ 《信息安全技术 个人信息安全规范》(2020年版)国家标准正式发布[EB/OL].[2021-09-27]. http://www.ahstu.edu.cn/wlzx/info/1011/1478.htm.

④ 冉从敬,王冰洁.网络主权安全的国际战略模式研究[J].信息资源管理学报,2019,9(2):12-24.

2 网络环境下的信息安全全面保障及其需求分析

网络环境发展及其信息安全保障逐层的推进中，不安全因素与风险仍贯穿于网络信息资源组织、加工与网络信息服务和利用的全过程，这意味着网络环境下的信息安全问题需要围绕全过程综合考虑，并实现网络信息安全全面保障。网络信息安全全面保障旨在全面覆盖信息存储、处理、加工全流程，实现信息安全保障措施的全面部署，其提出依赖于网络信息安全全面保障理论基础的梳理，并明确网络信息安全全面保障的主客体构成、目标定位和全面保障需求。

2.1 网络信息安全全面保障及其理论基础

网络信息安全问题涉及网络信息内容安全、网络信息用户安全、网络信息技术安全等方面，网络信息安全全面保障既体现安全制度和机制上的完善，也体现技术上的安全保护和支撑，规避和预防网络信息活动中可能存在的各种安全风险，并提供事后安全应对方案。网络信息安全全面保障的理论基础涵盖全面质量管理理论、安全链理论、安全风险及其控制理论等。

2.1.1 网络信息安全全面保障的内涵

从国家信息安全战略框架来看，网络信息安全的保障，涉及保障信息与信息系统的机密性、完整性、可用性、真实性和可控性五个信息安全的基本属性，建设面对网络与信息安全的防御能力、发现能力、应急能力、对抗能力四个基本任务，依靠管理、技术、资源三个基本要素，建设管理体系、技术体系两个信息安全保障的基本体系，从而实现网络信息安全保障。①

　　网络环境和相关信息技术的迅猛发展，尤其是网络环境下日益突出的去中心化特征，加之多元信息主体的网络信息活动日趋复杂，导致不安全因素贯穿网络信息资源组织加工与服务利用，以及网络信息活动的部署与运作等全过程。围绕特定信息资源、功能与服务的信息安全保障，已不能适应预防及保障网络信息活动的多样化、复杂交互所导致的相互关联的信息安全问题，网络信息安全保障需要系统部署，实现全方位、全流程的网络信息安全全面保障。

　　正是基于对网络信息安全问题复杂性的重视，我国基于对网络环境和信息化发展趋势的准确判断，在党的十八大报告中，首次明确提出了健全信息安全保障体系的目标。② 习近平总书记也指出网络安全和信息化是一体之两翼、驱动之双轮，安全和发展要同步推进;③《"十三五"国家信息化规划》亦进一步强调了对该总要求的贯彻落实，同时完善网络空间治理体系和健全网络安全保障体系。④ 中共中央党史和文献研究院编辑的《习近平关于网络强国论述摘编》一书中"共同构建网络空间命运共同体"专题部分集中体现了网络空间命运共同体在实施网络强国战略中的重要地位，也生动彰显了中国在建设网络强国的进程中积极为全球网络治理贡献智慧的努力。⑤ 由此可见，网络信息安全保障需要站在国家战略高度，以制度规范和相关条例政策为手段，统一部署网络信息安全保障工作，推进各行业、各类信息活动参与主体共建和共同遵循网络信息安全全面保障体系。

　　此外，网络信息安全全面保障要求基于网络信息活动全流程，从网络信息资源开发与建设安全、网络信息源发布与存取安全、网络信息资源组织与利用安全、网络信息交互与服务安全等方面构建保障机制，确保网络信息资源在网

---

　　①　罗森林，王越，潘丽敏，等.网络信息安全与对抗[M].第 2 版.北京:国防工业出版社，2016:45-46.

　　②　张显龙.适应新形势　健全信息安全保障体系[J].中国党政干部论坛，2013(3):99-100.

　　③　新华网.网络安全及信息化:网信事业一体之两翼、驱动之双轮[EB/OL].[2019-05-03].http://www.xinhuanet.com/politics/2016/09/20/c_129289895.htm.

　　④　中国政府网.网络安全和信息化是一体之两翼、驱动之双轮[EB/OL].[2019-05-03].http://www.gov.cn/xinwen/2016-12/09/content_5145656.htm.

　　⑤　为全球网络空间治理变革擘画中国方案——学习《习近平关于网络强国论述摘编》体会[EB/OL].[2021-09-27].http://theory.people.com.cn/n1/2021/0218/c148980-32030440.html.

络信息活动各个环节中的可用性、保密性、完整性等，并在网络信息安全保障组织中，基于多元主体协同参与构建网络信息安全全面保障组织机制，明确各安全保障主客体及其目标定位，推进安全网络环境的建设与发展。① 而围绕网络信息安全全面保障需求，各级政府部门、企业、科研机构、信息服务机构等需要联合起来，在优势互补、联合服务的前提下，共同组建跨系统的信息安全保障联盟，则可进一步推进网络信息安全全面保障的实现，最终为保障国家网络信息安全，提高对信息安全事故的与主动防御能力、响应能力和对灾难的恢复能力。②③

综合网络信息安全的概念范畴、网络信息安全保障的界定和提出，我们可以对网络信息安全全面保障进行概括，即网络信息安全保障是围绕网络信息活动全过程中可能产生的所有网络信息安全问题所开展的预防、监测、保护、恢复等解决方案设计和实施，从硬件、软件、安全服务等角度提供全面的保障，从而全方位提升网络信息安全水平，促进网络信息环境的健康和持续发展。网络信息安全全面保障针对网络信息活动全过程，立足于国家层面、机构层面、个体层面等不同网络信息安全保障需求，进行分层次、针对性的保障，同时强调了全面构建事前安全监测预警、事中安全响应保护和事后安全灾备恢复的安全全面保障体系。

其中，事前安全监测预警指在网络信息安全事故发生前，充分提取网络信息安全风险点，估计网络信息安全风险危害范围与程度，分析网络信息安全危害形式和特征，结合基于统计的方法、贝叶斯分类法、基于特征选择等异常检测方法，④ 从而对网络信息安全威胁实现入侵监测，并及时对潜在的网络信息安全威胁进行预警，实现网络信息安全威胁的积极预防体系建设。如网络信息资源交换与传播过程中，监测到用户资源需求主题特征突变、下载异常，且伴随网络流量剧烈变化等情况出现，则需要预警网络信息安全风险，并进入网络信息安全保障的主动防御环节之中。⑤

---

① 石宇，胡昌平. 云计算环境下学术信息资源共享全面安全保障机制[J]. 图书情报工作，2019，63(3)：54-59.

② 伦宏. 我国图书馆舆情信息工作的现状与服务方式创新——区域性图书馆舆情信息工作联盟构建想[J]. 图书情报工作，2014，58(1)：48-53.

③ 胡昌平，仇蓉蓉. 云计算环境下国家学术资源信息安全保障联盟建设构想[J]. 图书情报工作，2017，61(23)：51-57.

④ 张宝军. 网络入侵检测若干技术研究[D]. 杭州：浙江大学，2010.

⑤ 石宇，胡昌平. 云计算环境下学术信息资源共享安全保障实施[J]. 情报理论与实践，2019，42(3)：55-59.

事中安全响应保护，则是对各类网络信息非法攻击、侵害，进行基于信息安全防护技术的抵御，可借鉴深度防御策略多点防御、多重防御的思想，进行全面的信息安全事件响应和实施相应的安全保护。如围绕云环境下的学术信息资源全程化安全保障，就需要在学术信息资源组织与开发全流程中，实施云计算平台基础设施安全、学术信息资源系统基础环境安全、学术信息资源存储安全、学术信息资源开发安全、学术信息资源服务安全、学术信息资源用户安全等方面安全威胁的全面响应和保护。① 其中，云计算平台基础设施安全保护可涉及硬件设施、网络接入、虚拟机安全、网络信息资源调配等安全保护；学术信息资源系统基础环境安全保护可涉及服务器、数据库、操作系统与应用软件等安全保护；学术信息资源存储安全保护可涉及访问控制、网络信息加密等安全保护；学术信息资源开发安全保护可涉及认证和授权机制、抽样检测、完整性验证等安全保护；学术信息资源服务安全保护可涉及角色授权、数据传输、网络负载等安全保护；而学术信息资源用户安全保护则可涉及用户信息保密性、可用性和完整性等安全保护。

事后安全灾备恢复，则强调网络信息资源与服务遭受侵害后，对相应资源和受安全影响对象实现灾难恢复，起到事后重建以及资源、功能可用性恢复的作用。事后安全灾备恢复保障的实现依赖于数据备份中心和安全恢复功能的建设，使得网络信息资源与服务由于网络攻击被破坏或可访问性中断等情况出现时，可以立即通过数据备份系统和相应恢复功能迅速恢复，从而实现安全事故的事后安全保障，并与事前、事中安全保护策略相融合，形成完整的面向网络信息活动全过程的网络信息安全全面保障。

2.1.2　全面质量管理理论

由费根堡姆（Feigenbaum）于 1956 年提出的全面质量控制（Total Quality Control，TQC）理论指出，质量受市场、资金、管理、人、动机、财力、机器和机械化的影响，② 虽然其主要从工程学角度进行讨论，而非覆盖整个管理领域，但相关论断中对整个组织全员参与全面质量管控的主张，体现了全面质量管理的实施关键，即全面质量控制理论体现了质量管理的新发展。随着实践的

① 林鑫，胡潜，仇蓉蓉. 云环境下学术信息资源全程化安全保障机制[J]. 情报理论与实践，2017，40(11)：22-26.

② Feigenbaum A V. Total quality-control[J]. Harvard Business Review, 1956, 34(6)：93-101.

进一步发展，以全面质量控制理论为基础，戴明（Deming）基于休哈特（Shewhart）提出的PDCA循环进行整理和推广形成了全面质量管理的方法依据——戴明环，指出质量管理可分为计划（Plan）、执行（Do）、检查（Check）和处理（Act）四个阶段（如图2-1所示），全面质量管理即按照这四个阶段循环执行，深化了全面质量管理理论。① 其中，计划阶段主要分析现状查找原因，在找到问题的基础上，分析产生问题的原因，制订措施计划；执行阶段即按照已经确定的改进方案，依靠完善的项目管理制度和成熟的技术手段，有条理地执行计划，这是整个戴明环的关键；检查阶段则主要是一个评估结果的过程，即通过各种质量手段对比执行结果与预期目标的一致性，如果存在结果与预期目标的差距，则要返回执行阶段重新执行，如果结果执行效果良好，则可进入下一阶段；处理阶段是针对检查的结果进行总结，将成功的经验制定成相应的标准文件，推广到整个组织，把没有解决的或新出现的问题转入下一个戴明环中，进而在连续循环中实现组织的持续改进。

图2-1　戴明环（PDCA）的四个阶段

20世纪80年代后期，ISO9000系列国际质量管理标准的提出则体现了全面质量管理的进一步扩展和应用，该标准也意味着早期的全面质量控制已演化

---

① PDCA Cycle［EB/OL］.［2019-05-04］. https://www.investopedia.com/terms/p/pdca-cycle.asp.

表现为全面质量管理，其内涵已远超一般工程质量范畴，而全面深入各管理领域。在 ISO 颁布的 ISO/DIS8402—93 质量管理和质量保证词汇标准中，将全面质量管理定义为：通过全员参与，围绕质量提升，实现让顾客、组织成员、社会受益的长期成果管理途径。①

围绕着企业等组织的运行全过程，质量体系表现为质量控制要素、质量特征体现和质量形成流程的交互作用，以此为基础的全面质量管理强调贯穿组织管理的全过程，按质量的形成流程、特征体现，实现流程化的全面质量管理。② 全面质量管理的要求主要体现在以下四个方面：①依据科学方法进行管理，即充分考虑质量的客观形成过程，对组织的质量管理工作要求以客观标准为依据，采用科学的方法合理制定质量管理标准、质量检测和分析方案、治理管理体系与管理流程；②依据质量流程进行管理，即准确把握需求和质量管理技术，正确认识质量的形成序化过程及质量要素之间的相互作用，严格按质量流程进行管理，以保障组织质量管理的整体实现；③实现全过程管理，即通过对组织工作各环节和影响因素的全面控制，在全过程的管理中建立有效的质量监督、控制、处理体系，同时进行过程管理上的整合，并将管理侧重点由事后控制转移到事前预防，将质量问题扼杀在形成初期；④实现全员管理，即对组织运作中的各类人员的工作质量进行监督与管控，使各职能人员按照组织计划和目标，明确自身的岗位职责，确保总体质量管理目标的实现。

由于全面质量管理理论在组织质量管理中的普遍适用性，面对组织信息化发展中的网络信息安全问题，全面质量管理理论的应用也具有科学性和合理性。英国标准 BS7799-2：2002，以及国际标准 ISO/IEC 27001 是由联合技术委员会 ISO/IEC JTC1（信息技术）的 SC27 分会（安全技术）起草的 ISO/IEC 27001：2005，与其他标准 ISO9001：2000 与 ISO16949：1996 相结合，引入全面质量管理理论中的戴明环构建的信息安全管理体系（ISMS），③ 实现了面向组织在建立、实施、动作、监控、评审、维护和改进中的文件化信息安全管理体系框架的构建。组织 ISMS 的设计和实施受组织需求、目标、安全需求、应用过程以及组织规模和结构的影响，其采用亦是组织的战略性决策，必须有效识别和

① 李铁男. ISO/DIS 8402—93 质量管理和质量保证——词汇［J］. 世界标准信息，1994（1）：26-32.

② 胡昌平. 管理学基础［M］. 武汉：武汉大学出版社，2010：175-183.

③ 胡昌平，万莉. 云环境下国家学术信息资源安全全面保障体系构建［J］. 情报杂志，2017，36（5）：124-128.

管理信息安全相互关联的活动。其中，重点突出了解组织的信息安全要求及建立信息安全策略和目标的需求，并在组织的整体业务风险框架内，控制与管理组织的信息安全风险，并监视和评审 ISMS 的执行情况和效果，进而基于客观测量实现持续改进。基于此，全面质量管理理论为信息安全管理与保障提供了理论基础，可结合网络环境下的信息安全问题的演化，对网络信息安全全面保障提供理论支撑。

2.1.3 安全链理论

除了全面质量管理理论强调对全过程的把控，安全链理论也在强调积极预防的基础上突出了全过程的安全管理导向。安全链理论起源于危机管理，其关键在于将构成安全事件的要素视为其中的一个环节，并按照一定的关系串接各环节(要素)，使得各环节(要素)之间形成一条完整的安全链，从而实现对可能造成风险的所有相关要素利用系统论方法进行关联分析。安全链理论对环节的强调则意味着在相关分析中须同时考虑安全事件的源头、对象，以及与之相关联的所有环节(要素)，并明确各环节(要素)之间的关联关系，进一步揭示系统的运作及作用机理和子系统的微观结构，从而预防和有效规避安全事件的再次发生。正是由于安全链理论对安全事件的有效预防作用，其不仅在政府应对自然灾害中提供了支撑，还在化工、金融、医疗卫生、食品安全、运输业等各行业中得到广泛采用。[1][2]

安全链理论不是独立地存在，其同时遵循着因果转换原理、路径依赖原理、破窗原理、墨菲原理等基本理论。[3] 因果转换原理：在安全链系统中，除了信息、技术、管理之外，人、物和环境要素都可能成为对其他因素产生主导作用的重要因素，而在一定条件下可实现因素间因果关系的转换，甚至在安全事件中互为因果关系。路径依赖原理：用户一旦选择了某种路径之后，行为和发展中便无法轻易脱离固有认知，在惯性下不断强化该路径选择；由于安全链理论是一个各环节串联的过程，所以也遵循路径依赖原理，即在起始环节的安

---

[1] 雍瑞生，郭笃魁，叶艳兵. 石化企业安全链模型研究及应用[J]. 中国安全科学学报，2011，21(5)：23-28.

[2] McFadden K L, Henagan S C, Gowen C R. The patient safety chain: Transformational leadership's effect on patient safety culture, initiatives, and outcomes[J]. Journal of Operations Management, 2009, 27(5): 390-404.

[3] 盛苗. 基于安全链的深基坑工程安全管控体系设计[D]. 武汉：华中科技大学，2012.

全选择会影响到后续的环节和整体安全保障情况。破窗原理：对于管理不当、操作错误、监督缺乏等原因导致的原始安全事故，如果该问题未及时弥补，那么可能会诱导更多人犯错误，从而导致安全事故的增多；这种破窗现象体现在安全链上即薄弱环节或断裂现象的出现，使得安全链弱化甚至崩溃。墨菲原理：虽然产生某些安全事件的概率是较小的，但一旦发生，则可能会带来巨大安全威胁和损失；由于安全链各环节紧密相连，任何薄弱环节的产生及安全事件的发生，都可能会对整个安全保障产生巨大影响。以上四个基本理论要求在基于安全链的安全管理与保障中关注诸多安全要素的因果关系，并制定完善的安全保障措施和应急响应策略，重视各环节安全的关键作用，实现各安全要素、安全环节的有效协调与把控。

结合安全链理论的基本观点和相关理论基础，可实现安全链要素体系的构建，即包含人、物、环境、信息、技术、管理等相互联系与作用的要素，并以这些要素为核心构建和实施安全保障策略，如图 2-2 所示。其中，人是指直接参与项目的各类人员，基于安全链的安全管理中，需考虑人的理论与技术水平、责任感、综合素质等因素；物是指组织运作过程中的设备、工具等基础设施和物品，其位于要素体系结构的底层，物的安全支撑着组织的安全保障；环境包括管理环境、技术环境、实施环境等，安全管理须根据环境特点和资源管理条件，充分考虑环境变化会对安全管理带来的影响；信息是指从组织管理和安全保障活动中对相关信息的采集、存储、处理、传递等过程，为组织中信息安全活动的管控提供支持；技术是指组织运作中所涉及的具体生产、运作技术应用以及安全维护处理技术等，亦为安全管理提供技术层面的支持；管理是指

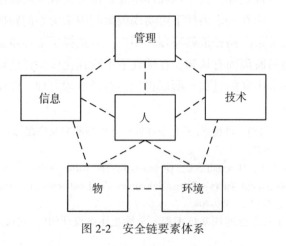

图 2-2 安全链要素体系

对组织完整活动实现全过程安全管理，主要涉及行为准则、技术规范、管理规章等的制定和执行，还包括对安全部门的建立、安全教育培训、安全防范举措实施等。基于以上安全链要素体系的归纳，实现从预防、提前行动、准备、响应到恢复的全生命周期和全过程安全治理体系。

网络环境下的信息资源规模庞大、信息系统结构复杂，而网络技术漏洞、信息资源分布及异构化特征明显，使网络信息资源建设和利用面临着巨大的安全风险。借鉴安全链思想，从人、物、环境、信息、技术、管理等多方面归纳网络信息要素，明确信息资源建设和利用中的网络信息资源采集、存储、组织加工、开发利用等各个环节，形成网络信息安全链，对积极预防网络环境下的信息安全事件的发生具有理论支撑价值。

2.1.4　安全风险控制理论

ISO 27000 将信息安全风险管理划分为风险评估和风险控制两个过程，其中风险评估是基础，评估的结果可以为风险控制措施的选择提供指导；而风险控制则是目的，亦是组织信息安全保障的关键环节。安全风险控制理论强调根据风险识别和风险评估的结果，采取有效的风险控制安全措施，继而降低安全事件发生的可能性并减小安全风险损失程度，控制安全风险在可承受的程度范围内。值得指出的是，在安全风险控制过程中，不可能完全消除风险；因此，安全风险控制的主要任务是利用最小成本效益分析来将安全风险降低到可接受的范围内，使得风险的负面影响最小化。①

信息安全风险控制，从系统论视角，可看成一个复杂的控制系统。按照信息系统所包含的组织、信息技术和管理三个维度划分，组织控制是信息安全风险控制的基本保证，是信息系统安全的组织保障，包括系统运行的人与环境的控制；信息技术控制是信息安全风险控制的基础要素，为信息系统安全保护提供全面技术保障，包括物理安全技术和系统安全技术的控制；管理控制是信息安全风险控制的推动力，是信息系统安全的灵魂，包括各种制度、标准规范的管理等。三维度在相互影响、相互作用下形成面向信息安全风险控制的有机整体。

以此为基础，在实践中信息安全风险控制通常从人-机-环境三大要素探索复杂信息系统安全控制的实现途径。其中，"人"指代信息系统的拥有者、使用者与管理者；"机"指代人所控制的以信息系统为代表的对象；"环境"则指

---

① 程建华. 信息安全风险管理、评估与控制研究[D]. 长春：吉林大学，2008.

代人机协调运作中的特定工作条件。图2-3展示了系统功能的本质安全实现途径，其揭示了实现系统结构本质安全是实现系统功能本质安全的关键支撑，而系统结构本质安全则依赖于对系统结构和系统边界稳定性的维护，在这一过程中，同时实现了人、机、环境安全的控制。① 事实上，人、机、环境是系统三大要素，从控制论的角度，人、机、环境在控制论中一直被作为相互依赖、相互作用的有机整体对待，复杂系统亦是在人、机、环境之间的信息传递与加工等过程中形成和运作的，而三者之间的关联形式决定了系统的总体性能。故而，通过系统工程的方法，综合运用控制论、模型论和优化论方法，以强化系统安全为目标，探讨人-机-环境系统最优组合，可实现信息安全事件的有效控制。②

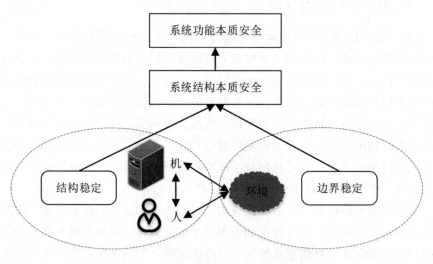

图2-3　系统功能的本质安全实现途径

此外，美国国家安全局(NSA)制定了信息保障技术框架(IATF)，作为美国政府和工业界的信息技术与信息基础设施保护的技术指南，它是一种从整体、过程的角度控制安全风险、处理信息安全问题的纵深防御理论框架。该框架体系区别于一般的人-机-环境要素，涉及人、技术、操作三个核心方

---

① 王瑛，汪送.复杂系统风险传递与控制[M].北京：国防工业出版社，2015.
② 龙升照.人-机-环境系统工程理论及其在生产力发展中的意义[EB/OL].[2019-05-05].http://www.mmese.com/te_document/2009-11-06/414.chtml.

面，关注保护网络和基础设施、保护区域边界、保护计算环境、支撑基础设施四个信息安全保障领域。其中，人是信息安全保障的实施者，是信息保障技术框架的核心要素，也是其中最重要且最脆弱的要素；技术是信息安全保障的重要手段，各项安全服务通过防护、检测、响应、恢复并重的动态的技术体系来实施；操作则紧密结合安全技术，是信息安全保障的主动防御体系，包括风险评估、安全监控、安全审计、跟踪告警、入侵检测、响应恢复等内容。在信息保障技术框架下，信息安全保障目标的实现，从人的角度，需要明确相关人员义务与责任，建立人员的管理制度，并对人员进行培训；从技术的角度，需要部署合适的安全防护技术，并及时对安全状态进行测评，对系统风险进行评估；而从操作的角度，则需在维持日常活动安全状态的基础上开展安全管理。①

网络环境下信息安全保障即可视为一项复杂的系统工程，其中的网络信息资源、信息系统、信息管理层次结构复杂，信息交换频繁。结合系统功能的本质安全实现途径，须以网络用户、信息系统与网络设备、网络环境三大要素的相互作用关系梳理为前提，充分结合用户、技术、操作特征和要素形成信息安全保障体系，确保各类网络信息活动所涉及的系统结构稳定和系统边界稳定，从而实现在对人-机-环境要素进行有效控制的基础上保障系统结构本质安全，进而支撑网络环境下信息系统功能的本质安全，即网络环境下信息活动的安全保障。

2.2　网络信息安全全面保障的主客体构成分析

由于网络信息活动具有综合性和复杂性特征，除用户个体所开展的网络信息活动之外，网络信息活动往往涉及多元主体参与，信息安全保障行为的主客体也具有广泛的分布性。此外，在网络信息安全全面保障的实施中，主客体也会根据保障行为的变化而发生主客体之间的相互转化，即实施网络信息安全保障的主体也可以成为其他网络信息活动中接受安全保障和服务的客体。尤其是在推进网络信息安全全面保障的进程中，需要对网络信息安全全面保障的主客体构成进行分析和揭示。

---

①　曾庆凯. 信息安全体系结构[M]. 北京：电子工业出版社，2010：123-125.

2.2.1　基于组织机构类型的横向划分

从组织机构类型来看，网络信息活动中实施信息安全全面保障的主客体主要可横向划分为企业、科研机构、高等学校、政府部门等，其在不同信息安全保障行为中根据自身的具体任务和需求，承担相应角色，如图 2-4 所示。

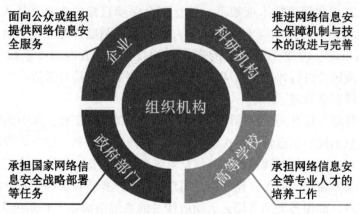

图 2-4　信息安全全面保障的组织机构划分

(1) 企业

企业的基本职能是创新和营销①②，前者需要广泛的科技文献信息和专利技术等知识资源，后者需要动态的市场需求、竞争情报和用户偏好信息，加之企业运作中所广泛存在的跨部门、跨机构合作，使得网络信息活动在企业实践中起到了至关重要的作用，同时也提出了网络信息安全全面保障的需求。

企业作为网络信息安全保障的主体，是网络信息安全维护和保障的执行者和服务者，通常可面向公众或组织提供网络信息安全服务，是网络信息安全全面保障实施的主要参与者。如互联网免费安全的倡导者三六零安全科技股份有限公司(以下简称 360 公司)，其作为中国最大的互联网和移动安全产品及服

---

①　Drucker P F. People and Performance：The Best of Peter Drucker on Management[M]. New York：Routledge，1995.

②　陈锟，于建原. 营销能力对企业创新影响的正负效应——兼及对"Christensen 悖论"的实证与解释[J]. 管理科学学报，2009，12(2)：126-141.

务提供商，先后推出了 360 安全卫士、360 手机卫士等安全产品，为大众提供 PC 端和移动端的安全服务。而随着物联网和人工智能技术的发展，360 公司确立了"3+1"的发展战略，即依靠三级安全大脑致力于保障大安全时代的国家安全、城市安全、家庭安全，依靠互联网战略实现内容商业化为安全技术创新提供强力支撑。① 除了以 360 公司为代表的将安全服务作为核心产品和服务的安全企业之外，众多互联网企业在提供网络信息服务时也注意对用户利用中的网络信息安全进行保障。如阿里云通过利用在线公共服务的方式，为用户提供云端高性能的计算和数据处理能力。而云计算服务的开展需要可靠的信息安全保障能力作为支撑，阿里云通过自主研发的大规模通用计算机操作系统，不仅支持海量数据多重备份、秒级恢复、按需自动扩容，实现高可靠性保障；还基于全球最丰富的网络攻击防御经验，制定云计算服务的信息安全保障策略，从而帮助用户有效降低云计算应用中的网络信息安全风险。②

企业作为网络信息安全保障的客体，则是根据自己的业务活动提出网络信息安全保障需求，并由相应的网络安全服务提供商提供解决方案，从而在业务实践中接受网络信息安全保障服务。相关网络信息安全保障服务旨在帮助企业应对经济全球化背景下市场竞争环境，提升企业网络化运作效率和经营安全层级。例如，McAfee 针对当前企业依赖于软件即服务（SaaS）和基础设施即服务（IaaS）技术来降低成本和提高效率的需求，尤其是考虑到金融行业企业还面临着不断变化的监管条例，以及来自企业内外源源不断的各种恶意攻击威胁，为金融行业企业提供了金融服务安全解决方案。在这一背景下，金融行业企业可以选择 McAfee 作为企业的网络信息安全服务提供商，即作为网络信息安全保障的客体，接受 McAfee 针对企业业务现状和实际需求所提供的网络信息安全解决方案，从而识别可疑用户行为和网络异常，快速隔离自定义恶意软件、针对性勒索软件和零日威胁等攻击，增强对云工作负载的监控，保护云端数据并确保策略实施的一致性，同时确保企业拥有适当的数据和系统保护，以满足监管条例要求。③

---

① 三六零安全科技股份有限公司. 公司简介［EB/OL］.［2019-05-06］. http://www.360. cn/about/index.html.

② 阿里云. 关于我们［EB/OL］.［2019-05-06］. https://www.aliyun.com/about? spm = 5176.7920199.631162.about. 422151f4zMRdUW.

③ McAfee. 金融服务安全解决方案［EB/OL］.［2019-05-06］. https://www.mcafee.com/ enterprise/zh-cn/solutions/financial-services.html.

（2）科研机构

科研机构是知识密集、技术密集型组织和知识创新源头，其基本职能包括组织开展科学研究、科学交流、科学评价等活动。① 由于其较强的研究创新属性，使得科学文献、实验数据及相关学术数据库资源成为科研机构开展科学研究和科研合作的重要基础。因此，在网络信息安全保障中，科研机构的学术信息资源安全是其中的关键。

科研机构作为网络信息安全保障的主体，可针对性开展网络信息技术及信息安全技术等相关领域的科学研究，从专业性、创新性方面推进网络信息安全保障机制与技术的改进与完善，并可作为网络信息安全保障技术的所有者和引领者，指导并参与到网络信息安全保障活动之中。如国家信息安全工程技术研究中心由科技部于 2001 年批复成立，其在国家密码管理局、国家保密局、公安部、国家安全部、工业和信息化部、上海市科委的共同领导下，从事信息安全工程技术研究。该中心的主要职责包括进行信息安全技术标准和规范研究，开展信息安全技术的引进消化、吸收与创新；推出高技术含量、高附加值的信息安全产品，实现信息安全领域科研成果转化；承担国家信息安全工程项目建设，提供信息安全保障解决方案与相关信息安全技术咨询，并提供重大信息安全工程项目的监理与检测；培养适应信息安全产业化发展需要的高级技术人才和高级管理人才。② 国家信息技术安全研究中心遵照中央领导重要批示，经中央编制委员会办公室批准组建中央网信办所属国家事业单位，履行科研技术攻关与网络安全信息联合职能，承载国家重大网络活动安全保障、党政机关和重要行业关键信息基础设施安全、网络和信息技术产品安全检测、自主可控技术产品研究，以及网络安全发展战略研究等任务。③ 科研机构作为网络信息安全保障的客体，为了把握专业领域前沿问题，在知识创新、技术创新及相关协同研究过程中，寻求学术信息资源共享与利用的安全策略和安全保障。例如，由湖北省科技信息研究院牵头搭建的湖北省科技信息共享服务平台利用元数据挖

---

① 王翊. 我国高校与科研院所的创新职能及作用探讨［J］. 经营管理者，2014（8）：239.

② 国家信息安全工程技术研究中心. 中心介绍［EB/OL］.［2019-05-06］. http：//www. nisec. net. cn/？s＝About.

③ 国家信息技术安全研究中心. 中心介绍［EB/OL］.［2021-09-27］. http：//www. nitsc. cn/index. html#/centerIntro/introDetail.

掘技术整合万方数据、维普资讯、中国知网、国研网、NSTL、中外专利数据库服务平台、EMIS 数据(新兴市场资讯)、盛大图书等国内主要数据资源提供商提供的和共建单位自建的 100 多个中西文数据库,建立了 4.7 亿条元数据(保持实时更新)的元数据仓储库,实现了科技文献信息资源的整合和共享利用,所整合资源涵盖科技期刊、学位论文、会议论文、专利、标准、国研报告、NSTL 中外文文献、法律法规、科研成果、年鉴、行业报告、报纸等十多个资源种类。① 在实现跨系统信息资源整合以及特色数据库建设中,信息资源共享与利用带来的信息安全风险问题需要得到有效解决,即可通过自建和购买信息安全保障相关基础设施的方式,或寻求系统化的信息安全保障解决方案,确保跨系统科技文献资源的共建共享有序开展。

(3)高等学校

高等学校的职能不仅在于教育和培养高级专门人才,同时也在科研和知识创新等活动中扮演着重要的角色,从而推进产学研合作的开展。② 在开展科研创新活动时,其信息安全保障需求与能力范畴与科研机构具有一定相似性,而在高等教育与人才培养方面,其信息安全保障则主要体现在信息安全专业人才培养以及高等教育资源信息化过程中。

高等学校作为网络信息安全保障的主体,除同科研机构在从事相关信息安全技术创新中起到推动作用之外,还通过承担网络信息安全等专业人才的培养工作,参与到网络信息安全全面保障之中。如中央网信办、教育部决定在2017—2027 年实施一流网络安全学院建设示范项目,在西安电子科技大学、东南大学、武汉大学、北京航空航天大学、四川大学、中国科学技术大学、战略支援部队信息工程大学设立国家网络安全学院,首批一流网络安全学院以探索网络安全人才培养新思路、新体制、新机制为主要内容,从而对接国家网络空间安全战略,输出跨学科复合型高水平网络空间安全人才。③ 又如,国家保密局、湖北省国家保密局、武汉大学共同打造了国家保密学院、国家保密教育培训基地武汉基地,旨在开拓保密学科建设和学历教育,培养懂技术、法律和

---

① 湖北省科技信息共享服务平台. 资源概览[EB/OL]. [2019-05-06]. http://www.hbstl.org.cn/webs/show_cenresourcelist.action? ids=117.

② 谢开勇. 对高校职能的思考[J]. 西华大学学报(哲学社会科学版),2005(5):87-89.

③ 新华网. 首批一流网络安全学院建设示范项目高校名单公布[EB/OL]. [2019-05-06]. http://www.xinhuanet.com/2017-09/16/c_1121675194.htm.

管理的复合型保密专门人才，同时开展保密岗位培训、在职教育和保密科研工作，从而建立保密专业高层次人才培养机制，亦实现了网络信息安全保障专业人才的培养作用。①

高等学校作为网络信息安全保障的客体，除了同科研机构在科研创新及相关学术信息资源共享利用中寻求网络信息安全保障之外，还期望借助信息安全保护机制、应用与相关硬件设施，保障教学信息资源的安全。伴随高等教育信息化的不断发展，教学、教务管理实践均已在网络信息技术的支撑下不断革新，教学信息资源同样呈现海量式增长，并寻求网络环境下的高效传递与共享，故而提出了相应的网络信息安全保障需求。高等学校可寻求与相应信息安全服务提供商的合作，采购相应信息安全设备与解决方案，辅以教学信息资源安全的管理与全面安全保障的支撑。此外，2020年《北京市保守国家秘密条例（草案征求意见稿）》中指出，高等院校和中学应当结合思想政治、德育等学科开展保密教育，鼓励大众传播媒介面向社会进行保密宣传教育。②

（4）政府部门

政府部门的组织职能主要表现为行政职能，网络环境下，电子政务的广泛需求与快速发展，使得政府部门极其重视政务资源数字化、政务信息管理与政务信息公开等方面的建设实践，而这其中的政务信息安全则是电子政务有序推进的重要前提。因此，在网络信息安全保障中，政府部门的需求与职责均紧密围绕着电子政务活动而展开。

政府部门作为网络信息安全保障的主体，基于其在国家战略、行业政策、法律法规等方面的本职工作，其承担着国家网络信息安全战略部署、推进网络信息安全保障背景下的法律法规与行业行为规范的制定等任务。例如，为贯彻落实习近平主席关于推进全球互联网治理体系变革的"四项原则"和构建网络空间命运共同体的"五点主张"，阐明中国关于网络空间发展和安全的重大立场，指导中国网络安全工作，维护国家在网络空间的主权、安全、发展利益，2016年，经中央网络安全和信息化领导小组批准，国家互联网信息办公室发

① 武汉大学信息管理学院. 武汉大学国家保密学院正式成立 三方还共建国家保密教育培训基地武汉基地［EB/OL］.［2019-05-06］. http://sim.whu.edu.cn/info/1072/1812.htm.
② 《北京市保守国家秘密条例（草案征求意见稿）》开征意见［EB/OL］.［2021-09-27］. http://beijing.qianlong.com/2020/1015/4853727.shtml.

布了《国家网络空间安全战略》。① 又如，全国人民代表大会常务委员会于 2016 年发布了《中华人民共和国网络安全法》，亦是为了保障网络安全，维护网络空间主权和国家安全、社会公共利益，保护公民、法人和其他组织的合法权益，促进经济社会信息化健康发展。②

政府部门作为网络信息安全保障的客体，以电子政务安全保障需求为核心，政府部门在维护电子政府形象、保证电子政务系统与政务信息存储安全、保护涉密政务信息内容和传输安全、认证政务活动中的身份并控制政务系统中权限等方面具有网络信息安全保障需求。政府部门亦可通过组织开发建设或寻求与具有政府信息安全服务能力的提供商合作，实现电子政务网络信息安全保障解决方案的定制化设计和推进，实现面向自身政务信息活动的网络信息安全保障。事实上，政府部门在选择网络信息安全保障服务时也非常慎重，国家互联网信息办公室就此明确提出，我国将成立网络安全审查委员会，统一组织网络安全审查工作，而未经安全审查的网络安全产品政府不得采购。③

2.2.2　基于网络信息安全产业的纵向划分

从网络信息安全产业整体结构来看，网络信息活动中实施信息安全全面保障的主客体围绕产业链实现纵向划分，依据在产业运作与发展中所处的位置的不同，其承担着具体网络信息安全保障的不同职能，共同构建"体制+软硬件产品+服务"产业结构体系，并促进网络信息安全全面保障的有序开展。

(1) 网络信息安全产业链上游

网络信息安全产业链上游通常是由网络信息安全保障的主体构成，其既包含网络信息安全产业的顶层设计者，也涵盖面向网络信息安全的软硬件产品与服务提供商，以及信息安全系统集成服务商，如图 2-5 所示。在以中共中央网络安全和信息化委员会办公室为代表的国家相关机构和部门的宏观战略、政策法规等制定下，结合具体行业组织，进一步围绕各行业实现网络信息安全行业

---

① 中共中央网络安全和信息化委员会办公室.《国家网络空间安全战略》全文 [EB/OL]. [2019-05-06]. http://www.cac.gov.cn/2016-12/27/c_1120195926.htm.

② 中国人大网. 网络安全法立法 [EB/OL]. [2019-05-06]. http://www.npc.gov.cn/zgrdw/npc/lfzt/rlyw/node_27975.htm.

③ 中共中央网络安全和信息化委员会办公室. 网络产品和服务安全审查办法(试行) [EB/OL]. [2019-05-06]. http://www.cac.gov.cn/2017-05/02/c_1120904567.htm.

标准及技术规范的顶层设计。在国家政策牵引和以行业为背景的安全标准框架下，网络信息安全硬件提供商负责提供计算机、服务器等安全信息设备，及基础元器件、芯片、内存等安全硬件设备产品，实现网络信息安全保障；而网络信息安全软件提供商则可围绕操作系统、数据库、中间件等基础安全软件产品，以及杀毒软件等应用安全软件产品提供网络信息安全保障；网络信息安全服务提供商则可按照网络信息安全保障服务的咨询、实施运维与培训等环节，或按照网络信息安全防范、网络信息安全预警、网络信息安全危机处理与恢复等过程，或按照具体的网络信息安全保障功能，进行网络信息安全服务的设计。结合网络信息安全产品与服务，在网络信息安全产业链中还有网络信息安全系统集成商，其基于产品和服务的整合，提供面向用户跨系统操作等复杂网络信息活动需求的整体信息安全保障解决方案，从而为用户提供综合服务。

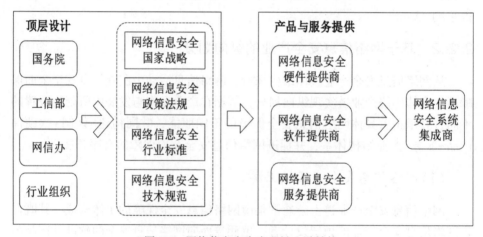

图 2-5　网络信息安全产业链上游结构

　　具体而言，位于网络信息安全产业链上游的主体可按垂直细分领域划分为七大类专业安全厂商，即网络安全、物理安全、主机安全、应用安全、工控安全、移动与虚拟化安全、安全管理。而所提供的网络信息安全产品与服务可划分为：安全硬件，包含基础设施安全类、终端安全、应用安全、数据安全；安全软件，包含网络空间安全、移动安全、云安全、身份与访问管理；安全服务，包含业务安全、工控安全、安全服务、安全管理。共三大类、十二小类。①

（2）网络信息安全产业链下游

网络信息安全产业链下游则由众多网络信息安全保障的客体构成，其接受网络信息安全基础设施支撑和服务，涉及金融、制造、医疗、教育、交通等各行业多元企业组织与个体。而按安全产品的服务对象层次进行划分，网络信息安全保障客体通常可分为企业级用户和家庭用户，如图 2-6 所示。

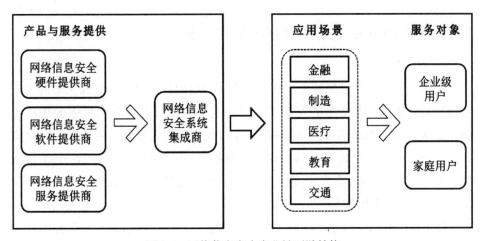

图 2-6　网络信息安全产业链下游结构

企业级用户作为网络信息安全保障的客体，其网络信息安全保障需求层次较高，覆盖面较广，通常需要系统的设计和部署。如 IBM 针对企业级的安全需求，通过构建智能的集成式免疫系统，导航动态安全环境，阻止威胁并发展业务，抵御未来的安全挑战。其具体涉及威胁防御解决方案，可实现协调事件响应并捕获安全威胁；合规安全解决方案，可建立安全规则并开展用户身份管理；同时结合云计算安全解决方案和数字信任机制推进业务安全发展。IBM 的产品定位和 IBM QRadar 安全智能平台、IBM Guardium 敏感数据保护、IBM Resilient IRP、IBM IAM 身份管理系统等服务产品设计均体现了企业级用户对

---

①　中国大数据产业观察网. 我国网络信息安全产业概览（政策＋产业链＋挑战）［EB/OL］.［2019-05-06］. https：//www.sohu.com/a/151906349_353595.

61

网络信息安全保障综合解决方案的需求。①

　　家庭用户作为网络信息安全保障的客体，其网络信息安全保障需求层次则相对较低，主要停留在个人隐私和个人信息设备等的信息安全的保护之上，覆盖面有限，通常可利用标准化产品进行解决。例如，金山毒霸作为家庭用户常用的安全软件，其提供了杀毒软件、安全浏览器、驱动精灵、数据恢复、轻桌面应用等，进而为家庭用户的信息终端提供信息安全保障，体现了家庭用户对网络信息安全保障的生活化应用需求。②

2.3　网络信息安全全面保障的需求分析

　　网络信息安全事件的频繁出现，使得对加快网络信息安全全面保障的需求愈加紧迫和重要。尤其是云安全事故已占据了网络信息安全事件中的较高比例，如 Amazon、Microsoft、Google 均发生过大规模的云存储、云计算应用故障等云安全事故，用户数据泄露事件也常有报道。③ 此外，调研显示，近五成的基于云环境的工作并没有实现权限管理控制，这均表明快速发展的云计算环境所带来的云安全问题及其薄弱环节改进需求更加显著。④ 事实上，不论是机构用户还是个体用户，其网络信息产品和服务利用需求都是建立在信息安全保障的前提下，网络信息安全保障对其技术采纳和持续使用的显著影响也已被研究证明，⑤⑥

　　① IBM. IBM Security 企业安全[EB/OL].［2019-05-06］. https://www.ibm.com/cn-zh/security.

　　② 金山毒霸. 产品目录[EB/OL].［2019-05-06］. http://www.ijinshan.com/product/index.shtml.

　　③ 涂兰敬. 英雄难过"安全"关 盘点云计算安全事故[EB/OL].［2019-05-08］. http://Server.zol.com.cn/228/2280500.html.

　　④ 张兴，陈幼雷，王艳霞. 云计算安全风险及安全方案探析[J]. 中国信息安全，2014(10)：113-116.

　　⑤ 李志宏，白雪，马倩，等. 基于 TAM 的移动证券用户采纳影响因素研究[J]. 管理学报，2012，9(1)：124-131.

　　⑥ Patel K J, Patel H J. Adoption of internet banking services in Gujarat：An extension of TAM with perceived security and social influence[J]. International Journal of Bank Marketing，2018，36(1)：147-169.

而安全保障亦被认为是组织采纳云计算所关注的重要因素。① 因此，网络信息安全保障的需求分析既可针对性指导网络信息安全保障活动的设计和规划，也是保障网络用户开展相关信息活动的重要基础。按照网络信息安全全面保障的层次进行划分，网络信息安全全面保障的需求层次亦可分为国家层面、机构层面和个体层面的网络信息安全保障需求。

2.3.1 国家层面的网络信息安全保障需求

随着网络信息安全保障上升为国家安全战略层面，国家层面的网络信息安全保障既是国家社会、经济建设与发展的重要支撑，也是维护国家主权、政治安全的核心。党的十六届六中全会《中共中央关于构建社会主义和谐社会若干重大问题的决定》中明确指出要"确保国家政治安全、经济安全、文化安全、信息安全"；② 2012 年 6 月国务院办公厅发布《国务院关于大力推进信息化发展和切实保障信息安全的若干意见》，强调要健全安全防护和管理，并保障重点领域信息安全；③ 2016 年 12 月《国家网络空间安全战略》发布，进一步强调"没有网络安全就没有国家安全"。④ 党的十九大报告指出，坚持总体国家安全观，统筹发展和安全，增强忧患意识，完善国家安全制度体系，加强国家安全能力建设。⑤ 这些国家战略的发布均体现了我国国家战略层面对网络信息安全的重视，并与政治安全、经济安全、文化安全共同作为国家安全的组成部分。概括而言，国家层面的网络信息安全保障需求如图 2-7 所示。

---

① eNet&Ciweek. 云计算发展报告：九大细节揭示趋势［EB/OL］．［2019-05-08］．http://www.enet.com.cn/article/2012/1018/A20121018176677.shtml.

② 中共中央关于构建社会主义和谐社会若干重大问题的决定［J］．求是，2006(20)：3-12.

③ 国务院办公厅. 国务院关于大力推进信息化发展和切实保障信息安全的若干意见［EB/OL］．［2019-05-08］．http://www.gov.cn/zwgk/2012-07/17/content_2184979.htm.

④ 中共中央网络安全和信息化委员会办公室.《国家网络空间安全战略》全文［EB/OL］．［2019-05-06］．http://www.cac.gov.cn/2016-12/27/c_1120195926.htm.

⑤ 习近平：决胜全面建成小康社会 夺取新时代中国特色社会主义伟大胜利——在中国共产党第十九次全国代表大会上的报告［EB/OL］．［2021-09-28］．http://www.gov.cn/zhuanti/2017-10/27/content_5234876.htm.

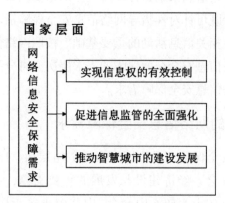

图 2-7   国家层面的网络信息安全保障需求

(1) 实现信息权的有效控制

经济全球化背景下，跨国跨境商务贸易等交互活动频繁，国际化市场竞争在信息技术的推动下日趋激烈，涉及的国家信息安全问题也愈发突出。在应对全球化竞争和开放式网络环境的背景下，控制信息权已经成为各国安全战略的重要组成部分。虽然我国的信息安全产品在近年来已取得了长足进步，但在关键硬件及专利技术方向的研发上还存在能力不足的情况，对国外信息技术的依赖会导致信息控制权的丢失，并发生国内资源、地理、经济、文化、社会发展等重要战略数据泄露等重大安全问题，防止国情信息被利用已成为国家网络信息安全保障中的需求。同时，信息主权亦是互联网时代国家主权的重要组成部分①，维护国家信息主权，实现国家对本国信息传播系统和内容的自主管理，不受外部干涉，同时对信息输入及输出进行监控和管理等，也反映着国家对信息权的有效控制需求。因此，国家层面对网络信息安全保障的需求主要体现在大力发展自主产权信息基础设施和网络信息安全技术，实现重要网络信息活动的网络信息安全保障自主化和控制能力的提升。

(2) 促进信息监管的全面强化

信息化建设进程中，信息资源共建共享与传播利用已成为各行业开展社会

---

① 人民网. 习主席"信息主权不容侵犯"互联网安全观响彻世界［EB/OL］. ［2019-05-08］. http://opinion.people.com.cn/n/2014/0718/c1003-25298843.html.

经济活动的重要支撑。尤其是大数据产业的发展，信息资源的海量化增长显著增加了信息存储、处理和传递方面的压力，也对国家宏观领导下的各行业信息监管提出了新的要求，需要利用丰富的网络信息安全保障手段促进信息监管能力的全面强化。例如，对于信息资源的有效配置和共建共享而言，尤其是针对云环境下按需分配、可动态扩展的计算、存储、网络等资源，需要结合网络信息安全保障手段支撑下的信息监管实现信息资源的安全调度和容灾备份，解决信息资源共享过程中所存在的国家机密信息泄露、非法访问等安全隐患。又如，信息披露制度要求公众公司以招股说明书、上市公告书以及定期报告和临时报告等形式，向投资者和社会公众公开披露公司的相关信息，成熟有序的市场要求国家政府及相关管理部门建立上市公司信息披露监管机制，借助于网络信息安全保障手段实现虚假信息筛查和信息监管能力的强化，保证信息披露的真实、全面、及时和充分性特征。[①]

(3)推动智慧城市的建设发展

除了信息权的控制和信息监管的实施，国家层面对网络信息安全保障的需求还在于为当前智慧城市建设发展重要举措提供助力，实现网络信息基础设施建设与运作的安全支撑和保障。智慧城市的建设依赖于开放数据计划，而从城市建设和数据安全角度综合考虑，政府及相关管理部门应该发布何种信息，以及通过何种渠道发布信息，需要结合网络信息安全保障战略统筹考虑。西雅图市政府就智慧城市建设中的信息安全问题通过了一项决议，即所有的市民数据将以"自主开放"为准，而不是"默认开放"，以减少隐私方面的风险，避免发布可以识别个人的信息和其他伤害的出现。[②] 而随着智慧城市建设已成为国家数字化战略中的重要组成部分，诸如此类的开放数据需求与信息安全之间的冲突都需要国家层面进行网络信息安全保障相关战略的制定，在政府顶层设计和主导下，分析智慧城市建设中的安全需求，建立安全准入制度和检测评估方法，从而加强围绕智慧城市发展的网络信息安全保障制度建设，[③] 以健全的网络信息安全保障机制支撑智慧城市建设与发展。

---

① 罗为加.信息披露：证券改革中最重要的环节 [EB/OL].[2019-05-08].http://business.sohu.com/20120517/n343457847.shtml.

② 智慧城市决策参考.如何实现智慧城市的信息安全 [EB/OL].[2019-05-08].https://www.sohu.com/a/200868238_472878.

③ 郑建华.智慧城市建设与信息安全 [EB/OL].[2019-05-08].http://theory.people.com.cn/n1/2018/0911/c40531-30286591.html.

2.3.2 机构层面的网络信息安全保障需求

以国家层面的网络信息安全保障政策导向和部署为基础，网络信息安全保障的具体实施过程主要体现在机构层面。由于组织机构的业务、职能的差异，其在信息资源开发、利用、传播中所扮演的角色也可能存在区别，各类机构主体网络信息安全保障的不同，在程度、范围和具体功能上亦会有所体现。但从整体上看，机构层面的网络信息安全保障需求也有共通性，具体如图 2-8 所示。

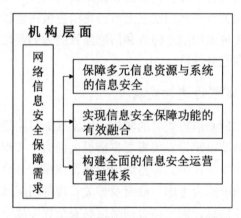

图 2-8　机构层面的网络信息安全保障需求

(1)保障多元信息资源与系统的信息安全

机构层面的网络信息安全保障首先需要解决的是机构信息化建设及日常运作中所涉及的各类信息资源及信息系统的安全。大数据时代，信息资源现已成为各类机构的重要战略资源和资产。机构在开发与建设信息资源时，需要利用信息安全保障措施保障数据的存储安全，并避免在网络环境下潜在的数据泄密、窃取、修改和丢失等安全事件的发生，从而确保信息资源的完整性、可用性和保密性。此外，信息资源的存取利用都依赖于机构自建或采购的信息系统实现，大型机构还因为业务范畴的广泛性，需要同时使用多个信息系统，这就对信息安全保障提出了信息系统可移植性、互操作安全等方面的需求。以云计算系统的安全保障需求为例，机构用户在获取云服务提供商提供的基础设施、平台、软件虚拟化产品服务时，其中的网络信息安全依赖于云计算系统的支撑，需要云计算系统的可靠和稳定运行保障机构云计算业务信息安全。然而，出于对其商业利益的维护，不同的云服务提供商开发的云计算系统及服务模式存在差异，一旦合作的云服务提供商出现问题，需要进行云服务提供商的变更和转换，就对相关系统的可移植和互操作安全提出了要求。而随着信息资源共建共享进程的推进，机构合作带来频繁的网络信息交换和域间互操作需求，①多元信息资源及信息系统的互操作安全保障需求也普遍体现于各类机构主体中。

（2）实现信息安全保障功能的有效融合

当前机构内部现有的信息安全和应用交付类设备普遍需要与网络设备一起配合部署，存在着组网能力偏弱的情况。同时，诸如防火墙、流控审计设备、IPS 入侵防御设备、DDoS 防护设备等机构内信息安全保障业务功能设备通常均为单一品类，使得机构在网络信息安全保障能力建设中网络信息安全设备种类繁多，导致复杂的前期配置和后期维护工作。② 在这一背景下，机构主体极其需要具有网络信息安全保障集成服务能力的产品，以便实现信息安全保障功能的有效融合，体现全面信息安全业务保障的同时，具有高度集成性和协同能力，进而提升机构信息安全保障效率和效果，并有效降低用户运维管理的复杂度。因此，多功能融合的安全产品需求日益强烈，相关产品将会加速发展。此外，信息安全保障功能的融合还需要体现可定制功能，即围绕各类机构自身业务特征与实际安全保障功能需求，进行信息安全保障融合功能、融合流程的个性化定制，并为机构提供完整的基于融合功能的信息安全保障解决方案。考虑到各类信息安全保障功能与形式各异，为解决机构实际应用中的问题，解决方案还应充分考虑机构相关人员的系统化培训等工作，即机构需要能辅助其全面应对各类安全威胁的整体化解决方案，而不仅是功能融合的单一安全系统。

（3）构建全面的信息安全运营管理体系

除了对信息资源、信息系统及其功能融合方面的安全保障方案的需求之外，机构在业务实践中还需要全面构建安全运营管理体系。一方面，网络信息安全威胁来源和攻击手段日趋多元化，机构仅依靠采购和部署特定安全产品，

① 叶春晓，郭东恒. 多域环境下安全互操作研究[J]. 计算机应用，2012，32（12）：3422-3425，3429.

② 中国产业信息网. 2018 年中国信息安全行业发展现状及发展趋势分析[EB/OL].[2019-05-08]. http://www.chyxx.com/industry/201803/624062.html.

无法适应网络环境下长期、系统的机构信息完全保障需求，需要对网络环境下的机构运作进行系统规划，从业务合规运作和全面信息安全保障角度构建全面的安全防护体系，同时制定完善的网络信息安全运营策略、应急响应措施、信息安全预防与监管制度以及机构成员的信息安全管理制度，从基础设施及环境安全、设备与系统安全、信息资源安全以及管理制度安全等方面提供全面信息安全运营管理保障。另一方面，机构还对信息安全保障服务与运营管理体系的可持续性提出了较高需求，这不仅是由于以云服务为代表的网络信息服务提供商往往具有实际数据资源的安全管理职责，机构业务的正常运转依赖于相关服务提供商稳定、可持续的服务能力；由于网络信息安全保障体系的建设涉及机构各业务环节，转换成本巨大。故而，机构的信息安全运营管理体系建设需求中还特别强调对其中信息安全保障服务稳定性、可持续性的需求。

2.3.3 个体层面的网络信息安全保障需求

面向网络环境下的大众用户，随着用户生产内容的海量式增长以及网络应用的不断发展，用户个体层面同样对网络信息安全保障具有迫切的需求。尤其是社会网络环境下，需要保障用户对信息的支配权、信息再加工的知情权，以及信息泄露时用户的被告知权，[①] 同时也对信息的"安宁权"保障提出了新的需求。而除了基本的用户隐私、用户数据安全等基本信息安全问题的保障之外，用户多元化的信息活动也产生了其他的个性化信息安全保障需求。具体而言，个体层面的网络信息安全保障需求如图2-9所示。

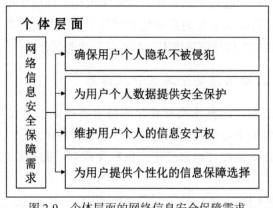

图2-9 个体层面的网络信息安全保障需求

---

① 孙夕晰. 社交网络环境下个人信息保护的路径重构[D]. 哈尔滨：黑龙江大学，2018.

(1)确保用户个人隐私不被侵犯

对于个人用户而言，其网络信息活动中隐私泄露、侵犯等是最普遍存在的安全问题。尤其是移动信息服务的发展，用户个人可以通过智能手机、平板电脑等移动设备接入、获取移动信息服务。而在体验这些便捷服务的同时，用户个人的账户与身份信息、位置信息、通讯录信息以及其他与服务内容相关的信息活动都可能被移动信息服务提供商获取，甚至可能被其他不法分子所窃取，从而造成用户隐私安全隐患。因此，用户个体层面的首要网络信息安全保障需求即为确保其隐私不被侵犯，使得用户在利用网络信息应用时可以放心根据需要录入个人信息以享受更丰富、智能的服务体验，消减网络虚假信息，这亦是对全面构建诚信、和谐社会的促进。

(2)为用户个人数据提供安全保护

在个人隐私基础上，针对用户自生成的浏览记录、交互信息、偏好信息等用户个人数据也需要得到相关信息安全保护，即对用户个人数据实现安全存取和容灾备份。对于用户跨平台、多终端生成内容的情形，实现用户多元数据的有效整合也是实现用户个体层面网络信息安全保障的重要一环，只有在充分集成和存储用户个人数据的情况下，结合合理的数据访问和修改权限管理，才能在一定程度上契合用户的个人数据安全保护需要。此外，云环境为用户利用云端资源拓展数据存储空间提供了便捷的渠道，而为了使用户在利用云存储等云服务过程中的个人数据存取安全，用户对云服务提供商的云端信息安全保障能力也提出了要求，需要合理的操作权限划分、有效的网络攻击防护手段及严格的安全管理制度。①

(3)维护用户个人的信息安宁权

安宁权可被概括为自然人享有的私生活领域免受不当侵扰以及免于纯粹的精神伤害的具体人格权。② 在网络信息环境下，用户的安宁权被众多垃圾信息所侵害，这就提出了用户个体层面在寻求网络信息安全保障时，对维护用户个人的信息安宁权的保障需求。网络信息服务提供商往往会针对用户的访问历史

---

① 马晓亭，陈臣. 云安全2.0技术体系下数字图书馆信息资源安全威胁与对策研究 [J]. 现代情报，2011，31(3)：62-66.

② 方乐坤. 安宁利益的类型和权利化[J]. 法学评论，2018，36(6)：67-81.

寻求个性化的推荐，以刺激新的网络消费等网络信息活动，更有甚者，并不遵循用户的主观偏好，而是病毒式地借助短信息、电子邮件等渠道发送营销信息，而网络作为"自媒体"也会使非理性声音、谣言、诈骗及淫秽等有害信息大面积传播。显然，针对网络用户信息安宁权被侵扰的现状，迫切需要健全的网络实名制、网络舆情应急预案、垃圾信息主动防御方案等系列措施实现网络信息安宁权的保护。

(4) 为用户提供个性化的信息保障选择

网络环境不仅为用户提供了多元的信息资源和服务，使用户可以根据个性化需求进行选择体验，而且在面向用户个体层面的网络信息安全保障中也应提供给用户不同层次的保障方案，以适应用户对特定信息安全保障功能的需要。个性化信息保障选择和设置需求不仅可以为用户定制个人信息安全保障方案，还可以有效实现网络信息安全保障资源的合理分配，将主动定制和被动防御有效结合，从而高效满足用户个人信息安全保障中的个性化需求。

2.4　网络信息安全全面保障的目标定位

面对网络信息安全全面保障国家层面、机构层面、个体层面所表现出的层级化需求，网络信息安全全面保障在目标制定和划分时不仅需要参考各层级具体的信息安全需求表现，而且要体现目标定位中的层次性，即在网络信息安全保障目标等级划分基础上，确立以一站式终端安全管理等为核心的融合式网络信息安全全面保障体系。

2.4.1　网络信息安全保障的目标等级

网络信息安全保障的实施需要确定保障的目标，而目标根据保障的对象和范围可按等级进行划分，网络信息安全全面保障的目标也是在不同目标等级下具体设置和制定的。因此，在对网络信息安全全面保障的目标划分之前，需要明确网络信息安全保障的目标等级。概括而言，网络信息安全保障的目标等级划分的原则包括，首先，必须以国家相应标准为基础，即在进行网络信息安全保障等级划分时需要遵循国家标准；其次，由于不同类型的信息资源和信息活动所涉及的完整性、可用性和保密性需求，以及安全问题的危害性均存在差异，故而在进行网络信息安全保障目标定级时，需要充分考虑相应主体的网络信息安全保障需求；再次，网络信息安全保障目标定级还需要适应其在推进相应信息活动执行和发展中的需要，而非限制相应活动的开展，同时需要注重相似主体中网络信息安全保障目标定级策略的一致性。①

在网络信息安全保障的框架设计和实践中，信息安全等级保护是被广泛采用的一种等级划分方式，亦是我国基本信息安全保障工作制度的核心组成部分。② 信息安全等级保护旨在寻求信息安全保障成本与信息安全保障效果之间的平衡，其可视为一种适度安全理论。其中，信息安全保障的成本包含信息安全保障实施中的部署和管理成本，同时涵盖信息资源在共享利用中所产生的负面效益。信息安全等级保护不仅适用于一般网络环境，而且对于云计算环境中的信息系统模式改变，信息安全等级保护也同样支撑着相应信息技术和管理中的网络安全保障实施过程。③ 信息安全等级保护的核心是对不同信息或系统分等级、按标准进行建设、管理和监督，我国所制定的《信息安全等级保护管理办法》即是根据信息系统在国家安全、经济建设、社会生活中的重要程度，信息系统遭到破坏后对国家安全、社会秩序、公共利益及公民、法人和其他组织合法权益的危害程度，进行等级划分。④ 以信息安全等级保护思想为基础，针对网络信息安全保障的多元主客体特性以及对网络信息安全保障的全面性要求，充分考虑网络信息活动的多样性，可对网络信息安全保障的目标进行等级划分，如图 2-10 所示。

①等级 1：网络信息活动受到侵害后，会对个体网络用户的合法权益造成损害，但不损害国家安全、社会秩序和公共利益、网络秩序、组织权益，须对此类网络信息安全进行保障。

②等级 2：网络信息活动受到侵害后，会对机构组织及个体网络用户的合法权益造成损害，但不损害国家安全、社会秩序和公共利益、网络秩序，须对此类网络信息安全进行保障。

③等级 3：网络信息活动受到侵害后，会对机构组织及个体网络用户的合法权益造成严重损害，或者对网络秩序造成损害，但不损害国家安全、社会秩

① 石宇，胡昌平. 云计算环境下学术信息资源共享安全保障实施[J]. 情报理论与实践，2019，42(3)：55-59.

② 郭启全. 国家信息安全等级保护制度的贯彻与实施[J]. 信息网络安全，2008，8(5)：9，12.

③ 沈昌祥. 云计算安全与等级保护[J]. 信息安全与通信保密，2012(1)：16-17.

④ 中央政府门户网站. 公安部等通知印发《信息安全等级保护管理办法》[EB/OL]. [2019-05-10]. http://www.gov.cn/gzdt/2007-07/24/content_694380.htm.

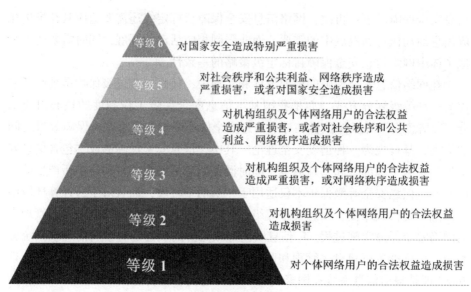

图 2-10　网络信息安全保障目标等级

序和公共利益，须对此类网络信息安全进行保障。

④等级 4：网络信息活动受到侵害后，会对机构组织及个体网络用户的合法权益造成严重损害，或者对社会秩序和公共利益、网络秩序造成损害，但不损害国家安全，须对此类网络信息安全进行保障。

⑤等级 5：网络信息活动受到侵害后，会对社会秩序和公共利益、网络秩序造成严重损害，或者对国家安全造成损害，须对此类网络信息安全进行保障。

⑥等级 6：网络信息活动受到侵害后，会对国家安全造成特别严重损害，须对此类网络信息安全进行保障。

除了按照危害程度进行的网络信息安全保障的目标等级划分，还可以按照信息资源的敏感度、信息资源的可访问权限以及业务信息安全保障范围等方面综合确立网络信息安全保障目标等级。① 其中，按信息资源的敏感度可划分为涉密信息、敏感信息和公开信息，其中涉密信息涉及国家或组织机密；敏感信息虽不涉密，但与社会稳定、组织利益密切相关，公开信息则是敏感信息以外的非涉密信息。信息资源按照可访问权限，根据对信息资源的浏览、增删改操

①　中国信息安全研究院有限公司，等. 信息安全技术云计算服务安全指南（GB/T 31167—2014）［S］. 北京：中国标准出版社，2015.

作以及其他管理权限进行划分，不同访问权限的划分意味着不同安全保障等级。而对于业务信息安全保障范围，则可划分为不影响机构核心运作的一般业务、对机构运转和对外服务有明显影响的重要业务、对机构运转和对外服务有严重影响的关键业务。① 结合信息资源敏感度、信息资源可访问权限和业务信息安全保障范围，网络信息安全保障目标也可以根据需求进行确立，在不同目标等级范畴下，进行具体网络信息安全全面保障目标和方案的制定。

2.4.2 基于信息安全特性的网络信息安全全面保障维度划分

以网络信息安全保障的目标等级划分为基础，各网络信息安全保障主体需要依据各等级的保障范围开展网络信息安全全面保障工作，而相应保障工作则可围绕信息安全的主要特性，②③ 进行全面保障维度的划分，如图 2-11 所示。

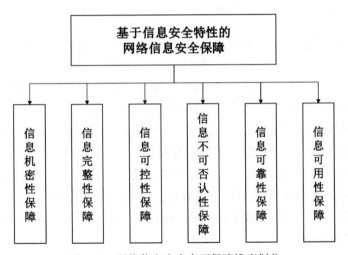

图 2-11　网络信息安全全面保障维度划分

---

① 林鑫，胡潜，仇蓉蓉. 云环境下学术信息资源全程化安全保障机制[J]. 情报理论与实践，2017，40(11)：22-26.

② 罗森林，王越，潘丽敏，等. 网络信息安全与对抗[M]. 第 2 版. 北京：国防工业出版社，2016：30-31.

③ 李飞，吴春旺，王敏. 信息安全理论与技术[M]. 西安：西安电子科技大学出版社，2016：14-15.

（1）信息机密性保障维度

信息机密性保障维度即保证信息不能被非授权用户、实体所获得，也不能被其所利用。信息机密性保障维度的工作目标在于仅为授权用户使用信息提供支撑，防止非授权个人或实体非法利用信息。外界的定向窃取和侵害往往是信息机密性危机的主要来源，内部的信息机密性保障缺失则会留下危机隐患。

在信息机密性保障维度中，常用的保障技术包括：物理保密，即利用各种隔离、限制、控制、遮掩等物理管理措施，进行信息泄露的防控；信息加密，即利用密钥技术和加密算法，对有价值信息进行加密处理，使得即便加密信息被泄露和窃取后，也无法解密和理解其中的有效信息内容；侦收防控，即保障有价值信息不被非授权用户等外界对象侦察到；辐射防控，即保障有价值信息通过各种传播途径安全向外散播和辐射出去。

（2）信息完整性保障维度

信息完整性保障维度即保证信息在未经授权时不被非正当篡改、删除及伪造等改变，使得信息在存储、传播利用中不会被蓄意或偶然的未授权操作导致改变原样、被破坏或被删除，影响信息的正常利用。设备故障、网络病毒、黑客攻击以及错误编辑代码等均可能造成信息完整性隐患。

在信息完整性保障维度中，常用的保障技术包括：编码纠错，即利用奇偶校验等方法，进行主动的编码检查和纠错；协议检测，即借助网络安全协议对被篡改、复制、失效或删除信息进行检测；数字签名，对信息进行数字签名，以明确信息的真实性和合法性；密码校验，即通过校验密码防止信息被非法篡改和信息传输失败等情况发生；公证，即由第三方公证、网络管理等机构进行信息真实性的证明。

（3）信息可控性保障维度

信息可控性保障维度即保证信息系统具备对信息流的监测与控制特性，是对信息的网络传播进行控制。在网络信息活动中，对于复杂的信息行为，需要对信息的传播对象、传播范围、传播内容等进行有效控制，防止信息失控现象的出现及相关影响的发生。

在信息可控性保障维度中，常用的保障技术包括：信息阻断技术，即通过对一定规模的网络节点或者链接线路等的删减，优化拓扑网络结构，控制信息的传播范围，实现信息传播和舆情管控等信息可控性保障；① 传播规律分析与免疫控制，即通过分析网络节点的易感、潜伏、感染、免疫等状态，反映信息的传播特性，并开展免疫控制，实现信息传播控制。②

（4）信息不可否认性保障维度

信息不可否认性保障维度即保证信息系统在交互运行中确保并确认信息的来源以及信息发布者的真实可信及不可否认的特性，亦可称为不可抵赖性保障。在网络信息活动中，明确信息用户的真实和同一性，使得信息用户不可否认历史操作和承诺。

在信息不可否认性保障维度中，常用的保障技术包括：利用信息源证据，防止信息发送者抵赖已发送的信息和相关信息行为；利用信息接收证据，防止信息接收者事后否认已经获取的信息。

（5）信息可靠性保障维度

信息可靠性保障维度即保证信息系统在规定条件下完成规定的能力，反映其稳定可运行、有效及适用的特性。通常而言，信息可靠性保障关注信息处理和传输过程，对信息处理过程、结果以及信息传输中的稳定性进行保障。

在信息可靠性保障维度中，常用的保障技术包括：抗毁性测度，即测量信息系统被人为破坏时的可靠性，如线路或节点被破坏失效，以及系统遭受人为损害，对信息正常处理和传递的影响测度，进而开展相应抗毁性保障；生存性测度，即测量信息在随机破坏下的可靠性，如系统部件自然老化等随机破坏情境下，对信息正常处理和传递的影响测度，进而开展相应生存性保障；有效性测度，着重于信息效能和业务性能，考察在部件失效情况下依然满足业务需要的程度，进而开展相应有效性保障。

（6）信息可用性保障维度

信息可用性保障维度即保证信息的运行、利用按规则有序进行，使正当用户及时获得授权范围内的正当信息，即允许授权用户或实体需要时可随时访

---

① Khalil E, Dilkina B, Song L. Scalable diffusion-aware optimization of network topology [C]// Proceedings of the 20th ACM SIGKDD International Conference on Knowledge Discovery and Data Mining. ACM, 2014: 1226-1235.

② 宋会敏. 社区网络中信息传播控制技术研究[D]. 沈阳：沈阳航空航天大学, 2017.

问，或网络部分受损条件下仍能为授权用户提供服务。在网络环境下，信息可用性通常用系统正常使用时间与完整工作时间比例衡量。

在信息可用性保障维度中，常用的保障技术包括：身份识别与确认，即识别、验证用户身份，以提供授权范围内的信息内容；访问控制，即控制用户信息访问和操作权限，防止用户的非法访问；业务流控制，即通过均分负荷等方法对网络信息业务流量进行把控，防止网络阻塞情况出现；路由选择控制，即选择网络中可靠的链路和子网实现信息传递；审计跟踪，即记录网络信息活动中的安全事件，对事件时间、信息、响应等内容进行安全审计跟踪，以及时采取相应措施。

2.4.3 面向网络环境的信息安全全面保障目标制定

网络信息安全全面保障维度从信息安全特性视角揭示了针对信息本身的网络信息安全保障目标，而从网络环境下信息具体的应用场景和利用价值体现来看，网络信息安全全面保障的目标制定主要包括：实现网络信息资源的按需分配和安全管理、实现网络信息安全参与方全员管理、实现网络信息安全域防护体系的建设与完善、实现网络信息安全的全过程管控、实现网络信息安全的全方位保障等，如图 2-12 所示。

图 2-12 信息安全全面保障目标制定

(1) 实现网络信息资源的按需分配和安全管理

面向网络信息环境下的信息安全全面保障目标首先需要关注的就是网络信

息资源的按需分配及其安全管理问题。网络信息资源在开发利用的过程中，由于参与主体的多元性导致数字鸿沟的现象屡见不鲜，网络信息资源的合理配置是实现信息安全保障的基本前提。故而，实现网络信息安全全面保障需要实现网络信息资源的按需分配，既不因为产生或获取了海量的冗余信息而增加信息存储成本和安全隐患，也不因为缺乏信息获取来源而产生不合规的信息资源获取行为。网络信息资源的按需分配在实践中还依赖于网络信息资源的按权限存取，并提供围绕数据本身的安全管理策略。故而，网络信息安全全面保障中，围绕网络信息资源，需在信息资源按需分配的同时，实现数据安全管理。尤其是针对云环境下的信息资源应用而言，允许更加开放的网络信息资源数据访问和共享。网络信息资源基于云计算技术在云端进行的迁移和存储，面临着巨大的数据安全风险。因此，特别围绕当前逐步接受的云环境，网络信息安全全面保障目标还在于对信息资源按利用逻辑建立有效隔离机制，使网络信息资源服务机构与数据资源分离，提升数据安全管理能力，并提供相应的云环境下数据资源存储空间迁移、数据备份与恢复机制，有效防止网络信息资源的潜在数据泄露风险。

(2) 实现网络信息安全参与方全员管理

除了信息资源层面，面向网络信息环境下的信息安全全面保障目标还聚焦于网络信息活动具体的参与者，即实现网络信息安全参与方全员管理。网络环境为多元主体间的信息活动参与和交互提供了便利的渠道，网络信息活动参与者的多元化特征也使得网络信息安全保障不能仅局限于信息资源的拥有者、信息服务的提供者，或者仅面向网络信息用户，而是应包含网络信息活动的所有参与方，既可以是单个或多个机构，也可以是用户个体和用户群体。针对网络信息安全参与方的全员管理旨在约束、管控网络信息活动的所有权益相关者，使所有参与者按照相应安全标准和规范执行相关信息活动，在达到信息活动目的的同时，不侵犯其他主体利益，从而达到网络信息安全全面保障的目的。此外，实现网络信息安全参与方全员管理的目的也是体现对网络信息活动中"人"这一核心对象的安全管理的思想，即突出了人在网络信息安全事故和保障中的关键作用，强调了人的安全管理对网络信息安全效率和效果的重要影响，从而揭示网络信息活动参与方全员管理是网络信息安全全面保障目标的重要组成部分。

(3) 实现网络信息安全域防护体系的建设与完善

安全域是指同一系统内根据信息的性质、使用主体、安全目标和策略等元素的不同来划分的不同逻辑子网或网络，每一个逻辑区域有相同的安全保护需求，具有相同的安全访问控制和边界控制策略，区域间具有相互信任关系，而且相同的网络安全域共享同样的安全策略。① 基于安全域思想，网络信息活动所依赖的信息系统和网络环境，可以进行基础网络域、对外服务域、内部服务器域、安全管理域和安全用户域等多层次安全域的划分。② 故而，完善的安全域体系建设是简化网络结构，强化网络信息安全扩展防护体系，为规范的网络信息安全管理搭建基础平台，③ 实现网络信息安全提升的重要技术途径，亦是网络信息安全全面保障的重要技术目标。此外，除了实现网络信息安全域的构建之外，基于网络信息安全域的网络信息安全保障策略还依赖于完善的跨安全域的访问控制方案，④ 从而为网络信息安全全面保障提供基于安全域的完整技术目标引导。

(4) 实现网络信息安全的全过程管控

从网络信息活动本身来看，网络信息安全全面保障体现于实现网络信息安全的全过程管控，即保证网络信息活动的安全、序化、持续开展。网络信息安全的全过程管控依赖于网络信息活动全过程的有序梳理，对整个过程中所涉及的所有流程环节，识别存在的信息安全风险和隐患，并通过跟踪管理、进度控制等方式，把握网络信息活动整体开展过程。网络信息安全的全过程管控是网络信息安全全面保障的重要体现，全过程管控是全面保障思想围绕复杂网络信息活动的可靠实施路径。事实上，网络信息活动的复杂性使得在网络信息安全管理过程中很难仅聚焦于某一个环节，因为信息资源在存储、处理、利用过程中环环相扣，其中某个步骤出现问题，就可能影响整体网络信息活动的执行。因此，实现网络信息安全的全过程管控也是网络信息安全全面保障的重要目标之一。这要求网络信息安全全面保障需要将网络信息活动进行整体化考虑，确立相应的数据结构、操作规则和行为规范，使得网络信息活动在一致性控制下，强化全过程的安全保障实施能力。

---

① 张智杰. 安全域划分关键理论与应用实现[D]. 昆明：昆明理工大学，2008.
② 黎水林. 基于安全域的政务外网安全防护体系研究[J]. 信息网络安全，2012(7)：3-5.
③ 赛思信息. 信息安全域规划建设[EB/OL]. [2019-05-12]. http://www.sethinfo.cn/NewsDetail/655774.html.
④ 郇晓燕，邵贝恩. 基于SOA的企业应用跨安全域访问控制[J]. 清华大学学报(自然科学版)，2009，49(7)：1066-1069.

（5）实现网络信息安全的全方位保障

网络信息活动的复杂性不仅使得网络信息安全全面保障需要考虑网络信息活动全过程，不能完全依赖于信息安全的技术支持，还应充分考虑管理、规章制度等角度，实现网络信息安全的全方位保障。网络信息安全的全方位保障目标实则是一种融合指导思想，即将制度、管理手段和安全技术相融合，使得网络信息安全全面保障不止于安全技术，而是由多元主体发挥对网络信息活动的安全保障支撑作用，促进了网络信息安全文化和安全环境的形成。这一目标也是充分考虑到了当前信息安全法律法规、管理手段相对滞后于网络环境和信息技术的发展这一现实情况，需要网络信息活动各参与方在相对成熟的安全标准、机制和法规保障下，有效利用网络信息安全技术和管理方法，推动网络信息活动有序开展。故而，实现网络信息安全的全方位保障即为网络信息安全全面保障的具体实施目标，网络信息资源与活动在接受安全技术保护的同时，推进网络信息安全管理方式的革新以及相关标准法规建设等，从而实现全方位保障的达成，也即实现了网络信息安全全面保障。

3 网络信息安全全面保障影响
因素的识别与分析

以网络信息安全全面保障的需求分析和目标定位为基础，在进行网络信息安全全面保障体系设计及实施之前，还需要明确网络信息安全全面保障的影响因素，并以相应影响因素的识别与分析来指导和推进网络信息安全全面保障方案与体系的建设。

3.1 网络信息安全全面保障影响因素的提取

针对用户信息安全保障行为的影响因素，现有研究主要从个体网络用户出发，结合保护动机理论进行了探索分析。如 Anderson 等(2010)对家庭计算机用户的安全保障行为意图进行了研究;① Aurigemma 等(2018)分析了用户使用在线账户密码行为的影响因素;② Boss 和 Lee 等(2015, 2008)分别将保护动机理论以及恐惧诉求因素与社会认知理论相结合，讨论用户使用反恶意软件及实施网络安全保护防范病毒侵害的意愿;③④ Verkijika 等(2018)则将预期遗憾和

---

① Anderson C L, Agarwal R. Practicing safe computing: A multimedia empirical examination of home computer user security behavioral intentions[J]. MIS Quarterly, 2010, 34 (3): 613-643.

② Aurigemma S, Mattson T. Exploring the effect of uncertainty avoidance on taking voluntary protective security actions[J]. Computers & Security, 2018, 73: 219-234.

③ Boss S R, Galletta D F, Lowry P B, et al. What do systems users have to fear? Using fear appeals to engender threats and fear that motivate protective security behaviors[J]. MIS Quarterly, 2015, 39(4): 837-864.

④ Lee D, Larose R, Rifon N. Keeping our network safe: A model of online protection behaviour[J]. Behaviour & Information Technology, 2008, 27(5): 445-454.

保护动机理论相结合，讨论了智能手机用户的安全保障行为;① 朱侯等（2021）基于保护动机理论与社会认知理论的基本思想，探究哪些因素会影响以及如何影响移动应用 App 用户的隐私设置行为;② 单思远等（2021）基于多维发展、保护动机、媒介接触等理论，提出社交媒体用户信息隐私顾虑影响因素。③ 以上研究验证了保护动机理论在解释个人信息安全保障行为意愿中的合理性和有效性，但对当前用户视角下以移动信息服务为应用核心的网络信息环境信息安全全面保障特征的整体揭示还存在不足。

此外，由于网络信息活动旨在解决用户的网络信息需求，尤其是移动信息服务的利用实则是需求导向下用户借助相关应用功能所完成的具体信息任务，用户的安全保障行为决策围绕着其所要执行的信息任务展开，但这种潜在的影响关系并未在保护动机理论中得以体现。而任务技术匹配模型即是对任务特征、技术特征以及二者匹配程度对用户行为影响的理论描述，在解释网络信息用户个人信息安全保障行为中亦是对保护动机理论的良好补充。因此，在网络信息安全全面保障影响因素的提取过程中，可将任务技术匹配模型与保护动机理论相结合，充分考虑用户在网络信息环境下的各种信息活动中所进行的安全性评估、威胁评估和应对评估三个维度，对网络信息用户个人信息安全全面保障行为意愿进行影响因素探究，以揭示网络环境下的用户个人信息安全全面保障行为规律。

3.1.1 保护动机理论中影响因素的提取

保护动机理论（Protection Motivation Theory，PMT）最初由 Rogers 提出，用以解释个人决定采取保护行为的方式和原因，④⑤ 并被认为是预测个人采取保

---

① Verkijika S F. Understanding smartphone security behaviors：An extension of the protection motivation theory with anticipated regret[J]. Computers & Security, 2018, 77：860-870.

② 朱侯，张明鑫. 移动 App 用户隐私信息设置行为影响因素及其组态效应研究[J]. 情报科学, 2021, 39(7)：54-62.

③ 单思远，易明. 社交媒体用户信息隐私顾虑影响因素研究[J]. 情报资料工作, 2021, 42(3)：94-104.

④ Rogers R W. A protection motivation theory of fear appeals and attitude change1[J]. The Journal of Psychology, 1975, 91(1)：93-114.

⑤ Maddux J E, Rogers R W. Protection motivation and self-efficacy：A revised theory of fear appeals and attitude change[J]. Journal of Experimental Social Psychology, 1983, 19(5)：469-479.

护行为意图的最有力的解释理论之一。①② 该理论认为，当个人面临风险时，个人应对风险的行为是由威胁评估和应对评估所激发。其中，威胁评估是指个人对威胁事件造成的危险程度的评估，它由个人对威胁事件概率的评估（感知易感性）和个人对事件后果的严重程度的评估（感知严重性）两部分组成；应对评估则是指个人对自己应对和避免危险带来的潜在损失或损害的能力的评估，它由个人对自己应对或执行保护行为能力的评估（自我效能）和个人对采取的保护行为是否起作用的认识（反应效能）两个部分组成，③④ 如图 3-1 所示。该理论最初应用于健康行为领域，但在其他领域其适用性也得到了广泛的验证，应用范围已扩展到研究对象面临威胁而采取相应行为的各种领域，包括食品安全领域、人身安全领域、信息安全领域等。⑤

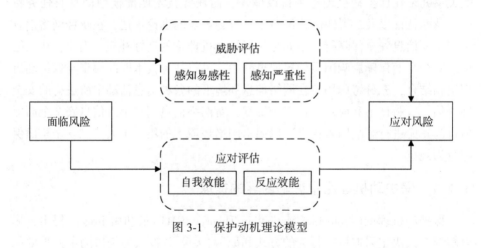

图 3-1　保护动机理论模型

---

①　Floyd D L, Prentice-Dunn S, Rogers R W. A meta-analysis of research on protection motivation theory[J]. Journal of Applied Social Psychology, 2000, 30(2)：407-429.

②　Anderson C L, Agarwal R. Practicing safe computing：A multimedia empirical examination of home computer user security behavioral intentions[J]. MIS Quarterly, 2010, 34(3)：613-643.

③　Ifinedo P. Understanding information systems security policy compliance：An integration of the theory of planned behavior and the protection motivation theory[J]. Computers & Security, 2012, 31(1)：83-95.

④　张晓娟, 李贞贞. 智能手机用户信息安全行为意向影响因素的实证研究[J]. 情报资料工作, 2018(1)：74-80.

⑤　贾若男, 王晰巍, 范晓春. 社交网络用户个人信息安全隐私保护行为影响因素研究[J]. 现代情报, 2021, 41(9)：105-114, 143.

针对网络信息环境下用户采取信息安全全面保障行为的意愿，保护动机理论提供了基础的理论框架，即用户会产生信息安全保障的想法是经威胁评估认为网络信息活动中的个人信息受到威胁，例如担心授权的位置被泄露从而威胁到自身安全，担心账号密码被窃取从而威胁到财产安全，担心历史浏览信息被清除从而影响到使用体验等；而后，想要切实地保障自身的个人信息安全，用户还会考虑应对该威胁举措的可行性，即应对评估，例如考虑减少对网络信息服务授权、减少风险服务使用等措施是否可以保障个人信息安全，以及自身是否有能力完成该措施。保护动机理论从网络信息用户的信息风险感知和应对风险能力两个角度对用户形成安全保障意愿的影响因素进行了梳理，该理论体现了用户内在的心理感知。但用户在考虑是否采取信息安全全面保障行为时，还可能会受相关网络信息服务应用安全性感知的影响，而保护动机理论缺少了用户对网络信息服务应用安全性的相关因素的衡量。

3.1.2　任务技术匹配理论中影响因素的提取

任务技术匹配理论(Task-Technology Fit，TTF)是 Goodhue 和 Thompson 提出的技术绩效链的一部分，该理论主要强调任务需求与技术功能之间的匹配程度。[①] 在任务技术匹配理论中，任务特征指个人在将输入转化为输出时所采取的行动，技术特征指个人执行任务所使用的技术，任务技术匹配度则指技术协助个人执行其任务的程度。其中，任务技术匹配度是理论的核心，它关注的是一项技术提供的特性以及技术在多大程度上符合任务的需求，[②] 如图 3-2 所示。

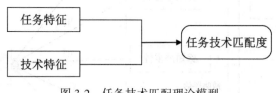

图 3-2　任务技术匹配理论模型

在网络信息环境下，从信息安全保障的角度对任务技术匹配理论进行解

---

① Goodhue D L. Understanding user evaluations of information systems[J]. Management Science，1995，41(12)：1827-1844.

② Goodhue D L，Thompson R L. Task-technology fit and individual performance[J]. MIS Quarterly，1995：213-236.

释，任务特征表现为用户的个性化推荐、本地推荐、评论、好友交流等信息任务需求，技术特征表现为网络信息服务应用对用户的个人隐私、授权信息、账户密码等的安全保障技术，任务技术匹配度则表现为网络信息服务应用的相关安全技术在多大程度上保障了用户具体网络信息任务活动，即可将任务技术匹配度视为用户对网络信息服务应用的安全性评估。任务技术匹配度弥补了用户对网络信息服务应用安全性的心理感知，与保护动机理论相结合，则可以更全面地揭示用户信息安全感知，从而更充分地解释用户在网络信息环境下的信息安全全面保障行为意愿影响因素。

3.2　网络信息安全全面保障影响因素模型的构建

本研究为了从用户视角提炼影响其信息安全全面保障的影响因素，将保护动机理论与任务技术匹配模型相结合，提出网络信息用户个人信息安全全面保障行为意愿的影响因素模型，如图 3-3 所示。

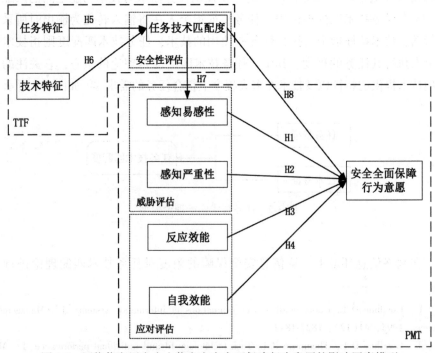

图 3-3　网络信息用户个人信息安全全面保障行为意愿的影响因素模型

3.2.1　威胁评估

个体对威胁的评估反映着其对客观事物的恐惧程度，这种恐惧是由个体对威胁的感知易感性及其后果的感知严重性产生的。因此，威胁评估越大，个体就越可能产生保护自己的动机。① 移动信息服务情境下，感知易感性指用户认为其在使用移动信息服务时个人信息受到遗失、窃取、泄露等威胁的可能性；感知严重性则指用户认为其个人信息受到威胁的严重程度。在保护动机理论中，感知易感性和感知严重性都同时正向作用于保护行为意愿。相关研究不仅从组织信息安全的角度，证明员工的感知易感性和感知严重性对组织安全行为的正向影响；② 而且也从个人信息安全的角度，指出用户的感知易感性和感知严重性较高时，其更倾向于采取措施保护他们的智能手机或个人电脑设备。③④ 网络信息用户个人信息安全全面保障既是一种信息安全行为，也主要依托于各种网络信息设备开展，故而提出如下假设：

H1：用户对网络信息活动中个人信息安全的感知易感性正向影响其安全全面保障行为意愿。

H2：用户对网络信息活动中个人信息安全的感知严重性正向影响其安全全面保障行为意愿。

3.2.2　应对评估

应对评估是个人在对现有的威胁进行认知处理后，个人就如何减轻威胁而进行的另一种认知评估，具体包含反应效能和自我效能两部分。⑤ 网络信息环

---

① Hanus B, Wu Y A. Impact of users' security awareness on desktop security behavior：A protection motivation theory perspective[J]. Information Systems Management, 2016, 33(1)：2-16.

② Lee Y, Larsen K R. Threat or coping appraisal：determinants of SMB executives' decision to adopt anti-malware software[J]. European Journal of Information Systems, 2009, 18(2)：177-187.

③ Thompson N, McGill T J, Wang X. "Security begins at home"：Determinants of home computer and mobile device security behavior[J]. Computers & Security, 2017, 70：376-391.

④ Verkijika S F. Understanding smartphone security behaviors：An extension of the protection motivation theory with anticipated regret[J]. Computers & Security, 2018, 77：860-870.

⑤ Menard P, Bott G J, Crossler R E. User motivations in protecting information security：Protection motivation theory versus self-determination theory[J]. Journal of Management Information Systems, 2017, 34(4)：1203-1230.

境下，反应效能指用户针对网络信息服务应用采取的诸如更改授权设置、评估隐私政策、规避风险服务使用等信息安全保障措施是否能起到保护其个人信息安全效果的主观认知；自我效能则指用户自身针对网络信息服务采取包括相关信息安全保障行为能力的认知。保护动机理论强调的是如果某个安全保障措施不易实施或没有效果，那么用户可能不会采取该项措施，即反应效能和自我效能对保护行为意愿具有正向影响。在相关研究中，反应效能和自我效能已被验证是解释个人计算机环境下在线安全行为的重要因素，① 并正向影响着用户对家庭电脑的安全保障等行为。② 网络信息服务应用作为个人利用信息设备在网络环境下的典型信息活动，故而提出如下假设：

H3：用户对网络信息活动中个人信息安全的反应效能正向影响其安全全面保障行为意愿。

H4：用户对网络信息活动中个人信息安全的自我效能正向影响其安全全面保障行为意愿。

3.2.3 安全性评估

在网络信息环境下，将网络信息服务应用功能作为具体信息任务，则任务特征指用户所使用的网络信息服务应用中本地服务、个性化推荐服务、好友互动交流功能、信息发布功能等具体服务功能的特征；而围绕网络信息服务应用中的信息安全问题，技术特征则指支撑移动信息服务有序开展的信息安全保障措施和技术，其可包含对用户授权的个人信息进行隐私保护、个人信息授权说明、完善的密码保护和验证机制等；任务技术匹配度是指网络信息服务应用的安全技术与用户对该网络信息服务应用的使用任务的契合度，即网络信息服务是否能够在保障用户个人信息安全的情况下满足用户的具体使用任务需求。相关研究已证明了移动银行、电子书等的任务和技术特征对任务技术匹配度具有显著的正向影响，③④ 故而提出如下假设：

---

① LaRose R, Rifon N J, Enbody R. Promoting personal responsibility for internet safety [J]. Communications of the ACM, 2008, 51(3): 71-76.

② Hanus B, Wu Y A. Impact of users' security awareness on desktop security behavior: A protection motivation theory perspective[J]. Information Systems Management, 2016, 33(1): 2-16.

③ Oliveira T, Faria M, Thomas M A, et al. Extending the understanding of mobile banking adoption: When UTAUT meets TTF and ITM [J]. International Journal of Information Management, 2014, 34(5): 689-703.

④ D'Ambra J, Wilson C S, Akter S. Application of the task-technology fit model to structure and evaluate the adoption of E-books by academics[J]. Journal of the American Society for Information Science and Technology, 2013, 64(1): 48-64.

H5：网络信息服务应用的任务特征正向影响任务技术匹配度。

H6：网络信息服务应用的技术特征正向影响任务技术匹配度。

针对网络信息服务应用的任务技术匹配度可以视为用户对网络信息服务应用的安全性评估，当用户认为目前的网络信息服务应用任务技术匹配度较高时，即认为当前网络信息服务应用的安全技术能够保障其利用网络信息服务应用中的安全需求，体现了用户对相应安全技术的强信心。在这种情况下，用户可能会降低其对外在风险的感知，从而降低感知易感性，进而间接地影响其信息安全全面保障行为意愿。同时，较高的任务技术匹配度加强了用户对于该网络信息服务应用的整体信任，从而直接减少对该网络信息服务应用实施信息安全保障的意愿，故而提出如下假设：

H8：网络信息服务应用的任务技术匹配度负向影响用户对其的感知易感性。

H9：网络信息服务应用的任务技术匹配度负向影响用户对其的安全全面保障行为意愿。

3.3 网络信息安全全面保障影响因素模型的验证分析

针对基于保护动机理论和任务技术匹配理论所提取的网络信息安全全面保障影响因素，以及网络信息用户个人信息安全全面保障行为意愿的影响因素模型的构建，从用户角度出发，可利用问卷调研法和结构方程模型方法进行模型的验证分析。

3.3.1 量表设计与数据收集

随着移动信息技术的发展和面向用户生活情境的应用拓展，当前用户的网络信息服务应用体验多在移动信息环境下展开。故而，移动信息服务可视为网络信息服务应用的典型。当前移动信息服务可分为游戏、购物、生活服务、社交通信等类别，其中生活服务类移动信息服务是用户常用且需要用户授权位置、历史浏览记录、通讯录、相册等大量个人信息的服务应用，因此本研究以生活服务类移动信息服务为例进行研究设计，采用问卷调查的方法进行样本数据收集，对提出的研究假设进行定量检验。

本研究共8个潜在变量，每个潜在变量由3~4个观测变量组成，为保证观测变量的内容效度，观测变量和调查问卷的设计均来源于相关前期研究文献，并根据生活服务类移动信息服务的使用特征进行了修订。问卷分为两个部分，第一个部分为样本用户的人口学统计信息，包括性别、年龄、学历等基本信息；第二部分为模型中各变量的测量。所有问卷项均采用李克特五级量表进行测量，其中 1~5 分别表示"非常不同意"到"非常同意"。在进行大规模问卷调查前，首先将问卷发给 5 位移动信息服务资深用户并提出修改意见，然后随机选取 50 名被试者进行小范围的预调查，并根据调查反馈，对问卷进行一定的修改和完善，并最终形成正式的调查问卷。相应的测量变量和问项如表 3-1 所示。

表 3-1　问卷量表

变量	题项	测量问项
任务特征 （TAC）①	TAC1	我需要使用针对本地的服务
	TAC2	我需要使用个性化定制的服务
	TAC3	我需要转发商品或服务信息给朋友
	TAC4	我需要将我的体验进行带图或带视频分享
技术特征 （TEC）②	TEC1	App 对我的个人信息进行了隐私保护并且在隐私条款中进行了说明
	TEC2	App 在使用我的个人信息时，须通过我授权且能够提供有效的保护
	TEC3	App 提供了完善的密码保护和验证机制保障我的账号安全
	TEC4	总的来说，App 的信息安全技术保障了我的个人信息安全
任务技术 匹配度 （TTF）③	TTF1	App 提供了足够的信息安全技术以满足我的使用需求
	TTF2	App 提供了合适的信息安全技术以满足我的使用需求
	TTF3	App 提供了可靠的信息安全技术以满足我的使用需求
	TTF4	总的来说，App 的信息安全技术可以满足我的使用需求

① Zhou T, Lu Y, Wang B. Integrating TTF and UTAUT to explain mobile banking user adoption[J]. Computers in Human Behavior, 2010, 26(4)：760-767.

② Lu H P, Yang Y W. Toward an understanding of the behavioral intention to use a social networking site：An extension of task-technology fit to social-technology fit[J]. Computers in Human Behavior, 2014, 34：323-332.

③ 许民利, 赵亚南, 简惠云. 基于任务技术匹配的"互联网+回收"价值共创行为研究[J]. 技术经济, 2020, 39(9)：22-30.

续表

变量	题项	测量问项
感知 易感性 （PV）①	PV1	我在使用 App 的过程中可能会存在个人信息遗失的情况
	PV2	App 可能会发生授权的个人信息泄露的情况
	PV3	App 可能会在我不知情的情况下擅自窃取我的个人信息
	PV4	如果我不采取一些安全措施，在使用 App 时可能会受到信息安全威胁
感知 严重性 （PS）②	PS1	App 中的个人信息遗失，对我来说很严重
	PS2	我向 App 授权的个人信息被泄露，对我来说很严重
	PS3	App 在我不知情的情况下窃取我的个人信息，对我来说很严重
	PS4	如果不采取安全措施而受到信息安全威胁，对我来说很严重
反应效能 （RE）③④	RE1	如果我减少授权我的个人信息，那么我的个人信息会更加安全
	RE2	如果我能够评估 App 的隐私政策，那么这将成为保护个人信息的有力手段
	RE3	如果我不向存在风险的 App 授权个人信息，就有助于保护我的个人信息
	RE4	如果我采取安全保障措施，那么我的个人信息更可能受到保护
自我效能 （SE）⑤⑥	SE1	我知道如何设置和更改 App 上的授权设置来保护我的个人信息
	SE2	我知道如何评估 App 中的隐私政策以确保我授权的个人信息不被盗用
	SE3	我知道如何分辨有风险的 App 以减少对风险服务的使用
	SE4	对我来说，采取必要的安全保障措施是容易的

---

① Das A, Khan H U. Security behaviors of smartphone users[J]. Information & Computer Security, 2016, 24(1): 116-134.

② Verkijika S F. Understanding smartphone security behaviors: An extension of the protection motivation theory with anticipated regret[J]. Computers & Security, 2018, 77: 860-870.

③ Thompson N, McGill T J, Wang X. "Security begins at home": Determinants of home computer and mobile device security behavior[J]. Computers & Security, 2017, 70: 376-391.

④ Jansen J, Van S P. The design and evaluation of a theory-based intervention to promote security behaviour against phishing[J]. International Journal of Human-Computer Studies, 2019, 123: 40-55.

⑤ Anderson C L, Agarwal R. Practicing safe computing: A multimedia empirical examination of home computer user security behavioral intentions[J]. MIS Quarterly, 2010, 34 (3): 613-643.

⑥ Bélanger F, Crossler R E. Dealing with digital traces: Understanding protective behaviors on mobile devices[J]. The Journal of Strategic Information Systems, 2019, 28(1): 34-49.

续表

变量	题项	测量问项
安全保障行为意愿（INT）①	INT1	我打算采取信息安全保障措施保护我的个人信息
	INT2	我预计会采取信息安全保障措施保护我的个人信息
	INT3	我计划采取信息安全保障措施保护我的个人信息

本研究通过"问卷星"平台创建和发布问卷，并通过微信、QQ等社交平台发放问卷。数据收集的时间为2019年6月7日到10日，共收集问卷372份。在剔除回答时间过短、回答答案相同等无效问卷后，共获得302份有效问卷，有效率为81.18%。最终样本结构如表3-2所示，从性别结构上看，女性样本数量（占比65.23%）高于男性（占比34.77%）；从年龄结构上看，样本主要集中在18~30岁的群体中，占比77.48%，这与生活服务类应用的使用对象主要集中在年轻用户群的现状相符；② 从学历结构上看，学历水平主要集中在大学本科（占比50.00%）和硕士（占比37.75%），整体占比87.75%，整体样本人群涉及了移动信息服务的主要用户，具有一定代表性。

表3-2 样本用户描述性统计表（N=302）

变量	类别	人数	百分比
性别	男	105	34.77%
	女	197	65.23%
年龄	18~30岁	234	77.48%
	31~40岁	31	10.27%
	41~50岁	26	8.61%
	50岁以上	11	3.64%
学历	大专及以下	31	10.26%
	大学本科	151	50.00%
	硕士	114	37.75%
	博士及以上	6	1.99%

① Johnston A C, Warkentin M. Fear appeals and information security behaviors: An empirical study[J]. MIS Quarterly, 2010: 549-566.

② 极光大数据. 2018年生活服务到店行业研究报告[EB/OL]. [2019-06-25]. https://www.jiguang.cn/reports/347.

3.3.2 信效度分析

本研究使用 SmartPLS 2.0 对问卷的信效度进行检验。信度检验是对问卷量表的一致性、稳定性及可靠性进行检验，采用内部一致性系数（Cronbach's α）和组合信度（Composite Reliability，CR）来测量信度，一般要求 Cronbach's α 和 CR 的值大于 0.7[1]。如表 3-3 所示，各变量的 Cronbach's α 和 CR 均在 0.7 以上，说明该测量结果满足信度要求，具有较高的内部一致性和稳定性。

效度检验是对测量的有效程度的检验，采用平均方差抽取值（Average Variance Extracted，AVE）和因子载荷量来测量聚合效度，通过比较各变量的 AVE 平方根与该变量和其他变量的相关系数来衡量区分效度，一般要求 AVE 大于 0.5，因子载荷量大于 0.6，各变量的 AVE 平方根大于该变量与其他变量的相关系数。[2] 如表 3-3 和表 3-4 所示，测量结果均满足上述要求，说明测量模型具有较好的聚合效度和区分效度。

表 3-3 测量变量的信效度检验结果

变量	题项	因子载荷	Cronbach's α	CR	AVE
任务特征 （TAC）	TAC1	0.681	0.702	0.814	0.524
	TAC2	0.795			
	TAC3	0.657			
	TAC4	0.754			
技术特征 （TEC）	TEC1	0.769	0.789	0.860	0.610
	TEC2	0.613			
	TEC3	0.834			
	TEC4	0.883			
任务技术 匹配度 （TTF）	TTF1	0.885	0.927	0.947	0.820
	TTF2	0.897			
	TTF3	0.932			
	TTF4	0.908			

① Nunnally J C, Bernstein I H, Berge J M F. Psychometric Theory [M]. New York: McGraw-Hill, 1967.

② Fornell C, Larcker D F. Evaluating structural equation models with unobservable variables and measurement error [J]. Journal of Marketing Research, 1981, 18(1): 39-50.

续表

变量	题项	因子载荷	Cronbach's α	CR	AVE
感知易感性(PV)	PV1	0.612	0.849	0.896	0.688
	PV2	0.904			
	PV3	0.905			
	PV4	0.860			
感知严重性（PS）	PS1	0.794	0.902	0.931	0.773
	PS2	0.911			
	PS3	0.903			
	PS4	0.904			
反应效能（RE）	RE1	0.763	0.823	0.882	0.651
	RE2	0.799			
	RE3	0.796			
	RE4	0.868			
自我效能（SE）	SE1	0.829	0.865	0.907	0.710
	SE2	0.818			
	SE3	0.864			
	SE4	0.858			
安全保障行为意愿（INT）	INT1	0.820	0.793	0.879	0.709
	INT2	0.888			
	INT3	0.815			

表 3-4　测量变量的区分效度检验结果

	TAC	TEC	TTF	PV	PS	RE	SE	INT
TAC	**0.724**							
TEC	0.299	**0.781**						
TTF	0.354	0.670	**0.906**					
PV	0.124	−0.141	−0.167	**0.829**				
PS	0.225	0.138	0.089	0.403	**0.879**			

续表

	TAC	TEC	TTF	PV	PS	RE	SE	INT
RE	0.298	0.099	0.173	0.344	0.368	**0.807**		
SE	0.155	0.308	0.319	0.098	0.110	0.171	**0.843**	
INT	0.192	0.035	0.084	0.291	0.320	0.325	0.280	**0.842**

3.3.3 模型验证

进一步对模型的路径系数进行估计，并利用 Bootstrapping 重复抽样方法对各路径系数的显著性进行检验，抽样次数为 1000。结果如图 3-4 所示，其中性别、年龄、学历三个控制变量对用户的个人信息安全全面保障行为意愿均不具有显著影响。

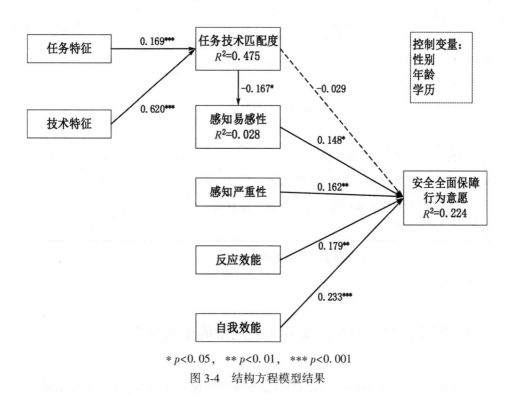

$*p<0.05$，$**p<0.01$，$***p<0.001$

图 3-4　结构方程模型结果

此外，模型路径关系的验证结果显示（见表 3-5），感知易感性（$\beta=0.148$，

$p<0.05$)、感知严重性($\beta=0.162$, $p<0.01$)、反应效能($\beta=0.179$, $p<0.01$)、自我效能($\beta=0.233$, $p<0.001$)对用户的个人信息安全全面保障行为意愿具有显著的正向影响,因此假设 H1~H4 成立。任务特征($\beta=0.169$, $p<0.001$)和技术特征($\beta=0.620$, $p<0.001$)对任务技术匹配度具有显著的正向影响,即假设 H5-H6 成立。任务技术匹配度对感知易感性具有显著的负向影响($\beta=-0.167$, $p<0.05$),而对个人信息安全全面保障行为意愿的负向影响不显著($\beta=-0.029$, $p>0.05$),故假设 H7 成立,但假设 H8 不成立。

表 3-5　模型假设验证结果

假设	路径	路径系数	T 值	验证结果
(控制变量)	性别→安全全面保障行为意愿	−0.044	0.846	
(控制变量)	年龄→安全全面保障行为意愿	0.096	1.690	
(控制变量)	学历→安全全面保障行为意愿	0.041	0.651	
H1	感知易感性→安全全面保障行为意愿	0.148*	2.319	成立
H2	感知严重性→安全全面保障行为意愿	0.162**	2.689	成立
H3	反应效能→安全全面保障行为意愿	0.179**	2.704	成立
H4	自我效能→安全全面保障行为意愿	0.233***	3.613	成立
H5	任务特征→任务技术匹配度	0.169***	3.918	成立
H6	技术特征→任务技术匹配度	0.620***	15.010	成立
H7	任务技术匹配度→感知易感性	−0.167*	2.151	成立
H8	任务技术匹配度→安全全面保障行为意愿	−0.029	0.498	不成立

注:＊$p<0.05$,＊＊$p<0.01$,＊＊＊$p<0.001$

3.4　网络信息安全全面保障影响因素的比较分析

以网络信息用户视角下的网络信息安全全面保障影响因素模型分析结果为依据,网络信息安全全面保障影响因素之间的相互影响关系与影响程度的比较分析可以指导网络信息安全全面保障体系与方案的针对性设计,亦可推动网络信息服务提供商提升网络信息服务应用的信息安全保障技术与能力。

3.4.1 影响关系及影响程度的比较分析

本研究对网络信息用户个人信息安全全面保障意愿的探究证明了保护动机理论在网络信息服务应用下具有适用性，即由感知易感性和感知严重性组成的威胁评估，以及由反应效能和自我效能组成的应对评估，均对用户在使用网络信息服务应用过程中的个人信息安全全面保障行为意愿具有显著正向影响。其中，应对评估相比威胁评估对用户个人信息安全全面保障行为意愿的影响更大，这揭示了用户信息安全全面保障行为意愿的提升，其主要源于用户自身所具备的个人信息安全素养，即采取信息安全全面保障行为并产生效用的信心与能力。这说明，相比充分了解网络信息服务应用中的潜在的隐私暴露及财产损失威胁与危害，如果用户意识到采取一定的信息安全保障措施，如熟悉授权设置、减少风险授权、降低风险软件使用等，则可以保护用户在使用网络信息服务应用时的个人信息，并且用户具有在网络信息服务应用中熟练掌握更改授权设置、判断风险服务的能力，那么用户则会更有意愿采取信息安全全面保障措施。值得注意的是，自我效能对用户个人信息安全全面保障行为意愿的影响最大，这一结果与 Thompson 等(2017)研究家庭计算机和移动设备的安全保障行为的影响因素结果具有一致性，[①] 这说明不论是移动环境下的硬件还是软件，自我效能对提高用户的信息安全全面保障意愿都具有最为重要的作用。

此外，结合任务技术匹配模型，本研究一方面支撑了网络信息服务应用中的任务特征和安全技术特征均对任务技术匹配度的显著正向影响，即当用户对网络信息服务应用中的本地服务、个性化推荐服务、好友互动交流、信息发布等功能具有较高的使用需求，并且当网络信息服务应用的安全技术能够保障用户使用中的个人信息安全时，用户的任务特征和网络信息服务应用的安全技术特征则具有较高的匹配度，那么用户对网络信息服务应用的安全性评估则较高。另一方面，本研究揭示了尽管任务技术匹配度对用户信息安全全面保障行为没有显著直接影响，但其显著负向影响着用户感知易感性，从而间接影响着用户的信息安全全面保障行为。该结果表明，如果网络信息服务应用的安全技术不适应开展相应网络信息服务应用的需要，那么用户会对该网络信息服务应用的安全性质疑，从而对个人信息受威胁的感知度就会提高，并进一步影响到

---

① Thompson N, McGill T J, Wang X. "Security begins at home": Determinants of home computer and mobile device security behavior[J]. Computers & Security, 2017, 70: 376-391.

用户的信息安全全面保障行为意愿，使得用户采取相应的安全保障措施保护个人信息安全的意愿提高。结合任务技术匹配程度的前置因素发现，相比于任务特征，技术特征对任务技术匹配度的影响更为突出，这说明用户对于网络信息服务应用的安全措施与保障技术的感知格外重要，如果网络信息服务应用的安全技术较低，则用户可能需要采取相关保障措施，而若用户保护与反应能力又有限时，用户甚至可能弃用该网络信息服务应用。

3.4.2 影响因素对网络信息安全全面保障的指导分析

综合而言，针对由网络信息技术和信息服务模式发展所不断产生的或潜在的个人信息安全问题，不仅需要网络信息服务提供商完善信息安全保障手段，更需要用户在享用网络信息服务应用带来便利的同时提升个人信息安全全面保障意识，并基于模型验证的影响关系，推进以事前预防为核心的用户信息安全保障，确立用户信息安全保障意识在构建网络信息安全全面保障体系中的核心地位。

从用户角度来看，提高其网络信息服务应用个人信息安全全面保障行为意愿，首先应提升用户对安全保障措施的应用能力，其次应增强用户对安全保障措施效用的认识，这需要用户充分了解和学习相关的个人信息安全保障措施，并且能够熟练掌握这些安全保障措施。同时，用户还需要多尝试了解网络信息安全保障措施所应用的领域和场景，尤其是为应对当前移动信息服务应用面向用户各种工作、生活情境的拓展，用户不仅要熟悉相关移动信息服务应用的功能与操作方式，更要了解其背后所涉及的个人隐私及其他信息安全问题，并知晓相关信息安全保障措施的效果，才能更好地应对风险。而用户对各应用场景下的潜在网络信息安全威胁的敏感性，以及对这些网络信息安全威胁严重性的准确判断，同样有助于提高用户的网络信息安全全面保障意识，这同样需要用户加强对现有网络信息安全风险类型、发生方式与途径、可能带来的危害等的了解程度，从而增强自身的网络信息危机意识和风险防范意识。

此外，从网络信息服务提供商的角度来看，为提高用户对其网络信息服务应用的安全感和信心，最重要的是向用户提供完善的、全面的信息安全保障技术，例如为用户提供完善的隐私保护政策、有效的密码保护技术、安全的网络信息服务环境等保障手段，以在满足用户网络信息任务需求的同时，保护用户的个人信息安全。当然，规范的行业制度也是保障网络信息环境下用户个人信息安全的重要手段，详细而明确的制度可以规范网络信息服务提供商的服务提供标准和方式，相应信息安全防范策略的宣传以及鼓励移动信息服务提供商对用户权益进行清晰展示，也有利于整个行业的发展。

可见，从用户和网络信息服务提供商角度，网络信息安全全面保障影响因素的识别和分析提供了网络信息安全全面保障体系和实施方案的方向指导，突出了其中的核心和关键环节，是在网络环境下信息安全全面保障需求分析和目标定位基础上形成网络信息安全全面保障框架体系的重要基础和参考依据。

4　网络信息安全全面保障导向下的组织协同变革

　　网络信息活动具有多元主体参与的复杂性特征，而针对网络环境下各网络信息活动参与主体对信息安全全面保障的普遍需求，网络信息安全全面保障并不能仅依赖于个别主体的自主安全保障能力。尤其是面对大数据环境下所广泛开展的信息资源共建共享活动，加之云环境发展所产生的各类网络信息安全问题，均对多元主体协同合作提出了更迫切的需求，以在信息安全保障方面进行优势互补，从而共同实现网络信息安全的全面保障。因此，以网络信息安全全面保障为目标导向，组织间正实现着由个体防御向业务合作向跨系统协同的信息安全保障逐渐转变。

4.1　网络信息安全模式变革与保障的协同发展

　　网络环境下，信息技术的发展不仅改变着信息存储、处理与传递的方式，也带来了新的信息安全问题。尤其是近年来云计算技术的广泛应用，其逐年加快的增长率，使得其已成为整个 ICT 产业中增长率最高的领域。① 同时，云计算技术也促使信息资源开发与利用的安全模式产生了重大变革，跨组织的交互在网络信息安全及其保障中变得愈发频繁和突出，网络信息安全模式的变革也推动着网络信息安全保障的协同发展。

4.1.1　网络信息安全模式的变革

　　纵观信息安全技术的发展，可以根据环境的变化划分为通信时代、单机时

---

① 工业和信息化部电信研究院. 云计算白皮书（2014）［EB/OL］. ［2019-07-01］. http://www.cac.gov.cn/2014-06/18/c_1111184780.htm.

代、网络时代和云计算时代四个阶段，① 如图4-1所示。信息通信安全是计算机出现之前最初的信息安全领域，信息通信安全保障通常利用密码学方法与技术提供通信过程中的信息机密性、完整性和可行性等保障，确保信息通信安全。此后，计算机的出现拓展了信息的呈现形式和信息安全领域范围，其中不仅包括信息通信安全，还涉及计算机本身的系统安全，得益于信息安全模型的不断分析与验证，相关信息安全产品得以开展，以计算机单机为核心的系统安全防护体系不断得到完善，亦实现了面向信息的安全管理发展。而网络技术的发展所产生的互联网环境则打破了时空限制，基于网络信息通信得以跨平台、跨系统地频繁交互开展，而且也带来了全新的网络信息安全问题，对信息安全技术的需求体现为需要与网络环境发展相适应的网络信息内容与交互安全监督，以及更加灵活、可拓展的方式所形成的网络信息安全控制策略与网络信息安全保障体系，亦实现了面向业务的安全管理发展。随着网络信息技术的进一步发展，云计算技术得以出现并被广泛应用，其对信息资源的按需分配特征，以及可在信息资源抽象基础上拓展新的信息业务模式，不仅提升了网络信息资源开发与利用效率，而且也给信息安全领域带来了全新冲击，促使云计算应用在提供高效能、低成本的持续计算和存储空间基础上，在云数据安全和隐私保护、云安全服务、云平台监督等方面推动网络信息安全模式进一步变革，亦实现了面向服务的安全管理发展。

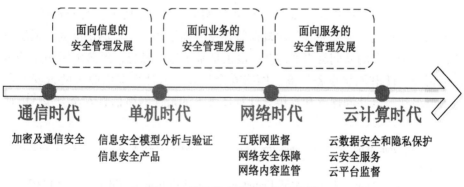

图 4-1　信息安全技术阶段性发展

<hr />

① 冯登国，张敏，张妍，等. 云计算安全研究[J]. 软件学报，2011，22(1)：71-83.

事实上，在信息安全模式初期，人们面对信息安全问题，更侧重于直接利用相关安全产品或安全技术手段去解决安全威胁与危害。然而，在信息安全问题日趋复杂的发展趋势下，单纯依赖安全产品和技术的信息安全模式效果欠佳，这也是网络环境下信息安全事故仍然频繁发生的原因之一。进入云计算时代以来，各类组织机构推动云计算技术发展的同时，也指出了新环境下网络信息安全模式变革的方向。如 Amazon 将云计算视为通过互联网按需提供计算能力、数据库存储、应用程序和其他 IT 资源，而所需服务是由大规模系统通过相互协作的方式提供，这些大规模系统的总体则可称为云;① 美国国家标准技术研究所(National Institute of Standards and Technology，NIST)则将云计算视为一种模型，支持用户使用网络共享可配置的资源池，其中的资源能以最少的投入实现资源的快速供给，同时，指出云计算模型包含按需自助服务、宽带网络连接、与位置无关的资源池、快速伸缩能力、可被测量的能力共五个特征。② 这些云计算相关描述可归纳云计算技术的最大的优势在于能够合理地配置资源，提高资源的利用率同时降低成本，而其所带来的信息安全风险则源于其计算资源的高度集中及资源虚拟化后的分配过程。此外，云计算技术的虚拟化技术以及多租户应用特征，使信息安全问题在云计算环境下变得更为复杂化，用户数据安全、业务连续性与恢复、人员安全管理、知识产权保障等安全问题也在不断涌现，这说明简单依赖于安全产品与技术的网络信息安全模式已无法适应网络信息安全保障的需要，云计算环境推动着网络信息安全模式的转变，要求更综合化的网络信息安全管理能力的提升。

云计算环境下的网络信息安全模式其实质是"三分技术、七分管理"，其中的网络信息安全需要完善的法规监管体系，需要用户、产品供应商、云服务商，甚至全社会的共同努力实践。③ 也正是基于这一思想，涵盖国际领先的电信运营商、IT 和网络设备厂商、网络安全厂商、云计算提供商等的云安全联盟得以组建，以共同探寻和提供云计算环境下的最佳网络信息安全方案。④ 而

---

① Amazon. What is cloud computing[EB/OL]. [2019-07-01]. https://aws.amazon.com/cn/what-is-cloud-computing/.

② Mell P，Grance T. The NIST Definition of Cloud Computing[EB/OL]. [2019-07-01]. https://nvlpubs.nist.gov/nistpubs/Legacy/SP/nistspecialpublication800-145.pdf.

③ 新浪网. 云安全——三分技术 七分管理[EB/OL]. [2019-07-01]. https://tech.sina.com.cn/it/2012-05-29/14457185892.shtml.

④ Cloud Security Alliance. About[EB/OL]. [2019-07-01]. https://cloudsecurityalliance.org/.

这种跨机构的网络信息安全保障合作形式不仅限于云计算背景的相关实践之中，而且已在网络环境下的其他网络信息安全保障实践之中得以应用。归纳而言，面向网络环境下的信息安全问题新变化，网络信息安全模式正由产品导向和技术依赖，向多主体合作、管理技术相融合的模式发生着转变，而为适应云计算时代的信息安全发展需求，传统的信息安全管理手段向云计算环境下信息安全模式的变革则势在必行。

具体而言，云计算时代下的网络信息安全模式既具有传统信息安全的特点，也同时涵盖云计算技术所带来的新信息安全特征，即云计算环境下的网络信息安全模式是在继承传统网络信息安全模式的基础上进行拓展的。这种继承性体现在网络信息安全保障目标和保护对象上，即继承了保障信息主体不受侵害、保障信息系统的正常运行、保障用户数据以及服务应用安全等网络信息安全保障目标，而保护对象也涉及了网络信息活动的各业务环节，并在此基础上结合云计算信息安全新特征进行拓展。而同时，云计算环境下网络信息安全保障具有特殊性，主要体现在网络信息安全保障主体的多元化、保障边界的模糊化和保障内容的复杂化等方面，如图 4-2 所示。

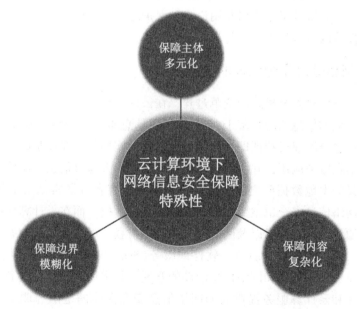

图 4-2　云计算环境下网络信息安全保障的特殊性

①网络信息安全保障主体的多元化。由于云计算环境下网络信息活动参与主体间存在多元关系，网络信息资源开发与建设依赖于各类信息机构的共享合作，云供应链结构更是适应了这种多元主体的关联关系而提供云服务，进而在云服务提供商和多元主体间形成优势互补和资源优化配置，提升整体竞争力。这种结构下的网络信息安全保障需要对各参与主体的信息资源和信息活动进行约束和保障，相关网络信息安全保障主体呈现多元化趋势。

②网络信息安全保障边界的模糊化。由于云计算环境下信息计算资源高度集中，在实现资源虚拟化后按需分配，并在多租户间共享资源，导致传统的信息系统边界被打破，网络信息安全防护体系中基于边界的安全隔离和访问控制在云计算环境下无法有效适用，相关网络信息资源安全防护亦不再基于边界进行统一的安全设备部署，相关网络信息安全保障边界呈现模糊化趋势。

③网络信息安全保障内容的复杂化。由于云计算环境下相关信息资源主体均将数据资源存储在云计算数据中心，虽然数据资源的所有权归各信息资源主体所有，但数据资源的管理却由云计算服务提供商实施，造成了数据资源的所有权与管理权分离的情况，数据资源的所有者对数据资源直接管控能力的下降，导致云计算服务可用性以及用户隐私保护之间的矛盾较为突出，相关网络信息安全保障内容也呈现复杂化趋势。

4.1.2 网络信息安全保障的协同发展

纵观网络信息安全模式的变革过程，在云计算技术尚未应用于网络环境中时，绝大多数的信息活动是基于IT架构提供信息服务和网络交互支撑，而IT架构下的信息资源建设特征即是在软硬件基础设施购置和建设基础上，部署信息系统和信息服务应用，并实现信息系统的维护，大部分信息资源均存储于组织机构建设的本地数据库之中，由信息资源的所有者分散实现自治管理和维护，相关网络信息安全也主要由各组织机构自行承担。而在云计算环境下，相关信息资源组织与建设者以及网络信息活动参与者，可以采用基础架构，即服务(IaaS)、平台即服务(PaaS)、软件即服务(SaaS)三种不同的云计算服务类型支撑信息资源的存储和网络信息活动的开展，其采用的云计算服务类型决定了相关主体和云计算服务提供商的网络信息安全保障的范围与职责。如IaaS包含硬件和设备在内的各种网络信息基础设施，其采用IaaS云服务类型，云服务提供商主要负责基础设施和物理环境的安全，所提供的网络信息安全保护能力和功能较少，要求相关信息资源主体自行承担其操作系统、信息应用与服务的安全保障；在 IaaS 层之上的 PaaS 由云服务提供商提供编程环境和工具允许用户进行应用开发，其中云服务提供商需要承担比 IaaS 层更大的网络信息安全保障职责，涉及基础设施、操作系统、中间件的安全保障；SaaS 层则位于 PaaS 之上的云计算架构顶层，云服务提供商需要负责为学术信息资源服务机构提供基础设施、软硬件平台，并负责实施、维护工作，即提供最高的网络信息安全保障和集成化的安全服务，使得相关信息资源主体通过网络就可以获得相应的信息资源与服务。云计算环境下的网络信息安全保障职责的划分也显示出，不论是 IaaS、PaaS 还是 SaaS，均需要云服务提供商和相关信息资源主体共同参与，以合作实现网络信息资源的安全存储、开发建设与利用。

　　然而，由传统网络环境向云计算环境下的网络信息安全模式变革仍滞后于网络信息技术与环境的发展，尤其是以云计算为代表，云计算发展历程按照 Gartner 技术成熟度曲线，长期实践徘徊于技术萌芽期和泡沫化谷底期（如图 4-3 所示），①② 究其原因，即是云安全的发展严重滞后阻碍了云计算技术的发

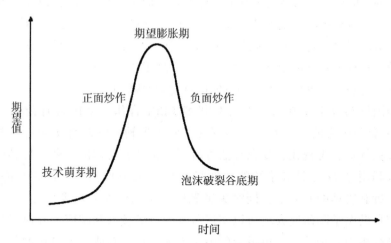

图 4-3　Gartner 技术成熟度曲线

①　Smith D. M. Hype Cycle for Cloud Computing, 2011[R]. Gartner Inc., 2011: 1-73.

②　Columbus L. Hype Cycle for Cloud Computing Shows Enterprises Finding Value in Big Dat Virtualization[EB/OL]. [2019-07-02]. http://www.forbes.com/sites/louiscolumbus/2012/08/04/hype-cycle-for-cloud-computing-shows-enterprises-finding-value-in-big-data-virtualization/.

展。例如云计算的虚拟化、弹性计算以及多租户特征不仅引发了新的数据安全问题，云计算标准与法律法规体系亦不完善，服务等级协议（SLA）的约束力不足，管理权分配和协调力欠完善，在安全事故责任认定、安全监督与审计、用户隐私、知识产权保护等方面也存在诸多信息安全风险，云环境下的网络信息安全问题已经成为云计算发展的关键制约因素。云服务提供商很难针对云计算环境下的各种风险制定一一对应的安全防护策略，云计算环境下网络信息安全保障的有效合作路径需求显得愈发迫切。

事实上，面对云计算环境下网络信息安全保障的多主体合作模式也得到了相关研究和实践的关注。尤其是针对云计算环境下的国家学术信息资源共建共享实践进行了学术信息资源安全保障的探索。如美国学术信息资源云存储联盟（HathiTrust）所进行的云存储安全保障实践和探索，该联盟最初由机构合作委员会和加州大学下属的 23 所大学图书馆组成，旨在基于云计算技术支撑学术信息资源的集中存储和开放获取，从而为各个成员馆用户提供学术信息资源的云服务，提高相关信息资源的利用效率。随着该联盟成员规模和学术信息资源库规模的不断增加，其通过云存储联盟与各个成员馆签署协议的方式，明确合作过程中所应承担的安全责任与义务；同时成立联合执行委员会，对云服务中的网络信息安全进行监管；此外，还委托第三方或推选云存储联盟中的成员馆，设立管理中心，负责日常云服务安全管理工作，从而通过各个成员馆之间的合作参与和配合进行整体架构下的信息安全保障。①

美国贝勒医学院则与云服务提供商 CliQr 合作，采用私有云模式部署CliQr 云服务中心的云服务和应用管理。原来贝勒医学院直接通过公共云部署大数据计算、可视化、复杂算法等应用，伴随着技术的发展，贝勒医学院在综合利用 Cisco 云计算系统的硬件服务、VMware 虚拟机管理和 CliQr 应用程序配置和管理的基础上，同时为贝勒医学院的研究人员提供私有云服务，从而使贝勒医学院研究人员可以实现服务的按需接入和响应，并对所部署的应用进行集中安全控制。更灵活的解决方案实现了对研究人员自助服务访问关键应用程序交付效率的提高和集中控制问题，相对集中的应用程序和数据管理，满足了治理和管理的需求。基于 CliQr 混合云模式应用的探索，贝勒医学院既可以提供公有云便捷性服务，同时利用私有云满足组织的严格监管和安全要求，是学术信息资源服务机构在云计算应用和信息安全领域所开展

---

① 刘华，许新巧. 从共享到共有：学术图书馆云存储联盟研究[J]. 图书馆，2014(4)：127-129.

的混合云安全保障探索。①

　　而国内的中国高等教育文献保障系统(CALIS)也建成了覆盖全国1800多家成员馆的云服务体系，面向全国实现学术信息资源的资源共享和协同服务。② CALIS针对学术信息资源安全、知识产权保护以及云服务的安全，联合CARSI(高校身份认证联盟)提出了基于Shibboleth技术的云服务中心跨域认证模式，将CALIS的统一认证云服务与CARSI身份发现中心集成，由此实现电子资源数据库、CALIS统一认证云服务、CARSI身份发现、CARIS IdP、图书馆本地认证系统五个方面的跨域身份认证集成。当高校用户访问电子资源数据库，相对应的电子资源数据库首先将用户引导入CALIS身份发现中心，通过CALIS统一认证云服务中心进行身份认证，防止非授权用户的非法访问，从而在机构合作基础上实现了面向学术信息资源的统一认证云服务安全体系。③

　　以上云计算环境下网络信息安全保障的实践探索在参与主体及云服务中均体现了多元融合特征，即不仅是单纯的面向网络信息安全的合作，而且是面向学术信息资源开发与利用全过程的网络信息安全保障协同分工与交互，体现出网络信息安全保障在实践中由个体承担向多元主体协同的发展趋势。而这种协同参与不仅对相关主体的网络信息安全全面保障起到促进作用，也同时推进了整个网络信息环境下，尤其是当前的云计算环境下信息安全全面保障标准、框架和安全体系的不断完善。

4.2　网络信息安全全面保障的组织定位

　　在网络信息安全保障的协同发展趋势下，为了实现网络信息安全全面保障的目标，以网络信息安全全面保障主客体划分为基础，还可进一步按照各组织在实现网络信息安全全面保障中的角色定位，明确各组织在网络信息安

　　① CIOReview. CliQr Enables Baylor College of Medicine Manage Applications in Private Cloud[EB/OL]. [2019-07-02]. https://www.cioreview.com/news/cliqr-enables-baylor-college-of-medicine-manage-applications-in-private-cloud-nid-5484-cid-17.html.

　　② 王文清，张月祥，陈凌. CALIS高等教育数字图书馆技术体系[J]. 数字图书馆论坛，2013(1)：29-36.

　　③ 王文清，柴丽娜，陈萍，等. Shibboleth与CALIS统一认证云服务中心的跨域认证集成模式[J]. 国家图书馆学刊，2015，24(4)：45-50.

全全面保障中的职责和任务。具体而言，网络信息安全全面保障的组织定位可细分为网络信息安全保障的规划者、提供者、实施者和协调者，如图 4-4 所示。

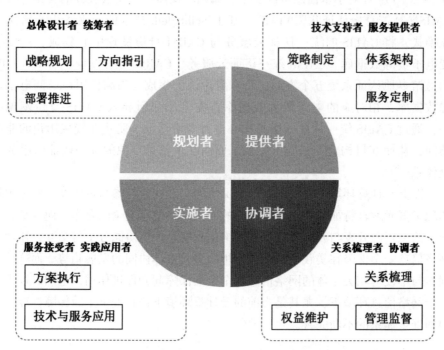

图 4-4　网络信息安全全面保障组织定位

4.2.1　网络信息安全保障的规划者

网络信息安全保障的规划者负责网络信息安全相关安全战略、安全制度、信息安全法律法规、安全标准等的规划，是网络信息安全全面保障的总体设计者和统筹者。通常网络信息安全保障的规划者职能由国家政府相关部门承担，相关行业协会也参与到具体标准规范的制定过程之中。

例如，我国"十二五"时期，特别是党的十八大之后，成立中央网络安全和信息化领导小组，通过完善顶层设计和决策体系，加强统筹协调，作出实施网络强国战略、大数据战略、"互联网+"行动等一系列重大决策，开启了信息化发展新征程；但也存在网络安全技术、产业发展滞后等问题，网络安全制度有待进一步完善，一些地方和部门网络安全风险意识淡薄，网络空间安全面临严峻挑战。① 而为进一步加快信息化发展，拓展国家治理新领域，我国制定了《"十三五"国家信息化规划》，在其中重点强调了坚持安全与发展并重，以安全保发展，以发展促安全，推动网络安全与信息化发展良性互动、互为支撑、协调共进。将"健全网络安全保障体系"作为"十三五"期间信息化规划的核心和主攻方向之一，即是政府机构站在国家战略高度进行网络信息安全全面保障工作统筹规划，有利于引导各行业按照战略规划部署具体网络信息安全全面保障实践计划和执行方案。十三届全国人大四次会议表决通过了关于"十四五"规划和 2035 年远景目标纲要，提出了要加快数字化发展，建设数字中国的任务，国家互联网信息办公室也正制订"十四五"国家信息化规划，未来将从加快信息基础设施优化升级、充分释放数据要素活力、加快数字技术的创新应用、推动数字产业化和产业数字化、加快数字社会建设步伐、提高政府数字建设水平、发展普惠便捷的数字便民、建设网络空间命运共同体、营造良好数字生态等九个方面来推动落实数字中国的建设。②

除了政府部门的网络信息安全保障战略规划作用之外，以全国信息安全标准化技术委员会为代表，网络信息安全保障的规划者也推进着网络信息安全标准规范等的制定。全国信息安全标准化技术委员会是国家标准化管理委员会直属委员会，专门从事信息安全标准化的技术工作组织，负责全国信息安全技术、安全机制、安全管理、安全评估等领域的标准化工作，统一、协调、申报信息安全国家标准项目，组织国家标准的送审、批报工作，向国家标准委提出信息安全标准化工作的方针、政策和技术措施等建议。③ 在全国信息安全标准化技术委员会 2019 年的工作要点中，也突出强调了围绕国家各项网络安全重点工作和新技术新应用发展需要，坚持问题导向，开展重点领域标准研制，提升标准质量，深入开展标准需求调研和实施效果评价，着力提高标准实用性和影响力，持续增强国际标准话语权。④ 全国信息安全标准化技术委员会对信息安全标准制定的推动有利于国家各信息行为主体按照标准化的网络信息安全保

① 中国政府网."十三五"国家信息化规划［EB/OL］.［2019-05-03］. http://www.gov.cn/zhengce/content/2016-12/27/content_5153411.htm.

② 数据图解·一图梳理《"十四五"国家信息化规划》九个方向［EB/OL］.［2021-10-03］. https://www.sohu.com/a/456435414_162758.

③ 全国信息安全标准化技术委员会［EB/OL］.［2019-07-02］. https://www.tc260.org.cn/front/main.html.

④ 胡欣.《全国信息安全标准化技术委员会 2019 年度工作要点》发布［J］. 信息技术与标准化，2019(3)：10-11.

障方案开展实践工作，也有利于多元主体网络信息安全全面保障工作的协同开展。

由此可见，网络信息安全保障规划者的组织定位在于为网络信息安全全面保障指引战略方向，从整体上为网络信息安全全面保障工作提供政策支撑和制度保证，为网络信息安全全面保障实践开展工作提供标准依据，而其突出作用则在于战略规划、方向指引和部署推进。

4.2.2 网络信息安全保障的提供者

网络信息安全保障的提供者则负责提供网络信息安全保障所需的基础设施、实施网络信息安全保障的软硬件，负责针对网络信息安全保障客体的信息安全建设与保障需求，为其设计和定制网络信息安全保障解决方案，是网络信息安全全面保障的技术支撑者和服务提供者。通常网络信息安全保障的提供者由具有安全保障技术能力相关资质的组织，以及具有网络信息安全保障相关设备的生产方和服务提供方组成。

为衡量网络信息安全保障提供者的保障能力，可以用信息安全服务资质评估相关安全服务提供者的资源、技术、管理等方面资质和能力，同时考察其可靠性和稳定性，并依据公开的标准和程序进行安全服务保障能力认定。我国首批获得国家信息安全服务资质最高级（三级）的网络安全企业包括杭州安恒信息技术股份有限公司、北京神州绿盟科技有限公司、网神信息技术（北京）股份有限公司、北京启明星辰信息安全技术有限公司等四家企业。① 国家信息安全服务三级资质也成为我国网络信息安全保障提供者在方案设计、风险评估、安全运维与集成等综合服务方面能力的最高级别认证，该认证有利于相关网络信息安全保障提供者更高效地向国家、企业、个人输出优质网络安全技术。以绿盟科技为例，该企业在数据防泄密、商业秘密保护、等级保护和安全集成等领域不断开拓，其信息安全保障方案以等级保护标准、商密保护指引等为依据，针对网络、服务器、终端、移动存储介质、应用和数据等方面的核心安全保障诉求，打造等级保护与商密保护二合一的层次化立体化商业秘密安全解决方案和整体安全服务体系。②

---

① 中国信息安全测评中心. 首批国家信息安全服务资质最高级获证企业名单发布［EB/OL］.［2019-07-02］. https://gd.qq.com/a/20180316/027385.htm.

② 绿盟科技. 绿盟科技等四家企业获首批国家信息安全服务最高资质［EB/OL］.［2019-07-02］. https://www.aqniu.com/industry/32195.html.

又如，北京江民新科技术有限公司(简称江民科技)，是中国最早做杀毒软件的高新技术企业，研发了国内第一款杀毒软件KV100，致力于打造集网络安全产品生产研发、销售、咨询、服务于一体的信息安全生态体系，全面保障国家党、政、军关键网络基础设施的安全稳定运行，提供分别适应中小型到超大型用户的网络信息安全保障解决方案，并支撑国家信息安全事业发展。① 江民科技所提供的网络信息安全保障涉及单机、网络反病毒软件、单机、网络黑客防火墙、邮件服务器防病毒软件、网页防篡改、网络准入控制、防病毒网关、病毒威胁检测预警系统、网络分析系统、APT检测系统等一系列信息安全软硬件产品。以网络版病毒整体解决方案为代表，其采用一个主控制中心+若干客户端/服务器+子控中心的级联管理模式，集成了网络版防火墙、漏洞补丁管理系统，可以轻松实现分组、多级管理架构，提供详尽的日志信息统计功能，且针对行业及用户需求，还可以拥有病毒数据报表分析等定制功能，能够有效地收集和分析大网络内的防病毒状况，为用户提供安全决策数据。②

由此可见，网络信息安全保障提供者的组织定位在于为网络信息安全全面保障提供解决方案，从具体保障技术与产品服务上为网络信息安全全面保障工作提供技术支撑和安全设备保证，为网络信息安全全面保障实践开展工作提供基础设施、工具与服务，而其突出作用则在于安全保障策略制定、安全保障体系架构和安全保障服务定制。

4.2.3 网络信息安全保障的实施者

网络信息安全保障的实施者负责依据网络信息安全保障提供者所设计的网络信息安全保障方案开展具体网络信息安全保障的实践，其中包括相应设备和服务的部署、运作和反馈维护，是网络信息安全全面保障的服务接受者和保障方案的应用实践者。网络信息安全保障的实施者既可由网络信息安全保障需求方自行承担，亦可完全交由网络安全保障提供者实现完整的网络信息安全保障过程，也可通过合作分工完成。

例如，国家电网公司按照《信息系统安全等级保护基本要求》等相关标准，结合电网特色将等级保护工作纳入日常电网安全运行工作，深化、扩充电网等

---

① 江民科技. 公司简介 [EB/OL]. [2021-05-26]. http://www.jiangmin.com/Abouts/profile/.

② 江民科技. 江民科技网络版杀毒软件 [EB/OL]. [2021-05-26]. http://www.jiangmin.com/plus/list.php? tid=65.

级保护标准指标，形成了《国家电网公司 SG186 工程等级保护标准》，制定了信息安全等级保护安全建设整改的实施指导意见。国家电网公司在将管理信息网分为信息内网和信息外网的基础上，通过统一组织公司系统各单位全面开展机房物理环境整改、安全域划分与实现、边界及网络防护、安全配置加固、应用数据安全防护等五方面等级保护建设工作，全面贯彻实施信息安全等级保护，取得了等级保护定级备案、安全建设整改和国产信息安全产品应用等方面的显著成效，全面建成了信息安全等级保护纵深防御体系。此外，在以信息安全等级保护为核心的网络信息安全保障实施中，实现了电网网络信息安全防护能力的显著提升，同时为全国深入推进信息安全等级保护工作积累了宝贵经验。①

而网络信息安全保障实施过程中的分工合作也较为常见。如中国网安与中广核电力即在协商确定网络信息安全保障合作框架的基础上，在网络信息安全整体规划、网络信息安全体系建设、网络信息安全保障服务等方面开展了全方位合作，在合作中实施网络信息安全保障，同时促进网络信息技术与业务的融合。事实上，针对网络安全正由传统的信息中心模型转变为面对大规模组织的攻击的趋势，网络信息安全问题复杂性和多样性特征日益显著，而以中广核电力为代表的中央企业拥有涉及国计民生的关键信息基础设施，更是处于网络攻防的最前沿。面对此需求，中国网安具有推动公司业务由软件、硬件向安全服务、整体安全解决方案转型的实践经验，且为中央企业的服务有利于形成国资委统一管控体系，也有利于建立动态的网络信息安全全面服务保障体系，故中国网安与中广核电力的合作可实现互利共赢发展。②

由此可见，网络信息安全保障实施者的组织定位在于贯彻实施网络信息安全全面保障，将组织业务与网络信息安全保障技术相融合，依照网络信息安全全面保障方案开展保障实践工作，在实践中切实保障组织业务各环节信息安全，而其突出作用则在于安全保障方案执行、安全保障技术与服务应用。

4.2.4 网络信息安全保障的协调者

网络信息安全保障的协调者负责面对网络信息安全保障全过程中的多元参

① 国家电网公司.国家电网公司全面落实信息安全等级保护制度信息安全保障能力显著提高[J].信息网络安全，2010(4)：75-77.
② 中国网安.中国网安与中广核电力正式签署网络信息安全保障合作框架协议[EB/OL].[2019-07-02].http://www.sohu.com/a/209112344_100009015.

与主体，依据网络信息安全保障方案，进行分工协调、进度控制、安全监管等工作，同时负责解决权益争端和冲突，在保障各方权益基础上，促使网络信息安全全面保障的有序开展，则是网络信息安全全面保障的关系梳理者和监管者。网络信息安全保障的协调者一般由相关管理部门或在网络信息安全全面保障中的关键召集者承担，亦可由第三方组织负责协调和监管。

例如，工业和信息化部信息安全协调司负责协调推进信息安全等级保护等基础性工作，指导监督政府部门、重点行业的重要信息系统与基础信息网络的安全保障工作，协调国家信息安全保障体系建设，并承担信息安全应急协调工作和协调处理重大事件。① 同时，信息安全协调司还组织开展并推进了政府信息系统安全防护试点工作，结合重点领域网络与信息安全检查行动，以及时发出安全风险提示。②

又如，在尼泊尔"4·25"地震自然灾害事件中，人民银行拉萨中心支行充分发挥了西藏自治区金融业信息安全协调机制作用，积极开展横向协调，联合各成员单位成功组织开展抗震救灾工作，有力支援当地支行应对和解决业务系统及通信中断产生的信息安全问题。在此次应急响应过程中，设在科技部门的信息安全协调领导小组办公室在重大灾难发生时立即启动突发事件一级响应机制，全面部署抗震救灾工作，协调电力局、通信运营商确保在条件允许的前提下，优先恢复电力供应，以保障网络通信畅通；同时统计本行机房、电子设备受损程度，及时了解灾区各金融机构的 IT 系统受损情况，积极统筹考虑应急救灾资源，指导人行樟木口岸中支开展自救工作。而在本次成功协调抗灾过后，也借鉴此次事件经验，进一步完善人民银行所指定的区域性金融业信息安全协调工作预案，将自然灾害类突发事件处理流程补充进原先针对网络通信类、电力供应类、网络攻击类、网络犯罪类、公共突发类等事件处理流程体系中，进一步提升信息安全保障的全面协调能力。

此外，大数据环境下还产生了大数据利用与个人信息保护之间的冲突问题，政府应当充分发挥协调和监督作用，在利用大数据进行社会治理的过程中，积极承担保护公民信息的责任。在相关法律法规体系的完善中，依法打击各类网络信息犯罪活动，即是维护网络正常秩序的有效手段，也是其积极履行保护个

---

① 百度百科. 中华人民共和国工业和信息化部信息安全协调司［EB/OL］.［2019-07-02］. https://baike.baidu.com/item/中华人民共和国工业和信息化部信息安全协调司.

② 赵泽良. 信息安全协调司：制定政策标准 维护信息安全［N］. 中国电子报, 2012-12-25, 13.

人信息职责的体现，充分协调个人生活自由和创新社会治理之间的平衡关系。①

由此可见，网络信息安全保障的协调者的组织定位在于对网络信息安全保障进行监督和协调，对网络信息安全保障信息资源进行合理统筹，对各方权益进行协调保障，促进多主体参与的网络信息安全全面保障有序化及顺利开展，而其突出作用则在于关系梳理、权益维护和管理监督。

4.3 面向网络信息安全全面保障的组织协同要求

网络信息安全保障的协同发展趋势下，依据网络信息安全全面保障的组织定位，面向网络信息安全全面保障需求，对组织协同中的合作关系、资源共享、业务融合、管理控制等方面也提出了相应要求(如图 4-5 所示)，以保证基于组织协同的网络信息安全全面保障的有序开展。

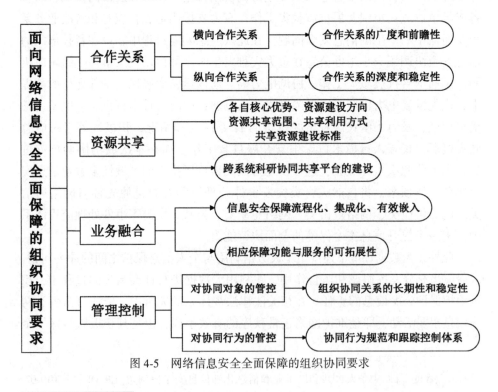

图 4-5　网络信息安全全面保障的组织协同要求

---

①　刘志坚，郭秉贵. 大数据时代公共安全保障与个人信息保护的冲突与协调[J]. 广州大学学报(社会科学版)，2018，17(5)：74-79.

4.3.1 组织协同中的合作关系要求

基于组织协同的网络信息安全全面保障，首先需要梳理、明确界定和维系保障组织间的协同合作关系。网络信息安全全面保障中协同关系的确立是多元主体间协同开展信息安全保障工作的前提，其基于信息安全保障参与者之间的合作关系，在协同合作中形成面向网络信息安全全面保障的协同关系网络。由此可见，组织协同中的合作关系是促进网络化利用信息安全保障资源开展协同架构下的网络信息安全全面保障的重要基础。

具体对组织协同中的合作关系进行划分，可依据网络信息安全全面保障的主客体构成划分为横向合作和纵向合作。分别从不同领域和信息安全保障纵深程度上实现组织协同。而根据合作关系的维度差异，组织协同中的合作关系要求重心也有所区别。

对于横向合作关系而言，多形成于不同类型网络信息安全保障主体之间。在科研创新实践中，横向合作关系较为普遍，是对网络信息安全全面保障的组织协同关系建立的良好参考。如面向创新的产学研合作是一种典型的组织协同与合作形式，而基于信息资源协同利用的大学—产业—政府的三螺旋式科研创新合作也是产学研协同合作的另一种拓展，[1] 这些科研创新协同关系强调面向科研协同目标的知识异质性团队的组建和跨机构的合作，其不仅是科研创新、技术创新和市场竞争力的重要支撑，也已成为建设创新型国家的主要途径，亦为网络信息安全全面保障提供了有效的组织协同基础。[2] 针对以产学研合作为代表的横向拓展式合作关系，为实现网络信息安全全面保障的组织协同，其着重于合作关系的广度与前瞻性，要求各协同参与方保持平等的合作地位，发挥各方在网络信息安全全面保障中的资源优势与职能特征，尊重各方的知识产权及相关信息权益，彼此协商明确网络信息安全全面保障框架与路径。

而对于纵向合作关系而言，则可根据网络信息安全全面保障中组织定位的差异，按照实现网络信息安全全面保障中规划、提供、实施、协调等各环节寻求组织协同。与之类似，在知识形成与传播过程中形成的知识创新价值链结构

---

① Etzkowitz H. The Triple Helix：University-industry-government Innovation in Action[M]. London：Routledge，2008：10-11.

② Wong C Y，Salmin M. M. Attaining a productive structure for technology：The Bayh-Dole effect on university-industry-government relations in developing economy[J]. Science and Public Policy，2016，43(1)：29-45.

就为跨系统组织之间的纵向协同关系建立提供了方向。其中，协同关系是通过知识、信息和技术在各个创新环节中的流动、转化和增值效应将相关的创新参与主体连接起来；① 而各链式环节中知识创新是技术创新的基础和源泉，技术创新是企业发展的根本，创新传播是创新成果传播和增值的渠道，创新应用促使科学技术知识转变成现实生产力。② 针对以知识创新价值链合作为代表的纵向延伸式合作关系，为实现网络信息安全全面保障的组织协同，其着重于合作关系的深度与稳定性，要求各协同参与方明确自身的组织定位，发挥各方在网络信息安全全面保障纵深开展中的差异性技术与专长，强调彼此业务和保障能力的关联性和连续性，确立各自在网络信息安全全面保障中的角色位置。

4.3.2　组织协同中的资源共享要求

基于组织协同的网络信息安全全面保障，其工作重心即在于保障信息资源的安全；而面对组织协同情境，信息资源安全保障更关注于组织间的资源共享利用，即面向网络信息安全全面保障的组织协同对资源共享提出了相应要求。大数据环境下，科学研究、商业、政务数据等信息资源呈现爆发式增长，为避免信息资源的重复建设，提升信息资源的使用效率和利用率，通过信息资源的共享利用开展组织协同活动已成为各领域组织运作和开展创新活动的重要途径；而面对网络信息安全全面保障，相应的技术和设备资源也可在组织协同中对网络信息安全保障起到高效的支撑作用。由此可见，资源共享不仅是网络信息资源安全保障的关键对象，也同时支撑着信息安全保障工作的开展。

针对组织协同中的资源共享行为，其可以充分整合利用各协同组织的网络信息安全保障资源优势，通过协同实现"1+1>2"的安全保障效果。而这其中要求资源共享须在组织协同框架下，明确各自的核心资源优势与安全保障资源建设方向，避免网络信息安全保障资源的重复建设；同时，要求清晰界定资源共享的内容与共享对象，约定资源共享范围和共享利用方式；此外，还要求共享资源具有跨系统的普适性、兼容性和系统互操作性，能够在多元网络信息安全保障主体中得以拓展利用，而非局限于资源所有者内部，即也对共享资源的建

————————

①　严炜炜. 基于 widget 的知识创新价值链融汇服务协同组织[J]. 情报科学，2013，31(8)：47-52.

②　万汝洋. 从国家创新体系到创新型国家转变的哲学基础[J]. 科技管理研究，2007(7)：6-8.

设标准提出了要求。

如针对科研信息资源的安全保障，由于科研信息资源包括丰富的科技文献资源、科学数据资源、科研信息服务资源、科研信息设备与仪器资源等，为保障基于科研资源集成与协同配置的科研协同工作开展，需梳理多元科研主体的组织协同结构、所拥有的科研信息资源及所具备的信息安全保障能力。组织协同背景下的科研信息资源安全保障，则强调在对科研协同主体所具备的信息安全保障能力有效整合的基础上，实现科研信息安全保障资源的融合利用，其中涉及多元科研主体对科研信息资源及信息安全保障资源的统一采购/采集、整合加工、分布式存储和调用。①

建设跨系统科研协同共享平台，并基于共享平台实现对跨系统科研信息资源的协同管理是实现组织协同中的信息安全保障资源共享的可实施路径之一。通过共享平台统一组织利用跨系统组织围绕科研信息资源共享利用而共同采购或开发的信息安全保障资源，同时为跨系统组织的分布式信息安全保障资源的整合和调用提供接口支撑，实现了信息安全保障资源的统一管理，也为科研协同提供了便利的信息安全保障渠道。相应的信息安全保障资源在共享利用中，既可以按组织参与相应资源的共建程度和付出的经济代价实现有偿开放共享，也可以按协同关联关系和协同分工分配部署信息安全保障资源及保障对象的操作权限，从而形成组织协同中的信息安全保障资源共建共享机制。

4.3.3 组织协同中的业务融合要求

除了合作关系和资源共享方面的要求，基于组织协同的网络信息安全全面保障工作还对具体实施中的业务融合提出了要求。这是由于各组织在实施网络信息安全保障过程中，不仅其所涉及的业务范围具有差异，其所执行的网络信息安全保障方式和流程也可能相应地产生差异。为了能够实现基于组织协同的网络信息安全全面保障，需要各协同方在信息安全保障业务上实现有效融合，继而满足网络信息安全保障的组织协同要求。

具体而言，组织协同中的业务融合要求体现于对信息存储、信息检索、信息获取、信息处理与加工、信息发布与传播等具体信息活动中，各主体所提供的信息安全保障功能与服务能力要按照组织协同利用需求进行安全保障内容与安全保障流程的融合，且组织协同所实现的融合信息安全保障能嵌入到各组织

---

① 严炜炜，张敏. 科研协同中的数据共享与利用行为模式分析[J]. 情报理论与实践，2018，41(1)：55-60.

的各信息活动之中，即体现信息安全保障的流程化、集成化和有效嵌入。此外，业务融合还对相应保障功能与服务的可拓展性提出了要求，以保证面向网络信息安全全面保障的组织协同的可持续性。

如在面对云环境下的学术信息资源的安全保障过程中，组织协同中的信息安全保障需要涵盖学术资源云存储、云共享、云开发、云服务等方面的业务安全保障。云存储是通过一定应用软件或应用接口对用户提供的数据快速存储服务和访问服务。在基于云存储手段实现分布式的学术资源云端整合利用时，需要在组织协同中统一制定云安全策略编码、面向用户的数据安全机制以及云存储安全访问控制机制，强调虚拟化的云存储应用环境与安全网络的建设，并嵌入到组织的业务流程之中。针对组织之间的资源云共享业务安全保障，是学术资源跨系统开发的前提，其需要具有合作关系的机构进行资源的交互利用和开发，其中所涉及的安全问题需要通过对组织协同制定云端的开放共享规则与协议，并嵌入到组织之间基于云共享方式实现的学术资源协同利用之中。在云存储和云共享基础上，云环境下数字学术资源开发的优势在于利用云端的处理能力，在实现学术资源整合的基础上进行内容的深层加工，从而进一步挖掘学术资源的知识价值。因此，在组织协同的信息安全保障建设中，须对云端协作网等基于云环境的信息基础设施建设进行支撑，突出面向云环境下学术信息资源的跨系统搜索、数据自动采集、资源审核与筛选安全，在跨系统融合信息资源过程中进行数据保护、权限保障和数据处理安全，从而基于组织协同对云开发中业务进行流程化、集成化的安全保障。此外，基于云环境的数据资源有效利用最终通过 IaaS、PaaS 和 SaaS 多层次的云服务开展，也应以组织协同为基础，按照由包括服务器、操作系统、数据库等在内的基础设施服务层、构建在特定开发语言和框架下的平台服务层，以及按功能封装组织的软件服务层的云服务组织要求，利用信息服务融合手段，[1] 将安全服务嵌入到面向用户的学术资源云服务之中实现一体化组织，保证用户对学术资源进行系统利用，从而为组织协同中利用学术信息资源开展云环境下的各环节业务过程中提供全方位信息安全保障。

4.3.4 组织协同中的管理控制要求

面向网络信息安全全面保障的组织协同还对保障全过程中的管理控制提出了要求，这同样是由于多元主体在协同实施网络信息安全全面保障时存在着资

---

[1] 严炜炜. 产业集群创新发展中的跨系统信息服务融合[D]. 武汉：武汉大学，2014.

源、业务流程等方面的协调需求，使得网络信息安全全面保障得以在多元主体之间有序开展。这里的管理控制一方面强调对协同对象的管控，另一方面则是对信息安全保障协同行为的管控。

从协同对象的管控上来看，由于网络信息安全全面保障对多元主体的依赖性，且安全保障机制与体系需要综合各方主体的优势资源、业务特征和信息安全保障能力进行系统设计和构建，故而多元主体协同参与的网络信息安全全面保障中的组织协同关系需要保持长期性和稳定性，这就要求对协同对象及其在网络信息安全全面保障中所承担的角色定位与职责进行管理控制，保证协同对象的稳定性，进而建立协同主体之间的信任机制与认同感，并支撑网络信息安全全面保障组织协同行为的开展。

从协同行为的管控上来看，由于协同行为的多目标分解特性、多主体参与特性、多资源整合特性和多渠道交互特性等使得对协同行为科学的管理控制已成为实现组织协同目标的关键，并依赖于行为规范和跟踪控制体系的构建。① 网络信息安全全面保障的组织协同行为管控首先要求建立协同行为规范，其影响着行为主体在特定网络信息环境下的信息安全保障协同行为开展模式。② 对于协同行为规范的制定通常需要组织协同协商下的网络信息安全全面保障目标为基础，按照需要开展的信息安全保障行为内容，依据简明描述、平等指向、层级设置等标准进行协同行为指南方案的制定，最终形成完整的协同行为规范。而在具体的跟踪控制体系构建中，则主要要求对面向网络信息安全保障行为执行进度进行控制。这是由于网络信息安全全面保障组织协同的复杂性和多元性所导致的网络信息安全保障体系构建或保障行为进度易失控，故而在执行进度控制中要求突出信息安全保障协同行为目标的优化，以及对协同行为过程和行为计划的协调把控。对于网络信息安全保障协同行为执行过程中所产生的冲突，按照冲突来源，关注于相关冲突主体的资源与行为协调，制定解决方案。同时，面向网络信息安全保障行为中的沟通与交互，也应进行沟通计划、信息发布与传递等方面的跟踪控制，在明确组织协同中的制约因素，以及就安全技术与安全保障行为的沟通要求与内容之后，进行相应信息行为开展过程中的信息交互把控，从而使组织协同得到全面的管理控制保障。

---

① 严炜炜，赵杨. 科研合作中的协同信息行为规范与控制体系构建[J]. 情报杂志，2018，37(1)：140-144，104.

② Anderson J E, Dunning D. Behavioral norms：Variants and their identification[J]. Social and Personality Psychology Compass，2014，8(12)：721-738.

4.4 面向网络信息安全全面保障的组织协同趋势

伴随着信息化发展，网络信息安全问题日益突出。被视为"第五空间"的网络空间安全和互联网治理受到国际社会空前关注。国际上发生的如美国"棱镜门"事件、伊朗首座核电站遭受震网（Stuxnet）蠕虫病毒攻击被迫卸载、Facebook 非法获取用户信息等信息安全问题在世界范围内引起了对网络信息安全的重视。习近平总书记指出："没有网络信息安全，就没有国家安全。"切实保障网络信息安全，可促进组织结构发展、行业协同进步，对维护国家安全、促进国家协同发展具有重大意义。因此，协同趋势以组织协同和国际合作为视角，可分析网络信息安全全面保障实践进程。

4.4.1 组织协同实现网络信息安全全面保障

以组织协同为视角，可以通过法律政策、组织结构、技术配合等方面协同实现网络信息安全全面保障。法律层面建立国家关键信息基础设施目录，制定关于国家关键信息基础设施保护的指导性文件；组织结构上明确责任主体，形成完整规范的保障流程；技术层面构建关键信息基础设施安全保障体系，加强金融、能源、水利、电力、通信、交通、地理信息等领域关键信息基础设施及核心技术装备威胁感知和持续防御能力建设，多层面协同发展以增强网络安全防御能力。在各互联网行业领域中，国内外已采取措施组织协同实现网络信息安全全面保障。其中在工业互联网、电子政务和学术信息领域有不少组织协同实现网络信息安全全面保障的例子。

（1）工业互联网领域

随着 IT（Information Technology）与 OT（Operation Technology）加速融合，工业体系逐渐开放，网络安全威胁与日俱增。工业互联网范围内不少网络信息安全事件，如 2017 年的"永恒之蓝"蠕虫病毒入侵全球 150 多个国家的信息系统，导致汽车、能源与通信等重要行业损失惨重；2018 年 Wannacry 勒索软件攻击台积电工厂及营运总部，导致其在我国台湾北、中、南三处重要生产基地生产线停摆；2019 年的挪威海德鲁铝业公司遭 LockerGoga 勒索软件攻击，导致多工厂关闭；2020 年的委内瑞拉国家电网干线遭到攻击，造成全国大面积停电。工业领域安全事件频发，为行业敲响网络信息安全警钟，目前安全防护体系正在逐步建设，如国内外针对公路、铁路、电力等工业互联网领域建立的安全防护体系。

①铁路某大型企业基于多安全域的铁路企业网络安全体系。通过设计"以安全管理平台为核心，PKI/CA 认证平台为支撑，多安全域协同纵深防护"的安全防护体系实现网络安全建设，引入鉴权认证、访问控制、入侵防御、病毒过滤、防篡改、安全域划分等相互协作的安全手段，建立符合等级保护要求的全方位网络安全体系，配置切实可行的安全策略，协同保障应用系统和终端的安全稳定运行。该网络安全管理系统集成统一，可有效监控和管理网络中的安全设备、网络设备、主机、应用系统等资源，并及时分析、管理和响应网络安全漏洞、安全威胁、安全事件。

②美国军工企业诺·格公司情报信息安全防护。诺·格公司在采取人员招聘、项目控制和涉密信息监管三个方面的信息安全防护的基础保护手段之外，还建立了一个全方位实时防护的安全网络，包括网络安全联盟和网络安全运营中心，如图 4-6 所示。其中网络安全联盟是诺·格公司与信息安全领域的工科名校合作成立，将信息安全网络"内置"于企业内部，覆盖每个新系统和每一次升级。另外，诺·格公司采取信息安全防护衍生措施，为业务和产品涉及的多个供应商提供培训，让客户了解将产品安全和系统安全融入项目生命周期的重要性，以应对面临的安全风险。

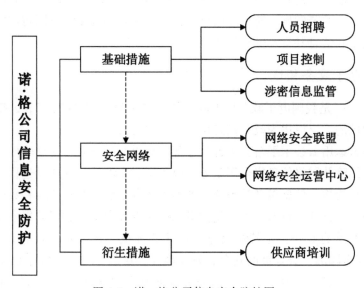

图 4-6 诺·格公司信息安全防护图

③360 企业安全集团构建以协同联动与信息共享为驱动，以安全运营为核心，以安全服务为目标的多级联动的工业互联网安全监测服务平台及运营体系，实现了从工业内网的主机安全、边界防护到工业安全内外网监测。360 企业安全集团从处置的工业企业网络攻击事件发现，工业主机是主要的攻击和影响对象，因此工业互联网安全应从主机防护开始，利用白名单技术进行病毒拦截，提供入口、运行、扩散三层关卡进行全方位病毒拦截。该技术方案成功应用于比亚迪工业主机防护应用项目中，部署的 17000 台工业主机安全防护软件为比亚迪工业主机创建安全的运行环境。另外，360 企业安全集团协同联动工业企业、工控系统厂商和网络安全厂商，建立工业网络安全应急响应协同机制，实现从主机安全防护到安全监测再到安全态势感知的闭环运营。

随着云计算、大数据、物联网、人工智能等新 IT 技术与传统工业的深度融合，互联机器和设备以及采集各类设备和机器的数据的集中数据，使得风险高度集中。工业互联网通过组织协同有助于及时对安全威胁进行发现识别、理解分析和响应处置并将信息共享促进行业信息安全保障。如果工业互联网企业中某一行业中的一家企业被攻击，可以结合全网的安全大数据和企业自身的安全数据进行分析，形成有效的威胁情报，帮助企业对攻击分析溯源，改进防御薄弱环节，并将威胁情报和改进方案提供给整个行业，帮助网络安全监管部门一起最终找到并打击攻击的源头。未来工业互联网企业、企业设备提供商、安全服务商、监管机构将共同建立协同机制及联动机制，应对来自工业、互联网、信息安全的跨领域、跨行业的挑战，互相配合形成多级协同防御体系，提供安全数据和信息共享及安全服务。

(2) 电子政务领域

"十三五"是我国电子政务转型发展的关键时期，"互联网+"和云技术在社会各个领域的广泛应用为政务信息化带来了强有力的支撑。

政务云运用云技术平台，为各政务部门提供基础设施、支撑软件、应用功能、运维保障及网络信息安全等服务，改善了过去电子政务建设过程中的重复建设、各自为战、信息孤岛等弊端，推动了政务系统的互联互通和数据资源共享。但同时，云计算技术、虚拟化技术的使用以及资源和数据的集中使信息安全面临着严重的威胁，尤其在政务云特殊的环境下还面临着业务系统隔离、内/外网安全隔离、分等级的安全服务等难点。目前，政务云安全已受到广泛的重视，国家层面上给予了政务云服务全面有力的安全保障。2020 年国家发展改革委、中央网信办研究制定了《关于推进"上云用数赋智"行动 培育新经济发展实施方案》，提出要探索建立政府—金融机构—平台—中小微企业联动机制，以专项资金、金融扶持形式鼓励平台为中小微企业提供云计算、大数据、人工智能等技术，加强数字化生产资料共享。①

①四川省省级政务云中心的云安全体系。四川省政务云于 2016 年 2 月正式开通上线。四川省级政务云设置三类角色，即云管理机构、云使用单位、云服务商。其中云管理机构是省级政务云的行政主管单位，指导统一安全运维服务机构开展工作；云使用单位是使用云的省级政务部门；云服务商是为省级各部门提供非涉密电子政务应用承载服务的提供商，包括云监管平台服务商和云平台基础服务商。三类角色逐一明确安全边界与职责，确保信息安全主体责任清晰，完善协同流程、整理云服务目录构建安全管理体系，促进省级政务云安全稳定有序运行。在操作规范上，《四川省政务云工作手册》讲解了典型应用场景下各方协同流程，明确系统在云化迁移、安全运维、应急处置等不同工作阶段的责任主体、措施方法和工作要求，便于各相关方的操作和实施。在实践安全监管上，组织开展云安全日常监测，建立统一运维机构和统一监管平台，设立安全响应专席，实施统一调度，发现重大安全风险隐患，第一时间向云中心通报预警，指导做好应急处置和安全整改。

②日本全面围绕"电子政务云"安全保障体系构建云安全服务的态势感知能力，同时构建"产学官"三位一体的合作体制，即产业界、研究教育机构和国家地方政府共同促进"云"的发展。在"云"产业建设和云安全保护上，日本政府通过组织协同采取多种方式保障网络信息安全：第一，建立关键信息基础设施保护的信息共享机制，日本政府推动关键基础设施提供商、网络空间相关运营商和私人组织间确立机密关系，实现机密性信息共享。第二，建立关键信息基础设施评估认证机制，日本政府加强与关键基础设施提供商和网络空间相关运营商之间的合作，促进共享相关漏洞信息和攻击信息。第三，对云服务进行信息披露认证和监管保护，日本的云服务信息披露认证主要依托多媒体通信基金会（Foundation for Multimedia Communications，FMMC）与 ASP-SaaS 产业会社（ASP-SaaS-Cloud Consortium，ASPIC）两大组织展开。另外，日本政府积极利用云安全监管机构和协会对国内云服务进行管控，旨在保证云产业健康发展。

---

① 国家发展改革委 中央网信办印发《关于推进"上云用数赋智"行动 培育新经济发展实施方案》的通知［EB/OL］.［2021-10-02］. https://www.ndrc.gov.cn/xxgk/zcfb/tz/202004/t20200410_1225542_ext.html.

推动"电子政务云"的建设，对政府而言，有助于掌握国民行政手续的进展情况，公开政府信息，实现行政服务"可见化"和"开放政府"；对个人而言，有助于提高使用手机等终端登录行政服务的便捷性，加强对自身个人信息的管理。但云平台的边界防护及内部虚拟化网络的防护面临诸多安全问题，其中最大的云安全问题就是"信息泄露"。在电子政务领域，云安全的地位逐渐上升到国家战略层面并倾向于通过组织协同保障电子政务云网络信息安全，在完善政策法律和监管政策基础上，整合产业界、研究教育机构、国家地方政府三方的力量，为多个平台数据集中的统一"数据中心"添加强有力的安全设备和安全措施。

（3）学术信息资源

云环境下，由于学术信息资源的开放性、共享性等特征，其安全问题格外突出，给云计算环境下学术资源的安全带来很大威胁。具体而言，威胁主要来自云平台本身和云服务商两方面。云平台本身存在如虚拟机隔离安全、虚拟机迁移中的安全等多种威胁，可能造成云计算环境下学术资源信息系统所使用的虚拟机被破坏。而同时，云服务商可能会造成学术资源信息被非法控制、使用、破坏。云环境下学术信息资源建设涉及主体众多，结构复杂且规模庞大，如果遭受攻击会使国家及用户蒙受巨大损失，因此，国家学术信息资源安全亟待保障。

①美国高校图书馆学术资源安全管理。美国高校图书馆大多采用基于 CIO（Chief Information Office）的信息化管理架构，其运行模式包括三种：一是信息安全管理部门对 CIO 负责，由 CIO 提供技术支持，协调并制定技术解决方案；二是信息安全部门对校理事会及 CIO 负责，由信息安全部门提供技术解决方案，校理事会负责关系协调及资源配置；三是其他 IT 部门同时向 CIO 负责。针对未建立固定信息安全管理队伍的高校图书馆，一般由 CIO 统筹并组织开展其信息安全管理工作。无论使用哪种运行模式，在学术资源安全管理过程中均涉及多部分、多组织的协同配合，共同保障高校图书馆学术资源安全。

②云计算环境下国家学术资源信息安全保障联盟。胡昌平等学者通过联盟形式提出适合新形势下信息安全保障的自组织协同体系，同时基于学术资源的业务流程分析信息安全保障机构的职责。云计算环境下国家学术资源信息安全保障联盟主体包括学术资源信息服务机构（主要包括公共信息服务机构、科研机构）和学术资源信息服务协作机构（云服务商）两类，其中以学术资源信息服

务机构为主导，云服务商协作保障学术资源信息安全。其成员协同关系有合作关系和协作关系两种，如图4-7所示。国家学术资源信息安全保障联盟将公共信息服务机构、科研机构、云服务商等组织联合起来，围绕信息安全需求进行资源交换、优势互补、联合服务，通过协同机制实现整体信息安全战略目标及成员机构自身信息安全保障目标。

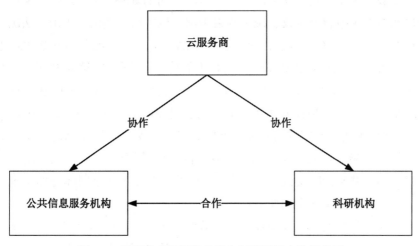

图4-7 国家学术资源信息安全保障联盟主体间关系

　　云计算应用于国家学术信息资源建设，在提高资源的使用效率的同时，也为国家学术信息资源安全带来了巨大的挑战与冲击。云环境下国家学术信息资源安全保障需要从网络建设安全、资源存储安全、资源开发安全、服务与用户安全等多方面考虑，将安全要素、学术信息资源组织和开发业务流程体系结合。云环境下国家学术信息资源安全的改进，涉及多元主体的参与，然而不同主体安全的改进要求及在改进过程中发挥的作用不尽相同。因此，需要在共同目标导向下，促进学术信息服务机构和云服务商相互协作，协同保障学术信息的云存储安全。

4.4.2 国际合作实现网络信息安全全面保障

　　以国际合作为视角，近年来，世界各国已深刻认识到共同应对网络信息安全威胁的重要性，网络信息安全国际合作已成为未来趋势。世界经济论坛执行委员会成员米列克·杜泽克呼吁，网络技术公司和政府、大公司和小公司、发达国家和发展中国家之间应当互相协作，共同应对网络信息安全的威胁。拥有更多资源的大国也应尽量共享其资源，帮助小国应对信息威胁能力和提升信息保障水平。

2014 年 10 月，中日韩三国签署《关于加强网络安全领域合作的谅解备忘录》，协同建立网络安全事务磋商机制和互联网应急响应机制；2015 年 5 月，俄罗斯与中国签署了《国际信息安全保障领域政府间合作协议》，关注利用计算机技术破坏国家主权、安全以及干涉内政方面的威胁；8 月，联合国信息安全问题政府专家组召开会议，统一约束中国、俄罗斯、美国、英国、法国、日本、巴西、韩国等 20 个国家在网络空间中的活动，如不能利用网络攻击他国核电站、银行、交通等重要基础设施和不能将"后门程序"植入 IT 产品中等；2018 年，新的全球网络安全中心成立，旨在通过全球网络安全信息共享应对网络信息安全威胁。2021 年世界互联网大会乌镇峰会上展示了 12 家机构选送的"跨国工作组共同制定域名根服务器中文字符生成规则""全球博物馆珍藏展示在线接力""航空出行一站式信息服务平台"等国际合作代表性项目的精品案例，讲述网信领域国际交流合作故事。① 欧盟、东盟等通过国际合作实现网络信息安全全面保障实践案例如下：

①欧盟作为欧洲地区规模较大的区域性经济合作的国际组织，近年加大了对各成员国网络安全资源的整合力度，以增强整体网络安全能力。首先，欧盟启动网络安全能力建设计划，该计划集合来自 26 个成员国的 160 多家大型企业、创新型中小企业、高校以及网络安全研究机构共同构建欧洲网络安全专业分析网络，从整合欧盟内部网络安全资源；形成政府、企业、研究机构等相关方的网络安全评估框架；面向医疗、能源、金融、政府等行业领域，推广最佳网络安全实践；研究制定欧盟网络共同治理框架等四方面加强欧盟网络安全产业协同。另外，欧盟构建通用网络安全认证框架，明确提出了欧盟网络安全认证计划，统一欧盟各成员国销售的认证产品、流程和服务的网络安全标准，便于各成员国开发具有互操作性的网络安全产品。最后，欧盟组织相关各方开展网络安全演习，如为"锁盾"网络安全实战演习，以强化各国在军事领域和民用领域的网络安全合作，提升网络安全事件应对和应急协同能力。

②东盟国家近年来日益重视网络安全合作。面对日益严峻的网络安全形势，东盟在推动联盟各国网络互联互通的进程的同时，积极开展与先进国家及

---

① 2021 年世界互联网大会乌镇峰会闭幕！这些大会成果值得关注［EB/OL］.［2021-10-02］. https://www.163.com/dy/article/GL918MS205371SDN.html.

国际组织的交流与合作。在成员国内部网络安全合作上,网络安全成为各国重要议题,专门为其设置对话交流机制和网络安全论坛,例如东盟地区论坛(ASEAN Regional Forum),连续多年举办的关于网络恐怖主义的年度研讨会等。在东盟各国努力下,东盟秘书处和东盟峰会围绕网络互联互通和网络安全维护出台了一系列官方文件,旨在增强东盟一体化合作,消弭网络技术鸿沟;在与域外大国和国际组织合作上,东盟也在积极开展多方外交,成员国与国际组织或团体进行双边或者多边合作,寻求技术援助、信息共享、人员培训等,旨在建立较为完善的网络安全体系。

③美印为促进网络安全合作在中断近 10 年后重启网络对话,并在促进网络技术、执法以及共同研发和能力建设上达成共识。美印通过"联合国信息安全专家小组"密切协调网络安全领域的相关议题,而且建立了"法律合作和执法"小组、"研究和发展"小组、"关键信息基础设施和监视预警和应急预备"小组、"防务合作"小组、"标准和软件保障"小组此 5 个联合工作小组。基于 5 个联合工作小组,美印可按照网络安全执法、研发等不同职能进行有针对性的沟通与商讨,提升双方职能部门执法、研发和应急等能力。另外,两国联合组建了"防傀儡程式联盟"以增加对网络威胁的感知能力以及"印度信息分享和分析中心"以进行网络数据相关信息分享,这两个组织有助于提升美印对网络威胁的感知能力,进而保护关键信息基础设施免遭恐怖袭击。

④以色列高度重视依托网络安全国际合作助力网络安全产业发展,其在 2019 年更是极大地推动网络安全国际合作,主要表现在三个方面:一是积极承办高规格国际网络安全会议,以色列在 2018 年年底至 2019 年 2 月内,连续举办了国际国土安全与网络会议、国际网络安全大会、国际城市网络数据安全峰会等多个与网络安全密切相关的国际会议;二是强化网络安全能力输出,以色列政府与厄瓜多尔电信和信息社会电子政务部达成合作参与建设厄瓜多尔的网络安全,以色列网络安全企业与中国山东省当地金融机构、产业集团进行投资和技术合作;三是持续吸引网络安全领域外资投入,以色列与英国建立合作伙伴关系,联合设立基金用于投资物联网和无人驾驶汽车领域等网络安全初创企业。

信息安全问题不仅是个别国家的国内安全问题,而且也不是单凭一个国家、一个企业或一种技术就能解决得了的问题,会受到人才、设备、数据、情报等多方面的限制,所以必须通过开展长期、广泛和深入的国际合作和组织合作,包括各国政府、各种国际组织、民间团体、私营企业和个人之间的充分合作，才有可能解决。通过组织协同，有助于明确责任主体，各司其职，发挥所长，在合作中发现安全威胁，及时解决并同步到全行业，促进行业整体信息安全保障；通过国际合作，有助于及时发现和汇总各国的网络信息问题、交换跨国网络犯罪情报，或者发出协查通知，从而在最短时间内对可能出现的威胁进行预防和处理，实现网络信息资源服务与信息安全保障的同步。

5 基于组织协同的网络信息安全全面保障层次及架构

在多元组织协同开展的网络信息安全保障趋势下，网络信息安全全面保障需要全面梳理多元组织的业务活动、安全保障需求与安全保障能力；同时，面向网络信息安全全面保障的组织协同方式的梳理和确立也对基于组织协同的网络信息安全全面保障实施具有重要的支撑作用。而以网络信息安全全面保障为目标，以协同组织在网络信息安全全面保障中的组织定位和组织协同要求为依托，需要分层次构建网络信息安全全面保障体系架构，在体系架构中明确网络信息安全全面保障的组织协同开展基础、全面保障层次规划以及全面保障流程，从而为网络信息安全全面保障的组织协同内容与服务设计、实施搭建参考框架。

5.1 基于组织协同的网络信息安全全面保障基础

基于组织协同的网络信息安全保障的体系构建与保障活动开展均需要进行系统的规划和设计，其是面对组织协同的具体环境和背景所开展的工作。相关网络信息安全保障的基础支撑不仅涉及保障对象与保障类型的划分、保障资源与保障技术条件，还涉及保障策略与保障路径的拟定，同时还可根据当前云环境的发展趋势确定云安全保障框架。

5.1.1 基于组织协同的保障对象与类型划分

基于组织协同的网络信息安全全面保障首先需要在组织之间协商明确保障对象与维度，并根据安全保障的具体目标和安全保障条件制订安全保障计划，如图 5-1 所示。

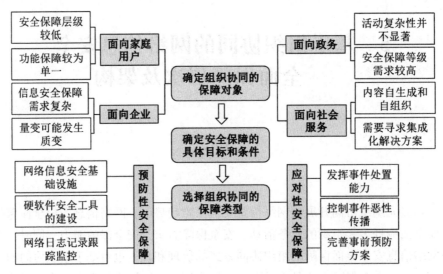

图 5-1 基于组织协同的保障对象与类型划分框架图

(1) 基于组织协同的保障对象

网络信息安全保障的需求者既包括个人和家庭用户，也包括企业、高校、科研机构、政府部门及其他社会服务机构等各类组织。各类组织业务范畴和网络信息技术应用情境的差异，也导致了其在网络信息安全保障中的需求差异。因而，在组织协同提供网络信息安全保障时，应先明确网络信息安全保障对象。基于组织协同的网络信息安全保障对象可以按照网络信息安全保障的客体划分方式，按照组织类型划分为：面向家庭用户的网络信息安全保障、面向企业的网络信息安全保障、面向政务的网络信息安全保障、面向社会服务的网络信息安全保障。

①面向家庭用户的网络信息安全保障。家庭用户对网络信息安全保障的需求相对企业和其他组织用户而言，安全保障层级较低，且功能保障较为单一，主要是为个人信息设备及个人隐私数据提供安全保障。当前诸如三六零安全科技股份有限公司等安全服务提供商已可针对家庭用户提供包含杀毒软件、防火墙、系统工具，以及为手机安全、上网安全等提供一站式安全保障服务。① 然而，针对家庭用户的跨平台网络活动，如借助于移动终端访问微信、微博等社

① 360. 公司简介［EB/OL］.［2019-07-10］. http://www.360.cn/about/index.html.

交类软件应用的同时，还可能会利用云存储服务、移动生活与支付类服务等，其中涉及多元信息服务提供商和各类信息平台及 App 应用。这也对这些网络信息服务提供商提出了面向用户数据、隐私及网络信息活动安全的综合性、跨平台保障需求，借助于操作系统和标准化的用户授权与使用机制是实现组织协同网络信息安全保障的重要基础。

②面向企业的网络信息安全保障。企业对网络信息安全保障的需求则较为复杂，且随着企业规模的增长，安全保障需求也可能在量变的同时发生质变。面向企业的信息安全保障应根据组织的业务领域，提供全面的网络信息安全管理与保障。尽管企业级的网络信息安全保障服务提供商也不在少数，其中也不乏可以提供集成式解决方案的大型安全保障服务提供商，但企业数据和信息活动的复杂性以及其他竞合因素，驱使基于组织协同的网络信息安全全面保障更广泛的开展。企业针对企业网络基础设施与安全设备架构、数据存储与利用、信息系统安全保障、网络通信安全保障以及面向移动商务活动的网络安全保障等可能由不同的专业性安全保障服务提供商提供，同时也可能包含安全服务集成商的整合应用，基本资格、服务管理能力、服务技术能力和服务过程能力则是衡量其资质级别的重要标准。① 因此，根据企业业务需求与安全保障等级需求选择合适的安全保障服务提供商与集成商，成为面向企业的基于组织协同的网络信息安全保障的关键。

③面向政务的网络信息安全保障。政务信息化背景下，政府部门更多地借助于网络平台实现政务公开并提供电子政务活动。尽管政务信息活动的复杂性并不显著，但是其涉及国家民生信息和政务工作内容，其数据和网络信息活动安全保障等级需求较高。面向政务的网络信息安全保障应聚焦于具体政务活动提供数据的真实性、完整性等专业化的信息安全保障。由于政务信息活动对信息资源共享的需求日益迫切，相关政务数据和信息资源的合理公开、安全的访问与跨系统传递正是相应网络信息安全保障解决方案的重心。为了解决分布式政务数据的存储与信息共享等环节中的安全问题，也需要在实现标准化网络信息安全保障本地解决方案的同时，在组织协同基础上进行跨系统网络信息活动的安全保障，以及将网络信息安全保障能力建设与在政府采购范围内的网络信息安全保障服务机构所提供的安全保障服务相结合，以按需共同支撑政务信息

---

① U 学在线. 获"信息系统安全集成服务资质"通信企业名单发布！[EB/OL]. [2019-07-10]. https://www.sohu.com/a/222060885_203761.

活动更有效开展。

④面向社会服务的网络信息安全保障。网络环境的开放性和个性化给了各层级用户充分的内容自生成和自组织空间，行业组织及第三方社会服务机构也在网络信息活动中起到重要的协调作用，对网络信息安全保障也提出了相应的要求，即一方面进行信息资源标准与行为规范的制定，另一方面主要对信息资源的共享传递起到保障。而类似于面向政务的信息安全保障，尽管从业务复杂性上不一定突出，但同样对基于组织协同的网络信息安全保障服务与能力建设具有一定要求，须根据具体需要选择网络信息安全保障服务并寻求集成化解决方案。

（2）基于组织协同的保障类型

基于组织协同的网络信息安全保障类型，可以按照网络信息安全保障的目的，从管理类流程和方法上进行划分，主要包括预防性安全保障和应对性安全保障两种类型。

①预防性安全保障。预防性安全保障旨在进行网络信息安全事故的事前预防，即为了避免网络信息安全事件的发生，在充分梳理网络信息活动、识别网络信息安全风险基础上，以组织协同实现的网络信息安全保障能力为依托，对网络信息安全问题进行主动式安全防御，降低网络信息安全事件发生的可能性，进而提升整体网络信息安全水平。对于预防性安全保障，除了围绕保障对象业务范畴和安全风险点进行网络信息安全基础设施和硬、软件安全工具的建设之外，还可以借助网络信息资源和信息服务网络日志记录或实施跟踪监控，及时探查不合规的行为隐患，并实现预警处理，即识别信息安全隐患并在安全事件发生前进行及时补救和遏制。

②应对性安全保障。应对性安全保障旨在进行网络信息安全事件的事中和事后处理，即为了降低网络信息安全事件发生后的危害，在对安全事件类型、波及范围、危害方式和可能造成的损害程度等进行网络信息安全事件分级后，根据所制定的应急处置预案或依据现有安全保障基础设施进行网络信息安全事件的处置。其焦点在于基于组织协同整合发挥网络信息安全事件处置能力，及时控制信息安全事件恶性传播并降低其产生的危害，同时配合反馈机制进一步完善事前预防方案，而在这个过程中，同样具有舆情管理、危机管理等方面的挑战，对于不同网络信息安全事件是否采取了合理的处置策略，将影响着网络信息安全事件的最终结果。

5.1.2 基于组织协同的保障资源与技术条件

针对基于组织协同的网络信息安全全面保障，在明确保障对象与保障类型后，需要进一步对协同组织的安全保障资源条件与安全保障技术条件进行梳理，并在组织协同中体现资源条件和技术条件的整合利用，如图 5-2 所示。

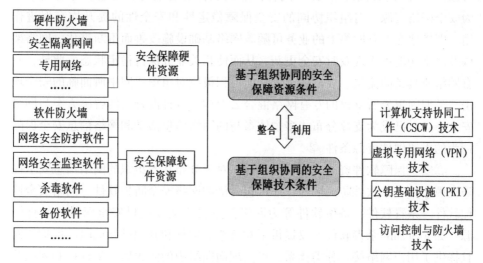

图 5-2　基于组织协同的保障资源和技术条件框架图

（1）基于组织协同的安全保障资源条件

基于组织协同的安全保障资源条件可划分为安全保障硬件资源和安全保障软件资源。

①安全保障硬件资源。面向基于组织协同的网络信息安全全面保障，对于分布于各组织的网络信息安全保障资源条件，从硬件上看通常包含硬件防火墙、安全隔离网闸、专用网络等。其中，硬件防火墙通过将防火墙程序嵌入到芯片内部，减轻主机负担的同时可提升路由稳定性，是保障网络安全的重要资源条件和安全屏障，包含入侵检测与防护、内容过滤等功能。① 安全隔离网闸则是一种由带有多种控制功能专用硬件在电路上切断网络之间的链路层连接，

① 百度百科. 硬件防火墙［EB/OL］.［2019-07-10］. https://baike.baidu.com/item/%E7%A1%AC%E4%BB%B6%E9%98%B2%E7%81%AB%E5%A2%99/1024956? fr=aladdin.

并能够在网络间进行安全适度的应用数据交换的网络安全设备，其主要实现协同组织不同网络安全级别之间的安全隔离和适度可控的数据交换。① 而组织协同相关安全保障业务搭建在专有网络上后，专有网络会为相关业务筑起第一道防线。阿里云专有网络就是其中的典型资源，可支持在各组织自身业务环境下的配置，与全球机房进行串接，提升业务的灵活性、稳定性以及可拓展性。也可以拉专线到组织原有的 IDC 机房，形成混合云的架构。阿里云专有网络作为安全网络资源，对组织协同的安全保障稳定性和安全性的提升均有促进作用，即搭建在专有网络上的业务可随着网络基础设施改善而不断进化，网络架构及网络功能可实现及时安全更新，从而使相关业务保持稳定状态；此外，专有网络所具备的流量、攻击隔离等功能可积极应对组织协同中所面临的安全攻击。类似阿里云所支撑的专有网络混合云架构、各种混合云的解决方案与网络安全产品，已成为支撑分布式多主体参与的网络信息活动和网络信息安全保障行为的重要硬件资源条件。②

　　②安全保障软件资源。从软件上看，对于分布在各组织的网络信息安全保障资源条件，除软件防火墙外，还可包含诸如网络安全防护软件、网络安全监控软件、杀毒软件、备份软件等为网络信息安全活动提供安全保障的软件资源。如 F-Secure 杀毒软件不仅提供了对抗恶意软件和其他已知危险的保护，而且提供了用户网络接入分类体系，可实现面向组织的防火墙、远程控制和浏览保护支撑，并且还提供了可以对抗最新威胁的威胁情报、行为分析和积极保护；Trend Micro OfficeScan 则可为组织提供对抗物理和虚拟终端的强有力的保护，其包含有强化的防勒索软件服务，可以帮助恢复被加密的文件，防止其他文件感染用户的网络，还可借助机器学习，分析文件和监管过程来保护网络不受到未认证的威胁。③ 此外，它可以决定文件的威胁等级和类型，使用户完全不受到攻击。此类安全管理软件在组织协同中，可以通过统一购买共享使用的方式，既实现网络信息安全软件防护的一体化和标准化解决方案，又可提升协同组织的网络信息安全全面保障效益。

---

　　① 网易号. 常见的网络安全设备都有哪些？网络安全设备整理归纳解读！［EB/OL］.［2019-07-10］. http://dy.163.com/v2/article/detail/DP89RROA0531107Y.html.

　　② 阿里云. 网络信息安全硬件设备［EB/OL］.［2019-07-10］. https://www.aliyun.com/citiao/1252247.html.

　　③ IT168. 2017 年 12 款小型企业的最佳杀毒软件 你知道几个？［EB/OL］.［2019-07-10］. http://safe.it168.com/a2017/0822/3165/000003165672.shtml.

（2）基于组织协同的安全保障技术条件

基于组织协同的安全保障技术条件可划分为计算机支持协同工作技术、虚拟专用网络技术、公钥基础设施技术、访问控制与防火墙技术。

①计算机支持协同工作（CSCW）技术。CSCW 技术是在计算机技术支持的环境中，支撑一个群体协同工作完成一项共同任务的技术，凡是计算机网络环境下协同工作完成任务的应用领域皆为 CSCW 的范畴，[①] 故而在工业信息化、办公自动化、医疗健康、远程教育以及科研合作中均被广泛采用作为协同工作的支撑。CSCW 技术发展及其应用领域的拓展也为组织协同实现网络信息安全保障提供了重要的技术基础。CSCW 的功能特性可以概括为其分布式结构可支持同构形和异构形，其具有并发处理和控制功能，可实现共享媒体的互斥互访，且具有良好的人-机接口和人-人接口。[②] 由于 CSCW 技术通常涉及协同组织对共享环境中的数据进行访问，因而需要确定用户角色、分工和访问控制策略，而 CSCW 技术对访问控制的要求则在于对用户组进行访问控制、支持动态改变用户权限、支持协同权限的说明和控制等。[③] 此外，通过可信计算技术实现 CSCW 环境中的实体身份鉴别和安全策略完整性实施，可以进一步提升 CSCW 应用中系统资源的秘密性、完整性和可用性，[④] 从而支撑基于 CSCW 的网络信息安全全面保障更有序地开展。

②虚拟专用网络（VPN）技术。VPN 技术是在共用网络上建立的专用网络以提供加密通信功能，通常作为企业内部网的拓展，对于组织协同而言同样具有重要的技术支撑作用，具体表现为支撑通过互联网以安全的方式实现远程用户连接远程局域网络、组织内部网络计算机和访问组织内部资源。基于 VPN技术的安全保障，首先需要保证协同组织间通过公用网络平台传输数据的安全性与专用性，即通过在非面向连接的公用 IP 网络上建立隧道，在隧道中传递的信息可以是不同协议的数据帧或数据包，再利用加密/解密技术对隧道传输数据进行加密发送和解密接收，保证传输数据仅被协同组织内部理解，实现协

① 史美林. CSCW：计算机支持的协同工作[J]. 通信学报，1995，16（1）：55-61.

② 李人厚，郑庆华. CSCW 的概念，结构，理论与应用[J]. 计算机工程与应用，1997，33（2）：28-34.

③ 李成锴，詹永照. 基于角色的 CSCW 系统访问控制模型[J]. 软件学报，2000，11（7）：931-937.

④ 张志勇，杨林，马建峰，等. CSCW 系统访问控制模型及其基于可信计算技术的实现[J]. 计算机科学，2007，34（9）：117-121.

同组织间数据传输的安全性保障，其中的 VPN 建立方式包括 Host to Host 模式、Host to VPN 模式、VPN to VPN 模式、Remote user to VPN 模式。① 由于 VPN 仍建立在公用互联网上，组织协同实现网络信息安全保障的过程中还是需要对 VPN 上传输数据进行安全防范，防止数据被篡改和窃取。此外，VPN 还应当为依据协同组织各自的需求，提供交互性、覆盖性、稳定性等不同等级的服务质量安全保障，QoS 服务智联保证通过流量预测与控制策略，可实现合理的带宽分配和管理。在 VPN 安全保障技术支持方面，VPN 还须支持通过组织的内联网和外联网等多种类型传输多样式的信息资源。

③公钥基础设施（PKI）技术。针对组织协同中，需要对彼此实现身份认证和安全传输，PKI 技术作为一种在分布式计算系统中利用公开密钥和 X. 509 证书提供和实现安全服务的安全基础设施，其利用非对称密码结合数字证书技术，遵循标准的公钥加密技术且具有普适性，能够为敏感通信提供安全保障，可良好支撑基于组织协同的网络信息安全保障。PKI 所提供的公钥加密和数字签名服务实际上是在公开密钥基础上解决密钥认证，实现密钥管理和数字证书管理。对于组织协同而言，组织间的多个 PKI 管理域的互联及信任关系建立对组织协同的网络信息安全保障极为关键，其中所包含的关键安全服务涉及采用数字签名实现认证服务和数据的不可抵赖性服务、采用数字签名和对称分组密码实现数据完整性服务、采用密钥交换和密钥传输机制实现数据机密性服务。② 在实际应用中，PKI 技术是一套软硬件系统和安全策略的集合，其包含证书认证中心 CA、注册机构 RA 和证书发布系统实体组件，以及密钥管理系统、OCSP 服务器等辅助组件，可为基于组织协同的网络信息安全保障提供一整套组织间交互的安全机制，定义了密码系统使用的方法和原则，并建立彼此的信任关系。

④访问控制与防火墙技术。访问控制旨在保证网络资源不被未授权访问和利用，其通过安全标签、访问控制表、访问能力表和基于口令的机制实现防御越权使用资源，进而起到网络信息安全保障作用，对于组织协同网络信息安全保障而言也是重要的技术支撑条件。在众多访问控制机制中，基于角色的访问控制可发挥基于身份和规则的策略特征，适用于组织协同环境。而防火墙技术则作为实践访问控制目的的一种技术，常位于信任程度不同的网络之间作为保

---

① 李飞，吴春旺，王敏. 信息安全理论与技术［M］. 西安：西安电子科技大学出版社，2016：190-196.

② 李飞，吴春旺，王敏. 信息安全理论与技术［M］. 西安：西安电子科技大学出版社，2016：104-109.

护网络和外部网络之间的屏障强制实施统一的安全策略。① 防火墙的基本结构包括屏蔽路由器、双宿主机防火墙、屏蔽主机防火墙、屏蔽子网防火墙；所涉及类型主要包含数据包过滤路由器、代理网关和状态监测。防火墙作为一种获取安全性的方法，用以确定允许提供的访问和服务，控制对受保护的网络的往返访问，不仅是组织协同网络安全的保护屏障，也可控制对各协同组织的主机系统的访问，集中强化网络安全策略，同时亦可对协同组织间网络存取和访问进行监控审计。② 尤其是当前的分布式防火墙技术，对网络边界、各子网和网络内部各节点之间提供完整的系统安全保障，更有利于基于防火墙的组织协同网络信息安全保障工作的开展。

5.1.3　基于组织协同的保障策略与路径拟定

区别于自主实现网络信息安全保障过程中的围绕自身的网络信息活动与信息安全保障需求制定网络信息安全保障策略，基于组织协同的网络信息安全全面保障则通常需要组织协同各方主体充分交互，进而协同确立网络信息安全全面保障策略。显然，网络信息安全全面保障策略的协同确立，不仅强调保障策略与路径适应组织协同战略，还应突出多元保障主体的参与特性和协同关系，并重视网络信息安全全面保障策略与路径所能发挥的各组织的优势和协同效益。具体而言，基于组织协同确立的网络信息安全全面保障策略与路径如图5-3所示。

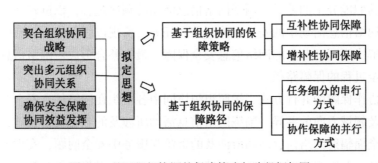

图 5-3　基于组织协调的保障策略与路径框架图

---

① 计算机与网络安全. 网络访问控制和防火墙［EB/OL］.［2019-07-10］. http://www.sohu.com/a/259637649_653604.

② 李飞，吴春旺，王敏. 信息安全理论与技术［M］. 西安：西安电子科技大学出版社，2016：159-181.

　　从基于组织协同的保障策略上看，可以选择互补性协同保障和增补性协同保障两种策略①，开展网络信息安全全面保障活动。

　　①互补性协同保障。互补性协同保障发生于组织之间的安全保障资源与能力具有显著差异性，但在面向具体业务和网络信息活动的保障中可体现互相补充、综合保障的情形。互补性协同保障中需要明确和梳理各组织协同方所具备的安全保障信息资源、信息技术特征，按照基于组织协同的网络信息安全全面保障目标和领域方向，对相关信息活动中的安全保障内容与组织协同方所具备的安全保障能力相匹配，通过组织之间的安全保障能力的互相补充，形成解决复杂网络信息安全问题的综合性协同保障解决方案。

　　②增补性协同保障。与互补性协同保障不同，增补性协同保障通常发生于具有相似安全保障技术方向和基础的主体之间，其合作能够在具体某一安全保障技术方向上不断突破和深化。增补性协同保障的组织之间知识结构的相近和前后关联使得对特定领域的安全保障变得更为完善，对安全保障技术和其他资源的理解和利用能力也更全面。增补性协同保障需要聚焦于所专长的安全领域持续研究前沿与创新技术，持续关注该领域的网络信息环境变化所带来的新的安全问题，并不断改进和提升特定领域安全问题防控和解决能力。

　　从基于组织协同的保障路径上看，可以选择按照任务细分的串行方式或协作保障的并行方式，开展网络信息安全全面保障活动。

　　①任务细分的串行方式。按照组织协同中各组织在实现网络信息安全全面保障中的职能分工的差异，围绕网络信息活动的顺序过程，以链式串行的方式分解各网络信息活动中的安全保障环节和任务，实现以任务细分为基础，各组织协同解决不同环节上的网络信息安全保障，最终整合形成对网络信息活动多阶段、全过程的保障路径。

　　②协作保障的并行方式。按照组织协同中各组织在网络信息安全全面保障中所涉及领域方向的差异，围绕网络信息活动所涉及的各个安全领域，以并行的方式全面辐射网络信息活动所涉及的资源与服务中安全问题，实现以协作保障为基础，各组织协同解决不同领域的网络信息安全保障，最终整合形成对网络信息活动多领域、全方位的保障路径。

---

　　①　严炜炜. 科研合作中的信息需求结构与协同信息行为[J]. 情报科学，2016，34（12）：11-16.

5.1.4 基于组织协同的云安全保障通用框架

基于组织协同的网络信息安全全面保障除了保障对象与维度规划、资源与技术条件、策略与路径拟定，针对当前云计算环境的发展，相应云安全保障通用框架也为云计算环境下的基于组织协同的云安全信息保障提供了建设依据。

由于云计算环境下的信息安全问题众多，Cisco、Amazon、IBM 以及我国的阿里云、华为和百度等云服务提供商都基于不同视角参与了云安全框架的建设。中国科学院信息工程研究所以及软件研究所也从标准、技术、评估、管理和服务角度进行了云安全框架的实践，云安全模型与框架得以在多元主体的推动下逐渐形成和完善，并为后续基于组织协同的云安全保障提供了参考依据。在众多云安全保障通用框架中，较为典型的包括以下几种：

(1)NIST 云计算安全参考框架

在云计算领域，美国国家标准技术研究院所(NIST)对云计算阐释以及所提出的云计算安全参考框架，已得到了业界广泛的认可。[①] NIST 通过发布包括《SP 500-291 云计算标准路线图》《SP 500-292 云计算参考架构》《SP 500-299 云计算安全参考框架》等一系列云计算研究的相关出版物提出了 NIST 云计算安全参考框架主要包括 IaaS、PaaS、SaaS 三种云服务交付模式，公有云、私有云、混合云、社区云四种云服务部署模式，以及云服务提供商、云审计者、云代理、云载体、云消费者五种类型的参与者，列出了面向云服务的云计算安全保障的核心元素，对于国家学术信息资源云服务保障具有重要参考作用。[②] 尤其是其发布的《SP 800-144 公有云中的安全和隐私指南》[③]，针对公有云进行了概述，并对公有云部署模式下的威胁、风险进行了阐述，在此基础上所提出的公有云安全保障的相关建议，可作为基于组织协同的云安全保障的重要参照。

(2)CSA 云计算安全参考模型

CSA 基于不同的云服务架构，从安全控制的视角，提出了云模型、安全

---

① 张如辉，郭春梅，毕学尧. 美国政府云计算安全策略分析与思考[J]. 信息网络安全，2015(9)：257-261.

② NIST Cloud Computing Security Working Group. NIST Cloud Computing Security Reference Architecture[R]. National Institute of Standards and Technology, 2013.

③ Jansen W, Grance T. Sp 800-144 Guidelines on Security and Privacy in Public Cloud Computing[R]. National Institute of Standards and Technology, 2011.

控制和合规模型之间的映射关系，将云模型与安全控制和合规性进行了映射。其中，云模型主要包括设施即服务（IaaS）、平台即服务（PaaS）、软件即服务（SaaS）、应用程序、应用接口、外观特征等；安全控制模型包括信息安全、计算及存储安全、可信安全等；合规模型涉及众多的数据安全保护的法律法规，包括 PCI、HIPPA、GLBA、SOX。考虑到不同的云服务类型决定了云安全的部署，以及安全控制、业务、监管和其他合规要求，因而云计算安全参考模型将云服务归类到云架构模型中，然后对云模型、安全控制模型以及合规模型进行差距分析，输出整个云的安全状态，从而明确不同云服务机构的安全控制缺陷，评估不同云服务模式下云安全风险控制的不足之处，并可依据组织协同需求厘清各自的安全控制范围，进行有针对性的安全控制措施优化。

（3）云立方体模型

云立方体模型（Cloud Cube Model）的特点在于从安全协同的角度出发，对于不同安全协同维度上呈现的云计算形态进行分析，使用户以及云服务提供商明确不同的云产品组合，以及由此产生的安全形态变化，对于云计算安全保障的路线选择的影响，可供组织协同框架下的云安全保障路径选择提供依据。目前，Jericho Forum 云立方体模型，主要通过对数据位置、技术与服务的关系、边界状态、运行与管理者四个维度的划分，以及以上四个维度可能出现的 16 种云计算形态，构建云立方体模型，并且提出了区分云状态转变的准则。[1]

（4）Eucalyptus 云平台多维安全模型

基于 Eucalyptus 云平台的多维安全模型构建围绕环境、用户、数据、业务安全进行，并在此基础上分为环境、用户、数据、业务四个维度，依据这四个维度可支撑基于组织协同的云平台安全保障的组织。[2] 其中，环境安全主要强调物理环境安全、云平台安全、网络及系统安全等在内的基础环境安全；用户安全主要涉及用户行为管控、用户访问控制、身份认证及授权等方面；数据安全突出对云平台的数据进行安全保障，包括数据机密解密机制、存储、迁移、销毁等；业务安全主要是从业务流程角度进行开展，涉及业务过程中的应急响

① 张慧，邢培振. 云计算环境下信息安全分析[J]. 计算机技术与发展，2011，21（12）：164-166，171.

② Nurmi D, Wolski R, Grzegorczyk C, et al. The eucalyptus open-source cloud-computing system[C]// 2009 9th IEEE/ACM International Symposium on Cluster Computing and the Grid. 2009：124-131.

应、日志管理、安全监测、合规审计等环节。①

5.2　基于组织协同的网络信息安全全面保障层次

在对基于组织协同的网络信息安全全面保障基础梳理后，网络信息安全全面保障还需要划分保障层次，分别从组织和内容维度对基于组织协同的网络信息安全保障工作进行层次性设计和部署。

5.2.1　组织维度的安全保障层次规划

网络信息安全全面保障涉及多元主体间的组织协同，而各组织所处的组织维度与层次则不尽相同，由此提出了在构建基于组织协同的网络信息安全保障体系和展开保障行为之前，需要组织维度的安全保障层次规划，即可从国家层面、地区层面、行业层面、机构层面展开（如图 5-4 所示），从而支撑网络信息安全全面保障体系的形成。

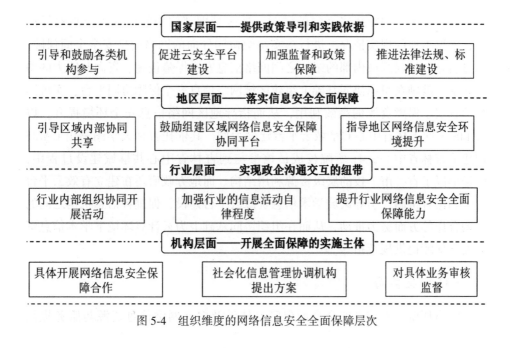

图 5-4　组织维度的网络信息安全全面保障层次

---

①　陈清金，陈存香，李晓宇. 云计算安全框架分析[J]. 中兴通讯技术，2015(2)：35-38.

（1）国家层面

网络信息安全保障关系到国家安全和创新发展的战略全局，因此，网络信息安全全面保障应当在国家政府相关职能部门的统筹下进行安全保障的规划，并推动跨领域、跨行业的面向网络信息安全全面保障的组织协同的开展。政府相关职能部门管理职能拥有全国、全行业网络信息安全保障的指导和规范作用，其所具备的较强的社会资源动员和协调能力等职能的有效发挥，对国家网络信息安全保障协同开展的实现亦至关重要。政府应采取相应的措施引导和鼓励各类信息机构参与网络信息安全全面保障进程之中，促进网络信息云安全平台的建设，加强面向组织协同的监督和政策保障，不断推进网络信息安全相关的法律法规、标准建设，为网络信息安全全面保障实践提供政策导引和实践依据。如《国家网络空间安全战略》《网络安全法》等的出台与发布，即体现了国家层面的网络信息安全全面保障推动作用。

（2）地区层面

政府在执行国家战略规划的同时，地区管理部门职能是在国家战略导向下，依据本地的现实情况，进行落实组织协同导向的网络信息安全全面保障。通过引导和加强区域内部的组织之间网络信息安全保障设施、资源和能力的协同共享，鼓励在组织协同基础上组建区域网络信息安全保障协同平台，实现网络信息安全保障资源的高效利用，从而指导地区网络信息安全环境提升。以CALIS三期吉林省中心共享域云平台建设为例，其依托吉林大学图书馆CALIS构建了吉林省中心，41所院校成员馆参与到吉林省中心共享域建设过程中，已经形成了省、市、校的层级资源利用结构。而地方政府还在建立有效云平台管理和监督机制，引导区域学术信息资源云平台建设，促进各信息机构之间的协调合作等方面努力推动，从而在组织协同基础上为云计算环境下学术信息资源安全保障提供规范指导。①

（3）行业层面

网络环境下的信息安全全面保障具体涉及多元网络信息资源与服务提供

---

① 李郎达. CALIS三期吉林省中心共享域平台建设[J]. 图书馆学研究，2013（2）：78-80.

商，而行业协会则是行业层面实现政府和企业之间沟通交互的纽带，其可通过加强网络环境下相关行业的信息活动自律程度，从而提升行业网络信息安全全面保障的能力。如当前云计算环境下，我国的云服务提供商在云服务行业的发展过程中，已经逐步认识到云计算行业自律的重要性。2015 年 7 月，在阿里云、浪潮、用友等大型服务商的推动下，我国发布了云计算行业的第一个行业自律条款《数据保护倡议书》。其中，对于云平台中的用户数据的所有权进行了说明，明确云服务提供商对用户数据安全管理承担的责任和义务。① 类似行业安全标准的出台将有利于行业内部通过组织协同开展网络信息安全保障活动。

(4)机构层面

机构层面则是基于组织协同开展网络信息安全全面保障的实施主体，一方面机构涵盖各类网络信息安全保障软硬件提供者和服务提供商，他们通过组织之间的协同具体开展网络信息安全保障合作；另一方面还包括社会化信息管理协调机构，如云安全联盟等致力于云计算安全发展的联盟机构，则针对云计算安全的问题提出解决方案。云安全联盟发布的云安全指南及其开发代表云计算行业对云安全认识的升级，CSA 发布的《云计算关键领域安全指南》系列报告已经引起了业界的广泛反响，其还可对云服务提供商是否采取了必要的安全措施、是否履行了 SLA 服务等级协议等进行审核监督，并成立专门领导体系、管理部门、审计部门，对具体业务的开展进行管理。

5.2.2 内容维度的安全保障层次规划

基于组织协同的网络信息安全全面保障不仅涉及面向多元主体的组织维度安全保障层次，而且在具体安全保障内容上，也呈现全方位、层次化特征，组织协同方须根据自身安全保障能力特征，在内容维度上充分协商并共享保障能力，进而形成围绕信息内容的协同安全保障层次。具体而言，内容维度的安全保障层次可划分为信息系统安全保障、信息网络安全保障、信息内容安全保障和日志安全审计等，如图 5-5 所示。

---

① 云计算首个行业安全标准：数据归客户[EB/OL].[2016-03-28]. http://tech.sina. com.cn/it/2015-07-23/doc-ifxfccux2881995.shtml.

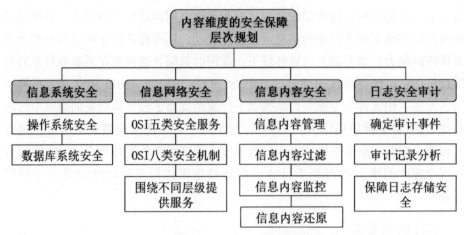

图 5-5　内容维度的安全保障层次框架图

（1）信息系统安全

网络信息活动通常基于信息系统开展，信息系统安全保障也是网络信息安全全面保障的基础保障内容。尤其是对于组织协同中的多元主体信息交互与利用，跨系统信息活动普遍存在，基于组织协同进行信息系统安全保障是开展其他层次保障的重要支撑。信息系统安全主要包含操作系统安全和数据库系统安全。[①]

操作系统是对计算机软硬件资源进行控制，并对计算机工作流程进行合理组织以提高资源利用率，其作为用户与计算机硬件系统之间的接口，起到了对计算机系统资源的管理作用。然而，操作系统在实践中却面临着网络病毒、网络蠕虫、木马程序、黑客攻击、非法访问、拒绝服务、后门、隐藏通信、逻辑炸弹等多种安全威胁。因而，信息系统安全保障的主要对象即为操作系统安全。尤其是针对多主体、多用户的网络信息利用环境，需要对操作系统采用键保护、页表与段表保护、加界保护等方式进行存储保障，同时采用用户名/口令的用户身份认证方式进行认证机制保障，以及 ACL 访问控制机制保护系统对象。此外，操作系统中通常还在内核中设置监控器等安全模块来加载和实施其他基本的安全保障操作，其独立于系统模块，既可减轻安全机制遭受的攻击

---

①　李飞，吴春旺，王敏. 信息安全理论与技术［M］. 西安：西安电子科技大学出版社，2016：197-207.

威胁，亦有利于检查一致性和普遍性。

数据库系统是对海量数据资源进行管理和利用的系统，可支持与各种应用系统接口和应用程序实现数据的查询、添加、修改和删除等操作。通常，数据库系统包含着重要的业务和用户数据，是商务活动中需要进行安全保障的重点对象，只有保证数据库安全，才能切实防止信息泄露等安全危害，进而持续高效提供数据服务。常见的数据库系统安全威胁主要包含数据未经授权的篡改，使之失去原先的真实性；因病毒侵害或误操作而导致数据丢失与损坏；通过人为窃取重要敏感数据。而为了实现数据系统的安全保障，一方面可以进行账号和密码的保护以防止危害入侵，同时进行严格的访问控制和基于角色的权限管理；另一方面可以采用 IP 地址认证、PKI 数字证书认证等多种认证技术实现保障；此外，还可通过加密算法进行数据传输与存储中的保障，进一步提升数据库系统安全。

(2)信息网络安全

在信息系统安全保障的支撑下，为进一步保障网络信息活动的开展，信息网络安全则通常以 ISO 所制定的开放系统互联参考模型 OSI 作为指导进行构建。其中共涉及五类安全服务，包括提供通信中对等实体和数据来源鉴别的认证服务；用户身份和权限确认再进行合法访问的访问控制服务；防止系统间交换数据而产生泄密的数据保密性服务；防止交换数据的非法修改、删除、丢失等问题的数据完整性服务；数据发送和接受中对相应行为进行否认或伪造的抗否认性服务。①

同时，OSI 参考模型还包含八类安全机制，包括依据加密层次和数据加密对象选择加密算法保障数据安全性的加密机制；进行用户身份和消息认证，保证数据真实性的数据签名机制；按照事先既定规则确定合法访问的访问控制机制；防控数据传输和存储中的非法操作及病毒侵害的数据完整性机制；基于用户认证、站点认证、进程认证等网络认证机制；通过持续传递随机数据，防止攻击者的定向流量侵害的业务流填充机制；根据信息发送者需求选择安全路径传递数据的路由控制机制；确保用户诚实可信提供第三方公证仲裁的公正机制。

此外，针对信息网络安全，还可以围绕信息网络不同层级提供安全保障服

① 李飞，吴春旺，王敏. 信息安全理论与技术[M]. 西安：西安电子科技大学出版社，2016：207-217.

务。如针对网络层的安全保障，有利于对网络层提供的密钥管理架构在多种传送协议和应用程序中共享；而 IP 层的安全保障，即由网络层提供的一组协议，使得 IP 数据包携带的有效载荷均被加密，并实现认证功能、认证和机密组合功能以及密钥交换功能；传输层安全保障则是在传输层上提供保密性，实现数据认证和完整性保障，而安全套接层(SSL)及其继任者传输层安全(TLS)则为网络通信提供安全及数据完整的安全协议；应用层安全保障则区别于网络层和传输层安全协议所构建的主机和进程之间的数据通道，以区分具体文件的不同安全性需求，如安全电子交易(SET)协议即包含交易流程、程序设计规格和 SET协议完整性描述，以提供数据资源的保密性、完整性和身份认证等全面保障。

（3）信息内容安全

网络信息活动的开展既围绕网络信息内容而展开，也在多元网络信息行为中不断产生着信息内容，因而信息内容安全保障亦是内容维度网络信息安全保障层次的重要组成部分。网络环境下的信息内容安全既包含基于内容的访问控制，同时更强调基于信息传播的网络安全管理。考虑到网络环境下去中心化发展所产生的网络信息内容的海量特征，多元化信息内容发布与传播渠道对网络信息内容安全的保障提出了较高要求。

概括而言，网络信息内容安全保障中所涉及的关键技术主要包括：①信息内容管理，即在一定条件设定下，对用户浏览和使用的网络信息内容进行限制，而对非受限信息内容则可自由浏览和使用；②信息内容过滤，即通过利用安全策略过滤恶意或不良信息内容；③信息内容监控，即由政府和相关执法机构采用安全策略监控和管理影响国家安全和社会稳定的相关信息内容；④信息内容还原，即为保障网络信息内容的安全传输，基于协议还原技术，从有效信息中剔除用于传输过程的协议数据。①

在网络信息内容安全保障实践过程中，相关工作的关键基础在于网络信息内容数据的获取、网络信息内容的预处理与过滤，以及网络信息内容的分析与管控。其中，网络信息内容数据的获取需要厘清由初始 URL 集合、信息获取、信息解析、信息判重等组成的网络信息内容获取流程，结合需身份认证的静态媒体发布信息获取、内嵌脚本语言片段的动态网页信息获取、基于浏览器模拟实现的网络媒体信息获取等方式实现；网络信息内容预处理与过滤则通常聚焦于文本信息处理，按照分词、去停用词、语义特征提取、特征子集选择、特征

---

① 杨黎斌，戴航，蔡晓妍. 网络信息内容安全[M]. 北京：清华大学出版社，2017：5-8.

重构、向量生成和文本内容分析等规范步骤进行处理操作，并结合布尔模型、向量空间模型、神经网络模型等过滤模型进行网络信息内容的过滤操作；而网络信息内容的分析与管控则可包含对网络信息内容中的话题检测与跟踪、网络舆情的探测和分析以及社会网络分析需求，围绕网络信息内容进行挖掘，并指导相关的网络信息内容安全的管控工作的开展。

(4) 日志安全审计

除了对信息系统、信息网络和信息内容安全的安全保障之外，从保障内容上看，还应该按照一定的安全策略，对网络信息活动充分的检查与审查，在对系统活动和用户活动的记录信息中，发现非法入侵行为和系统漏洞，促进整体安全性能的提升。安全审计实则是一种事后安全措施，通过记录相关安全事件的信息，由专业审计人员对网络信息活动和相关行为进行系统的检查验证和评价，为安全保障提升提供依据。

安全审计中的记录信息通常是以日志的形式在系统和应用中生成，其记录了系统和应用事件及相关统计信息，反映了相应系统运行和行为状态及使用情况，其配合入侵检测系统，可以对网络和信息系统中的数据进行充分收集和记录，从而准确判断网络信息行为状态和行为性质，对非法入侵行为给予响应。而在部分操作系统、数据库与应用系统中还嵌入了审计系统，旨在根据日志记录事件，为事后分析评估提供行为记录信息和相关数据信息；此外，事件分析与追踪技术还可以辅助追踪入侵者的相关信息与入侵路径，为事后进行非法入侵者追责与安全漏洞补救提供依据。由此可见，日志安全审计也是安全保障的重要内容层次。

从日志安全审计的过程来看，首先需要确定系统操作、登录事件、账号管理、资源访问等审计事件，然后在针对特定审计事件发生时进行审计日志记录事件信息，进而对记录的事件信息进行审计记录分析，以发现系统中存在的安全漏洞和攻击事件。此外，为保障日志信息的存储安全，日志安全审计还需要相应管理手段的支撑，包括对日志信息存储位置、存储方式及相应审计参数的设置等管理功能。归纳而言，日志安全审计的常用方法包括，基于已知攻击行为特征所建立的规则库的匹配比较，进行网络入侵与攻击行为探测；基于网络流量及其他系统和网络信息活动定量特征统计分析，进行非法行为的发现；借助于数据挖掘与机器学习等手段，提升信息安全威胁智能发现的能力。①

---

① 李飞，吴春旺，王敏. 信息安全理论与技术[M]. 西安：西安电子科技大学出版社，2016：218-225.

5.3 基于组织协同的网络信息安全全面保障流程

基于组织协同的网络信息安全全面保障基础与保障层次的梳理为具体安全保障提供了实施框架范围，而网络信息安全全面保障的具体架构还需要在协同关系建立基础上进行保障任务和流程的规划，明确协同组织在网络信息安全全面保障中的职责与协同保障过程。

5.3.1 安全全面保障协同关系建立

为实现网络信息安全全面保障，首先需要明确网络信息安全全面保障的协同参与主体，并沟通建立适应于网络信息安全全面保障的协同关系，如图5-6所示。

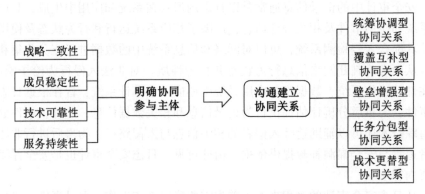

图 5-6　网络信息安全全面保障协同关系框架图

在网络信息安全全面保障协同对象的选择中，依据网络信息安全全面保障目标，通过获取网络信息行为及网络信息安全的专业信息和研究前沿，明确组织协同目标下的网络信息活动内容和潜在网络信息安全风险，在梳理自身及其他主体网络信息活动角色、任务和网络信息安全保障能力的基础上，提出与网络信息安全全面保障目标相适应的协同保障方向及协同对象信息安全保障专长和能力要求，并以此为基础，对潜在的协同对象进行评价和选择，最终形成最佳的网络信息安全全面保障协同组合。同时，网络信息安全全面保障协同对象的选择还应遵循以下原则：

①战略一致性。网络信息安全全面保障协同对象之间须在网络信息安全建

设战略和建设规划上保持高度一致性，这种一致性既体现在战略规划的认同一致性上，也体现在建设步伐的一致性上，从而使得网络信息安全全面保障能够在协同主体之间由共同战略方向所驱使，在协同主体之间保持着协同建设和运作的同等战略支撑作用，并能够积极应对外界环境的变化。

②成员稳定性。网络信息安全全面保障协同对象的选择须保持数量和主体成员的稳定性，这也是形成稳定的网络信息安全全面保障协同关系和实现网络信息安全全面保障目标的重要基础。成员的稳定性要求在网络信息安全全面保障协同关系维系的时间跨度方面具有长期性特征，从而为更全面的开展网络信息安全保障能力共建共享提供基础保障。

③技术可靠性。网络信息安全全面保障协同对象的选择须重视其网络信息安全保障的技术能力与技术可靠性，即协同对象在网络信息安全保障方面的专业程度。技术可靠性是协同对象能够专业化的解决网络信息安全问题，也是在技术创新和网络环境变化中保持应变能力和竞争力的关键。

④服务持续性。网络信息安全全面保障协同对象的选择须考虑其在所参与和提供的协同保障的支撑内容方面具有持续性，即协同对象具有网络信息安全保障分工任务方面的持续服务能力。网络信息安全全面保障的协同开展与科学合理的分工体系密不可分，协同对象的服务持续性是促使协同实现网络信息安全全面保障可持续开展的另一重要基础。

在网络信息安全全面保障协同对象的选择的基础上，协同对象之间需要构建并维系科学、恰当的网络信息安全全面保障协同关系，这就要求充分结合协同对象特征，围绕网络信息安全保障风险点和需求点，明确与之相适应的多元化协同关系组织模式。概括而言，网络信息安全全面保障协同关系可包括统筹协调型协同关系、覆盖互补型协同关系、壁垒增强型协同关系、任务分包型协同关系、战术更替型协同关系。

（1）统筹协调型协同关系

基于组织协同的网络信息安全全面保障是一项系统性工程，其多元主体的参与特征使得网络信息安全全面保障工作需要由特定主体承担统筹协调的职责，即与相关协同主体形成统筹协调型协同关系。在统筹协调型协同关系中，通常由核心主体或相关行政机构作为统筹方，负责联络、组织多元主体网络信息安全保障协同关系的形成，而由具有中间沟通能力的参与主体或具有资源协调能力的政府职能部门进行网络信息安全全面保障工作的协调，从而形成职能定位明确的统筹协调性协同关系。

(2)覆盖互补型协同关系

组织协同为网络信息安全全面保障的实施提供了保障内容全面覆盖的可能性，即通过具有不同维度保障能力、保障资源的组织间的协同，实现网络信息安全保障能力的互补，以期促进网络信息安全保障多维度全面覆盖，从而形成协同主体间的覆盖互补型协同关系。协同主体在覆盖互补型协同关系中通常具有同等的地位，按各自所拥有的特色资源和能力开展网络信息安全保障活动，并在保障实施过程中彼此协调，其核心在于覆盖各网络信息安全风险点，扩展网络信息安全保障范围。

(3)壁垒增强型协同关系

组织协同还为网络信息安全全面保障的实施提供了保障能力持续提升的空间，即通过在网络信息安全技术支持和保障维度上具有一致性的组织间的协同，实现特定领域网络信息安全保障技术能力的持续增强，以期在不断研发创新中促进网络信息安全保障壁垒的强化，从而形成协同主体间的壁垒增强型协同关系。协同主体在壁垒增强型协同关系中同样通常具有同等地位，并彼此合作开展安全技术研发与保障活动；也可有研发核心主体的存在，而由其他协同主体提供辅助性的技术支持，以保持网络信息安全技术创新中的活力，从而构建以保障能力提升为核心目标的壁垒增强型协同关系。

(4)任务分包型协同关系

组织协同的多元主体参与特征还为网络信息安全全面保障的分包式实施了提供了基础条件，即按照参与主体的安全保障特征与能力，通过对网络信息安全全面保障任务的全面分解，将网络信息安全全面保障按任务制分包给不同协同主体，实现分布式网络信息安全保障。任务分包型协同关系的核心在于将网络信息安全全面保障分解为不同阶段、不同维度、不同场景的网络信息安全保障任务，而各协同主体则可在相对独立环境下开展网络信息安全保障工作，既在网络信息安全保障中具有实施方案的自主性，又在协同中实现了网络信息安全的全面保障。

(5)战术更替型协同关系

网络信息安全全面保障的持续性还决定了组织协同关系应具有弹性，即在面向特定网络信息安全保障任务或环境时能够实现灵活的协同对象更替，以便适应不断变化的网络环境，实现网络信息安全全面保障战术方案的灵活制定。战术更替型协同关系的核心在于组织协同的灵活性，既包含有快速灵活的协同参与机制，又有稳定安全的退出机制，使得网络信息安全保障能够在面对复杂多变的网络环境中，能够快速做出反应，寻找匹配合适的主体组建协同关系；而在按战术完成特定保障任务后，相应主体可寻求在不影响其他协同主体常规网络信息安全保障任务和流程的情况下安全退出。

5.3.2 安全全面保障任务划分

由于市场需求决定了社会分工，而社会分工也使社会整体的功能最大化发挥，并促使个体行为更加专业化，其中分工粗细则决定了个体行为的个性程度、专业化程度和对组织的依赖程度，[①] 这说明对于网络信息安全全面保障任务的划分而言，既体现了对于实施网络信息安全全面保障目标的任务化分解，也反映了基于组织间的协同关系以及在参与网络信息安全保障活动中的专业程度。网络信息活动的复杂性也使得网络信息安全全面保障的任务分工不能以各组织的自主意愿任意为之，而需要以组织协同目标的确立为基础，对网络信息安全保障任务进行系统把握和统筹划分，其划分方式和依据可概括为以下 4 个方面(如图 5-7 所示)。

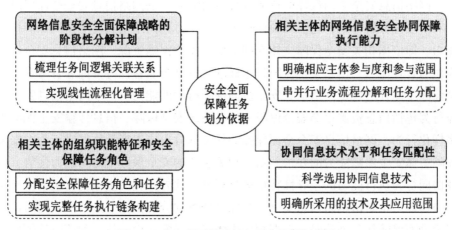

图 5-7 安全全面保障任务划分依据框架图

---

① 陈赟畅，邱国霞，杨静. 试析大学科技园模式下科研管理人员的专业化——基于社会分工的视角[J]. 科技管理研究，2013(24)：139-143.

（1）网络信息安全全面保障战略的阶段性分解计划

网络信息安全全面保障通常是一种系统性、长期性活动，网络信息安全全面保障战略，因而需要围绕各参与主体的专长领域及长远发展计划进行制订，并合理分解阶段性任务，而网络信息安全全面保障战略的阶段性分解计划也成为网络信息安全全面保障任务划分的重要依据。对于网络信息安全全面保障战略而言，其往往从整体上把握网络信息安全保障领域和方向，界定组织协同保障关系和协同程度，主要起到网络信息安全全面保障活动的指导作用；而对于网络信息安全全面保障战略的阶段性分解计划，则聚焦于网络信息安全全面保障战略目标分解而得的各阶段目标，旨在按网络信息安全全面保障部署阶段揭示具体协同网络信息安全保障内容，并解决具体步骤中所涉及的具体安全问题。依据网络信息安全全面保障战略的阶段性分解计划，可以梳理任务间的逻辑关联关系，实现协同网络信息安全全面保障任务的线性流程化管理。事实上，对网络信息安全全面保障战略的阶段性分解计划的实践过程即是借助网络信息安全协同保障执行阶段性任务的过程。

（2）相关主体的网络信息安全协同保障执行能力

网络信息安全全面保障的任务划分不仅需要依据网络信息安全全面保障目标和阶段性分解计划，还需要关注相关参与主体的网络信息安全协同保障执行能力，即依据相关安全保障主体在网络信息安全保障资源、网络信息安全威胁应对与处置能力、信息安全保障技术标准化程度与兼容性等方面综合考量各安全保障主体开展特定网络信息安全协同保障行为的能力。由于网络信息安全保障行为包括信息资源存储安全保障、信息系统安全保障、信息传输安全保障等多样化行为，网络信息安全全面保障的任务划分也应根据具体保障行为对安全保障主体安全保障能力的要求，结合相关主体的安全保障资源与能力优势，以及协同行为执行能力的差异性特征进行划分。此外，相关主体的安全技术转化与协作能力也是协网络信息安全全面保障任务划分的依据。这要求在网络信息安全全面保障任务划分时，根据相应主体安全保障知识、技术和相应软硬件设施吸收、内化和嵌入方面的能力，明确其在网络信息安全协同保障参与度和参与范围；根据相应主体的协同作业和沟通交互方面的能力，进行网络信息安全全面保障任务的串并行业务流程分解和分配。

（3）相关主体的组织职能特征和安全保障任务角色

网络信息安全全面保障的任务复杂性以及参与者的多元性，决定了其全面安全保障任务划分时，需要同时参考参与主体的组织职能特征及其在安全保障中的任务角色。从组织职能特征上看，在网络信息安全全面保障的主客体构成划分中，已经揭示了相关主体可按组织机构类型横向划分为企业、科研机构、高等学校、政府部门等，各组织的职能特征在生产、研发、教育和监管等方面均有所侧重，也导致其在安全保障任务中所担当的角色在保障规划、保障设计、保障实施、保障监督等方面有所差异，即拥有不同的安全保障任务角色定位。故而，在网络信息安全全面保障的任务划分中，应依据组织的职能特征分配不同的安全保障任务角色，再依据任务角色分解相适应的保障任务，如将安全保障软件和硬件的生产任务交由协同参与企业，将安全保障技术的研发和更新交由协同参与科研机构，将安全保障人才的技能与知识培训交由协同参与高等学校，安全保障的监管和政策激励则由相关政府部门负责，从而实现安全保障从规划设计到管理实施的完整任务执行链条构建。

（4）协同信息技术水平和任务匹配性

协同信息技术水平和任务匹配性是基于组织协同实现网络信息安全全面保障的客观条件，在全面安全保障的任务划分中亦是重要依据。协同信息技术水平受信息技术条件的影响，诸如信息服务融合技术、跨系统信息集成技术、系统互操作技术等，均可为协同信息行为的开展提供技术支撑，也是开展网络信息安全协同保障的必要条件，在网络信息安全全面保障的任务划分中也因而需要依据协同信息技术水平，充分考虑网络信息安全协同保障在特定技术水平下的可行性，从而为网络信息安全协同保障活动制定合理的任务安排。另外，任务技术匹配度对用户网络信息安全感知易感性的影响说明，在网络信息安全协同保障任务划分时还应重视协同信息技术相应于任务的匹配性，即在任务划分中应科学选用适合于特定网络信息安全保障活动执行需求的协同信息技术，并在具体任务中明确所采用的协同信息技术及其应用范围。

5.3.3　安全全面保障过程规划

纵观基于组织协同的网络信息安全全面保障过程，可以按照目标的确立、安全风险的评估、保障策略的拟定、保障方案的实施等方面进行环节划分，各环节网络信息安全协同保障活动均依赖于组织协同资源或在组织协同背景下实施。

（1）网络信息安全全面保障目标的协同确立

网络信息安全全面保障中通常需要科研合作各方主体充分交互，进而协同确立网络信息安全全面保障目标。显然，网络信息安全全面保障目标的协同确立，不仅强调保障目标适应国家和组织的网络信息安全战略方向，还应凸显多元保障主体的参与特性和协同关系，并重视网络信息安全全面保障目标的制定能发挥保障主体的安全资源和安全保障能力优势及协同效益。具体而言，网络信息安全全面保障目标的协同确立需要着重把握以下三个方面：

①契合网络信息安全战略方向。网络信息安全全面保障目标是对多元主体在协同信息安全保障实践中的方向指引，其贯穿于协同信息安全保障始末，因而其确立原则首先即为契合网络信息安全战略方向，实则是网络信息安全战略面向协同信息安全保障实践的分解和落实。国家和组织的网络信息安全战略方向是形成多元网络信息安全保障协同关系的重要基础，信息安全保障参与主体亦是为寻求网络信息安全领域的保障能力突破和解决共同的网络信息安全问题而开展的协同信息安全保障活动。因而，网络信息安全战略目标的形成和确立也应适应国家和组织安全战略发展需求，并满足各信息安全保障主体对自身在安全领域发展的期望。

②凸显多元网络信息安全保障协同关系。网络信息安全全面保障目标的确立不仅应围绕网络信息安全战略制定，还应凸显多元主体参与的信息安全保障协同关系，尤其是对跨系统信息安全保障合作而言，安全保障协同关系的形成与维系已成为网络信息安全协同保障开展的重要支撑。稳定、合理的信息安全保障协同关系可以促使网络信息安全保障行为有序开展，因而在目标制定中应明确界定多元主体间的协同关系，梳理网络信息安全全面保障目标导向下各主体在信息安全协同保障开展过程中的权责。尤其是针对各主体间的安全保障资源共享利用的相关目标界定和协同行为准则制定中，既要体现分布式安全保障资源的充分整合，也应注重所属主体利益的维护，即明确面向网络信息安全保障资源共建共享和安全保障协同实践的安全保障主体合作关系层次。

③确保网络信息安全保障协同效益发挥。确保网络信息安全保障协同效益的充分发挥亦是网络信息安全全面保障目标制定的重心。网络信息安全保障的协同开展需要使各保障主体获得协同效益，即通过参与并开展信息安全协同保障，提升安全保障的工作效率和安全保障的综合能力，才可保证保障主体对于网络信息安全协同保障的积极性。协同效益的发挥既体现各安全保障主体安全

保障资源与专业安全保障能力得到充分的挖掘、组织和共享利用,避免资源闲置和重复建设现象;也体现为协同实现安全保障过程中整合的安全防御和应急处置能力,能协同完成各项安全保障任务。

(2)网络信息安全风险点的识别和安全风险评估

以组织协同确立的网络信息安全全面保障目标为基础,需要进行网络信息安全风险点的识别,以作为网络信息安全全面保障计划拟定的重要依据。参照企业风险识别框架,网络信息安全风险点可主要概括为战略风险、运作风险和其他风险。[①]

①战略风险。网络信息活动中的战略风险主要强调组织在信息化建设背景下,其所制定的战略目标、组织网络信息活动和协同发展定位中,对网络信息活动的信息安全问题的忽视或考虑欠充分,从而在网络信息资源的存储与共享利用、网络信息资源的加工处理与传播、网络信息资源权限管理与安全等战略制定和实施上缺乏信息安全保障的规划和信息安全问题的应对部署,导致后续网络信息活动开展过程中遭受的利益损害。例如,组织在对网络环境下相关宏观发展政策及形势的解读和把握中,对网络信息行为认识不够全面,未考虑网络信息技术所带来的行为模式的变化所产生的影响及其潜在信息安全隐患;也存在对于信息安全问题过分担忧而采取的防御型战略,最终限制组织协同发展,亦不能适应网络信息活动的快速发展与变化;此外,组织协同框架下对网络信息安全保障协同建设方向的决策失误,以及网络信息活动发展过速所导致信息安全水平无法跟上发展步伐等问题,也可能产生网络信息安全的战略风险。

②运作风险。以网络环境下的组织发展及信息安全建设战略为基础,在战略的具体执行和业务操作等过程中还存在着诸如交互与业务流程风险、系统与技术支持风险等运作风险,这些风险要素均可能在组织协同背景下的网络信息活动中产生网络信息安全威胁,并给相应行为主体造成利益损害。具体而言,组织在协同开展信息业务的过程中,信息的交换与信息处理流程都由于多元主体的参与而使得信息安全风险问题频发,多元主体及用户的信息访问和操作权限的分配和管理不当、业务处理流程紊乱、信息完整性和真实性跟踪验证不足等,均成为引发组织云中过程中信息安全风险的重要因素。而从信息系统及相

---

① Bromiley P, McShane M, Nair A, et al. Enterprise risk management: Review, critique, and research directions[J]. Long Range Planning, 2015, 48(4): 265-276.

关信息技术角度来看，信息系统与技术对组织业务的匹配和适应程度，以及对解决组织协同运作需求的 能力等方面也已成为运作风险的重要源头，尤其是多元组织协同参与的业务活动中，对跨系统操作提出了更高的技术要求，也由此产生了多元网络信息安全风险。

③其他风险。除了战略风险和运作风险之外，网络信息安全风险的多元性还体现在诸如人的因素、市场因素、财务以及法律等因素的风险中。① 其中，人的风险体现在去中心化的网络信息活动中，用户本身可以作为网络信息的发布和传播者，个人信息素养决定着网络信息安全保障的接纳和掌握程度，同时部分用户也可能成为网络信息安全问题的制造者和散布者；市场风险则是在市场需求急剧变化的网络环境下，相应技术与应用的开发与用户安全需求和业务安全需求的匹配性产生偏差，导致相关市场运作中产生利益损失；财务风险是在组织信息安全建设中的财务成本控制与预算之间的偏差而导致影响信息安全保障工作持续有效开展，尤其是在组织协同背景下的网络信息安全保障资源共建共享进程中，非独立运作和管控的财务风险发生的可能性更高；法律风险则是由于对网络信息活动的监督缺乏，行为规范管控不严，导致网络信息活动侵害了协同参与主体或其他网络信息活动主体的利益，引发了违反法律法规的相关网络信息行为。

而在识别了网络信息安全风险点后，还要进行必要的网络信息安全风险评估。由于网络信息安全评估中所涉及角色、管理活动和流程的多元性，导致网络信息安全风险评估具有复杂性特征。依据评估方的不同，主要包括安全风险与安全保障等级评估，以及安全检查等类型。② 其中，安全风险与安全保障等级评估，安全风险与安全保障等级评估通常由自身或委托第三方对网络信息活动中的信息安全风险进行预先的定性、定量分析，判断风险可能出现的情形和风险大小，进而为后续网络信息活动的开展及相关风险管理活动的开展进行风险聚焦；同时，评估内容也可针对相关系统安全保障能力，进行安全保障等级评估，以作为风险防范的参考。尤其是对于组织协同背景下的多元主体开展的网络信息活动，安全风险与安全保障等级评估需要特别关注组织间信息传递所带来的安全风险，并结合多元参与主体实际开展评估工作。而对于安全检查而

---

① Olson D L, Wu D D. Enterprise Risk Management [M]. Singapore：World Scientific Publishing，2015：15-17.

② 罗森林，王越，潘丽敏，等. 网络信息安全与对抗[M]. 第 2 版. 北京：国防工业出版社，2016：48-49.

言，安全检查则通常由组织内部相关管理部门或组织的上级主管部门执行，其一般具有安全管理和行政执法特征，能够对安全风险进行有效遏制，也能够督促网络信息行为主体按照规范操作开展相关活动。在基于组织协同的网络信息安全全面保障中，安全检查可以由上级行政管理部门或独立于各协同组织的第三方来执行，以确保对协同组织安全检查的客观性和一致性。而除安全检查之外，相关部门还可以依据检查结果提供相应的安全认证，或认可相关网络信息安全资质。

（3）网络信息安全全面保障策略的拟定

针对网络信息安全风险点识别及风险评估结果，在正式实施网络信息安全全面保障前，还需要拟定基于组织协同的网络信息安全全面保障策略。概括而言，在组织协同框架下，网络信息安全全面保障策略可主要划分为基础覆盖型、主动防御型、应急处置型三种类型。

①基础覆盖型策略。在网络信息安全全面保障中，基础覆盖型策略是以基础网络信息安全保障的覆盖范围为核心，即尽可能地在组织协同框架下，为所有的网络信息活动场景和活动提供基本的信息安全保障。基础覆盖型策略通常用于组织协同对象多元、组织协同关系复杂的情况之下，其为了基于组织协同快速构建起基础性网络信息安全保障体系，并为所有协同主体提供标准化的网络信息安全保障体系与保障措施。由于基础覆盖型策略只需要提供主机防护、防火墙构建、病毒木马查杀、访问控制权限管理等通用网络信息安全保障功能，故对相应网络信息安全保障技术和能力的要求较低；并且其标准化的网络信息安全保障体系构建策略，使得基础覆盖型策略具有普适性，可在各类组织机构中统一实施。但基础覆盖型策略也存在网络信息安全保障程度方面的局限性，在处理复杂的网络信息安全威胁时的抵御能力有限，其网络信息安全处理策略也缺乏面向保障主体的针对性。故而，基础覆盖型策略通常用于跨组织、跨系统的网络信息活动之中，尤其是面向多元主体参与的跨组织合作中的网络信息安全全面保障需求，实现各合作主体统一的网络信息安全基础保障体系构建，保障网络信息活动的跨组织、跨系统有序开展。

②主动防御型策略。在网络信息安全全面保障中，主动防御型策略是一种主动识别网络信息安全风险并预先构筑保障体系或实施保障措施的策略。基于组织协同的主动防御型策略要求协同主体预先在充分交互的前提下，依据识别的潜在安全风险，针对性地开展诸如物理安全分析、漏洞扫描、网络日志跟踪、入侵监测等网络信息安全保障活动，构筑弹性防御体系，并可精准预警相

应安全事件，从而实现在网络信息安全风险、安全入侵行为等产生网络信息安全影响之前，形成网络信息安全主动防御体系，并周期性或持续性主动开展网络信息安全保障行为。主动防御型策略通常面向特定的网络信息安全风险、活动或保障对象，即根据特定的网络信息安全保障需求，在组织协同基础上，通过主动安全保障技术与能力的提升，以期在网络信息安全事故发生前进行风险规避和抵御。主动防御型策略强调安全保障技术和能力的不断升级，以适应网络信息技术的变化和应对复杂的网络信息环境，对相应主体的网络信息安全保障建设能力和持续投入能力具有一定要求，在一定程度上限制了该策略的普适性，而通常应用于面向需重点防范网络信息安全风险的、从事高敏感性网络信息活动的相关机构，并由具有专业网络安全防控技术能力的机构作为主要协同组织，参与到网络信息安全全面保障的主动防御体系构建之中，保障相关主体在从事网络信息活动和行为中能规避和充分抵御各类网络信息安全风险。

③应急处置型策略。在网络信息安全全面保障中，相对主动防御型策略而言，应急处置型策略是一种被动防御和安全保障策略，其核心在于针对未知的、突然发生的网络信息安全事件，能有效地进行应对和处置，以期削弱网络信息安全事件所造成的消极影响和危害。由于网络信息环境的不稳定性，应急处理型策略通常作为一种常规性安全防范途径，普遍存在于网络信息安全保障体系构建中，弥补网络信息安全风险识别中以及其他网络信息安全保障策略中所考虑欠缺之处，并应对网络信息技术和环境的快速变化，是网络信息安全全面保障的最后一道防线。基于组织协同的应急处置型策略通常可按网络信息安全事件发生的前、中、后三个阶段进行分解，各阶段所执行的网络信息安全保障活动目标有所差异。其中，在网络信息安全事件发生前，由协同主体提供诸如数据安全备份、系统安全升级、网络安全响应机制构建等常规性、标准化保障措施将配合基础覆盖型安全策略在分布式网络信息安全保障体系构建中为安全事件应急响应奠定基础；在网络信息安全事件发生过程中，需要及时利用协同组织的网络信息安全保障技术支撑，在多元主体中进行网络信息安全事故影响范围探测，开启有效的网络隔离防护、数据备份恢复等措施，避免影响范围扩张和影响程度的加剧，并在组织协同框架下，合理分工快速研发解决方案；在网络信息安全事件发生后，则在前期的解决方案基础上，同样基于组织协同探究网络信息活动中还存在的安全风险，提出安全漏洞修补策略，实现灾后修复的同时，甚至是考虑组织协同架构、任务划分等的更新策略，继而完善基于组织协同的网络信息安全保障体系。

(4) 网络信息安全全面保障方案的实施

以网络信息安全全面保障策略选择为基础,在具体网络信息安全全面保障方案的制定和实施过程中,考虑到多元组织协同可能会产生的影响,需分阶段、分维度推进,确保网络信息安全全面保障方案得到完整、有序落实,以应用于网络信息安全全面保障实践之中,其实施过程如图 5-8 所示。

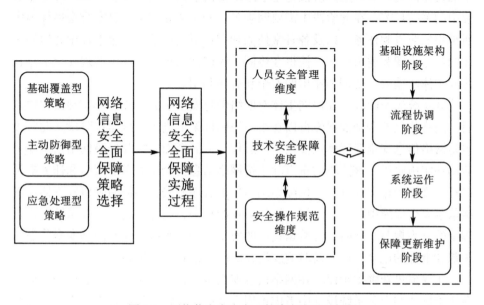

图 5-8　网络信息安全全面保障实施过程框架

从网络信息安全全面保障的实施阶段来看,网络信息安全全面保障的实施是项系统性工程,尤其是在多元组织协同参与背景下,其实施应以网络信息安全保障策略为指导,按基础设施架构阶段、流程协调阶段、系统运作阶段、保障更新维护阶段进行分阶段实施,并在实施过程中对实施任务分组织部署,在组织协同中有效实现保障能力建设和保障方案的跨组织协同。

①基础设施架构阶段。网络信息安全全面保障的实施首先需要进行网络信息安全保障基础设施的架构,而基础设施架构通常也是基础覆盖型策略的重要实施内容,是组织协同框架下网络信息安全全面保障在多元组织中协同部署和实施的重要基础。在基础设施架构阶段,实施方案的焦点在于支撑网络信息安全保障的软硬件设施和网络安全环境建设,协同主体间可依托组织协同战略,

施行集基础设施研发、设计、采购、构架等于一体的基础设施建设方案。而得益于组织协同框架，可以在多元主体间实现基础设施的共建共享，避免软硬件资源等网络信息安全保障基础设施的重复建设。

②流程协调阶段。在网络信息安全保障基础设施架构完成后，需要针对网络信息安全全面保障流程进行协调，梳理网络信息安全保障软硬件等资源和系统在各组织信息系统日常运作、网络信息安全防控、安全事件应对处理等环节中的运作流程。流程协调阶段是基于组织协同的网络信息安全全面保障实施过程中的关键环节，在此阶段中需要明确各协同主体在网络信息安全全面保障中所承担的职责和任务，以及各日常任务和在针对网络信息安全事件中各协同主体的操作步骤和逻辑顺序，使得在协同主体彼此沟通、协调中实现安全信息在协同主体间输入、处理和输出的安全和有序利用。

③系统运作阶段。在协同主体对网络信息安全全面保障工作实现流程协调后，网络信息安全全面保障得以在组织协同框架下进入系统运作阶段。此阶段也是网络信息安全保障体系投入全面运作，从而全面支撑和保障网络信息安全活动的实施阶段。该阶段的重点除了按网络信息安全全面保障策略和任务框架进行常规性操作实施外，为保障系统运作的有序开展，还需明确协同主体在网络信息安全保障中的系统访问、操作、控制权限，制定协同主体在系统运作过程中的行为规范，同时进行数据资源的安全备份、系统运作和网络安全状态的跟踪和事件的记录，以便及时响应潜在的网络信息安全风险。

④保障更新维护阶段。在网络信息安全全面保障的系统运作过程中，会因在实施框架制定和系统设计中考虑不周全而产生影响实施可行性和系统稳定性的各种问题，也可能由于组织协同方案或协同流程在面向网络信息安全保障的实施中存在不合理之处，或由于网络信息技术与环境的变化导致原有的保障体系的安全性、控制力和安全事件抵御能力无法适应的情况出现。对此，要求及时对网络信息安全全面保障体系和实施方案进行更新，对网络信息安全保障软硬件进行升级维护，优化组织协同实施方案或运作流程，以面向网络信息安全全面保障实践及时调整，是基于组织协同的网络信息安全全面保障过程中的动态介入阶段。

而从网络信息安全全面保障的实施维度来看，其区别于纵向的实施阶段所注重的全过程，而注重实施过程中的横向全方面视角，分别关注人员安全管理、技术安全保障以及安全操作规范等维度，以推进网络信息安全全面保障工作的开展。

①人员安全管理维度。网络信息安全保障的全面实施的基础是人员，尤其

是在组织协同框架下，跨组织的协同参与者使得人员在网络信息安全全面保障体系中具有复杂性、多元性特征，这就要求对组织协同中的人员实施安全管理。在人员安全管理维度下，需要依据组织协同框架下的组织任务分工，对协同主体参与人员和其访问与操作权限进行安全审核和统筹管理，并合理设立针对跨组织人员的沟通和监管体系，确保协同主体中参与人员能够协同实施和完成网络信息安全全面保障的各项工作和任务。

②技术安全保障维度。网络信息安全保障的全面实施的支撑是安全保障技术，其不仅支撑着组织内部的网络信息安全防控任务，同时也支撑着组织协同背景下的具有跨系统、互操作特征的网络信息安全保障体系。故而，技术安全保障维度也成为网络信息安全全面保障实施中的关键支撑维度。在技术安全保障维度下，既可以按软硬件技术层次进行网络信息安全保障内容的划分和部署，也可按所解决的网络信息安全问题为导向梳理相关安全技术，或进一步按应用进行封装，从而指导网络信息安全全面保障技术在组织协同中的研发、部署和应用实施工作。

③安全操作规范维度。网络信息安全保障的全面实施的指导是安全操作规范，是组织协同中网络信息安全全面保障实施工作中的各项流程、各层系统、各类任务的操作和执行准则，其不仅规范了网络信息安全保障实施中的操作流程，更在跨组织协同中明确了各自的职责和协同实施路径。在安全操作规范维度下，可要按操作权限管理、操作对象管理、操作内容管理、操作流程管理以及操作协同管理等方面明确安全操作行为规范，并要求在协同组织中按统一标准严格执行，以保障网络信息安全保障实施中操作维度的安全规范。

5.4 基于组织协同的网络信息安全全面保障体系架构

在明确基于组织协同的网络信息安全保障基础、安全保障层次与安全保障流程后，以组织协同为框架，构建完整的网络信息安全全面保障体系可围绕全面质量管理理论，指导确立网络信息安全全面保障体系构建规范与步骤，进而推进网络信息安全全面保障体系框架结构的搭建。

5.4.1 网络信息安全全面保障体系构建规范与步骤

依托全面质量管理理论在支撑信息安全管理体系的构建的效用已在众多国家信息安全管理实践中得以验证，面对基于组织协同的网络信息安全全面保障体系的架构，全面质量管理理论依然是重要的基础理论，主要表现为全面质量管理理论中的核心 PDCA 循环、全员管理思想和全过程管理思想在协同框架下网络信息安全全面保障体系构建中的规范引领与指导作用。同时，在基于组织协同的网络信息安全全面保障体系构建中还应注重规范步骤的确立和统筹。

从依托全面质量管理理论的网络信息安全全面保障体系构建规范上来看，首先，要求网络信息安全全面保障体系以 PDCA 循环为核心，形成面向网络信息安全保障的建立、实施、动作、监控、评审、维护和改进的动态完整过程。考虑到网络信息资源的开放共享特征所导致的复杂安全风险，需要在规划、实施、控制、改进的循环过程中不断改进和完善网络信息安全保障策略，实现新旧循环的顺利迭代，以及大小循环的正向涵盖和反向推动，在循环保障中推动多元主体网络信息安全协同保障能力阶梯式上升。

其次，要求网络信息安全全面保障体系贯彻全员管理思想，尤其是对协同框架下网络信息安全全面保障中的多元参与主体，在保障体系中应指导明确协同主体的参与职责，协调安全保障任务。全员管理思想强调网络信息安全全面保障体系中多元主体成员及人员协同交互和安全管理中的风险管理，消除内部人员操作和恶意行为隐患，降低协同工作所引发的网络信息安全新风险，提升面向技术人员、管理人员、运营人员、服务人员等众多类型人员的人员管理在网络信息安全全面保障体系中的关键位置。

再次，要求网络信息安全全面保障体系贯彻全过程管理思想，从流程视角落实安全保障体系中对全面安全保障方针的贯彻。网络信息安全全过程管理与保障的实施，要求参与主体围绕业务流程在管理上进行梳理和整合，明确突出完整运作流程中安全保障需求和安全保障策略，强调各环节的安全保障相应和反馈机制，同时面临着多元主体具有相似性的网络信息资源采集、组织、开发、利用等环节中的安全保障需求，进行协同保障策略的制定，避免交互影响的基础上，实现网络信息安全保障资源的协同共享，有效提升网络信息安全协同保障效率。

具体对于网络信息安全全面保障体系构建，可以信息安全管理体系的建设步骤为基础，① 其作为信息安全管理体系建设的流程指导，充分体现了安全管理体系建设中的系统化、文件化和程序化特征和以预防控制为核心的安全管理思想，在与组织协同特质和全面保障目标融合后，可作为设计网络信息安全动

---

① 李飞，吴春旺，王敏. 信息安全理论与技术 [M]. 西安：西安电子科技大学出版社，2016：30-31.

态和全过程保障体系建设的重要依据，如图 5-9 所示。

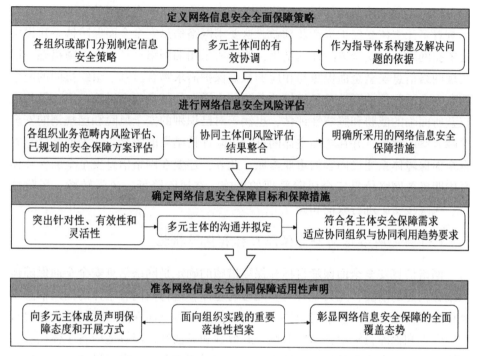

图 5-9　网络信息安全全面保障体系构建步骤图

（1）定义网络信息安全全面保障策略

网络信息安全全面保障策略是以组织协同为基础，协调配置网络信息安全保障资源的关键，以指导网络信息安全全面保障体系构建并解决网络信息安全全面保障问题。多元主体协同参与特性使得网络信息安全全面保障策略的制定需要多主体贡献和协商，在网络信息安全全面保障整体框架下，通过各组织或部门依据实际网络信息安全保障需求和能力，以及适用范围，分别制定信息安全策略，并进行多元主体间的有效协调，推动基于组织协同的网络信息安全全面保障体系建设和实践。在各组织制定网络信息安全保障策略的过程中，要注重相关策略文件的简洁性、易掌握性和统一性，既突出关键网络信息安全保障工作的执行能力，也强调多元组织目标的一致性和操作规范的协同统一性，必要时需进行跨组织相关人员的交互和培训。

（2）进行网络信息安全风险评估

面对多元主体参与特征，网络信息安全风险评估具有鲜明的复杂性，且会影响着多元主体受保护资产及利益，这要求网络信息安全全面保障体系建设中要依据网络信息安全风险评估结果，明确所采用的网络信息安全保障措施，以实现网络信息安全全面保障与相应的权益保护需求吻合。基于组织协同的网络信息安全风险评估既涉及各组织业务范畴内潜在的信息安全风险内容，及相应权益所面临的威胁和脆弱性评估，也涵盖对已识别的安全风险和已规划的安全保障方案的评估，并在协同主体间进行风险评估结果的整合，作为网络信息安全全面保障体系建设内容的重要参照。此外，还要在网络信息安全全面保障体系中明确各网络信息安全风险管理的措施，在风险降低、风险转嫁、风险规避、风险接受中进行权衡和确立。

（3）确定网络信息安全保障目标和保障措施

网络信息安全全面保障目标和保障措施的确定是网络信息安全全面保障体系细分构建的前提，尤其是针对多元参与主体，进行面向各主体的网络信息安全保障目标确立以及基于组织协同的网络信息安全全面保障目标的整合，要求相应管理和保障目标应突出针对性、有效性和灵活性，能够适应各主体面临的网络信息风险和安全环境，个性化拟定保障目标，并提出保障措施。对于保障措施中需要多元主体协同参与的部分，也应在组织协同框架下进行多元主体的沟通，进而拟定具体网络信息安全协同保障措施，使得保障措施既符合各主体的网络信息安全风险应对和安全保障需求，也适应网络信息安全保障资源协同组织与协同利用趋势要求。

（4）准备网络信息安全协同保障适用性声明

协同框架下网络信息安全全面保障体系的建设，还需要充分准备网络信息安全协同保障适用性声明，即对基于组织协同的网络信息安全保障目标、内容，以及针对特定网络信息安全风险拟定的网络信息安全保障措施的阐述。这可被视为网络信息安全全面保障体系面向组织实践的重要落地性档案，既向多元主体成员声明网络信息安全协同保障态度和开展方式，最大程度上推进面向网络信息安全保障的组织协同得以在多元参与主体间顺利开展，同时也彰显网络信息安全保障的全面覆盖态势，以不断审视、更新与完善网络信息安全全面保障体系。

5.4.2 网络信息安全全面保障体系框架结构

基于组织协同的网络信息安全全面保障体系架构以相关构建规范与步骤为基础，可进一步借助戴明环（PDCA 循环）模型，将网络信息安全全面保障体系构建划分为规划、实施、控制和改进四个阶段，并循环执行、反馈和完善，其适应了多元主体协同参与的安全保障体系构建中的复杂性和动态性特性，也匹配了网络信息安全全面保障的完整性和评估反馈需求。

基于组织协同的网络信息安全全面保障的协同参与主体主要包括企业、科研机构、高等学校、政府部门以及其他中介和网络信息安全服务机构等。在多元主体协同参与下，网络信息安全全面保障体系构建参照信息安全管理体系构建步骤，结合云环境、大数据环境等动态网络信息环境中的安全保障需要，以及技术、管理、标准与法律法规的客观要求，进行网络信息安全全面保障体系的 PDCA 循环构建。其中，在规划阶段，注重网络信息安全风险全面识别，并根据协同主体的安全保障整体策略和目标建立安全策略、目标以及安全保障过程和程序；在实施阶段，注重网络信息安全功能的全面应用，实施安全策略，开展面向多元对象的、由多元安全保障应用功能集成的安全保障过程；在控制阶段，注重全过程网络信息安全保障监控和控制管理，测量事故的响应情况、控制措施的有效性，进行合规审计；在改进阶段，通过对比多元主体的网络信息安全全面保障目标与安全保障实施中的不足之处，进行网络信息安全协同保障方案和措施的纠正、调整和优化，改进网络信息安全全面保障规划，实现网络信息安全全面保障 PDCA 循环中的大环套小环，持续完善网络信息安全保障体系架构，如图 5-10 所示。

具体而言，在网络信息安全全面保障体系框架的架构中，以 PDCA 循环为依托，包括企业、科研机构、高等学校、政府部门、中介机构等在内的多元参与主体通过形成动态的网络信息安全保障联盟，实现网络信息安全全面保障资源的共建共享，为协同开展网络信息安全全面保障奠定参与者基础；针对多元主体协同确立的网络信息安全全面保障目标体系，在网络信息安全保障实践中，紧密围绕网络交互信息及相关信息资源的真实性、完整性、可控性、全面性、协同性和机密性等方面的要求，指引丰富的网络信息安全保障活动的开展；将网络信息安全相关法律法规、政策制度、部门规章、协同机制等作为网络信息安全保障中实现协同安全保障管理的重要依据，规范协同导向下相应安全保障行为的开展；按协同安全保障资源与环境、业务内容、管理对象等实现多层次的、多主体的网络信息安全协同保障活动，其中协同安全保障资源与环

163

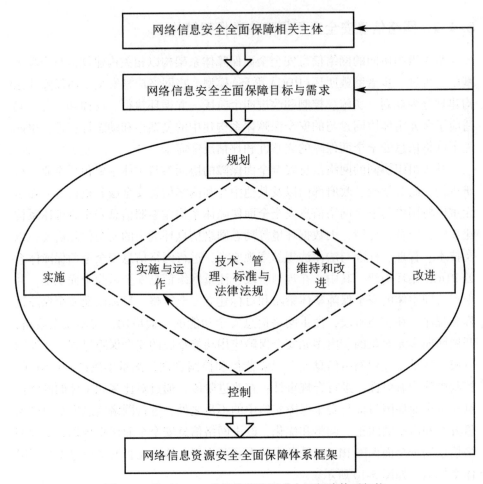

图 5-10   基于 PDCA 的网络信息安全全面保障体系架构

境涉及信息安全保障基础设施、网络安全技术环境与协同信息技术环境,协同安全保障业务内容涉及信息资源存贮、信息系统运作、信息网络交互、信息风险处理等,协同安全保障管理对象涉及协同物理安全管理、协同运营安全管理、协同风险管理、协同人员管理等;在具体协同安全保障管理活动的实施中,力求最终围绕网络信息安全保障全过程,构筑集网络信息安全威胁识别能力、协同防御能力、安全对抗能力、应急处理能力等于一体的多元主体网络信息安全协同保障能力,从而形成完整的网络信息安全全面保障体系框架结构,如图 5-11 所示。

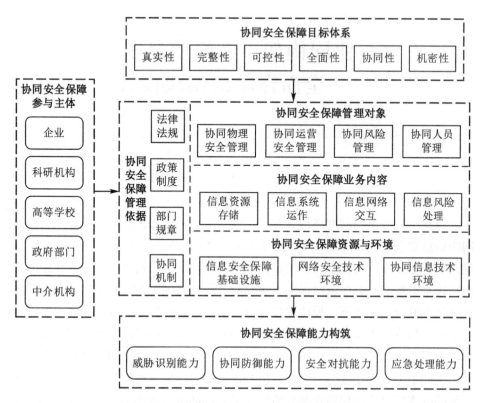

图 5-11　网络信息安全全面保障体系框架结构

6 协同构架下网络信息安全全面保障的模块设计

　　以基于组织协同的网络信息安全全面保障体系为框架，在具体面向实践的网络信息安全全面保障设计中，由于多元主体的协同参与特性、所面临的网络信息安全保障工作的复杂性，便提出了网络信息安全全面保障实现过程中应在协同构架下按需、有序调配保障资源和能力。在精细生产与分工经济不断推进社会经济发展的背景下，模块化任务分工与有效协同决定着资源配置效率、社会生产力与科技创新力的持续进步。①② 因而，为使协同构架下的网络信息安全全面保障有效开展，在组织实现中可按照模块化的设计思路，在专业化的分工与协同中，有助于提升跨系统的网络信息安全保障资源的利用效率，增强跨系统的网络信息安全保障业务与服务的可执行和可拓展能力。而具体在多元组织参与的网络信息安全全面保障需求导向下，针对模块设计应用功能、对象与场景的差异，协同构架下网络信息安全全面保障的模块设计可依照协同技术模块、协同业务模块和协同管理模块进行自底向上的合理层级划分和构建。网络信息安全全面保障模块核心设计体系如图 6-1 所示。

6.1 网络信息安全全面保障协同技术模块的构建

　　网络信息安全全面保障协同技术模块聚焦于网络信息安全保障的技术层

---

① 胡晓鹏. 从分工到模块化：经济系统演进的思考[J]. 中国工业经济，2004(9)：5-11.

② 曹虹剑，张建英，刘丹. 模块化分工、协同与技术创新——基于战略性新兴产业的研究[J]. 中国软科学，2015(7)：100-110.

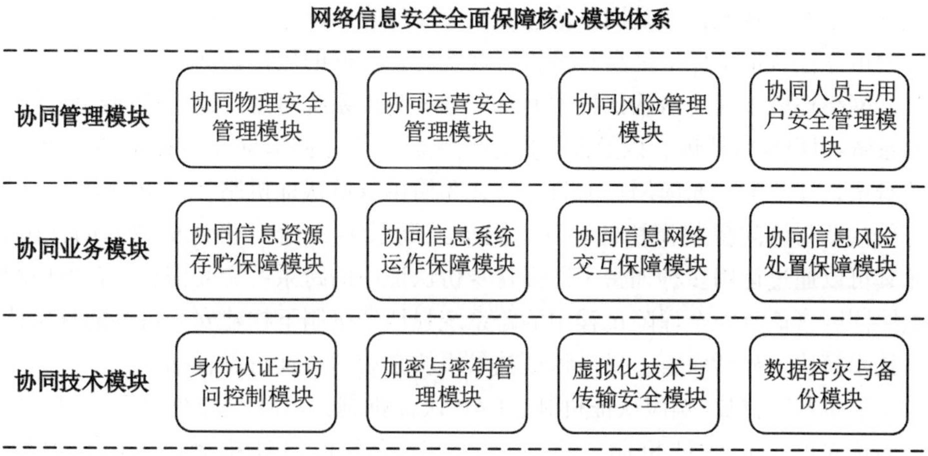

网络信息安全全面保障核心模块体系

协同管理模块	协同物理安全管理模块	协同运营安全管理模块	协同风险管理模块	协同人员与用户安全管理模块
协同业务模块	协同信息资源存贮保障模块	协同信息系统运作保障模块	协同信息网络交互保障模块	协同信息风险处置保障模块
协同技术模块	身份认证与访问控制模块	加密与密钥管理模块	虚拟化技术与传输安全模块	数据容灾与备份模块

图 6-1　网络信息安全全面保障的模块核心设计体系

面，是开展网络信息安全保障活动的技术支撑和技术实现方式。协同技术模块的构建主要是以网络信息安全技术所解决的网络信息安全问题为导向，充分考虑技术之间关联性和可集成性，以技术依赖独立性为原则进行划分和设计。在基于组织协同的网络信息安全全面保障体系框架下，网络信息安全全面保障协同技术模块主要包括身份认证与访问控制模块、加密与密钥管理模块、虚拟化技术与传输安全模块、数据容灾与备份模块。

6.1.1　身份认证与访问控制模块

身份认证和访问控制模块是网络环境下实现网络用户身份认证、系统权限分配与分级控制等实现的主要技术支撑，其作为网络信息安全全面保障协同技术模块的组成部分，是对以网络用户为主体的网络信息活动有序开展的首要安全防线，是确保由认证用户开展合规访问、控制等操作的重要技术基础。为适应多元主体协同的网络信息环境和安全保障需求，身份认证与访问控制模块的设计也主要围绕协同框架下的用户身份认证技术和访问控制技术展开，并实现协同运作导向下基于用户身份的访问控制权限分配，从而形成集身份认证与访问控制于一体的协同技术模块。

（1）身份认证

面临网络环境下的跨系统互操作等复杂的网络信息活动，用户身份管理是跨系统交互中面临的重要问题，身份认证技术是应对这一网络信息安全问题的关键安全保障技术，亦是网络信息安全全面保障的第一道防线，其面向用户身份的可靠性认证确保了信息只被符合规定的、正确的用户访问。

网络环境下的身份认证技术通常可划分为由系统对用户进行单向身份认证的系统-用户身份认证，以及面向网络交互的系统之间双向身份认证的系统-系统身份认证。除了面向用户的口令认证等简单身份认证机制外，协同构架下的身份认证与访问控制模块的构建，更加强调系统-系统身份认证技术的保障，尤其可以通过运用多种加密手段强化身份认证中的跨系统交互信息，在面向组织协同网络信息安全保障过程中的跨系统强认证机制下构建安全可靠的身份认证技术模块。概括而言，身份认证技术模块常用的认证机制包括基于口令的身份认证机制、挑战/响应认证机制、EAP 认证机制，以及在分布式系统中表现更为优秀的公钥认证机制；此外，配合这些身份认证机制，还可与 IEEE 802.1X 接入认证技术、Portal 接入认证技术、MAC 地址认证技术、Triple 接入认证技术等不同局域网接入技术相结合，实现对接入用户的认证授权，进一步完善身份认证技术模块的应用场景。①

而面向云计算环境，由于组织协同开展的网络信息活动与安全保障更加依赖且重视云端的敏感数据与信息安全，基于多元安全凭证的身份认证技术也成为身份认证技术模块中的重要组成部分，如基于证书、访问密钥、验证码等安全凭证的 API 调用源鉴别。而基于单点登录的联合身份认证则可在面向组织协同架构下的身份认证场景中拥有更好的适配性，用户只需在某一系统或平台登录后，即可在相互信任的协同方之间无须重复认证的快速访问，可主要通过 Open ID 协议和基于 SAML(Security Assertion Markup Language)的单点登录来实现。② 而在移动信息网络环境下，结合区块链技术，还可进一步实现数字证书管理过程可审计、可拓展的无中心网络身份认证技术，以克服传统公钥基础设施中认证中心操作记录的公开透明度问题。③

(2) 访问控制

网络环境不断发展中所表现出的复杂性不仅要求对用户进行身份认证，还

---

① H3C. 接入与身份认证技术概述[EB/OL]. [2020-04-24]. http://www.h3c.com/cn/d_201309/922097_30005_0.htm.

② 余幸杰，高能，江伟玉. 云计算中的身份认证技术研究[J]. 信息网络安全，2012(8)：71-74.

③ 成诺. 基于区块链的无中心网络身份认证技术的研究与实现[D]. 西安：西安电子科技大学，2018.

需要进行严格的访问控制，以应对诸如云计算的应用普及中所存在的虚拟化、多租户等引起的非法访问现象。

对于访问控制技术的模块构建而言，其核心在于通过限制系统和网络用户对的信息资源的访问能力和访问范围，确保信息资源在安全、允许范围内进行访问和使用。通常而言，访问控制技术要求先进行用户合法身份的鉴别，然后通过某种途径显式地准许或限制用户对数据信息的访问能力及范围，以规避合法用户在操作中的不慎而对系统资源造成的破坏，并防止非法用户的入侵，以控制对关键资源的访问。① 而在多元组织参与的协同构架下，访问控制技术模块需要强调细化访问控制粒度，结合身份认证技术对不同等级的用户赋予不同的权限。② 此外，面对分布式网络信息安全保障环境，亦可以通过任务和行为的细分，开展基于任务和行为的多级访问控制。例如可在整合 BLP（Bell-Lapadula Security Model）模型和基于行为的访问控制（Action-Based Access Control，ABAC）的基础上，依据主体、客体、角色、环境、会话、时态、权限、行为等所定义的多级安全属性下，③ 面向多元主体的网络信息活动行为构建多级访问控制体系。

而同样面对云计算环境下的云安全问题，访问控制技术旨在解决由于信息资源放置在云服务器中所产生的数据保护、任务执行控制等不确定性问题。尤其是在多元主体参与的网络信息活动及其安全保障中，各机构和个体用户对不同信息资源拥有不同的访问和控制权限，而传统的在特定可信服务器中检查访问控制请求的情形不适应于云环境的分布式处理特征，用户和服务器往往不在同一可信域内，且服务器对于租户用户而言不被完全信任，故而访问控制技术模块的构建也应进行相应调整，以适应云环境中的访问控制需求。实践中可通过将云计算环境分为网络基础环境、云平台、用户（租户）三层级，在网络基础环境和云平台间采用访问控制规则，在云平台中设置虚拟设备间的访问控制，在云平台和用户（租户）间设置访问控制规则和访问控制模型，进而对云平台内存储数据基于访问控制模型和基于密码学的访问控制手段的安全保护，并辅助以可信云平台计算和安全监控审计实现云计算环境下访问控制技术模块

---

① 林闯，封富君，李俊山. 新型网络环境下的访问控制技术［J］. 软件学报，2007，18（4）：955-966.

② 周知，吕美娇. 云服务中的数字学术信息资源安全风险防范［J］. 数字图书馆论坛，2017（7）：14-19.

③ 苏铓，李凤华，史国振. 基于行为的多级访问控制模型［J］. 计算机研究与发展，2014，51（7）：1604-1613.

的体系设计。① 同时，注重多元主体参与层级结构及其用户访问权限的动态变化，通过引入动态公开矩阵和委托重加密，设计支持用户撤销更新的动态分层访问控制方案，有助于进一步优化面向云计算场景的分层访问控制。②

6.1.2 加密与密钥管理模块

分布在不同组织机构或在云端的网络信息资源数据可通过数据加密技术实现数据迁移，并和密钥管理技术一起构建加密与密钥管理模块，以降低数据和信息资源被攻击、窃取、篡改的风险，保障数据和信息资源在网络传输中的信息安全。不论是协同构架下的网络信息安全保障还是面对云环境的网络信息安全保障，均涉及多元主体和相对复杂的部署模式，需要强化加密算法在实现数据安全保障的同时，有序管理大量的、复杂的密钥，为加密技术提供健壮性支持，即加密与密钥管理技术模块是对身份认证与访问控制技术模块的在安全性方面的进一步支撑和拓展。

（1）数据加密

数据加密技术模块对数据实现加密处理的方式可以划分为对静止数据的加密和对网络传输数据的加密。其中，对静止数据的加密主要针对磁盘数据和数据库数据的加密，由用户对数据加密并控制和保存密钥，必要时，将数据加密后发送密文到云存储商中再根据自身需要解密使用，其对于协同架构下采用多元方式或工具加密的需求具有一定适应性。而对网络传输数据的加密主要面向账号、密码、私钥等多用途机密数据，保护此类敏感数据和受监管信息在多元组织和不同架构的共享云中传输。③ 此外，对于数据加密技术模块在面向网络信息安全全面保障体系的构建，还需要注意数据加密层级的划分，即对不同保密和安全等级的数据采用不同级别的加密方式。对于可公开的数字化信息资源可使用明文传输；对于数据资源密级较低且保密周期较短的信息资源则可以采用相对简单、低成本的加密算法；而对于重要程度高、保密周期长的信息资

① 王于丁，杨家海，徐聪，等. 云计算访问控制技术研究综述[J]. 软件学报，2015，26(5)：157-178.

② 邱震尧. 面向云存储数据共享的分层访问控制技术研究[D]. 西安：西安电子科技大学，2019.

③ 至顶网. 加密和密钥管理[EB/OL]. [2020-04-29]. http://www.zhiding.cn/wiki-Encryption_Key.

源，则可以采用复杂的加密算法。① 概括而言，数据加密技术模块可采用传统的对称密钥密码技术，也可应用非对称密钥密码技术，② 而对于协同架构下的数据加密而言，对称密钥密码技术效率相对非对称密钥密码技术较低，但可以将二者相融合进行混合加密，在保障数据安全基础上，提升数据加密解密效率。而在通信层面上则可以分为链路加密、节点加密和端到端加密 3 个层次，其中链路加密可在链路中间传输节点对传递信息进行解密和重新加密，进而掩盖信息源、信息特性和传输终点；节点加密与链路加密类似均在节点上进行解密和加密，但其加密将采用不同密钥且不允许信息以明文形式存在于节点中；端到端加密则在传输过程中不进行解密且信息始终维持为密文状态，虽具有一定可靠性，但信息源与传输终点未被有效掩盖。③

此外，在面对云环境下的网络信息安全保障而言，数据加密技术模块不仅需要注意确保受监管和敏感客户数据在静止时的加密，还需要确保其在云提供商的内部或其他跨系统网络传输时是加密的。具体在 IaaS 环境中，由云用户选择实施；在 PaaS 环境中，由用户和提供商共同分担责任，在 SaaS 环境中，则由云提供商和其他服务提供者来负责。④ 而基于全同态加密的云计算数据加密方式，可实现对密文和明文同时操作，保证对敏感数据加密后再进行操作又不泄露数据信息，以适应云环境下协同构架下数据分布式存储中的隐私保护、第三方密文数据处理和密文数据检索查询等需求。⑤

（2）密钥管理

针对于密钥管理而言，无论数据加密的算法是采用对称还是非对称算法，其均是加密与密钥管理技术模块中的关键。密钥管理作为一组在授权方之间提供密钥关系的建立和维护的技术和过程，其主要涉及初始化系统用户，密钥的

① 周知，吕美娇. 云服务中的数字学术信息资源安全风险防范[J]. 数字图书馆论坛，2017(7)：14-19.

② 朱闻亚. 数据加密技术在计算机网络安全中的应用价值研究[J]. 制造业自动化，2012，34(6)：35-36.

③ 王秀翠. 数据加密技术在计算机网络通信安全中的应用[J]. 软件导刊，2011，10(3)：149-150.

④ 至顶网. 加密和密钥管理[EB/OL]. [2020-04-29]. http://www.zhiding.cn/wiki-Encryption_Key.

⑤ 任福乐，朱志祥，王雄. 基于全同态加密的云计算数据安全方案[J]. 西安邮电大学学报，2013，18(3)：92-95.

生成、分发和设置，密钥的控制使用，密钥的存储、备份和恢复，密钥的更新、撤销和销毁。①

通常而言，以需求为导向的密钥分配具有较强的安全性，即单独为需要加密的设备、进程和用户等实体分配密钥，而避免共享密钥的隐患。但这种密钥管理方式难以适应网络环境下的频繁跨系统交互与资源共享的现实需求。尽管可以在组织内部设立基于身份的密钥管理中心实现局部范围内的密钥管理，但面向协同架构下的共享业务和网络信息安全保障而言，其依然受限于密钥管理范围。对此，可以在密钥管理技术模块的设计中采取组级密钥管理模式，即配合身份认证中对用户进行组级划分，并在同组级中进行密钥的共享。此外，针对当前无线移动网络的普及应用，在实施面向网络信息安全保障的密钥管理技术模块构建中，还可以考虑采用无线移动自组网环境下基于身份的密钥管理方案，通过分布式的密钥管理节点，容忍节点损失，确保更新的密钥不可伪造，并可引入主动安全秘密分享技术，在前向安全性保障中实现安全高效的密钥管理。②

而针对云环境下多元主体参与的多租户模式密钥管理而言，密钥管理任务更为繁重，而以密钥来加密密钥的方式，在一定程度上可以解决云环境下的密钥管理需求，即只在内存中产生有效密钥，并且只存储加密过的密钥。③ 此外，针对可信云存储环境下的本地前端数据加解密问题，为消除数据密钥冗余，从全局用户访问授权策略的角度，利用全局逻辑层次图，用同一密钥加密拥有共同共享用户群组但由不同数据拥有者发布的数据，并将高代价任务分配给云端，采用最少用户管理系统所有密钥实现用户在密钥管理中的存储、计算和传输等负担的最小化，同时保证密钥安全，进而构建起高效、安全且灵活支持访问控制策略的密钥管理技术模块。④

6.1.3　虚拟化技术与传输安全模块

虚拟化技术与传输安全模块主要面向网络信息资源的传输安全问题，利用

———————————

① Menezes A J, Van Oorschot P C, Vanstone S A. 应用密码学手册[M]. 胡磊，等，译. 北京：电子工业出版社，2005.

② 张勇. 密钥管理中的若干问题研究[D]. 上海：华东师范大学，2013.

③ IDC 学院. 云计算的加密与密钥管理详解[EB/OL]. [2020-04-29]. https://www.idc.net/bbs/article-721-1.html.

④ 程芳权，彭智勇，宋伟，等. 可信云存储环境下支持访问控制的密钥管理[J]. 计算机研究与发展，2013(8)：43-57.

可信网络、可信网络通道以及传输安全技术，进行网络信息资源的加密传输，进而有效保障网络数据传输安全。尤其是面对为实现更加细粒度的网络控制而构架的软件定义网络（Software Defined Network，SDN），虚拟化技术与传输安全模块有助于在网络控制和数据解耦中，形成的全局网络拓扑在逻辑上更为集中，底层的基础设施和网络服务的应用程序被抽象化，网络将被视为一个逻辑或虚拟实体，进而形成高度伸缩、弹性的可信网络。

（1）虚拟化技术

虚拟化技术模块主要是面对云环境下的网络虚拟化趋势，需要从多租户的网络拓扑结构出发，针对不同云服务部署模式的特点进行网络安全部署。虚拟化能够实现在多租户环境下增加软件和数据的共享，有助于软件开发环境部署、提高硬件利用率和基于隔离性提升安全保障能力，① 通过虚拟化云计算资源为用户提供可伸缩的建设和部署模式。虚拟化技术模块旨在实现对多元资源对象进行虚拟化，经逻辑资源虚拟化后向用户隐藏非必要细节信息，在虚拟环境中满足用户真实环境中的功能需求。② 虚拟化技术模块组成一般包含四个方面，即对软件基础平台中设备的外环境进行保护的物理分区；由硬件微码、固件组成，对资源数据进行核心储存并集中控制，同时适应应用环境而灵活改变运作方式以起到枢纽作用的逻辑分区；同用户交互的软件分区，满足信息在资源分配上的主观诉求；以及与软件分区紧密关联，将操作程序集中管理的操作分区。③ 而以 Xen 虚拟机监视器为基础的虚拟机安全隔离、虚拟化内部监控和虚拟化外部监控、信任加载等被纳入虚拟化安全技术体系，进一步有效保障虚拟化安全。同时，虚拟化技术模块还需要全面提升网络安全策略和对嵌入式管理的安全强化，全面实现虚拟机静、动态度量，保障虚拟服务器运行监测的有效开展，从而全面满足虚拟化安全管理要求。

此外，为解决云计算环境下 IDC 虚拟资源池所面临的安全措施停留于基于传统防火墙等的接入控制和边界防护而未深入云内应用层等问题，需要借助于虚拟化导流技术，通过设置虚拟化网络监控系统的管理控制中心和虚拟化网

① 甘宏，潘丹. 虚拟化系统安全的研究与分析[J]. 信息网络安全，2012(5)：68-70.

② 莫建华. 基于虚拟化技术的云计算平台安全风险研究[J]. 信息技术与信息化，2019(10)：214-216.

③ 黄豪杰. 虚拟化技术应用方案及在金融业的应用分析[J]. 现代信息科技，2019，3(23)：144-146.

络监控系统的数据报文处理组件，分别实现网络安全设备管理、虚拟安全域划分、安全域导流策略制定，并依据策略实现网络报文抓取和过滤控制，① 进而实现虚拟化技术模块的构建。而由于 Docker 相比传统系统虚拟化技术，可以让更多数量的应用程序在同一硬件上运行，故而在虚拟化技术模块构建中还可以使用容器虚拟化技术将应用组件以及依赖打包为一个标准、独立、轻量的环境，来部署分布式应用，② 适应协同架构下的网络信息安全保障需求。

(2)传输安全

由于数据在网络环境下进行传输和交换时容易遭受窃取或篡改，尤其是在针对分布式系统间以及协同架构的多元主体间，频繁的数据传输需要传输安全技术模块进行安全保障。数据传输安全要求消息的发送方能够确定消息只有预期的接收方可以解密，消息的接收方可以确定消息是由谁发送的，且消息的接收方可以确定消息在途中没有被篡改过。③ 在实践中，为保证分布式数据能够真实、完整、有效、不可抵赖、机密地传输，可以采用直接连接数据库进行数据传输，或通过 Socket 通信以及数据打包文件的方式进行传输，并通常采取级别传输数据的方式，以保证对数据保密性和传输速率的客观要求。④ 而为进一步解决 TCP/IP 协议簇本身造成的 IP 数据包传输中安全问题，在传输安全模块构建中可基于 IPsec 协议，建立双向通信流，加密和认证整个 IP 数据包，利用 DBN 对网络数据进行训练，通过网络审计技术分析得到数据，以解决网络数据传输的入侵检测问题。⑤ 此外，在传输安全模块中，断点续传功能能有效结合远程动态通信中间件，既是大型文件传输的关键核心，也有助于保证数据传输抵抗外界环境的突发性变化而造成的损害。

而面对以基于云的学术信息资源服务等为代表的云环境下的信息活动，由

---

① 唐建军，刘帅辰. IDC 虚拟化安全防护技术应用研究[J]. 中国新通信，2019，21(24)：134-135.

② 武志学. 云计算虚拟化技术的发展与趋势[J]. 计算机应用，2017，37(4)：915-923.

③ Caersi. 签名、加密、证书的基本原理和理解[EB/OL].［2020-05-26］. https://www.cnblogs.com/Caersi/p/6720789.html.

④ 徐胭脂. 分布式系统数据传输平台安全模块的设计与实现[D]. 济南：济南大学，2012.

⑤ 李建. 基于 IPSec 安全协议的网络数据传输入侵检测模型[J]. 电子设计工程，2020，28(4)：82-85，95.

于其容易在数据传输中产生安全问题，为保证数据在传输过程中不被恶意篡改或窃取，需要利用好各种安全协议，如安全套接字层协议、网络安全协议等。① 基于双重加密技术的云安全传输模块设计即可以借助对称与非对称相结合的加密技术，以及信息鉴别技术的融合以保证数据传输安全。

6.1.4 数据容灾与备份模块

网络环境下的数据容灾与备份工作不再仅是各分布式系统自身的工作，由于协同架构下网络信息资源往往集中存储于云端，一旦遭受破坏或发生非人为的灾难，就会对多元主体产生数据资源较大程度的影响，使数据所有者或网络信息资源服务机构蒙受巨大损失，故而数据容灾与备份技术模块聚焦于分布式系统和云端的数据存贮安全管理问题。借助数据容灾与备份技术可以实现灾难环境下数据与应用的快速恢复，减少数据毁坏、丢失、无法被正常利用等损失。

（1）数据容灾

数据容灾一般是指通过构建对关键数据实时复制的备用数据系统，在面临灾难时，主生产系统由备用数据系统迅速接替，并恢复主生产系统的数据，以保证数据不丢失。② 为解决协同构架下异构平台数据管理和数据容灾问题，可灵活应用现有系统资源，根据需求将数据资源动态分配于不同系统存储，并将存储系统进行融合集成，依靠动态存储虚拟化适应平台异构环境。基于VPlex存储虚拟化引擎技术所构建的本地双活系统即可以由虚拟化网关VPlex通过镜像虚拟卷提供应用系统访问的同时，VPlex镜像虚拟卷将数据写入不同独立存储系统中，从而实现数据的本地保护和容灾处理。③ 数据容灾机制方面，可以将系统数据与环境要素进行了量化分离，以安全上下文为宿主对象，基于可配置形式涵盖挂载预设、容灾粒度与改写策略库，通过文件完整性的追溯构建动态改写链，对系统数据进行完整性检测，实现具备完整性追

---

① 周知，吕美娇. 云服务中的数字学术信息资源安全风险防范[J]. 数字图书馆论坛，2017(7)：14-19.

② 王树鹏，云晓春，余翔湛，等. 容灾的理论与关键技术分析[J]. 计算机工程与应用，2004(28)：54-58.

③ 孙国强，金剑，李宁. 基于存储虚拟化技术的数据容灾平台设计与实现[J]. 信息系统工程，2019(4)：139.

溯的系统数据容灾。① 而轻量级目录访问协议（Light weight Directory Access Protocol，LDAP）的企业级应用，则可以充分适用少写多读的应用场景，借助双主多分式 LDAP 服务器架构，实现读写分离，匹配异地分布情境下的多元主体协同数据管理与容灾需求。② 此外，对于由于入侵造成的云端存储数据资源的直接损坏，为防止在检测前损坏数据被读取和传播，需要建立数据可生存性容灾机制，及时对其进行修复，并保证数据资源安全。通常的做法是，利用基于副本的恢复机制，建立主数据库和副本数据库，当主数据库数据遭受损坏进行修复时，由副本数据库来响应用户访问请求；而当系统的漏洞公布时则需要对漏洞及时抑制和防护，使云端服务程序不重启和宕机的前提下，采用基于 VMI 的透明热补丁方法和业务连续性容灾机制，从而保障业务连续性。③

针对灾难发生后的灾难恢复问题，需要在数据容灾技术模块中考虑灾难恢复测试问题，相应测试级别可划分为：数据验证，测试检查块或文件在备份后是否良好；数据库装载，测试数据库在备份中是否具有基本功能；单机启动验证，测试单台机器启动验证单台服务器在停机后是否可以重新启动；采用屏幕截图验证的单机启动，即将操作系统的图像发送给管理员，作为可以重新启动服务器的证据；DR Runbook 测试，主要用于一起提供业务服务的多台机器的测试；恢复保证，包括多台计算机、深层应用程序测试、服务级别协议评估，以及有关回滚到系统恢复失败的原因的分析等，是最高级别的测试。④

（2）数据备份

备份能够对数据库可用性进行保证，可划分为物理备份和逻辑备份两类。具体而言，物理备份是以数据库为基础，利用操作系统命令或物理备份工具进行数据的备份工作，以在出现数据安全事故后，对数据文件和数据块等进行物理级别数据恢复；而逻辑备份则是以表、索引等数据库对象为基础，利用专门逻辑备份工具进行数据备份工作，以在出现数据安全事故后，对数据对象等进

———————————

① 杜军龙，金俊平，周剑涛. 具备完整性追溯的系统数据容灾机制[J]. 计算机工程，2019，45（7）：170-175.

② 吴科桦，张艺夕. 基于企业级 LDAP 异地容灾的研究与设计[J]. 信息技术与信息化，2020（3）：27-29.

③ 岳文玉，胡昌平. 云环境下学术信息资源安全保障体系构建[J]. 图书馆学研究，2019（3）：52-59.

④ 存储 D1net. 灾难恢复测试：确保灾难恢复计划正常工作[EB/OL]. [2020-05-27]. https://www.sohu.com/a/320300710_281945.

行逻辑层面的数据恢复。① 在数据备份的过程中，还需要对备份数据按照重要程度进行类别划分，对重要数据可以进行完全和定期备份；而对普通数据及临时数据则可以不用备份，在一定程度上节省备份资源占用率。而为了进一步解决数据备份成本高的问题，在数据备份技术模块的构建中，可以借助基于链式描述符的层次化通信网络数据库容灾备份方法，通过对通信网络数据分布、运行和冗余情况的分析，利用链式描述符分析，并计算数据备份及恢复时间与成本，进而实现数据备份的异地存放，以及层次化通信网络数据备份和数据恢复。② 此外，数据备份技术模块还可以采用 CDM（Copy Data Management）技术实现面向大规模、多元复杂信息的备份与恢复，同时解决实时增量数据的备份问题，其数据格式通常使用初始格式，并直接挂载在目标服务器之上，备份数据直接存储于磁盘内，在保证数据恢复速度的基础上，降低数据规模影响，通过将新增备份数据与原有备份数据整合为新的全量数据在备份系统中处理，最终实现不间断增量数据备份。③

6.2 网络信息安全全面保障协同业务模块的构建

网络信息安全全面保障协同业务模块聚焦于网络信息安全保障的具体业务内容和业务活动，是网络信息安全保障的实施路径。协同业务模块的构建主要是以网络信息安全保障功能和业务范畴为导向，充分考虑业务之间的系统边界和弱耦合性特征，以适中粒度为原则进行划分和设计。在基于组织协同的网络信息安全全面保障体系框架下，网络信息安全全面保障协同业务模块主要包括协同信息资源存贮保障模块、协同信息系统运作保障模块、协同信息网络交互保障模块、协同信息风险处置保障模块。

6.2.1 协同信息资源存储保障模块

从协同业务构建视角看待网络信息安全全面保障，首先要解决的即是信息

① 程鲁明，肖菊香. Oracle 数据库容灾技术研究与实现[J]. 电子元器件与信息技术，2020，4(1)：80-82.

② 时培胜. 层次化通信网络数据库容灾备份方法仿真[J]. 计算机仿真，2019，36(5)：222-225，299.

③ 谢科军，胡俊，沙波. 基于 CDM 技术的复杂信息容灾备份系统设计[J]. 机械设计与制造工程，2019，48(11)：57-60.

资源的存储保障。信息资源在保障原始数据安全的安全开发和按既定方法加工和安全处理的基础上，需要对所开发和传递的信息资源进行及时的安全存储，以备后续频繁的安全调用、更新、删除等操作所需。云计算技术发展背景下，云存储以数据存储及其管理为核心，通过集群技术、分布式技术以及网格计算等技术将网络中的大量物理设备进行整合以实现协作式存储，并以应用程序或服务接口的形式为用户提供各种类型的数据存储与访问服务，① 具备按需选择、成本可控、管理容易、访问便利等特征，适应了用户日趋增加的信息资源存储量需求，也已发展成典型的独立云计算服务之一。云存储技术与服务也已成为当前协同信息资源存储保障模块建设的重要组成部分。

协同信息资源存储保障模块的构建中需要在安全假设的基础上建立系统威胁模型与信任体系，再完成存储模块的构建，其中的一般原则包括：针对信息资源存储应用场景提出相对应的安全假设，并作为前提保证信息资源存储运作的安全性；基于安全假设分析相关实体的可信性并将实体模型化，形成威胁模型和信任体系；采用支撑应用场景信息资源存储安全的关键云存储技术；平衡系统的运作效率与安全性，适应用户对信息资源存储的安全需求和性能需求。② 而面对协同框架下的信息资源存储保障，在模块设计中还需要考虑到与底层文件系统的相互独立，在实现文件共享与访问控制、端到端私密性和完整性保护、数据同步内容与路径的一致性、密钥管理与分发等基础上，结合懒惰撤销等性能提升策略，从而为已有信息资源存储系统提供安全机制。③④

具体在协同信息资源存储保障模块的构建中，其核心在于实现信息资源的安全存储、共享与访问控制，确保信息资源的机密性、完整性和可用性。为实现协同框架下的信息资源存储保障，需要在身份认证与访问控制技术模块的支撑基础上，确保信息资源的存储工作由严格的认证和授权机制进行协调，由分布式授权用户完成数据库和各类存储系统的操作，同时配合加密与

---

①　邱震尧. 面向云存储数据共享的分层访问控制技术研究[D]. 西安：西安电子科技大学，2019.

②　傅颖勋，罗圣美，舒继武. 安全云存储系统与关键技术综述[J]. 计算机研究与发展，2013，50(1)：136-145.

③　薛矛，薛巍，舒继武，等. 一种云存储环境下的安全存储系统[J]. 计算机学报，2015，38(5)：987-998.

④　傅颖勋，罗圣美，舒继武. 一种云存储环境下的安全网盘系统[J]. 软件学报，2014，25(8)：1831-1843.

密钥管理技术模块进行存储信息资源的加密管理。信息资源存储安全保障包括对信息资源的静态存储安全保障和动态存储安全保障，其中静态存储安全保障针对的是存储于本地或云平台中的信息资源的安全保障，可利用无损数字水印技术、数据备份技术等避免信息失真的同时，加强静态存储资源的版权和容灾保护；而动态存储安全保障则是对信息资源存储过程进行保障，可强化面向海量信息资源的完整性检测策略。① 协同信息资源存储保障模块层次架构如图 6-2 所示。

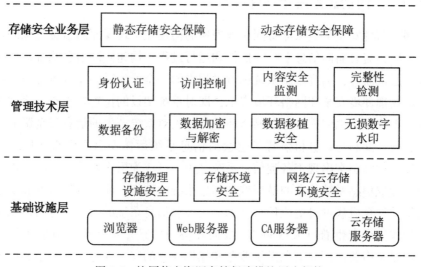

图 6-2　协同信息资源存储保障模块层次架构

　　概括而言，协同信息资源存储保障模块的运作涉及基础设施层中面向用户的浏览器和 Web 服务器，负责用户注册与认证并存储用户信息的 CA 服务器，以及负责信息资源管理与存储的云存储服务器，其基于协同框架保障信息资源安全上传至云端或共享数据库之中，协同保障存储在云端或共享数据库之中的信息资源安全，以及协同保障失效数据和信息资源的安全销毁。② 分布式用户依据多元主体协同关系及协同框架下的信息资源共享与存储方案，在经过身份

　　①　林鑫，胡潜，仇蓉蓉. 云环境下学术信息资源全程化安全保障机制[J]. 情报理论与实践，2017，40(11)：22-26.
　　②　仇蓉蓉，胡昌平，冯亚飞. 学术信息资源云存储安全保障架构及防控措施研究[J]. 图书情报工作，2018，62(23)：106-112.

认证和安全访问授权，通过各自终端进行信息资源的上传和共享，系统对内容安全分析和检测后，将信息资源进行数据包分解和唯一标识符分配，并进行加密和备份处理，同时生成安全迁移版本，继而借助虚拟化技术模块将数据包分发给异构存储设备，实现信息资源动态存储过程的协同安全保障；此外，对于存储于物理设备中的信息资源，一方面确保存储物理设施和环境安全；另一方面定期进行数据完整性验证，并在数据更新或删除操作中确保信息资源的移植安全，从而全面实现面向协同信息资源存储保障。

6.2.2　协同信息系统运作保障模块

网络信息安全全面保障协同业务模块的构建在实现了面向信息资源的存储保障之后，需要面向信息系统的操作和运行过程，构建协同信息系统运作保障模块。通常而言，围绕信息系统运行过程中的安全保障需要充分考虑信息系统所在的物理环境安全和网络环境安全，即对系统架设的位置要求符合物理安全标准，系统平台也应充分考虑网络环境的接入对系统产生的信息安全影响。此外，软硬件漏洞与计算机病毒等也会对信息系统运作安全产生直接影响。其中，软硬件漏洞常出现于各类信息系统之中，可成为黑客对信息系统攻击的突破口，造成信息系统信息的被窃取和信息系统的破坏；而具有潜伏性和迅速传播特征的计算机病毒可造成信息数据的丢失和信息系统的瘫痪，也对信息系统正常运作安全产生着巨大威胁。① 故而在协同信息系统运作保障模块的构建中，需要全面关注面向信息系统业务和操作流程的安全保障功能和措施的模块化设计。

在信息系统结构和功能日益复杂化，以及业务对系统的依赖性不断增强的趋势下，面向信息系统运作保障可降低信息风险并提升信息系统运维安全，其重心通常既包括对信息系统运作状态的监控和管理，也涵盖流程安全管理维度对信息系统运维操作流程规范的部署和实施，尤其是对于部分手工形式执行的系统操作带来的安全风险规避，确保信息系统在日常运维中可应对问题、变更和突发事件等造成的安全隐患。② 概括而言，在面向模块构建中，需要细分构建操作审计模块、会话管理模块、事件管理模块、变更管理模块以及配置管理

---

① 黎小平.计算机信息系统安全及防范策略[J].电脑知识与技术，2016，12(36)：46-47.

② 曹波，匡尧，杨杉，等.IT运维操作安全评估及对策分析[J].中南民族大学学报（自然科学版），2011，30(2)：88-91.

模块。其中，操作审计模块专注于监控并记录信息系统账号对系统功能和服务的各类访问、操作等活动，同时监控信息系统的可访问性和系统资源使用情况，并对相关活动日志进行安全分析和合规性审计；会话管理模块用以支持信息系统保持状态会话，其利用会话标识符在用户通过服务器认证后可使其在对信息系统的频繁操作过程中保持身份验证状态；事件管理模块集中于信息系统运作中发生的事件，及相应所发现的系统漏洞与问题等的修复，以在信息系统运作中不断进行系统的安全完善；变更管理模块则是针对信息系统运作中的所面临的特殊需求，在明确用户需求并通过审批后，进行资源调用、系统功能或运作流程的更改，以适应系统新运作环境及运作目标的安全要求；配置管理模块则依据配置的维护更新，进行物理配置和信息的安全更新操作。协同信息系统运作保障模块层次架构如图6-3所示。

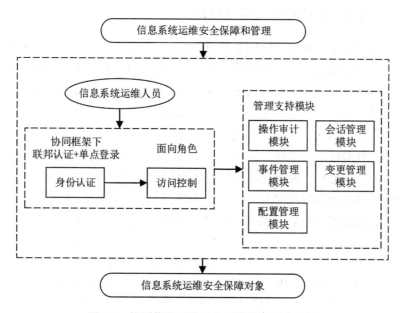

图6-3 协同信息系统运作保障模块层次架构

此外，协同信息系统运作保障模块还要关注到系统业务功能完整性和可用性保障，同时保障相关行为主体利益，并建立访问控制机制。具体而言，在系统业务功能的完整性保障上，需要关注面向大数据的处理过程中的数据计算和数据传输完整性安全，并有效结合抽样检测、多副本投票、检查点技术等手段进行海量数据计算完整性的验证;① 而在完整性检测过程中，尤其是面对云环境下多元用户与云服务上之间的验证通信开销问题，可以利用可信第三方审计者在不获取用户隐私数据的前提下与云服务商进行完整性验证交互。② 在系统业务功能的可用性保障上，需要注重服务请求基于网络负载均衡技术的合理分配，并加强对 Dos/DDos 攻击行为的主动防御。③ 此外，为保障协同信息系统有效运作，还需要依靠安全可靠、兼顾安全性与认证成本的访问控制策略，一方面要结合协同框架下的联邦认证和单点登录实现面向操作/业务系统的身份认证，依据身份认证信息确定存取访问控制对象和规则；另一方面要强化面向角色的授权和访问控制，结合用户信任值评估分配系统访问和操作权限，④ 并对授权处理数据规模进行严格限定，从而规避非法用户或合法用户对信息资源的越权使用，降低信息资源在系统运作过程中遭到非法篡改和窃取的风险。

6.2.3　协同信息网络交互保障模块

网络信息安全全面保障协同业务模块除了面向信息资源的存储和系统运作之外，还需要进行网络交互的保障。网络是信息系统协同运作的基础，其在实现信息设备、系统及相关配套设施互联、共享信息的同时，潜伏着众多网络信息交互所引发的安全问题，尤其是针对大数据环境下网络节点指数级增长趋势，网络交互中的非法入侵也随之急剧增长，网络攻击手段和技术也日趋隐蔽、多样，针对性、自动化、集成化、平台化的网络攻击给网络交互安全造成了巨大压力。⑤ 此外，为提升数据资源的利用率，避免数据资源的重复建设，基于组织协同的数据资源交互共享已成为跨部门、跨系统等协同交互的主流，尽管科学数据联盟（RDA）、数据管理中心（DCC）等科学数据共享与管理专门

---

① Pawloski A, Wu L, Du X, et al. A practical approach to the attestation of computational integrity in hybrid cloud [C]// 2015 International Conference on Computing, Networking and Communications (ICNC). IEEE, 2015: 72-76.

② 赵宇龙. 云存储中第三方审计机构在数据完整性验证中的应用[D]. 成都：电子科技大学, 2015.

③ 林鑫, 胡潜, 仇蓉蓉. 云环境下学术信息资源全程化安全保障机制[J]. 情报理论与实践, 2017, 40(11): 22-26.

④ 岳文玉, 胡昌平. 云环境下学术信息资源安全保障体系构建[J]. 图书馆学研究, 2019(3): 52-59.

⑤ 卢川英. 大数据环境下的信息系统安全保障技术[J]. 价值工程, 2016, 35(4): 188-190.

机构的相继成立,① 但围绕协同组织间的信息网络交互还缺乏有效保障,故而需要构建协同信息网络交互保障模块,协同确保信息网络交互安全。概括而言,面向网络交互的安全保障包括通过安全等级、子系统的划分实现网络结构安全保障,在网络边界设置诸如防火墙、边界隔离防护和VPN实现网络边界防护,在对信息系统内部深度防护、对向外部传输数据的进行安全检查的同时,对外部访问进行安全控制和过滤。② 协同信息网络交互保障模块层次架构如图6-4所示。

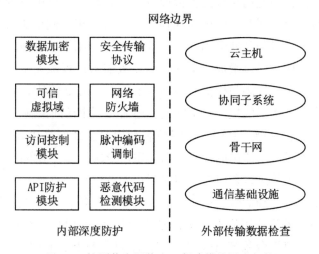

图 6-4　协同信息网络交互保障模块层次架构

网络结构安全保障方面,首先可以采取基于安全等级划分的数据加密机制,一方面应用同态加密,确保加密状态下的数据加工处理;另一方面对网络交互信息资源按安全等级进行划分,对于低级别保密及相关安全等级需求的交互数据采用简单加密算法,对于高安全级别交互数据采用复杂加密算法。而在信息网络交互保障过程中,还需要对数据传输过程进行保障,尤其是面向协同主体之间的信息资源共享传递,通常可以在协同框架下,基于安全套接字层协议、网络安全协议等安全协议在协同主体各子系统之间进行加密通信,保证数

---

①　严炜炜,张敏. 科研协同中的数据共享与利用行为模式分析[J]. 情报理论与实践,2018,41(1):55-60.

②　张惠. 信息系统运维过程中的信息安全工作研究[J]. 河南科技,2018(5):24-25.

据在传输过程中不被窃取、篡改，实现安全传输。① 同时，负责通信基础设施和骨干网等关键设施安全的专门机构作为协同主体的加入，也有助于协同信息网络交互保障的实现。

针对在网络边界设置的防火墙，其是建立在通信网络技术基础上的抵御式安全防范技术，不仅通过配置安全软件于防火墙之上抵御外部网络攻击，也可有效对网络交互存取和访问会话进行监控审计。面对云环境下的信息网络交互，虚拟防火墙技术被广泛采用，即对网络层截取的数据包利用专用检测模块进行过滤和监控，通过构建可信虚拟域机制，并在云主机中设置可信虚拟域，在确保数据包安全的同时，实施流向控制以实现多租户间的虚拟隔离机制。② 此外，网络加密技术和脉冲编码调制技术对于信息网络交互中的主动式安全保障也具有重要作用，通过增加明文密文的多级加密过程加大密码的破译难度，结合传输数据的波形编码与模拟，均有助于信息网络交互保障的开展。③

对于网络交互边界的接入安全问题，还需要利用访问控制、恶意代码检测以及 API 防护进行保障。其中，访问控制利用对流经网络边界的数据包的监控，以及对数据流入与流出的控制，结合用户身份认证，对网络交互边界的授权访问和非法攻击等进行及时控制与保障；恶意代码检测则是针对网络恶意代码和病毒的全面检测和清除，在对恶意代码库的不断更新和完善中，对网络传播的恶意程序和风险利用病毒防护体系集中控制和抵御；而 API 防护则可以结合数字签名，对平台系统 API 的调用请求进行校验，有效防范基于 API 的网络攻击，强化网络接入边界的安全保障。

6.2.4 协同信息风险处置保障模块

从协同业务视角出发，为完善网络信息安全全面保障，还需要在资源存储、系统运作和网络交互基础上，实现面向网络信息风险的处置，构建协同信息风险处置保障模块，以完善网络信息安全全面保障业务模块体系。风险处置是实现面向网络信息安全风险管理的重要业务环节，需要在风险识别和评估基础上，依据风险内容、风险等级、风险危害范围、脆弱性识别等确定等级化信

① 岳文玉，胡昌平. 云环境下学术信息资源安全保障体系构建[J]. 图书馆学研究，2019(3)：52-59.

② 张浩. 面向云计算环境的虚拟边界安全防护方法研究[D]. 武汉：武汉大学，2014.

③ 黎小平. 计算机信息系统安全及防范策略[J]. 电脑知识与技术，2016，12(36)：46-47.

息风险处置方案并实施。通常信息风险处置保障可以按照风险承担程度和处理方式，划分为回避风险、降低风险、转移风险和接受风险等信息风险处置保障。协同框架下的协同信息风险处置则更进一步强调在协同主体之间的分摊处置。而从风险处置实施上看，协同信息风险处置保障模块可以按照跟踪、预警、应急处理和灾难恢复等不同风险处置目标与业务内容进行组织。协同信息风险处置保障模块层次架构如图 6-5 所示。

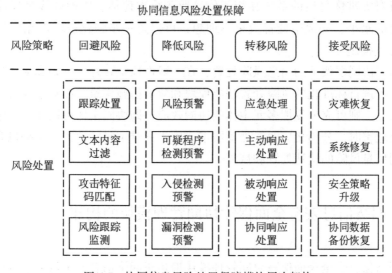

图 6-5　协同信息风险处置保障模块层次架构

跟踪处置包括对信息内容尤其是网络输入数据内容的安全跟踪监测，利用文本过滤技术对数据进行初步控制，并利用攻击特征码匹配和校验法对相关内容深入跟踪检测，进而识别信息内容中潜在的恶意代码和其他内容风险，及时进行信息内容阻止和屏蔽，同时对信息源进行必要可信性更新。① 而入侵检测技术可以在风险跟踪与预警方面起到积极作用，对可疑程序进行安全检测、风险提示和预警，进而实现信息风险的主动拦截；同时，对信息系统漏洞的定期检测并进行预警，也可以促进系统纵深安全保障体系的不断完善。

应急响应可以细分为面向信息风险的主动响应和被动响应，其中，主动响

---

① 周知，吕美娇. 云服务中的数字学术信息资源安全风险防范[J]. 数字图书馆论坛，2017(7)：14-19.

应是在安全跟踪检测中发现了业务或系统的脆弱性环节，或是检测到非法入侵等信息风险，继而对信息安全问题和受影响对象进行针对性处置，并及时修补系统漏洞或调整优化业务执行方案；而被动响应则往往发生于信息风险造成了危害并被发现后，立即对信息风险源头进行切断，并采取措施降低信息安全危害。灾难恢复往往伴随着应急响应而开展，在确保信息安全风险问题有效解决后，需要在系统修复的同时，进行数据备份恢复和安全策略升级。在进行了面向信息风险的应急响应和风险处置后，为确保风险应对措施的有效性，可对灾难恢复后的系统和相关信息业务再次评估，以确认残余风险降到可接受的水平，如风险处置效果不理想，可以进一步强化或增加相应的安全风险处置措施。

面对协同框架下的信息风险处置，在一般性风险跟踪、预警和应急处理过程中，可进行标准化的风险处置功能模块和应对措施构筑，而对于应急响应和灾难恢复，则可充分发挥多元主体的协同效应，即协同主体可以在一方蒙受信息安全危害时，分担相应业务处理需求或作为灾难恢复的数据备份提供者，辅助协同信息风险的快速处置和恢复。

6.3　网络信息安全全面保障协同管理模块的构建

网络信息安全全面保障协同管理模块聚焦于网络信息安全保障的沟通与管理活动，是网络信息安全保障活动的管理支撑。协同管理模块的构建主要是以网络信息安全保障运作管理为导向，充分考虑协同运作环境的规范性和有序性特征，以面向协同管理需求为原则进行划分和设计。在基于组织协同的网络信息安全全面保障体系框架下，网络信息安全全面保障协同管理模块主要包括协同物理安全管理模块、协同运营安全管理模块、协同风险管理模块、协同人员与用户安全管理模块。

6.3.1　协同物理安全管理模块

协同物理安全管理模块关注的是面向网络信息活动的基础设施、物理软硬件设备等的建设中所实现的安全管理，尤其是解决物理设施在协同主体之间的共建共享过程中所存在的安全管理问题，其通过设置物理安全边界，实行基于安全域的物理环境和设备的安全管理，以及针对关键信息基础设施管理。

面对物理环境安全管理，集中于计算机及相关信息设备所处的物理运行环

境，利用多样化安全防范和管理措施对信息系统及软硬件设备的安全运行加以
保障。物理安全管理首先要对信息基础设施的放置地点和布置方式进行优化和
完善，在适应相关业务开展需求的情况下，对信息基础设施摆放空间结构进行
合理布局，设置足够安全出入口及安全的信息设施间距。其次，需要结合物理
环境的相关支撑和安全设施的部署，以强化物理环境安全管理能力，这主要包
括计算机等信息设备高效运行对物理环境温度、湿度、洁净度、电磁与静电防
护等的基本要求，① 合理安装并设置网络线路、电源线路、空调和消防等设备
的运作状态，同时加配监控器等安全设备，用以监督物理环境安全运作状态，
对于危害事故的发生可及时介入处置。同时，相关物理环境安全布置规范应在
协同主体之间的保持一致，实现协同物理环境空间部署、环境指标状态、供电
与消防保障等的标准化管理。

　　而针对物理环境中的信息设备的安全管理，除了对信息设备系统漏洞、缺
省配置安全隐患以及相关安全配置疏漏的规避之外，主要进行信息设备运作状
态的持续监控和跟踪管理。通过围绕设备防盗防毁设置电子门禁系统检测、入
侵报警系统检测、视频监控系统检测，对防电磁泄漏与防电磁干扰设置电磁防
护检测，对物理环境场地条件、环境参数、电力参数等检测，② 可有效支撑面
向物理环境信息设备的安全测评与管理。而通过应用移动主体技术等跨平台网
络管理技术，可以有效降低网络负载，有助于快速、灵活地管理网络中的信息
设备。在实践中，亦可借助通信网络和软件技术，连接和管理多个不同安防设
备和物理安全管理子系统的接入系统，并可以按照用户的组织、流程、策略进
行协同物理安全管理解决方案的制定，③ 以提供实时协同物理安全管理决策支
持，进而快速响应各类物理安全管理事件。

　　面对大数据环境下的信息基础设施建设，大规模一体机、存储设备、运算
设备等实现对网络海量数据收集、存储和计算处理。④ 但由于协同框架下多元
主体间的物理基础设施存在分布式特征，因而对于基础设施信息传输、交换共
享过程中的访问控制亦是协同物理安全管理模块中的重要组成部分，以避免信

---

① 黎小平. 计算机信息系统安全及防范策略［J］. 电脑知识与技术，2016，12（36）：
46-47.

② 白璐. 信息系统安全等级保护物理安全测评方法研究［J］. 信息网络安全，2011
（12）：89-92.

③ 郭志刚. 物理安全信息管理平台研究［D］. 上海：上海交通大学，2012.

④ 卢川英. 大数据环境下的信息系统安全保障技术［J］. 价值工程，2016，35（4）：
188-190.

息基础设施遭受非授权访问和被破坏。面向协同主体的公钥基础设施的构建，并充分利用授权证书，为基于认证框架处理数据加密等工作提供支撑，亦有助于满足面向多元主体的访问控制安全保障需求。

此外，在网络信息安全保障中面向物理安全还应着重强调对公用网络、有限无线通信网络、传感器网络以及协同主体的信息系统互操作网络等关键基础设施的日常安全管理。在安全管理中突出对面向计算部件与物理环境整合进程中安全问题，充分考虑关键基础设施由异构信息物理部件组成，并经过复杂通信网络连接实现自适应组网与交互的基本特征，着重协同建设利用网络控制系统模块和数据采集与监视控制模块处理。由于连续的物理动力学和嵌入式计算离散动力系统的紧耦合过程所产生的同时攻击、同时故障、连锁故障等关联故障安全危险；① 而面向协同主体架构，以部门协同实现规制-担保-给付等多元行政与合作的过程控制为基础，避免层级制组织架构和保障工作开展中的局限性，实现基于公私合作的全过程基础设施协同风险治理，② 亦是面向关键基础设施开展安全管理的重要支撑；在人工智能技术应用背景下，还可以构建基于人工智能的协同防御体系，有效利用大数据智能、群体智能、混合增强智能，基于阻断、隔离、分流、诱骗、过滤、混淆等机制来降低攻击面、增大攻击者利用的难度，③ 提升关键基础设施保障能力。同时，针对关键基础设施的评估的细粒度标准和评估体系的构建，有效关联技术指标、安全指标与管理指标，有助于对关键基础设施安全的量化监控与管理，促进安全防护能力与效率的提升。

6.3.2 协同运营安全管理模块

网络信息活动的组织与相关服务的提供过程中，伴随着网络攻击范围的日益扩大和攻击技术的日益复杂，依赖单一安全设备和监管规则的静态网络防护策略，已无法适应运营安全管理问题，需要针对网络动态开放特征，由相关主体协同动态适应网络信息安全环境变化并提供运营安全保障。协同运营安全管理模块即聚焦于各类组织网络信息活动的开展过程，尤其是在多元主体通过网

---

① 夏卓群，朱培栋，欧慧，等.关键基础设施网络安全技术研究进展[J].计算机应用研究，2014(12)：17-20.

② 陈越峰.关键信息基础设施保护的合作治理[J].法学研究，2018，40(6)：175-193.

③ 廖方圆，陈剑锋，甘植旺.人工智能驱动的关键信息基础设施防御研究综述[J].计算机工程，2019，45(7)：181-187，193.

络交互推动的业务协同中，由多元主体协同建设并执行协同运营安全管理模块保障协同运营安全。而在云环境下，协同运营安全保障除了涉及不同的网络信息服务机构和相关行政管理部门之外，还受包括云服务提供商等在内的云供应链主体影响。各方利益相关者均会对协同运营安全提出相应需求，进而对多元主体围绕云环境下的网络信息资源建设与协同运营在协同目标下进行安全管理与保障。

对于协同主体而言，为了保障协同运营安全首先需要确立各组织和行为主体间的业务协同关系及相关安全保障职责，借助业务运营过程中可信度量、可信验证机制和控制机制，以及主客体信息读写等访问行为，来确保协同主客体的可信并控制访问等业务关系，建立严格的访问授权机制排除异常操作，进而促使协同业务流程安全开展。在确立业务协同关系基础上，构建服务于协同运营业务流程的安全需求的安全策略，强调相关策略联动形成有机整体并面向协同主体安全需求和威胁的变化而动态更新，设立专门的安全管理员主动围绕安全环境变化进行统一的安全管理，落实协同主体用户对数据和相应信息资源的差异化控制权限。同时，通过采用主动免疫的可信计算技术支撑安全机制，进一步实现安全配置可信、执行部件可信和连接可信，从而形成面向协同运营业务的结构化的安全保障；通过构建分布式、多层次的纵深防御体系，并对协同运营业务流程进行分析、归类和风险评估，在系统安全区域划分中对各相应区域边界、计算环境和协同交互网络部署不同功能的安全机制，集中资源重点保护核心区域，防止安全攻击的扩散，以对抗高级、持续、组合性威胁。①

此外，网络监测亦是协同运营安全管理中的关键模块，即在识别协同运营过程中潜在风险的基础上，更加全面地采集事件、流量行为与日志、运营数据等信息，加强网络信息安全风险评估和信息活动的审核工作，通过建立运营关键环节网络信息安全风险等级预警模型，在对运营中的网络信息活动进行监测的基础上，实时依据网络信息安全风险等级进行风险预警，并借助即时网络检测和风险等级变化，促使相关管理人员清楚认识相关业务存在的安全风险，在协同运营过程中保持网络信息安全的警惕，进而在日常协同运营中采取合适的安全保障策略。同时，为增强对协同运营设备的监测管理，实现对核心设备的汇聚数据流量监控，可以通过构建监控平台对其运营状况进行实时管控，② 并

① 张大伟，沈昌祥，刘吉强，等. 基于主动防御的网络安全基础设施可信技术保障体系[J]. 中国工程科学，2016，18(6)：58-61.
② 李新亮，彭锦涛，黄凯方. IMS 网络的安全运营探讨[J]. 电信技术，2014(S1)：1-5.

设计运营业务安全规则和安全事件响应流程，快速准确发现网络及相关设备故障，提高故障响应及处理速度，提升全局数据监控和把握能力以及运营质量分析水平，促使网络安全防护能力的优化。

具体而言，通过建立从网络链路层、物理层到应用层的整体安全防护技术措施，形成从物理层到应用层的安全策略体系，通过网关类设备、流量检测类设备和终端防护类设备的部署，构建整体安全防御体系。① 针对网络信息安全风险等级预警工作，可在协同运营安全管理中结合安全策略、保护、检测、响应与恢复，确保访问控制、入侵防范、安全审计、恶意代码防范以及基础运营环境等符合等级保护要求，通过服务器环境安全防护、网络出口以及事前安全检测的等措施构成事前防护的基础防线，通过实时安全事件的分析响应、安全系统实时防护等措施构成事中响应防线，通过运维操作日志、网络日志、安全日志、数据恢复等措施构成事后恢复和审计防线，以形成事前、事中和事后三道防线措施和安全等级保护标准，同时参考主流攻击者通常采用的思路、嗅探、扫描、入侵及控制的攻击过程，② 与协同运营安全防御体系对应，以此保障相关网络协同运营安全管理模块和工作的稳定运行，并最终推动对安全事件预警、响应、处置、恢复的闭环保障实现。此外，通过引入规则链技术和威胁情报，结合态势感知方案，形成监听-主动回溯、研判-主动监测的监测体系，③ 结合机器学习技术以日常主动行为特征作为服务器等相关信息系统内网互访、互联网外联等正常运作行为基线，快速甄别偏离基线的行为并采取应急处置，可进一步弥补运营安全管理中被动防御的不足，实施更为积极的主动式防御。

而针对云计算环境下的协同运营安全管理模块，面对环境、网络、软件、设备、日常操作以及员工操作等多方面的管理内容，以及包括虚拟机操作系统及其上的中间件、数据库、应用系统、云运营平台等的安全管理需求，可增加虚拟管理层，利用云计算技术池化部署资源与平台，将资源封装为可度量的服务供多元主体用户灵活自助使用，并着重从安全性管理、自动化处理和运行监

---

① 张剑，李韬. 安全运营让网络安全更加有效[J]. 网络安全技术与应用，2020(1)：6-7.

② 刘琦. 浅谈关键信息系统安全保障体系设计[J]. 科技资讯，2019，17(8)：4-8，10.

③ 施驰乐. 电子政务系统网络安全防护之变——浅谈态势感知与安全运营平台[J]. 中国信息化，2019(6)：59-62.

控三个方面开展协同运营安全管理。①

6.3.3 协同标准与规范管理模块

  网络信息安全全面保障协同管理模块的构建还需要关注协同构架下的标准与规范管理体系构建问题，为协同开展网络信息安全保障活动提供基本原则、制度与规章约束、行为规范等指引。网络信息安全全面保障协同标准与规范模块聚焦于网络信息安全保障的协同机制，是网络信息安全保障活动的协同实施规范。事实上，全国信息安全标准化技术委员会和公安部信息系统安全标准化技术委员会已组织制定了包括作为基础标准的 GB17859—1999 和相应的定级指南、基本要求、实施指南、设计技术等核心技术标准在内的信息安全等级保护工作需要的一系列标准，形成了比较完整的信息安全等级保护标准体系以及网络安全等级保护基本要求；国家保密局也围绕涉密信息系统分级保护方面陆续制定和颁布了系列保密技术标准和规范。② 诸如此类信息安全相关标准与规范的建设，云计算环境下的服务安全等标准与体系确立，以及 5G 网络通信技术时代下新技术、新业务、新架构等所带来的网络安全标准新变化，③ 为面向协同框架下网络信息安全全面保障中的协同标准与规范管理提供了支撑。而在基于组织协同的网络信息安全全面保障体系框架下，网络信息安全全面保障协同标准与规范模块除在确保网络设备、信息系统、信息产品及所采用的安全技术在协同主体之间的设计与构建中遵照统一的标准规范之外，可进一步围绕隐私安全保护标准规范、知识产权保护标准规范、责任认定标准规范等方面的建设展开，着重基础标准、技术标准、服务标准、管理标准、测评标准等标准规范内容体系，④ 并考虑协同框架下面向多元主体的安全保障通用要求和针对具体应用场景的安全保障拓展要求的差异，对标准规范进行针对性、灵活化的制定。

  协同框架下的网络信息安全全面保障首先需要关注协同主体隐私安全问

---

① 麻建，周静，李中伟，等. 云计算环境下的信息系统运维模式研究[J]. 电力信息与通信技术，2015，13(8)：140-144.

② 顾伟. 美国关键信息基础设施保护与中国等级保护制度的比较研究及启示[J]. 电子政务，2015(7)：93-99.

③ 韩冬，付江，杨红梅. 5G 网络安全需求，关键技术及标准研究[J]. 标准科学，2018(9)：66-70.

④ 陈湉，田慧蓉，谢玮. 通信行业网络与信息安全标准体系架构研究[J]. 电信网技术，2012(3)：29-35.

题，制定隐私安全保护标准规范。由于不同国家的隐私保护立法存在较大差异，对于云环境跨国的协同网络信息活动及安全保障，可由相关主体与云服务提供商就隐私保护条款和标准进行磋商，同时要加强相关法律法规的约束和行业标准的制定，对可能涉及的跨境数据传递与数据隐私安全保护问题进行标准化统一管理。

面对协同框架下网络信息资源建设与共享利用的需求，网络信息交互中需要设立知识产权保护标准规范，对多元主体信息资源的知识产权进行充分保障。尤其是云环境下大规模多元用户的知识获取与利用使得知识产权保护规范更加复杂化，加之面向云环境的知识产权保护立法还较为欠缺，需要协同主体协商确立知识共享利用过程中的相关标注等标准规范，使得各协同主体在统一的知识产权共享利用规范下，彼此遵守知识产权保护规定和尊重各主体拥有的知识产权，有效维系协同共建共享关系。

协同框架下网络信息活动的多元主体参与特性还促使网络信息安全保障存在责任认定问题，需要协同确立责任认定标准规范。通常可以通过在协同主体之间签订安全保护协议，确定网络信息活动及安全保障职责和责任归属，并严格按照相关协议内容执行。在安全保护协议拟定过程中需要规避契约自由滥用问题，切实保护各方协同主体利益，同时，根据业务特征和协同职责确定合理的责任认定标准规范，并作为协同标准与规范管理模块的重要组成部分嵌入实施。

此外，个体之间的网络信息交互与信息资源共享利用，其规范管理依赖于信息资源所有者个体。考虑到信息资源个体间共享传播范围与处理利用需求较为有限，对信息资源的规范性要求相对较低，可在协同参与个体间基于人际信任交互协商解决数据规范性问题；而对于机构之间的网络信息资源协同交互利用，则具有较强的跨系统交互特征，共享传播范围明显增加，需要基于共享平台实现异构信息资源的集成和调用，① 继而统一相关数据及相关信息资源规范和利用准则，并在共建共享政策的约束下进行网络信息安全保障。而在机构之间标准规范建设基础上，面向行业的标准规范也是网络信息安全全面保障在面向行业的协同开展中所需要确立的重要内容，完善的行业标准规范将为行业乃至整个社会带来直观效益。尤其是随着网络信息活动面向行业的垂直化发展和运作，面向行业技术的标准化体系及相关行业网络信息行为和安全保障规范的

---

① 严炜炜，张敏. 科研协同中的数据共享与利用行为模式分析[J]. 情报理论与实践，2018，41（1）：55-60.

建立，对垂直化技术发展与行业进步具有关键推动作用。故而，在协同标准与规范管理模块的构建中，还要重视围绕协同主体所处行业，在行业协会等行业组织的共同参与下与协同主体共建垂直化、专业化的网络信息安全保障标准规范，并进一步制定相关信息资源利用、安全功能、安全保证及网络运维等方面具体业务相关的管理制度。

6.3.4 协同人员与用户安全管理模块

网络信息安全全面保障协同管理模块除在物理层面、运营层面及相关标准规范层面进行协同构建之外，还需要围绕操作者与用户，强调对人员和用户安全管理内容的协同建设。这是因为网络信息安全问题的重要源头之一即是人，由于人员的误操作、泄密甚至是主动攻击，或是用户的安全意识匮乏等，均会成为网络信息安全隐患。故而，网络信息安全全面保障还需要以构建面向人的信息安全协调与控制机制为目标，在具体协同人员与用户安全管理模块设计中围绕协同主体网络信息活动中关于人的安全部分，分别针对协同人员和用户的安全管理需求，进行功能模块的组织构建。

对于协同人员安全管理而言，是将人为因素对网络信息活动及协同信息安全保障开展过程中的消极影响和危害显著降低，控制人为因素带来的安全威胁。[1] 具体安全管理设计中，需要在系统分析人为因素影响内容和范围的基础上，协同主体之间共同设立《人员安全管理制度》，对人员职务与职责、考勤与考核、安全操作与培训等方面的管理活动进行明确规定。尤其是在云环境下，虚拟化技术及相关云资源服务的引入，既形成了云平台操作管理、资源管理和安全管理员，[2] 也使得网络信息安全保障不仅需要网络信息资源服务机构和云服务提供商之间协调工作，而且需要各个网络信息资源服务机构、国家信息服务管理机构之间进行权责分明，针对云环境下网络信息安全协同人员进行统筹管理。这要求在网络信息安全保障中各协同人员依据组织机构间的业务和权责划分，并根据管理角色与管理内容协同制定《信息安全责任管理制度》《关键信息基础设施防护条例》等制度条例，[3] 既对相关协同人员的网络信息安全

① 黎小平.计算机信息系统安全及防范策略[J].电脑知识与技术，2016，12(36)：46-47.

② 麻建，周静，李中伟，等.云计算环境下的信息系统运维模式研究[J].电力信息与通信技术，2015，13(8)：140-144.

③ 张惠.信息系统运维过程中的信息安全工作研究[J].河南科技，2018(5)：24-25.

意识、行业信息安全素养、信息安全保障技术掌握程度等基本素质提出具体要求，加强安全管理操作培训；亦明确自身的安全管理工作内容与规范，对不同角色人员操作进行记录，在标准化运作安全管理制度指导下围绕云平台、云服务和跨机构、跨系统交互的安全管理工作，实现协同人员安全保障业务规范操作的统一管理。同时，还可结合业务培训和应急预案演练工作，汇总整理演练中的各类协同人员问题，① 不断加强相关协同人员面对网络信息安全隐患和事件的沟通和协同处理能力，在实践中提升网络信息安全保障的协同业务素养，并形成面向网络信息安全全面保障的应急协同预案。

对于用户安全管理而言，是确保网络用户在利用各种网络信息应用开展信息存储、交互等网络信息活动过程中其个人信息的可用性、完整性与保密性，并着重强调对用户隐私安全的管理。由于大数据驱动下用户属性信息、行为信息充斥于网络信息活动之中，数据拥有者与管理者分离情形显著，② 相关数据资源已成为用户隐私侵害的重要潜在风险点；加之云环境下网络信息资源服务所面对的应用系统繁多和用户数量庞大问题，对身份认证、用户账号与授权等的有效管理需求以及相关操作审计的难度也逐渐增加。对此，在用户安全管理方面，主要涉及用户的身份认证、授权与管理，以及对用户行为的审计等多方面，并强调用户信任体系构建在用户安全管理中的关键作用。在用户安全管理模块构建及具体安全保障实现中，可基于用户信息的生命周期进行安全保障功能的设计，即在用户信息采集阶段，从源头上严格控制用户信息采集项和采集范围与精度控制；在用户信息存储阶段，依据协同框架下多元用户分布式存储及云存储特性，针对性采取加密存储措施和防灾备份，以防止用户数据的泄露和丢失；在用户信息开发利用阶段，强化访问控制、限制发布、数据干扰等技术手段的安全保障功效；在用户信息销毁阶段则结合应用可信删除技术，确保删除信息无法复原，进而避免对用户信息的恶意利用隐患。③

同时，用户安全管理还需要结合网络信息交互情景下动态用户数据采集，建立围绕用户的信息安全风险评估制度，从而及时为用户安全风险预警并响应。此外，围绕用户网络信息安全意识和素养提升的培训也可作为用户安全管

① 侯永利.浅谈信息系统运维外包的安全管理[J].电子技术与软件工程，2014(10)：244-245.
② 卢川英.大数据环境下的信息系统安全保障技术[J].价值工程，2016，35(4)：188-190.
③ 林鑫，胡潜，仇蓉蓉.云环境下学术信息资源全程化安全保障机制[J].情报理论与实践，2017，40(11)：22-26.

理模块对用户输出的功能与服务内容组成部分，其中既包含发布有关用户网络信息交互中个人隐私等信息安全保护资源，以普及个人信息安全保护重要性；也涵盖面向用户的隐私权限设置、安全操作指南等个人网络信息安全保护方法及相关技术支持介绍；亦可进一步健全用户反馈投诉与举报机制，在为用户提供快速反馈的信息安全问题的渠道并及时响应处理的同时，建立用户信息安全风险反馈意识，不断完善网络信息安全全面保障机制。

7 网络信息安全全面保障的协同服务组织

　　基于协同构架下网络信息安全全面保障的模块设计，围绕实践中所需利用的网络信息安全保障功能，应进行有效的协同组织，形成面向网络信息安全全面保障服务。由于网络信息安全保障功能具有多元性和多主体参与特性，在具体服务的组织中也应充分发挥多元主体协同特征，实现多元网络信息安全保障服务主体以及相应分布式服务资源的有机整合、系统设计和协同运作。对此，面向网络信息安全全面保障的协同服务组织要先确定网络信息安全全面保障的服务定位及协同组织原则，系统梳理协同业务模块形成面向网络信息安全全面保障的协同服务功能体系，进而进行面向网络信息安全全面保障的功能评价，以不断实现全面保障功能体系的反馈和完善。

7.1 网络信息安全全面保障的服务定位与协同组织原则

　　网络信息安全全面保障服务的协同组织需要首先明确安全保障服务在面向网络信息安全全面保障需求下的服务定位，并结合多元主体参与特征，在协同构架下确立网络信息安全全面保障服务的协同组织原则，从而为具体安全保障服务功能、流程等的设计提供指导。

7.1.1 网络信息安全全面保障的服务定位

　　网络信息安全全面保障的服务定位聚焦于面向网络信息安全全面保障战略，并在组织实施中匹配云计算与大数据环境的网络安全需求，实现安全保障能力与资源的有效集成，强调服务普适性与针对性相均衡，继而落脚于智能化安全预警与主动安全保障的实现，如图 7-1 所示。

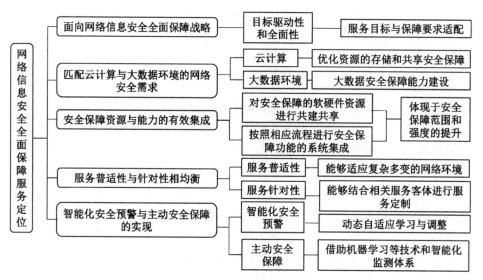

图 7-1　网络信息安全全面保障服务定位内容框架图

（1）面向网络信息安全全面保障战略

　　网络信息安全保障服务的组织与实施是网络信息安全保障的实现方式，这意味着网络信息安全全面保障服务定位首先就应面向网络信息安全全面保障战略。具体而言，面向网络信息安全全面保障战略需要相关服务具有目标驱动性和全面性，既在网络信息安全全面保障战略指导下开展安全服务，也在服务对象和服务范围上尽可能地涵盖各类网络信息安全风险主体和风险点。我国在网络信息安全全面保障方面既从国家层面已出台了《国家网络空间安全战略》和《网络空间国际合作战略》等战略，制定了《中华人民共和国网络安全法》等多项相关法律，也从组织机构层面广泛推进了战略合作。依据不同层次的战略部署，落实在面向网络信息安全全面保障战略的服务定位中，应将相关保障服务目标与不同战略及战略的不同阶段保障要求进行适配，并具体化、情境化于服务对象、服务流程、服务功能和服务场景的设置之中，旨在全面提升围绕相关战略的服务能力与服务效果。而在国家网络信息安全全面保障战略的指导下，为落实和贯彻相应政府部门的安全战略方针政策，信息安全服务机构也更应体现出其专业服务能力和中介服务职能，承担起面向行业和机构协调多元安全服务提供方的资源、技术能力和引导安全保障协同开展和运作的职责，明确网络信息安全全面保障服务间的逻辑关系和实施流程，督促服务协同实施与面向组织业务流程嵌入的实现，并直接参与到网络信息安全全面保障服务之中，促进安全保障服务能力的扩散和全面保障服务体系的形成。

（2）匹配云计算与大数据环境的网络安全需求

由于云计算环境取消了物理安全边界并提升了虚拟化程度，而大数据环境则给数据资源存贮及运算带来了新的压力，这些均给网络信息安全保障提出了新的要求，故而网络信息安全保障服务定位还需要适应并匹配云计算及大数据环境的网络安全需求。针对云计算环境，网络信息安全全面保障服务应着重于解决虚拟化技术应用在资源控制与资源交换中的安全问题，在强化身份认证和访问控制的基础上，优化面向云端信息资源的存储和共享安全保障；同时，还要依据公有云、私有云、混合云等云服务模式，进行网络信息安全保障服务模式的专门设计，并帮助云服务提供商进行安全风险的规避管理。针对大数据环境，网络信息安全全面保障服务应聚焦大数据的大体量、多样性、时效性、准确性、大价值特性及由此产生的安全保障需求，立足于大数据存贮、清洗、处理、传递等过程中的安全保障能力建设，组织具有明确目标的网络信息安全保障服务提供专业化安全保障。此外，考虑到云计算环境与大数据环境的交叉融合，在网络信息安全全面保障服务建设中也应突出对交叉融合应用情境中安全需求的匹配。

（3）安全保障资源与能力的有效集成

网络信息安全全面保障服务所突出的全面性特征及在服务组织中的协同要求，还决定了相关服务的安全保障资源与能力的有效集成定位。对于安全保障资源与能力的集成，首先关注的是对安全保障的软硬件资源进行共建共享，即充分利用多元主体的协同参与特性，一方面结合协同标准与规范的制定在网络信息安全保障服务的组织中保持多元主体的一致性，为网络信息安全全面保障的协同开展奠定基础；另一方面，强化网络信息安全保障服务在多元主体运作中的共享利用，有效集成调用网络信息安全保障的虚拟资源，提升分布式安全保障资源的利用效率。其次，需要集成面向网络信息活动及其安全保障不同阶段需求的功能，在服务组织中按照相应流程进行安全保障功能的系统集成，以在面对网络信息安全全面保障的多样化需求时，可以选择性灵活调用相应功能和服务资源。此外，安全保障资源与能力有效集成还体现于安全保障范围和强度的提升,既横向拓展安全保障的参与主体和服务对象,亦纵向强化面向各类网络信息活动安全风险及隐患的主动式保障功能体系,从而实现网络信息安全保障服务强度可动态适应网络信息安全威胁的变化。

(4)服务普适性与针对性相均衡

网络信息安全全面保障服务在建设中还需要注意服务的普适性与针对性,具体而言,要定位于服务的普适性与针对性相均衡。服务的普适性是要求网络信息安全保障服务能够适应复杂多变的网络环境,适应不同协同主体的在网络信息安全保障方面的通用性需求,即在身份验证、访问控制、防火墙搭建等面向日常网络信息活动的规范性防范体系构建中,组织具有普适性的网络信息安全保障服务方案,并应用于多元主体软硬件安全保障体系之中。服务的针对性则是要求网络信息安全保障服务能够结合相关服务客体的所面临的特殊业务与安全保障环境,以及在安全保障等级和安全保障服务功能等方面的特殊要求,进行网络信息安全保障服务的定制,以针对性地匹配多元主体的网络信息安全保障需求,这要求网络信息安全保障服务提供者在相应软硬件安全保障服务体系的构建中要为功能定制化提供灵活配置的余地。显然,服务的普适性和针对性在一定程度上具有对立性,网络信息安全保障服务的普适性提升必然压缩了服务的针对性设计空间。因此,网络信息安全全面保障服务应围绕多元主体的安全保障需求,寻求服务普适性与针对性的均衡点,为更有效提供网络信息安全保障奠定坚实基础。

(5)智能化安全预警与主动安全保障的实现

随着人工智能与机器学习技术的发展,网络信息安全保障在面临全新挑战的同时,也可以有效利用相关智能化技术,改善网络信息安全智能预警水平,进而全面提升面向网络信息安全的主动安全保障能力。因此,网络信息安全全面保障服务定位还应着重于智能化安全预警与主动安全保障的实现。对于智能化安全预警,其旨在受到网络攻击或其他网络信息安全威胁时,相关安全保障服务可借助其良好的自适应性和可生存性,在动态自适应学习与调整中,综合威胁监测、智能预警、及时恢复和自我学习改进,对具有典型复杂、动态多变等特征的网络威胁能实现实时管控和及时反应。而在此基础上,网络信息安全全面保障服务还可进一步强化主动安全保障功能和能力,借助机器学习等技术和智能化监测体系,主动发现潜在网络信息活动安全风险和隐患,同时在服务功能上加强主动安全风险处置的功能设计,尤其是在面向多元主体的信息存贮、访问控制、信息传递与交换等关键环节中执行主动化的安全风险识别与规避，进而在智能化安全预警与主动安全保障能力构筑中实现智能化网络信息安全全面保障。

7.1.2 网络信息安全全面保障服务的协同组织原则

网络信息安全全面保障服务的系统性和复杂性决定了其不能够依靠单一安全服务提供者独立完成，而是在有效整合各类网络信息安全保障参与主体的安全保障设施、技术与服务资源的前提下，通过多维度协同推进多元网络信息安全保障服务的组织实现的。对于网络信息安全全面保障服务的协同组织而言，在多元主体的协同参与和网络信息安全全面保障体系的框架下，除了应紧紧围绕以用户为中心的基本服务组织思想之外，还须统筹协调并遵循协同安全保障服务的全面性、可靠性、层级性、连续性、可拓展和基于最佳协同实践等原则，如图 7-2 所示。

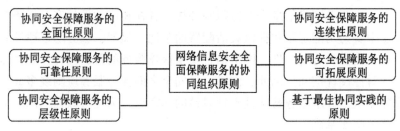

图 7-2 原则内容框架图

(1)协同安全保障服务的全面性原则

网络信息安全全面保障服务的首要原则即为网络信息安全保障范围、保障对象和保障内容的全面性原则。网络信息安全全面保障服务协同组织应从服务于各类网络信息活动中可能产生的安全风险出发，在全面识别潜在安全风险和主动式、应急式网络信息安全保障方案设计的基础上，面向各类网络信息活动参与主体，提供全方位的网络信息安全保障服务功能，并按服务内容与流程进行合理组织，供相应网络信息安全保障业务调用。这要求从整体上统筹、布局和规划网络信息安全保障服务体系，既可以按服务对象进行划分，或按网络信息活动的逻辑顺序进行划分，亦可以安全服务内容进行服务功能的加工组织，并在协同框架下落实网络信息安全保障服务的提供与实施过程，满足各类网络信息活动中的全面安全保障需要。

(2)协同安全保障服务的可靠性原则

网络信息安全保障服务的协同组织还需要确保服务质量和服务能力的可靠性。由于协同框架下网络信息安全保障服务的建设及提供者可能由多元主体参与完成，各参与主体在网络信息安全保障方面的硬件条件、技术实力和业务水平均有所差异，在一定程度上会造成网络信息安全全面保障过程中，各类网络信息安全保障效果的差异；同时，由于网络信息安全保障业务的协同开展，在彼此之间由于软硬件适配、业务流程和沟通衔接等方面存在的潜在问题，会对网络信息安全保障服务的协同开展效果带来威胁，从而影响协同安全保障服务的可靠性。故而，协同安全保障服务的可靠性需要兼顾参与主体软硬件条件和安全保障能力，并对网络信息安全保障服务的协同开展流程和兼容性进行系统考量，确保网络信息安全保障服务在协同运作中可应对复杂的网络信息环境和多变的网络信息安全风险。

(3)协同安全保障服务的层级性原则

网络信息安全保障服务的开展需要针对网络信息安全风险等级按需调用协同资源，以避免网络信息安全保障基础设施和服务资源的重复建设和低效配置等问题。因此，网络信息安全全面保障服务的协同组织还应遵循层级性原则，即在按安全机制和保障强度对网络信息安全保障级别进行科学划分的基础上，合理调用和配置协同主体的安全保障服务资源。在网络信息安全保障级别的划分中，可以安全按照所涉及的安全风险范围、所涉及的信息内容、所涉及的行为主体、所需调用的安全保障服务强度等维度进行划分，同时考虑网络信息安全保障服务与相关部件之间的关系和对相关安全部件的要求，综合确定协同网络信息安全保障服务的层级，进而组织并调用相应服务资源，并封装成相应层级下的可选协同安全保障服务。

(4)协同安全保障服务的连续性原则

协同框架下的网络信息安全保障服务由于具有多元主体参与特性，在提供服务的过程中，在遇到协同组织结构和对象的变化时，可能出现相应安全保障服务的中断的风险。对网络信息安全保障而言，相关安全服务的中断可能使资源系统和整个运作体系遭受巨大安全威胁。因此，安全服务的连续性是网络信息安全全面保障服务协同组织的另一关键原则，须保证各类网络信息活动在具有连续性的网络信息安全保障服务的无间断安全保护之中。这要求，一方面网络信息安全全面保障服务提供方不能擅自终止服务，需要有规范的退出机制遵循；另一方面，网络信息安全全面保障服务应有应急替代方案作为备选，在出现特殊的状况时，可以及时应对，防止系统和网络环境处于无安全防护状态。

(5)协同安全保障服务的可拓展原则

考虑到网络信息安全威胁的不确定性，以及网络环境与技术不断更新所带来安全风险，网络信息安全全面保障的协同组织还需要注重其动态可扩展性。具体在网络信息安全保障服务的协同组织中，要能够针对协同组织结构的变化，及时更新和拓展网络信息安全服务体系和服务提供方式，能够针对网络信息技术和网络信安全风险的变化做出灵活的响应，能够在网络信息安全保障服务功能和内容中融入新安全保障技术与能力，并在协同框架下确保技术标准统一的同时，实施松耦合架构保证网络信息安全保障服务的可拓展性。此外，对网络信息安全保障服务功能在模块设计基础上进行封装，保证协同主体和平台间的可移植性，并利用开放接口，依据协同主体商定的网络信息安全保障服务开展流程和阶段，按需提供个性化定制，进而不断丰富和强化面对网络信息安全的服务保障体系。

(6)基于最佳协同实践的原则

网络信息安全全面保障服务的协同组织是一项系统性、持续性工作，其有效组织是在实践中不断完善，这就要求网络信息安全保障服务的协同组织要基于最佳协同实践开展和不断改进。在多元主体协同开展的网络信息安全保障服务实践进程中，需要不断总结当前相关服务应对和解决的网络信息安全威胁的实际应用效果，根据反馈信息不断改进网络信息安全保障服务功能，优化服务流程，协调多元主体协同保障关联关系，在有效识别威胁路径的基础上，提供风险控制和安全保障的最优路径，不断健壮网络信息安全保障服务体系，从而推进协同框架下网络信息安全全面保障的实现。

7.2　网络信息安全全面保障的协同服务功能

以面向网络信息安全全面保障的服务定位与协同组织为基础，网络信息安全全面保障的协同服务内容与功能可从安全风险识别与预警出发，强调数据和系统自身安全的同时，着重资源网络交互共享安全，并在评价反馈中不断改进和完善。故而，面向网络信息安全全面保障的协同服务功能主要围绕安全风险跟踪识别与预警、数据安全保障、系统安全保障、资源共享安全保障等方面进行组织。

7.2.1 安全风险跟踪识别与预警功能

面向网络信息安全全面保障需求，在协同框架下组织的协同安全保障服务功能首要解决的即是安全风险跟踪识别与预警功能。尽管网络信息安全保障通常具有一定的滞后性，尤其是对未知网络信息安全风险，应急响应和事后的补救策略在进行网络信息安全事件处理中具有极其重要的作用，然而主动化的安全策略依然是面向网络信息安全全面保障协同服务组织的核心。为了实现主动化的安全保障，安全风险跟踪识别与预警功能可以使相关组织及系统对于网络信息活动及可能由此产生的各类安全风险与隐患进行智能化主动识别，并在侵害发生前对相关组织和系统进行事前预警，以将主动防御效用进行最大化体现。而由于网络信息活动的复杂性，网络信息安全风险跟踪识别与预警在协同组织间可结合各协同主体的业务特征和安全保障资源与能力配置特征等进行灵活的部署，在协同调配主动防御能力的同时，实现面向安全风险的协同响应。协同框架下，安全风险跟踪识别与预警保障功能可分别从网络信息安全风险跟踪识别、网络信息安全风险智能预警进行相关保障功能的设计，其功能结构如图 7-3 所示。

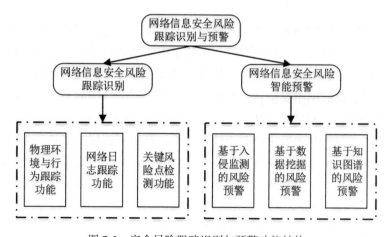

图 7-3 安全风险跟踪识别与预警功能结构

（1）网络信息安全风险跟踪识别功能

网络信息安全风险识别通常是网络信息活动安全分析和安全保障的前提，是构建主动式防御体系的关键。面对多元复杂的网络信息活动，网络信息安全风险同样具有多样性，由于业务活动的差异和网络信息安全保障能力的区别，多元主体在识别网络信息安全活动中所存在的信息安全风险中也具有一定能力差异，这就要求在协同框架下，多元主体分工协作，进行网络信息安全风险的持续识别并及时在协同主体间共享所识别的安全风险。从功能架构上看，网络信息安全风险跟踪识别功能主要划分为物理环境与行为跟踪、网络日志跟踪、关键风险点检测等。

①物理环境与行为跟踪功能，强调对网络信息基础设施所处环境及运维过程中所开展的物理行为的跟踪功能，利用监视器等设备在物理环境及行为跟踪监控中识别潜在环境风险及可造成网络信息安全风险的不当操作或非法物理行为。从物理环境的安全监控功能来看，主要包括对环境安全、设备安全、电源安全、媒体安全以及通信线路安全等的监控，确保机房物理环境及相关门禁系统在防火、防水、防盗、防雷、防鼠等跟踪监控保障之下，湿度、温度和洁净度达到标准要求，同时保障各类设备、电源以及设备之间的网络通信支撑设施的安全监控功能，避免物理环境造成或发生的安全风险。① 另一方面，对于物理行为的跟踪监控则同样利用相关监控设备对处于物理监控环境内的人员的流动状态，相关人员的操作流程、操作内容等进行跟踪监控，以及时发现操作安全风险或为事后进行安全机制完善和责任追究提供依据。

②网络日志跟踪功能，强调对网络信息活动的日志跟踪管理和安全分析，利用网络日志识别潜在的安全风险。尤其是面向网络信息安全全面保障，需要跟踪整合服务器、路由器、交换机等网络设备在各类复杂的网络信息活动和协同交互中所生成的网络安全日志数据，进行基于网络日志的安全分析以识别网络信息安全风险。网络日志跟踪功能是一种长期、主动式安全防御和保障工作，相关日志数据和内容也具有连续性特征，在协同实现网络日志跟踪功能过程中，需要协同主体间定制日志跟踪和整合分析方案，以适应协同框架下多元主体的网络信息安全风险预警和保障需求。此外，对于网络安全日志跟踪功能

---

① 温桂玉. 物理安全监控平台的研究与实现[J]. 铁路计算机应用, 2015, 24(2): 17-21, 27.

还应嵌入对分布式采集的规模日志数据的清洗、整合、特征转换、分类挖掘和关联分析，结合算法提升网络安全日志的实时处理能力,[①] 为网络信息安全风险智能预警奠定基础。

③关键风险点检测功能，强调对网络信息活动中的关键风险进行跟踪监测，在事先明确的关键风险点采取周期性安全监测的方式，以高效识别可能发生于关键风险点上的网络信息安全风险，进而保证关键对象或关键流程的信息安全。如针对信息系统而言，围绕信息系统关键存储位置的漏洞和安全周期检测，是关键风险点检测功能的主要应用途径。这是由于信息系统的关键位置是网络攻击和病毒衍生的重要目标，针对信息系统关键风险点的定期检测，能够有效提升网络信息安全风险识别的效率，进而做出及时的安全响应。尤其是协同框架下，多元主体的复杂网络交互特征使得网络信息安全风险可能存在于各环节，这就要求协同主体通过梳理协同业务及相关网络信息活动，寻找关键风险点，并借助关键风险点检测功能进行定期跟踪识别，减轻跟踪识别工作压力和成本，提升网络信息安全协同保障效能。

(2) 网络信息安全风险智能预警功能

对被多元主体识别并共享的网络信息安全风险内容，在对风险的持续跟踪监控中，如安全风险存在潜在发生的可能性，且经过关联分析和智能预测其可能性达到相关预警阈值，则须在相关主体中进行网络信息安全风险预警。尤其是多元主体参与的网络信息安全协同保障进程中，网络信息安全风险的智能协同预警有助于发现受网络信息安全风险影响的相关主体，并辅助相关主体及时做出响应。从功能架构上看，网络信息安全风险智能预警功能主要划分为基于入侵检测的风险预警、基于数据挖掘的风险预警和基于知识图谱的风险预警等。

①基于入侵监测的风险预警，强调针对网络信息活动中对信息系统的非法入侵和系统攻击等行为的监测，并在入侵监测功能发现到即时的相关安全风险行为时，及时对相关系统进行警告提示，并按侵害程度进行攻击级别和安全风险级别的划分。基于入侵监测的风险预警，包括对诸如过量下载行为、异常访问与异常流程等的实时监测，亦包括对相关风险和危害强度进行针对性预警。而面对协同框架下的网络信息交互，入侵监测风险预警需要在多元主体中既保

---

① 王越，赵静，杜冠瑶，等. 网络空间安全日志关联分析的大数据应用[J]. 网络新媒体技术，2020，9(3)：1-7.

证监控体系的一致性和完整性，同时也需要依据多元主体的网络信息活动与行为特征，以及面对的特定网络信息安全风险特性进行入侵监测和风险预警阈值的定制。

②基于数据挖掘的风险预警，强调通过对网络环境下大量用户行为数据的分析挖掘，记录用户行为规则及与相关网络信息安全风险的关联，形成并不断更新关联规则，进而实现基于数据挖掘的风险预警。基于数据挖掘的风险预警不仅要求对相关恶意代码、网络入侵、用户非法操作造成的流量变化等风险数据进行训练，提炼风险特征供风险预警对比参照；还需要对网络信息安全风险进行静态统计和动态的模拟分析，并利用社区发现算法对网络信息安全风险传播特征进行挖掘，[①] 以全面揭示各类网络信息安全风险产生规律、威胁范围和危害级别，以支撑风险预警等级方案的制定和优化。

③基于知识图谱的风险预警，强调结合可视化方法对网络信息安全风险进行关联分析和揭示，进而对网络信息安全风险进行动态、直观的预警。针对网络信息活动涉及信息资源、信息主体等的复杂关系特征，以及协同框架下网络信息安全保障对相关操作、流程和保障在协同主体间的一致性要求，需要借助知识图谱将分散的多样化网络信息安全风险和事件信息进行集成分析处理，[②] 从其中提炼风险关系、抽取风险知识，供潜在安全风险迹象的识别和风险预警参考，并针对性地提示风险预警对象。此外，网络信息安全风险关联知识还可以在实践中不断更新，优化和完善相关知识图谱的同时，提升风险预警的准确性。

此外，针对不同风险内容、风险危害，并综合相关风险发生可能性，还可对风险的恶意程度与威胁程度按照相关风险强度进行划分，并在网络信息安全风险预警中做智能风险等级标记，供相关主体开展针对性响应策略参考。网络信息安全风险协同响应即一般会围绕网络信息安全事件类型及风险和安全威胁等级进行划分，在安全风险跟踪识别与预警功能所揭示并预警的网络信息安全风险基础上，匹配协同响应范围和协同响应级别，由多元主体协同应对预警网络信息安全风险，做出对网络异常行为、网络攻击等网络信息安全预警事件的针对性响应对策和方案。

---

① 王琴琴，周昊，严寒冰，等.基于恶意代码传播日志的网络安全态势分析[J].信息安全学报，2019，4(5)：14-24.

② 陶源，黄涛，李末岩，等.基于知识图谱驱动的网络安全等级保护日志审计分析模型研究[J].信息网络安全，2020，20(1)：46-51.

7.2.2　数据安全保障功能

在多元主体协同服务过程中，海量数据伴随着网络生成并以其作为媒介实现信息的交互通信，形成具备"4V+1C"特点①（即多样化、海量化、快速化、低密度以及复杂化）的大数据，为大数据分析提供了机会。然而，在数据从产生、采集、传输、存储、共享、挖掘、交换、应用到销毁全过程的生命周期中，存在诸多数据泄露、数据造假等风险，因此，数据安全保障功能的构建是面向网络信息安全全面保障的协同服务功能体系中必不可少的环节，以保障数据不被窃取、破坏和滥用。由于涉及多协同主体及业务过程中对数据的不同需求，数据安全保障功能主要从安全防护手段和数据备份手段进行相关定制功能的设计，防止数据被非授权篡改和获取，甚至因操作失误、病毒、硬件损坏、自然灾害等原因丢失，保障数据全生命周期机密性、完整性和可用性，② 其功能结构如图 7-4 所示。

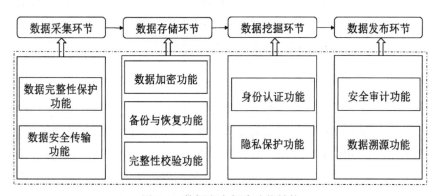

图 7-4　数据安全保障功能结构

(1)数据采集环节

数据采集环节主要是数据从采集到汇聚过程中的传输安全问题。由于多元主体不同业务分工产生不同数据，经汇聚后能提高数据完整性和利用价值，利

---

① 维克托·迈尔·舍恩伯格. 大数据时代[M]. 杭州：浙江人民出版社，2012.

② 祝烈煌，高峰，沈蒙，等. 区块链隐私保护研究综述[J]. 计算机研究与发展，2017，54(10)：2170-2186.

于增强各主体信息透明度以及从多维度数据分析。目前主要采用区块链技术和虚拟专用网技术(VPN)从源头把控数据安全，保障数据的机密性、完整性、真实性、防止重放攻击，实现网络信息协同服务中数据完整性保护功能和数据安全传输功能。

①数据完整性保护功能，可通过区块链技术利用区块链去中心化、去信任化和不可篡改的安全特性，可实现对源数据和传输的数据进行完整性保护。具体可将区块链技术应用于数据确权与溯源和可信日志审计。① 数据确权与溯源的核心在于将数据流转记录和数据完整性证据写入区块链系统，保证数据在流转过程中不被篡改；可信日志审计的核心在于将日志和日志完整性证据写入区块链系统，实现日志数据无法被删除篡改，且能够恢复。

②数据安全传输功能，利用虚拟专用网(VPN)技术保障多元主体协同中数据传输安全，通过在数据节点以及管理节点之间架构逻辑网络满足数据安全传输要求。VPN技术将隧道技术、协议封装技术、加解密技术和配置管理技术结合在一起，采用隧道技术在源端和目的端建立安全的数据通道，利用加密技术和协议封装技术对经过隧道传输的数据进行加密和协议封装处理，保证数据仅被指定的协作主体解释和处理，从而保障数据的私有性和安全性。

(2)数据存储环节

数据存储环节主要是云存储等存储介质安全问题和 NoSQL 存储等存储方式安全问题。多元主体协同中另外引入云服务商和数据合作厂商等存储数据，增加了数据泄露和窃取的风险，且各主体业务过程中产生的多类型数据在使用NoSQL 存储过程中暂未设置严格的访问控制和隐私管理。针对存储服务比较常见的攻击方式有篡改、删除和盗用等，目前主要构建数据加密功能、备份与恢复功能与完整性校验功能保障数据存储环节的安全性。

①数据加密功能，通过对以明文方式存储的静态数据或动态数据进行加密来应对未被授权入侵者的破坏、修改和重放攻击。静态数据加密机制算法分为对称加密和非对称加密：常见的对称加密算法有 DES、AES、RC4、RC5、RC6 等，其加密和解密使用同一个密钥；常见的非对称加密算法有 RSA、ElGamal 等，使用两个不同的密钥，一个公钥和一个私钥。动态数据加密机制为保障在云计算环境中多元主体利用密文和密钥通信的安全性，可应用代理重

---

① 刘明达，陈左宁，拾以娟，等. 区块链在数据安全领域的研究进展[J]. 计算机学报，2021，44(1)：1-27.

加密算法和同态加密算法：代理重加密算法指云计算服务商等第三方将针对数据发送方的密文转化为数据接收方的密文，让数据接收方自己解密，并不需要第三方接触原文，以保障数据安全性；同态加密指对密文进行一系列代数运算得出加密结果，该结果与对明文进行同样处理再进行加密的结果相同，基于不同运算的同态性，可委托未经信任审核的第三方对加密数据进行处理而不泄露任何原始内容，以保障数据安全性。

②备份与恢复功能，通过系统备份和恢复机制保护应用系统崩溃后快速恢复，避免数据丢失和损坏。数据备份与恢复技术有异地备份、独立磁盘冗余阵列（RAID）、数据镜像、快照等传统方式以及在大数据时代下应运而生的持续数据保护技术（CDP）等。异地备份是保护数据最安全的方式，但其主要问题在于速度和成本；RAID 将多块磁盘结合在一起，提供数据保护，使可靠性和冗余性得到增强；数据镜像就是保留两个及以上在线数据的拷贝，当其中部分磁盘失效时，剩下磁盘可以替补使用；快照是通过数据的副本或复制品迅速恢复遭破坏的数据，使其恢复到某个可用时间点的状态。与传统备份和恢复技术相比，CDP 是一种在不影响主要数据运行的前提下，可以连续捕获和保存数据变化，并将变化后的数据独立于初始数据进行保存，该方法可以实现过去任意一个时间点的数据恢复。CDP 系统能够提供块级、文件级和应用级的备份，以及恢复目标的无限的任意可变的恢复点。随着数据量达到 PB 级别，Hadoop 是目前应用最广泛的大数据软件架构，Hadoop 分布式文件系统 HDFS 可以利用其自身的数据备份和恢复机制来实现数据可靠保护。

③完整性校验功能，通过委托第三方对存储在云端的加密数据进行完整性检测，避免数据存储在云端之后被篡改或者被丢弃。根据能否恢复原始数据，完整性校验协议分为数据持有性证明协议（PDP）和数据可恢复证明协议（POR）。PDP 协议随机采样相应的数据块，生成持有数据的概率证据，与客户端维持的元数据对比验证，快速判断数据是否损坏，具体形成了数据持有性代理证明等验证技术对策，主要用于检测大数据文件的完整性；POR 协议利用纠错码技术来保证数据的完整性和消息认证机制来保证远程数据的可恢复性，先由纠错码编码原数据并产生标签并存储，然后使用纠错解码来恢复原始数据，具体形成了云存储层次构架、轻量级的数据可取回性证明算法等校验对策，主要用于确保重要数据的完整性，如压缩文件的压缩表等。

（3）数据挖掘环节

数据挖掘环节主要是引入第三方挖掘机构和关联分析过程中的安全问题。

一方面，协同多元主各有分工，但可能在数据挖掘方面缺乏专业性，在引入第三方数据挖掘机构从海量数据中提取隐藏信息时可能面临来自第三方机构的数据安全风险；另一方面，数据挖掘抽取信息时，可能通过关联分析导致个人或公共机构隐私信息泄露。因此，在数据挖掘环节，数据安全保障功能主要聚焦于身份认证和隐私保护进行安全保障功能设计。

　　①身份认证功能。通过确认数据挖掘者的身份与其所声称身份相符来监督数据挖掘者在进行大数据挖掘过程中不植入恶意程序、不窃取系统数据等威胁数据安全的操作，常用的身份认证技术有 Kerberos 认证机制、基于公告密钥的认证机制（PKI）、基于动态口令的认证机制和基于生物识别等认证机制。Kerberos 是一种基于对称密码技术的可信任第三方的网络认证协议，能在分布式网络环境下对接入的用户进行身份认证；PKI 是一种基于非对称密码技术来实施并提供安全服务的具有普遍适用性的网络安全基础设施，通过第三方可信任机构认证中心，把用户的公钥和用户的其他标识信息捆绑在一起用以验证用户身份；基于动态口令的认证机制是在登录过程中，基于用户的秘密通行短语（SPP）加入不确定因素并进行变换，形成动态口令提交给认证服务器；基于生物识别技术的认证机制是利用生物特征识别技术（如指纹、声纹、人脸、虹膜等）来认证人类真实身份。在大数据挖掘过程中，通常将多种认证方式相结合以提高安全性，如将生物认证与密码技术相结合等。

　　②隐私保护功能。通过修改原始数据，使数据挖掘过程中隐私不受危害，且减少有用信息的丢失。根据采用的安全防护技术原理的差异，隐私保护功能的实现分为基于数据干扰的安全防护技术、基于安全多方计算的安全防护技术和基于数据匿名化的安全防护技术等不同模式。基于数据干扰的安全防护技术如随机扰动技术，对数据进行变换但不影响数据分布特性，以便达到发现知识与隐藏敏感信息的目的；① 基于安全多方计算的安全防护技术，是指多个参与方需要用各自的秘密数据进行一项协同计算，在保证计算结果正确性的同时，保护数据不被泄露；基于数据匿名化的安全防护技术是指对数据挖掘的结果进行匿名化处理，采取概括、抽象的描述，从而实现敏感数据的安全防护。②

　　①　陈文捷，蔡立志. 大数据安全及其评估[J]. 计算机应用与软件，2016，33（4）：34-38，71.

　　②　郝泽晋，梁志鸿，张游杰，等. 大数据安全技术概述［J］. 内蒙古科技与经济，2018（24）：75-78.

（4）数据发布环节

数据发布环节主要是数据发布挖掘分析结果前需要进行全面的审查，确保输出的数据不泄密、无隐私、不超限、合规约，并且对可能出现的如机密外泄和隐私泄露等数据安全问题时迅速定位到出现问题的环节和主体，从而尽快采取相应补救措施和预防方案。数据发布环节，主要聚焦于安全审计功能和数据溯源功能进行安全保障功能设计。

①安全审计功能。通过记录一切（或部分）与系统安全有关活动，进行分析处理、评估审查，查找安全隐患，对系统安全进行审核、稽查和计算，追查造成事故的原因，并做出进一步的处理。目前，常用的审计技术有基于日志的审计技术、基于网络监听的审计技术、基于网关的审计技术和基于代理的审计技术。基于日志的审计技术是通过配置数据库如 NoSQL 的自审计功能实现对大数据的审计；基于网络监听的审计技术是通过将数据存储系统的访问流量镜像到交换机某一个端口，然后通过专用硬件设备对该端口流量进行分析和还原，从而实现对数据访问的审计；基于网关的审计技术通过在数据存储系统在部署网关设备，在线截获并转发到数据存储系统的流量而实现审计；基于代理的审计技术是通过在数据存储系统中安装相应的审计 Agent（代理），在 Agent 上实现审计策略的配置和日志的采集。在选择大数据的输出安全审计技术方案时，需要从稳定性、可靠性、可用性等多方面进行考虑。

②数据溯源功能。通过对大数据应用周期的各个环节的操作进行标记和定位，在发生数据安全问题时，及时准确地定位到出现问题的环节和责任者，以便解决数据安全问题。信息安全领域的数字水印技术可用于数据溯源，即将一些标识信息（即数字水印）直接嵌入数字载体（如多媒体、文档、软件等）中，利用数据隐藏原理使水印标志不可见，在不损害原数据的前提下，确认内容创建者、购买者、传送隐秘信息或者判断载体是否被篡改。数据发布时，建立数字水印加载机制，为每个访问者获得的数据加载唯一的数字水印。当多元主体中任一主体内部发生机密泄露或隐私问题时，可以通过水印提取的方式确定数据泄露的源头，以便及时进行处理。

7.2.3 系统安全保障功能

信息系统常被视为是庞大而复杂的，由支持软件系统运行的硬件系统（包括计算机硬件和网络硬件及其所在的环境）对系统硬件进行管理，并提供应用支持的计算机系统软件和网络系统软件、按照应用需要进行信息处理的应用软件等部分组成。系统较高的复杂性及集成性决定了面向网络的系统安全保障将在设计、运行、维护等各个环节中面临来自内部和外部的诸多难题。因此，对于信息系统的安全保障应覆盖信息系统的整个生命周期，可从系统的构建、运行、维护的各个环节展开，强调确保各环节系统的安全运行，针对系统的软硬件及其信息的存储、传输和处理等方面仍然存在的风险及问题，提供确定的功能和解决措施，实现所规定的保障功能。系统安全保障功能主要从系统构建环节、系统运行环节、系统维护环节方面进行相关定制功能的设计，其功能结构如图7-5所示。

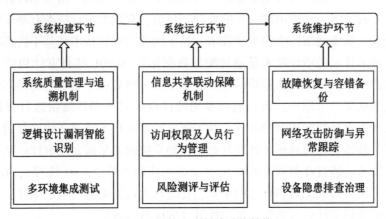

图 7-5　系统安全保障功能结构

（1）系统构建环节

在系统的生命周期中的各个阶段，都应综合技术、管理、人员等保障要素实现信息系统保障。构建环节是系统生命周期的第一个阶段，包括确定系统的可行性、实现目标等，为系统的开发工作制定蓝图和解决方案，完成系统在划分功能模块、层次结构、处理流程、数据库逻辑结构等方面的总体设计，购置开发必需的软硬件设备、架构计算机网络、整理基础数据等，并进行调试与试运行。在这一环节中，缺乏调查的盲目设计往往会浪费时间和金钱，忽略当前技术、人员等方面的实现水平也会降低系统构建的效益，并且面向协同的系统设计不可避免地会面临到系统在多环境下的适应问题。针对上述系统构建环节中所面临的潜在安全隐患，可围绕系统质量管理与追溯机制、逻辑设计漏洞智能识别和多环境集成测试等方面提供安全保障。

①系统质量管理与追溯机制。在系统开发前期的需求调研中，用户的需求不明确或表达不清晰，原型设计能够帮助开发者与用户进行需求沟通，挖掘用户所需的界面及相应的功能要求。在明确职责和目标的基础上建立相应的质量体系，确定质量方针来改进开展质量活动的策划与实施，综合考虑用户需求等变更情况，建立和完善变更管理的流程，对于各个模块建立人员追溯机制，定期审查相应的技术文档，分阶段监督和评估系统实际开发效益，并消除过程中产生的不合格因素。

②逻辑设计漏洞智能识别。信息系统在逻辑设计上的缺陷或错误会导致系统安全漏洞问题，易被黑客利用并对系统进行攻击，从而威胁系统的运行安全，因此，在系统的开发测试阶段，就应对系统的逻辑设计进行排查，运用随机测试技术（例如模糊测试）以及利用污点分析、符号执行等相关技术对漏洞进行智能识别和分析。目前大部分的系统漏洞仍然依靠冗长的代码审计，[1] 通过语法抽象图和词袋模型，利用机器学习方法进行分析同样能够准确地识别出是否为真正的漏检，并且还挖掘了若干零日漏洞。[2] 基于 SVM、循环神经网络、PCA、自然语言处理等技术发现和预测系统中出现的不同成因及类别的安全漏洞，帮助解决系统逻辑设计中存在的弱点和缺陷。[3]

③多环境集成测试。由于在系统设计开发的过程中常常会涉及和部署到不同的环境，如开发环境、集成环境、预览环境和产品环境等，系统的各个功能模块应在多环境下进行有效整合和协调测试。利用 Docker 容器引擎工具提供的一系列创建容器镜像、运行容器等核心方法，可无视基础环境的多元性，实现统一源代码管理、资源配置管理、监控、运维管理等基本功能。[4] 同样，Terraform 代码实现不同环境的基础设施创建，实现基于不同环境的功能服务的自动化持续集成和持续部署方案，便于控制服务代码、基础设施的变动并应

---

① Zhu Y, Fu S, Liu J, et al. Truthful online auction for cloud instance subletting[C]// 2017 IEEE 37th International Conference on Distributed Computing Systems (ICDCS). IEEE, 2017.

② Yamaguchi F, Wressnegger C, Gascon H, et al. Chucky: Exposing missing checks in source code for vulnerability discovery [C]// Proceedings of the 2013 ACM Conference on Computer & Communication Security. Berlin, Germany, 2013: 499-510.

③ 李韵，黄辰林，王中锋，等.基于机器学习的软件漏洞挖掘方法综述[J].软件学报，2020，31(7)：2040-2061.

④ 张冬松，胡秀云，邬长安，等.面向 DevOps 的政务大数据分析可视化系统[J].计算机技术与发展，2020，30(8)：1-7.

用到不同环境中，提升系统开发与测试部署的实际效率。①

(2) 系统运行环节

系统运行环节是对开发构建环节的延续，需要实现对于系统日常运行的管理、运行情况的记录以及对系统的运行情况进行检查与评价。通过对信息系统的运行进行实时控制，结合相关技术智能化记录运行状态和例行检查测试，如例行的数据更新、统计分析、报表生成、关键数据备份等，防止来源于系统内部和外部的威胁造成对系统资源不合法的使用和访问，保障系统的保密性、可控制性、可审查性、抗攻击性，维护系统运行中正当的数据交流和信息活动。此外，相关人员可以依照运行中发生的变动进行必要的修改与扩充，使信息系统真正符合系统的设计初衷，满足用户的需求。对于系统的管理，不仅仅包括对于机器等硬件设施的管理，还需要注重信息联动保障机制、访问权限及人员行为管理、风险测评与评估等部分。

①信息共享联动保障机制。该保障机制旨在实现系统各部分的信息开放与资源共享，使得系统内信息快速精准传达，提升风险预警与应急联动的能力。以粗糙集理论、随机集理论、支持向量机、神经网络、遗传算法、专家系统、贝叶斯网络等智能计算与模式识别理论，已经应用于多源信息融合中。② 通过采用合适的分类融合算法、关联规则算法、模糊推理等方法应用于系统运行环节中产生的实时数据，引入知识库进行信息融合，定量分析系统运行状态和协调关系，辅助检测判断系统的运行风险。

②访问权限及人员行为管理。为了防止非法访问对于信息的非授权篡改和滥用，访问权限及人员行为管理在于为用户提供系统资源最大限度共享的基础上，采取自动化的方式进行身份鉴别，提供合法用户经过授权的服务，拒绝用户越权的服务请求，保证用户在系统安全策略下有序工作。对于系统访问控制的方式可以通过基于多级安全模型的访问控制、基于角色的访问控制（BRAC），实现按照系统统一规则的强制访问控制；也可以应用各种形式的访问控制表（ACL）、目录表访问控制、访问控制矩阵、能力表等，实现按照用户意愿授权的自主访问控制。此外，多级安全模型也能实现访问控制和管理，如

① 刘万里. 多环境下的 CI/CD 自动化集成部署设计[J]. 现代计算机（专业版），2019 (4)：83-87.

② 胡胜利，赵宁. 基于遗传神经网络的多级信息融合模型研究[J]. 计算机工程与设计，2010，31(15)：3480-3482，3486.

Bell-LaPadula 信息保密性模型是实现保密性保护的安全策略，Biba 信息完整性模型是实现完整性保护安全策略，① 从而实现用户、系统管理员等多种角色的行为管理和权限的合理分配、严格管理。

③风险测评与评估。针对计算机常受到的非法控制系统、拒绝服务攻击等威胁，信息系统风险评价首先要建立系统化信息安全的评价指标体系，包括静态评估(专家打分、问卷调查等)、动态评估(记录实时运行数据并统计处理)、状态评估(模仿黑客行为的信息安全渗透测试、针对信息和信息系统的安全属性的专项测试等)。② 风险测评与评估可运用的分析技术包括贝叶斯信任网络法（BBNs）、事件树分析法、软件故障树分析法（SFTA）、危险性与可操作性分析法（HAZOP）、Petri 网法、寄生电路分析法以及系统影响和危险度分析法（FMECA），其中，贝叶斯、故障树等评估方法需要有先验知识，基于灰色理论（Gray Theory）或者模糊（Fuzzy）数学大多侧重局部系统技术层面的评价，而模糊层次分析法（Fuzzy-Analytic Hierarchy Process）能够将客观描述用实数域上的模糊数来描述，当评价因素较多、层次较复杂时，可按其动态特性建立逐级评价体系，③ 层次分析法 AHP（Analytic Hierarchy Process）同样能够按照因素间的相互关联以及隶属关系，将因素按不同层次聚集组合，形成一个多层次的分析结构模型。④ 此外，CAE（claim-argument-evidence，声明-论据-证据）模型将全等级、评估规约、评估用例集共同构成了证据推理模型，能够使安全保障事件或标准结构清晰和风险测评的实施，进一步保障系统运行的可控性、可用性、可确认性。

(3) 系统维护环节

在完成构建、运行等环节的基础上，系统投入正常工作后，仍然需要对信息系统的管理、运行维护和使用人员的能力等方面进行综合保障，使之持久地正常运转，满足用户的使用需求。随着业务、需求和外界环境的变更，系统的

---

① 蔡谊，郑志蓉，沈昌祥. 基于多级安全策略的二维标识模型[J]. 计算机学报，2004(5)：619-624.

② 马兰，杨义先. 系统化的信息安全评估方法[J]. 计算机科学，2011，38(9)：45-49.

③ 韩利，梅强，陆玉梅，等. AHP-模糊综合评价方法的分析与研究[J]. 中国安全科学学报，2004(7)：89-92.

④ 王海蓉，马晓茜. Fuzzy-AHP 在 LNG 接收站风险辨识中的应用[J]. 中国安全科学学报，2007(3)：131-135，177.

维护环节并非一成不变，如硬件或软件的接入添加、系统接口调整变更、黑客技术的加强等，同样会对系统的长期运行构成威胁，改变系统原本的运行策略或实现流程，因此仍需及时对系统所面临的当前变化做出风险评估，合理处理销毁废弃的软硬件，转移必要的关键信息，确保系统更新或者换代的维护环节能以一个安全有效的形式完成。具体来说，在系统的维护环节，应采取相应的保障措施，通过故障恢复与容错备份、网络攻击防御与异常跟踪、设备隐患排查治理等方面实现持续动态的安全保障。

①故障恢复与容错备份。故障恢复与容错备份同样是保障系统功能可用性的前提与基础，确保信息系统发生灾难性故障中断运行后恢复运行所作的一系列技术准备工作，这要求对于系统的各个重要部分都应提供复算、热备份等容错机制，实现内部纠错及上级透明化。此外，该机制应与信息备份功能(包括本地备份、异地备份等)相联动，使之出现故障时能迅速通过备份所提供的支持服务实现恢复，确保系统恢复后重要数据的不丢失或减少丢失，或者系统服务中断后及时调用备用机制使之迅速替代原系统运转，备份网络能替代故障部分实现所需要的网络数据交换。除了技术方面的应对措施，灾难恢复活动同样需要结合相应的管理措施，如业务连续性计划(BCP)、计算机事件响应计划、危机通信计划、业务恢复计划(BRP)、操作连续性计划(COOP)、灾难恢复计划(DRP)、场所紧急计划(OEP)等活动与计划等，协助系统预防和恢复措施的使用，尽可能降低信息系统因灾难或安全失效所带来的风险。

②网络攻击防御与异常跟踪。保护网络的安全以及组织网络入侵攻击等异常行为的检测防御同样对于系统正常运行非常重要。网络协议安全、防火墙、入侵检测系统/入侵防御系统(Intrusion Prevention System, IPS)、安全管理中心(Security Operations Center, SOC)、统一威胁管理(Unified Threat Management, UTM)等网络安全技术的应用能够阻止网络入侵攻击行为，保护系统所在网络环境的安全性。其中，入侵检测系统可以对网络传输进行即时监视，迅速中断、调整或隔离一些异常或者具有伤害性的网络传输行为，在发现可疑传输时发出警报；防火墙能够使得系统在处于可信网络和不可信网络中间来保护边界安全，并且有些防火墙设备还集中了包过滤、防病毒、入侵检测和加密传输等多种功能，既可应用于系统的最外部边界防护，也可以应用于系统内部各个安全域的边界防护。

③设备隐患排查治理。系统的构成往往还涉及大量基础设施，对于设备隐患的排查和治理，同样需要制度和技术相结合，应用风险管理、系统安全原理

等方面的理论，明确系统各个功能及层级的实现目标和用户需求，建立分级的设备安全隐患排查技术标准，将保障工作融入到风险管控体系核查体系之中，并利用相关信息技术拓展设备安全隐患排查治理模型，如 SPIEGEL 等将 Petri 网建模集成到系统理论事故模型与过程（System-Theoretic Accident Model and Process，STAMP）更清晰、精确、高效地识别危险；① 运用 Checklist 方法针对集中式的大型主机、固定的威胁环境进行基本风险分析；Wu 等建立的系统时序层次有色 Petri 网（Coloured Petri Net，CPN）模型给出评价危险发生的平均时间安全特性和保持正常安全状态概率。② 此外，针对实际评估结果可适当拓展现有保障系统框架，融入所期望的保障组件和安全标准，提升设备隐患排查治理的有效性和可靠性。

7.2.4　资源共享安全保障功能

在实现数据安全保障功能和系统安全保障功能构建的基础上，针对协同框架下网络信息活动中频繁的信息资源交互共享需求，面向网络信息安全全面保障的协同服务功能体系还应着重于资源共享安全保障功能的构建。尤其是在云计算环境下，基于云平台和云计算应用的网络信息资源共享为多元主体跨系统的信息资源交互与共建共享提供了极大的便利，分布式资源得以在云环境下得到高效的配置和利用，但也由此产生了涉及多元主体的共享资源发布、存储组织、规范利用及销毁等过程中资源共享安全保障的需求。③ 资源共享安全保障功能主要从资源共享授权策略定制和共享行为安全保障方面进行相关定制功能的设计，其功能结构如图 7-6 所示。

（1）资源共享授权策略定制功能

协同框架下网络信息活动及信息安全保障的多元主体参与特性，使得多元主体在网络信息资源共建共享及利用中的需求具有差异性，体现在资源共享权限的设置中需要基于相应需求进行灵活的定制。故而，资源共享安全保障功能首先需要提供灵活的、可定制的资源共享授权策略，由多元主体在协同框架和

①　Dirk S, Sebastian H R, Welte J, et al. Integration of Petri Nets into STAMP / CAST on the example of Wenzhou 7. 23 accident[J]. IFAC Proceedings Volumes，2013，46(25)：65-70.

②　Wu D, Zheng W. Formal model-based quantitative safety analysis using timed Coloured Petri Nets[J]. Reliability Engineering & System Safety，2018，176(8)：62-79.

③　石宇，胡昌平. 云计算环境下学术信息资源共享安全保障实施[J]. 情报理论与实践，2019，42(3)：55-59.

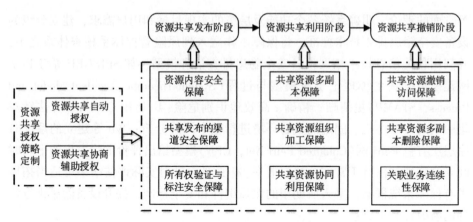

图 7-6　资源共享安全保障功能结构

协同目标的指引下，进行资源共享授权策略的协同商议和定制，并遵照其执行和完成协同网络信息资源的共建共享与利用。具体而言，资源共享授权策略定制功能可以按自动授权和协商辅助授权两种方式，而不同资源共享授权策略所涉及和适用的跨系统资源则可以依据涉密等级和安全保障等级的差异进行灵活定制。

①资源共享自动授权策略功能，强调对网络信息资源的共享过程中，按照协同主体之间事先约定的权责归属，对存储于常规数据库中的批量、结构化、非涉密信息资源，在识别共享和授权对象身份的基础上，进行自动授权处理操作，只需保留授权和访问操作记录即可。资源共享自动授权策略功能具有快速、实时性、规范、智能、可追溯的特性，适用于知识产权归属和标注清晰、数据格式规范、使用范围与界限明确，共享操作流程简洁且权责明晰的网络信息资源共享情境。借助于资源共享自动授权策略，可以使多元主体在预先确定的资源协同共享框架下便捷的获取和共享利用相应网络信息资源，匹配复杂多变的网络信息环境对信息资源共享利用的灵敏性要求。

②资源共享协商辅助授权策略功能，强调对网络信息资源的共享过程中，事先未明确的、新产生的信息资源及其在协同主体之间的共享利用需求，此类信息可能存贮于协同主体私有非共享数据库中，或是个别、非常规性、非结构化等信息资源的访问和共享利用需求，需要由信息资源的所有方针对此类资源共享请求进行沟通并辅助授权。资源共享协商辅助授权策略功能具有明显的针对性、时效性和临时性，是对特定资源面向特定主体的资源共享协商结果的授权反馈，不具有多元主体和广范围网络信息资源的普遍适用性，共享操作流程

有时也可能需要依据重新分配的权责进行适当调整和个性化定制。借助于资源共享协商辅助授权策略,可以使多元主体在应对网络信息活动中产生的特殊网络信息资源共享利用需求时,可以在主体之间必要性沟通协商下,对特定网络信息资源进行定制化的共享利用,适应网络信息资源以及协同主体的个性化需求。

(2)共享行为安全保障功能

在资源共享授权策略基础上,为实现对跨系统多元协同主体间共享行为的安全保障,应进一步围绕共享行为目标、内容与可能存在的安全风险设计共享行为安全保障功能。通常可以按照资源协同共享的阶段进行安全保障功能的组织,即按照资源共享发布阶段、资源共享利用阶段和资源共享撤销阶段,① 针对协同主体间共享行为所面临的潜在安全隐患进行安全保障功能设计。

①资源共享发布阶段,资源共享安全保障功能主要聚焦于协同主体共享发布的资源内容安全、共享发布的渠道安全以及所有权验证与标注安全等方面提供安全保障。由于网络信息活动中多元协同主体共享发布的资源类型广泛,不仅有组织内外部的信息资源,也可能包含由组织内用户个体知识、技能和经验总结所产生的网络用户生成内容,以及更为多元化的网络信息资源的整理。共享资源的多样化,使得资源共享发布前的内容安全管理功能成为资源共享安全保障功能的关键,不仅要求发布主体在资源共享前对相关资源利用病毒和恶意代码检测功能进行发布内容的检测,也要利用敏感信息筛查功能对发布内容中的涉密、敏感内容等进行筛查,确保资源共享过程中不会造成恶意代码传播带来的网络信息安全问题,以及敏感信息泄露给相关主体带来的权益侵害。在确保内容安全基础上,资源共享发布保障功能还包括共享内容发布渠道的安全保障功能,其聚焦于共享内容共享发布的平台以及共享发布的方式的安全设置和管理。对于共享发布平台的安全管理功能既要求相关主体在发布共享资源时,须选择协同框架下约定的共享发布平台进行资源共享,并拥有对相关共享资源的全部操作权限;对于共享发布方式的安全管理功能,旨在提供给相关主体在发布共享资源对共享范围、共享对象、共享时限、共享内容的操作权限等方面的安全设置。除此以外,资源共享发布保障功能还涉及所有权验证与标注安全

---

① 石宇,胡昌平. 云计算环境下学术信息资源共享全面安全保障机制[J]. 图书情报工作,2019,63(3):54-59.

功能，即从共享资源的知识产权验证与标注方面对相关权益主体提供保障，为其在协同主体之间的共享利用奠定产权安全保障基础。

②资源共享利用阶段，资源共享安全保障功能主要聚焦于协同主体对共享资源的组织加工与协同利用等方面提供安全保障。由于协同框架下的网络信息交互会针对共享信息资源围绕各自的目标进行组织加工与处理，以满足各自业务中对相关信息资源的内容需求，这就要求，一方面，对协同共享资源采取多副本策略，即在多元主体组织加工中保留原始资源的副本，以防止组织加工对原始共享资源的破坏，同时也支持不同主体对共享资源的异步利用需求；另一方面，支持多元主体对共享资源的协同组织加工，即在对共享资源的同步协同操作或异步加工提供操作流程和访问控制权限等方面的安全保障支持，使共享资源更能匹配协同主体的利用需求；而面对网络信息环境下及分布于多元主体之中的关联数据，则可以在共享资源的协同组织中在丰富资源的关联揭示和内容拓展等方面提供安全保障支持，以贴合更加复杂的资源需求。对于共享资源的协同利用中的安全保障，首先确保的是多层次、细粒度的访问权限控制功能，并在完善的访问权限控制条件下，对共享资源的协同利用操作进行跟踪保障，防止对共享资源的违规操作和授权范围外的利用，而对非授权用户的协同利用请求则进行屏蔽，以避免共享资源的非法获取和非法篡改。此外，还要在共享资源在多元主体中的协同利用中提供共享传输安全保障功能，确保在多元主体间共享传输过程中相关信息资源的完整性和安全性。

③资源共享撤销阶段，资源共享安全保障功能主要聚焦于协同主体对共享资源进行共享撤销操作过程提供安全保障，是资源共享的最后阶段和退出保障。由于网络信息安全保障是长期性、持续性工作，而多元主体参与的协同关系则存在动态更新的情形，协同框架下的共享资源内容也应伴随着多元主体协同关系的变化进行灵活调整。当协同主体要退出协同框架或协同框架按约定到期解散时，其共享内容也要进行撤销共享操作，以保证在协同主体退出时相应的共享内容不再被其他主体所访问和利用。而由于相关信息资源在共享中已进行了多副本关联操作和协同组织与利用操作，这意味着共享撤销不仅是相应资源的发布者自主撤销，还要进行关联多副本的连带删除，以及对在此共享资源基础上组织加工形成的新资源重新进行产权协商和筛查，在保证共享资源所有者权益的同时，确保关联业务的连续性不受相关资源的撤销而受影响，同时对相关撤销资源的不可恢复性提供安全保障，进而通过共享资源撤销功能实现协同主体及其共享资源的安全退出。

7.3 网络信息安全全面保障的功能评价

为了全面反馈面向网络信息安全保障的协同服务效果，以不断改进和完善面向网络信息安全全面保障的协同服务功能体系，需要支持用户对跨系统网络信息安全协同服务的评价反馈，即进行跨系统安全保障实施评价功能的组织建设。尤其是在多元主体参与下的网络信息安全全面保障中，网络信息安全保障功能与活动由多元主体在跨系统协同中得以实施和实现。针对网络环境下多元主体复杂的网络信息活动和信息行为，在明确各类信息活动和信息行为目标与规律的同时，要面向复杂的、具有阶段性与周期性的跨系统网络信息行为规避各类风险的发生，① 即要求跨系统安全保障实施评价功能需要系统把握网络信息安全协同保障全过程，同时突出对网络信息安全保障目标完成度、执行能力与效果的测评管理，确保网络信息活动在实现发展目标和需求的基础上网络安全得以全面保障。此外，跨系统安全保障实施评价功能还应在周期性评价和不断的反馈迭代中，进行围绕协同主体和网络安全风险的持续性更新完善。

具体而言，跨系统安全保障实施评价功能主要包括对跨系统安全保障实施的目标业绩评价以及跨系统安全保障实施能力的评价。其中，跨系统安全保障实施的目标业绩评价功能旨在立足于网络信息安全协同保障目标的制定、执行和完成情况的指标体系的构建与定量评价。通过对网络信息安全全面保障协同战略目标的维度分解和指标设计，在网络信息安全保障行为开展中跟踪目标业绩实施结果，并与目标相匹配，进而对协同框架下网络信息安全保障战略目标的合理性和科学性进行反馈和完善。跨系统安全保障实施能力评价则旨在聚焦于跨系统安全保障实施过程中各阶段的保障效果与能力，进行评价指标体系的构建与衡量揭示。通过对网络信息安全全面保障的协同实施能力的评价可以及时优化协同参与主体的结构，实现协同安全保障资源与职责的合理分配。跨系统科研协同信息行为实施评价体系如图 7-7 所示。

---

① Hird M D, Pfotenhauer S M. How complex international partnerships shape domestic research clusters：Difference-in-difference network formation and research re-orientation in the MIT Portugal Program[J]. Research Policy，2017，46(3)：557-572.

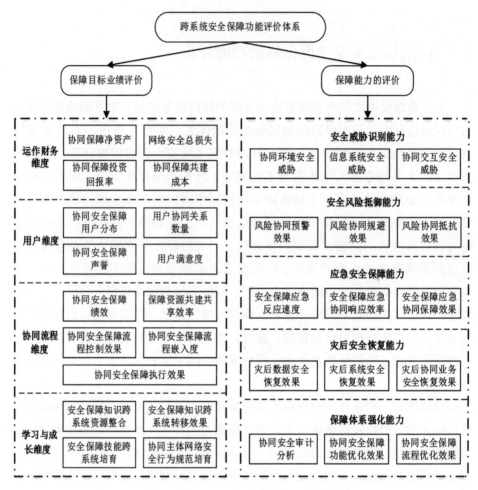

图 7-7 跨系统安全保障功能评价体系

7.3.1 跨系统安全保障的目标业绩评价

跨系统安全保障的目标业绩评价需要在对网络信息安全全面保障战略分解的基础上进行指标体系的构建。平衡计分卡作为驱动组织业绩评价的一种指标体系构建方法，旨在实现组织的愿景、使命和战略转化为具体、可执行的指标和行动，其从财务、客户、内部流程、学习与成长四个维度综合评价组织业绩，并进行四个维度指标体系目标值的监控。① 基于平衡计分卡的跨系统安全

---

① Kaplan R S, Norton D P. The balanced score card: Measures that drive performance[J]. Harvard Business Review, 2005, 83(7): 172-180.

保障目标业绩评价体系构建，可以将协同框架下的网络信息安全全面保障战略分解为可管理、可衡量的四个维度的业务单元。而综合运作财务维度、用户维度、协同流程维度、学习与成长维度的跨系统安全保障目标定位和评价指标体系在实现对安全保障目标业绩评价的同时，各跨系统安全保障协同主体由于在协同安全保障中的角色与分工差异，其对平衡计分卡四维度上的关注重心亦存在区别，可根据相关主体的组织特征进行针对性调整。

具体而言，从运作财务维度来看，其以跨系统安全保障效益提升为目标，优化跨系统安全保障协同中的资源投入与配置以及运作成本结构，提升安全保障资源的利用率，并有效发挥安全保障行为在消减安全风险损失方面的作用。协同框架下跨系统安全保障的运作财务维度指标体系主要表现为衡量跨系统协同安全保障行为所利用相应软硬件设备和资源等的建设和维护投入，以及相关协同安全保障行为开展成本和安全损失消减情况等方面。其中，网络安全协同保障净资产旨在跟踪衡量协同网络信息安全保障参与主体网络安全保障方面拥有的净资产，以及由协同主体形成的网络安全协同保障虚拟组织净资产变化；网络安全协同保障投资回报率旨在跟踪反映协同主体在网络安全保障资源和服务方面的所规避的损失与所投入的成本之间的比例情况；网络安全总损失旨在跟踪反映网络安全风险和事件发生给相关主体所带来的直接损失，及由此引发的间接损失情况；网络安全协同保障共建成本则旨在衡量网络安全保障协同主体所付出的协同共建成本，即所投入的网络安全设备与基础设施的制造、采购等共建成本，以及网络安全保障协同运作与实施成本。跨系统安全保障运作财务维度指标体系如表 7-1 所示。

表 7-1 跨系统安全保障运作财务维度指标体系

目标定位	一级指标	二级指标	三级指标
以跨系统安全保障效益提升为目标，优化跨系统安全保障协同中的资源投入与配置以及运作成本结构。	运作财务维度	网络安全协同保障净资产	协同主体网络安全保障净资产
			网络安全协同保障虚拟组织净资产
		网络安全协同保障投资回报率	协同主体网络安全保障资源投资回报率
			协同主体网络安全保障服务投资回报率
		网络安全总损失	网络安全直接损失
			网络安全间接损失
		网络安全协同保障共建成本	网络安全设备与基础设施共建成本
			网络安全保障协同运作与实施成本

从用户维度来看，其以跨系统安全保障用户为中心的安全管理为目标，旨在建立并维系跨系统多元主体间围绕网络信息安全全面保障而形成的协同关系，实现面向用户的网络安全保障效果反馈与管理。协同框架下跨系统安全保障的用户维度指标体系主要表现为衡量协同安全保障用户的分布及形成的协同关系状态，以及协同安全保障效果所体现出的声誉和用户满意度情况等方面。其中，协同安全保障用户分布旨在跟踪衡量跨系统协同安全保障所覆盖的组织内用户比例及跨系统用户比例；用户协同关系数量旨在跟踪衡量跨系统协同安全保障新增和流失的协同关系数量；协同安全保障声誉旨在跟踪衡量组织内协同安全保障效果，和跨系统协同安全保障在行业和社会范围内用户的声誉反馈；用户满意度则旨在跟踪衡量协同安全保障的覆盖范围、功能效用及实施效果方面的用户体验情况。跨系统安全保障用户维度指标体系如表 7-2 所示。

表 7-2 跨系统安全保障实施用户维度指标体系

目标定位	一级指标	二级指标	三级指标
进行以跨系统安全保障用户为中心的安全管理，建立并维系多元协同保障主体关系，实现面向用户的网络安全保障效果管理。	用户维度	协同安全保障用户分布	组织内协同安全保障覆盖用户比例
			协同安全保障跨系统用户比例
		用户协同关系数量	新增跨系统协同安全保障关系数量
			流失跨系统协同安全保障关系数量
		协同安全保障声誉	组织内协同安全保障声誉反馈
			跨系统协同安全保障社会声誉反馈
		用户满意度	协同安全保障范围层面满意度
			协同安全保障功能层面满意度
			协同安全保障实施层面满意度

从协同流程维度来看，其主要从网络信息安全保障流程视角衡量协同安全保障过程的序化程度，并以跨系统主体间形成的协同框架为基础推进网络安全保障资源协同共享，强调对协同安全保障流程的控制与优化，并跟踪协同安全保障各阶段与各方向的执行效果。协同框架下跨系统安全保障的协同流程维度指标体系主要表现为衡量跨系统协同保障安全绩效与安全保障资源共建共享效率，以及协同安全保障流程控制、嵌入度和执行效果等方面。其中，跨系统协同安全保障绩效旨在跟踪衡量跨系统协同保障过程所带来的效益优化比例以及

对网络安全保障流程实现的优化比例；安全保障资源共建共享效率旨在跟踪衡量网络信息安全全面保障中跨系统协同资源共建比例，以及安全保障资源在多元主体间的共享利用比例；协同安全保障流程控制效果旨在跟踪衡量跨系统协同安全保障流程按协同计划执行的进度完成率，在协同执行中流程冲突出现的数量，以及关键协同安全保障流程所兼容的协同主体数量；协同安全保障流程嵌入度旨在跟踪衡量协同安全保障流程在各主体运作流程中的嵌入比例，以及协同安全保障各项功能所被利用的比例；协同安全保障执行效果旨在跟踪衡量跨系统协同安全保障流程与协同主体运作流程的融合度，以及所实现的实际风险规避数量。跨系统安全保障协同流程维度指标体系如表 7-3 所示。

表 7-3　跨系统安全保障协同流程维度指标体系

目标定位	一级指标	二级指标	三级指标
以跨系统主体间形成的协同框架为基础推进网络安全保障资源协同共享，强调对协同安全保障流程的控制与优化，并跟踪协同安全保障各阶段与各方向的执行效果。	协同流程维度	跨系统协同安全保障绩效	跨系统协同保障效益优化比例
			跨系统协同保障流程优化比例
		安全保障资源共建共享效率	网络安全保障资源共建比例
			网络安全保障资源共享利用比例
		协同安全保障流程控制效果	协同安全保障流程计划进度完成率
			协同安全保障流程冲突数量
		协同安全保障流程嵌入度	关键协同安全保障流程兼容主体数量
			协同安全保障流程嵌入比例
		协同安全保障执行效果	协同安全保障功能利用比例
			跨系统协同安全保障流程融合度
			协同安全风险规避数量

　　从学习与成长维度来看，其主要从网络信息安全保障和信息安全风险抵御能力的提升，及协同保障框架的可持续性角度进行衡量，并强调协同安全保障技术和能力在多主体之间的不断更新与内化吸收，规范各行为主体网络信息安全行为的同时，提升跨系统协同安全保障主体员工安全保障素养。协同框架下跨系统安全保障的协同流程维度指标体系主要表现为衡量网络安全保障知识的跨系统资源整合和转移效果，以及对网络安全保障技能和行为的培育等方面。其中，网络安全保障知识跨系统资源整合旨在跟踪衡量网络安全保障跨系统整

合并组织加工的知识资源类别数量及加工比例情况；网络安全保障知识跨系统转移效果旨在跟踪衡量网络安全保障知识交流在多元主体间跨系统开展的频次及参与的比例；网络安全保障技能跨系统培育旨在跟踪衡量协同主体组织或参与网络安全保障技能培训的数量，以及在接受培训后所获取的网络安全保障相关资质数量；协同主体网络安全行为规范培育则旨在跟踪衡量协同主体实施网络安全保障过程中相关行为的不合规次数与比例，以此揭示网络安全保障行为规范情况。跨系统安全保障学习与成长维度指标体系如表 7-4 所示。

表 7-4　跨系统安全保障学习与成长维度指标体系

目标定位	一级指标	二级指标	三级指标
从安全保障和安全风险抵御能力提升和可持续性角度进行衡量，并强调安全保障技术和能力在多主体之间的更新与内化吸收。	学习与成长维度	网络安全保障知识跨系统资源整合	网络安全保障跨系统整合知识资源类别数量
			网络安全保障知识资源跨系统组织加工比例
		网络安全保障知识跨系统转移效果	网络安全保障知识交流跨系统开展频次
			网络安全保障知识交流跨系统参与比例
		网络安全保障技能跨系统培育	协同主体参与网络安全保障技能培训数量
			协同主体新获取网络安全保障资质数量
		协同主体网络安全行为规范培育	协同安全保障执行不合规次数
			协同安全保障执行不合规比例

7.3.2　跨系统安全保障能力的评价

跨系统安全保障功能评价除了涉及跨系统安全保障的目标业绩评价，还聚焦于对跨系统安全保障能力的评价。跨系统安全保障能力的评价是衡量跨系统网络信息安全保障协同参与主体开展并执行跨系统协同安全保障相关工作的实际效果，可作为跨系统网络安全保障协同对象选择与考核、网络安全保障中的资源配置方案及流程与职责优化的重要参考。跨系统安全保障能力评价体系的构建需要对网络信息安全保障的协同实施具有全面的认识，并以基于最佳实践的思想为指导，不断优化评价体系。在实践中，跨系统安全保障能力的评价体系可以按照网络信息安全保障协同框架中的实施阶段进行构建，即从网络信息安全保障中的安全威胁识别、安全风险抵御、应急安全保障、灾后安全恢复、保障体系更新共五个主要方面的能力进行评价指标体系的构建，所形成的跨系统安全保障能力评价指标体系如表 7-5 所示。

表7-5 跨系统安全保障能力评价指标体系

一级指标	二级指标	三级指标
跨系统安全保障能力	安全威胁识别能力	跨系统协同环境安全威胁排查指标
		信息系统安全威胁排查指标
		信息协同交互安全威胁排查指标
	安全风险抵御能力	网络安全风险协同预警效果指标
		网络安全风险协同规避效果指标
		网络安全风险协同抵抗效果指标
	应急安全保障能力	网络安全保障应急反应速度指标
		网络安全保障应急协同响应效率指标
		网络安全保障应急协同保障效果指标
	灾后安全恢复能力	灾后数据安全恢复效果指标
		灾后系统安全恢复效果指标
		灾后协同业务安全恢复效果指标
	保障体系强化能力	协同安全审计分析指标
		协同安全保障功能优化效果指标
		协同安全保障流程优化效果指标

在安全威胁识别能力的评价方面，主要考察跨系统安全保障在安全威胁识别阶段的保障能力，包括跨系统协同环境、信息系统和信息协同交互安全等方面威胁的识别能力衡量。其中，跨系统协同环境安全威胁排查指标旨在衡量跨系统协同网络基础环境、信息基础设施环境、协同组织及人员所处环境等中的环境安全威胁排查情况；信息系统安全威胁排查指标旨在衡量信息系统设计与实施中所存在的操作系统，以及系统相关软件运作中的安全威胁排查情况；信息协同交互安全威胁排查指标旨在衡量跨系统协同信息传递、交换、共享等交互中存在的安全威胁排查情况。

在安全风险抵御能力的评价方面，主要考察跨系统安全保障在安全风险抵御阶段的保障能力，包括网络安全风险协同预警效果、规避效果与抵御效果等方面风险抵御的能力。其中，网络安全风险协同预警效果指标旨在衡量协同主体在网络安全风险发生前对网络安全风险的提前预警效果；网络安全风险协同规避效果指标旨在衡量协同主体对潜在网络安全风险的有效规避效果；网络安全风险协同抵抗效果指标旨在衡量协同主体对网络安全风险的有效抵御情况，亦即对外界网络攻击的有效防御情况。

在应急安全保障能力的评价方面，主要考察跨系统安全保障在安全风险发生中的应急安全保障能力，包括网络安全保障应急反应速度、应急协同响应效率和应急协同保障效果等方面的安全保障能力。其中，网络安全保障应急反应速度指标旨在衡量协同主体在面对网络安全事件发生时做出应急反应的速度；网络安全保障应急协同响应效率指标旨在衡量协同主体在面对网络安全事件发生时开展的协同响应范围和协同响应实施效率；网络安全保障应急协同保障效果指标旨在衡量协同主体在面对网络安全事件发生时开展的协同响应对网络安全事件处置的效果。

在灾后安全恢复能力的评价方面，主要考察跨系统安全保障在安全风险发生后的灾后安全恢复能力，包括灾后数据安全恢复效果、系统安全恢复效果和协同业务安全恢复效果等方面的安全恢复能力。其中，灾后数据安全恢复效果指标旨在衡量网络安全事件发生后协同主体对受灾数据的安全恢复速度与程度；灾后系统安全恢复效果指标旨在衡量网络安全事件发生后协同主体对受灾系统的安全恢复速度与程度；灾后协同业务安全恢复效果指标旨在衡量网络安全事件发生后协同主体对受灾协同业务的安全恢复速度与程度。

在保障体系强化能力的评价方面，主要考察跨系统安全保障在安全风险发生后的网络信息安全保障体系更新与强化能力，包括协同安全审计分析、协同安全保障功能优化效果与保障流程优化效果的更新与强化能力。其中，协同安全审计分析指标旨在衡量协同主体对网络信息安全风险的持续分析和网络信息安全保障的重新评估能力；协同安全保障功能优化效果指标旨在衡量协同主体对网络信息安全保障功能体系的更新优化范围和效果；协同安全保障流程优化效果指标旨在衡量协同主体对网络信息安全保障跨系统协同运作流程的更新优化范围和效果。

8 网络信息安全全面保障的
全过程协同实施

在面向网络信息安全全面保障进行协同服务组织的基础上，面向网络信息安全全面保障实践，需要以全过程协同为导向，实现面向网络信息安全全面保障的全过程协同实施。而网络信息安全全面保障全过程协同实施既涉及多元主体，也涵盖多业务环节的实施保障，需要围绕网络信息安全全面保障全过程实施框架，立足跨系统共享网络安全、信息资源开发安全、信息资源存储安全、信息资源交换安全、信息资源服务与用户安全等维度，全面推进网络信息安全协同保障工作的开展与实施。

8.1 网络信息安全全面保障的全过程协同实施框架

协同保障体系构架下进行网络信息安全保障全程化实施研究，不是面向单一问题的解决，而是将网络信息资源建设全过程视为一个整体加以保障，需要依托安全链基本思想，将安全要素体系与流程体系进行有机结合，从而对网络信息活动中的不同环节采取更有针对性的安全保障措施，从而构建网络信息安全全面保障的全过程协同实施框架。

8.1.1 基于安全链的网络信息安全保障关键实施环节

将安全链理论的核心思想引入网络信息安全全面保障实施过程，对于网络信息安全全面保障的各实施环节的有序协同具有重要指导作用。与安全链理论在其他领域的应用不同，信息是一种具有生命周期的特殊性资源。通常而言，信息生命周期包括：信息的采集、组织、存储、检索、传递、加工、利用、注销等环节。① 因此，围绕信息生命周期环节的基本特征，信息的管理和保障过

---

① 肖明. 信息资源管理：理论与实践[M]. 北京：机械工业出版社，2014：66-67.

程主要可以划分为：信息采集、信息存储、信息加工、信息利用等主要环节。① 此外，考虑到网络信息资源组织与开发是网络信息活动开展的基础和前提，是网络信息安全保障的重要对象，其作为一个整体，涉及资源组织、资源开发、资源存储、资源利用等网络信息资源建设环节。综合考虑信息管理过程以及信息资源建设的阶段性特征，基于安全链的网络信息安全保障可以分为四个阶段，如图 8-1 所示。

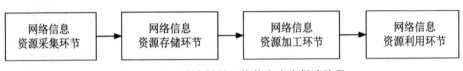

图 8-1　基于安全链的网络信息安全保障阶段

（1）网络信息资源采集环节的安全保障

网络信息资源采集是网络信息资源的获取途径，是网络信息资源管理过程的起点。由于网络信息资源相对分散，网络信息资源的采集需要针对网络信息资源分布的特征采取多元方式开展，并根据实际需求对网络信息资源进行筛选和整合。不同时空域的网络信息资源基于信息采集而不断积累，这一过程若缺乏及时、准确的网络信息资源采集方案及相应的安全保障工作，后续网络信息资源的开发和利用质量将受到直接影响。因此，网络信息资源采集阶段完成的质量以及安全，对整个网络信息资源管理工作过程的成败产生决定性的影响。

（2）网络信息资源存储环节的安全保障

网络信息资源采集后需要对所采集资源进行合理的存储管理，以便后续对相应网络信息资源的组织调用。然而，在网络信息资源存储过程中，存在着数据丢失、损坏、窃取等各类安全隐患，尤其是面向多元主体的网络信息资源存取需求，网络信息资源存储环节的安全保障是网络信息安全全过程保障的重要一环，是网络信息资源持续有效管理的重要基础保障。

（3）网络信息资源加工环节的安全保障

网络信息资源加工是指把采集到的大量原始网络信息资源，按照不同的目

---

① 濮小金，刘文，师全民. 信息管理学［M］. 北京：机械工业出版社，2007：91-125.

的和要求进行筛选、分类、存储、分析等步骤，使之成为规则有序的资源，便于信息资源的存储、检索以及传递。因此，网络信息资源加工过程是构筑在原始信息资源的基础上，生成价值含量高，方便用户利用的网络信息资源，网络信息资源加工的质量与安全保障直接影响到网络信息资源的安全利用。

(4)网络信息资源利用环节的安全保障

网络信息资源利用是指将搜集、加工存储、检索、传递的网络信息资源提供给组织或个人，以满足其对信息资源的需求。它是网络信息资源管理的主要环节，是网络信息资源发挥价值的关键环节。在网络信息资源利用环节中，由于对信息资源的利用主体、利用情境、利用方式等存在差异，容易产生网络信息安全问题，故网络信息资源利用的安全保障有助于决定网络信息资源管理活动目的最终实现。

8.1.2 网络信息安全全过程保障的安全链模型构建

网络信息活动从信息资源采集到信息资源利用整个流程形成了网络信息安全保障链式结构，各个环节之间不是独立的，而是相互作用的。[①] 面向网络基础设施建设与环境安全是网络信息安全链的支撑；协同构架下共享网络的组织建设是网络信息安全链的起点；信息资源开发和存储环节主要是全面挖掘以获取网络信息资源并进行存储保障，是网络信息安全链运作的基础保障；而在整合相关信息资源的基础上进行内容交换和信息服务组织加工，则体现了对网络信息资源深层挖掘和利用，是网络信息安全链产生价值的关键环节。网络信息安全全过程保障的安全链模型，如图 8-2 所示。

(1)跨系统共享网络安全保障

协同架构下，网络信息资源的跨系统共享，需要基于网络的协同组织与开发，整合各个网络信息服务机构的信息资源，突破网络信息服务机构之间信息资源跨系统共享的障碍，并在实施中注重跨系统互操作、信息资源网络与系统安全、安全管理模式、标准与规范等方面的安全保障工作。

---

① 林鑫，胡潜，仇蓉蓉. 云环境下学术信息资源全程化安全保障机制[J]. 情报理论与实践，2017，40(11)：22-26.

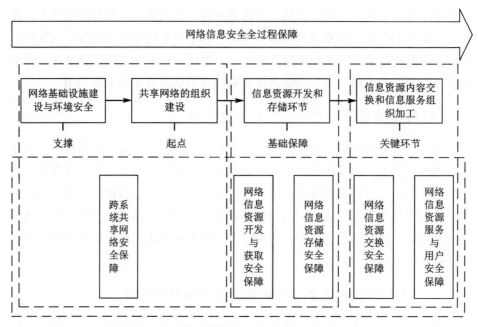

图 8-2　网络信息安全全过程保障的安全链模型

（2）网络信息资源开发与获取安全保障

面对跨系统共享网络，网络信息资源的开发是实现网络信息资源采集和获取的基础，同时对其他自主开发资源的整合，可进一步提升所获取网络信息资源的价值。网络信息资源基础设施提供分布式信息资源开发和采集的基础支撑，而为了保障整合过程中的网络信息资源安全，应重点关注网络信息资源跨系统检索安全、信息采集以及信息资源开发过程中的数据安全保障。

（3）网络信息资源存储安全保障

随着大数据分布式存储与开放计算技术推进，网络信息资源存储安全面临新的挑战。网络信息服务机构将信息资源迁移至云端进行存储，使分布式的网络信息资源在内容层面上得以整合，在整合的基础上，面向用户提供多种形式的信息服务。故面向新的安全形态变化，需要对网络信息资源存储安全保障。

（4）网络信息资源交换安全保障

跨系统的信息资源交换是网络信息协同交互活动中的主要业务内容，网络信息资源跨系统交换安全问题也成为网络信息安全全面保障全过程协同实施中在信息资源组织加工和利用环节中的重要活动。其不仅涉及信息资源跨系统安全交换和互操作问题，也需要充分结合云计算等环境，为协同框架下的面向信息资源云共享的安全环节实施保障。

（5）网络信息资源服务与用户安全保障

在信息资源的组织和利用过程中，围绕多元主体的网络信息资源服务融合和面向用户的网络信息资源嵌入等安全保障问题，将服务安全保障与服务利用安全作为一个关联整体，从服务提供者和用户交互角度进行维护各方权益的安全保障，并重点关注网络信息服务中的用户管控、网络信息资源服务安全监管等关键方向。

8.2 跨系统共享网络安全全面保障的协同实施

伴随着我国信息化战略所驱使的网络信息资源建设跨系统、云共享的协同合作演进趋势，面向信息网络与系统安全层面的全面保障协同实施策略需要围绕跨系统共享网络新形态、新问题构建，尤其是围绕面向云环境的跨系统共享网络基础设施特征，以推动跨系统共享网络安全全面保障的协同实施。

8.2.1 网络信息资源共建共享安全保障

面向网络信息资源共享建设是一项庞大的系统工程，受经济、文化等因素的影响，网络信息资源也呈现出不同的区域特征，这对网络信息资源共建共享安全保障也提出了较高要求。以 CALIS 三期共享域建设为例，其在工作开展过程中发现，由于服务、资金、技术等因素，不同地区间的文献保障服务发展不平衡，东北、华北、华南地区信息资源建设与服务建设基础较好，不同高校图书馆之间的网络信息资源建设也存在不平衡。① 网络信息资源共建共享应该充分考虑区域特征以及对现有共享系统的融合，在避免资源重复建设的同时，协同实施共建共享信息资源的安全保障。

国家层面网络信息资源共建共享涉及多元主体，其中高等院校、公共图书馆、科研机构、档案馆、博物馆等受不同的行政部门管辖，如科技信息机构由

---

① 李郎达. CALIS 三期吉林省中心共享域平台建设[J]. 图书馆学研究，2013(2)：78-80.

科技部负责管理、图书馆的管理工作由文化和旅游部承担等，这种分散的政府管理使得国家网络信息资源共建共享受到限制。基于网络环境，在国家科技部、教育部、文化和旅游部、工业和信息化部等政府部门的组织规划下，我国已经建成了多个信息资源共享平台，扩大了现有信息资源的存储、传播和利用范围，实现了各系统信息资源的交互利用。① 目前，我国在网络环境下已经建成的多个信息资源共享系统包括：由教育部主持建设的中国高等教育文献保障系统（CALIS），服务业务主要涉及公共检索、文献传递、馆际互借、参考咨询等；由科技部主持建设的国家科技图书文献中心（NSTL），服务业务主要涉及全文数据库、期刊分类浏览、联机公共目录查询、专家咨询系统、专题信息服务等；由国家图书馆主持建设的国家数字图书馆共享系统，服务业务主要涉及电子文献、咨询、查询、培训、特色馆藏业务等；由文化和旅游部主持建设的全国文化信息资源共享工程，服务业务主要涉及信息资源联合目录、数字资源建设、文化信息服务等；由科技部主持建设的科学数据共享工程，服务业务主要涉及科技数据、科技成果查询、目录服务、公益性资料等。以上这些共享共建项目的参与主体涉及高等学校、全国各省级公共图书馆、中国科学院、文化和旅游部全国文化信息资源建设管理中心、教育部等众多的信息服务机构。不同领域网络信息资源共建共享的接连有序开展，为网络信息资源共建共享安全组织模式提供了借鉴和参考。

跨系统共享网络搭建的过程中，既有相互分工，又有相互合作。例如国家网络信息资源的共建共享，需要区域管理部门对本地区的信息服务机构进行约束，进而开展跨系统信息资源的安全组织。而相对于国家网络信息资源建设的宏观规划，区域跨系统共享网络则要求结合区域和地区网络信息资源服务发展特征，并协调区域内的信息服务机构的合作，整合本地区的各个信息服务系统。② 从安全保障实践角度，国家层面的网络信息资源共建共享安全保障组织，在结合云计算虚拟化实现技术的同时，采取"区域内共享共建、区域外安全交换"的方式实现国家层面的网络信息资源共享协调与安全保障服务。③ 网络信息资源区域共享共建安全保障协调组织框架，如图 8-3 所示。

---

① 赵杨. 国内外信息资源协同配置研究综述与实践进展[J]. 情报资料工作，2010，31(6)：53-57.

② 赵杨. 国内外信息资源协同配置研究综述与实践进展[J]. 情报资料工作，2010，31(6)：53-57.

③ 刘昆雄. 面向跨系统知识创新的信息服务协同组织研究[D]. 武汉：武汉大学，2013：34-36.

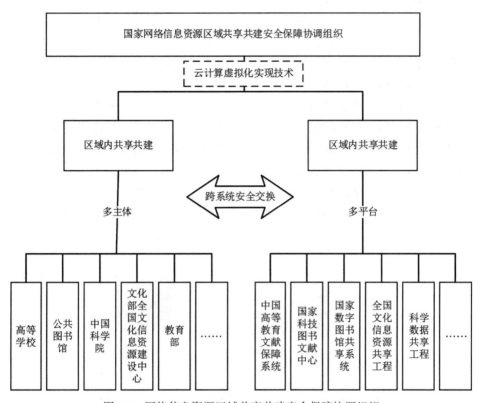

图 8-3　网络信息资源区域共享共建安全保障协调组织

　　考虑到网络技术的迅速发展和信息服务的广泛开展，不同的组织基于 IT 架构建立了不同规模的信息系统，为共享网络的组建提供了支撑。同时，各个信息服务机构在信息服务建设过程都积累了大量信息资源数据，以信息服务机构原有的信息服务为基础，依托大数据及分布式计算技术，构建区域云计算服务中心，则成为云环境下实现区域内网络信息资源共享的重要模式，这也提出了面向云的网络信息资源共建共享安全保障实施要求。云计算服务部署模式有三种：公有云、私有云和混合云。公有云由服务商提供，为最终用户提供 IT 资源，包括应用程序、软件运行环境、基础设施等 IT 资源的安全部署、管理和维护，用户按所用的资源获取服务，公有云的特点在于多租户共享，用户并不知道与自己共享资源的还有那些用户，也无法控制基础设施，公有模式下云服务提供商将多租户的资源进行隔离，负责维护用户的安全，公有云部署模式下用户信息安全风险和成本较低，也易于扩展比较灵活。私有云服务部署模式

235

下，云服务提供商不对外开放，只为本机构和组织提供云计算服务的数据中心，私有云用户完全拥有云计算中心的基础设施，可以控制基础设施是在机构内部署还是在机构外部署，可以控制哪些用户使用云服务。私有云信息安全保障措施较完善，但是私有云利用成本较高。混合云把公有云和私有云结合在一起，信息资源机构可以将自己的核心业务放在私有云上运行，可以保障安全性，将非关键的应用部分部署在公有云上，可以降低成本，同时也能利用公有云快速响应和易于扩展的优势。① 基于云计算服务部署模式的特征，以及网络信息资源共建共享安全保障的需要，面向共享共建的信息资源建设，可以采用混合云模式进行云共享网络的组织，既可以获得公有云的便利性，又可以获得私有云的安全性，如图 8-4 所示。各个信息服务机构将本机构信息资源中对外开放的数据迁移到公有云中，而涉及核心业务的私有数据则保存在私有云中，私

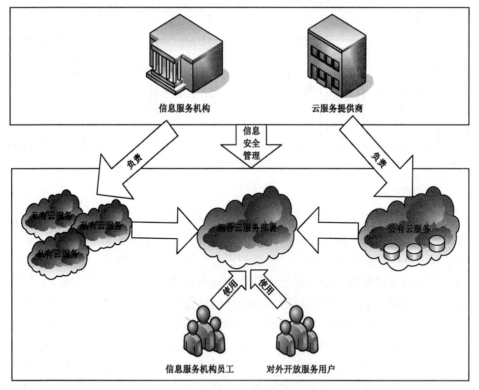

图 8-4　面向共享共建的信息资源混合云部署模式

---

① 汤兵勇. 云计算概论[M]. 北京：化学工业出版社，2014：17-19.

有云针对各个信息服务机构提供独立的云服务，从而提高了信息资源的利用率，同时也通过对数据的分类保护，增强了信息服务机构的信息安全保障能力。

在面向云环境下网络信息资源共建共享的混合云部署模式下，信息安全管理由云服务提供商和信息服务机构共同负责，公有云部分的基础架构归云服务提供商负责，私有云部分归信息服务机构负责。而相应混合云用户则既可以是信息服务机构的内部员工，也可以是对外进行开放服务的用户，以此在保障网络信息资源共建共享安全的同时，提升网络信息资源共建共享组织效率。

8.2.2 面向共享的信息资源网络与系统安全

在网络信息资源共建共享安全组织模式基础上，针对跨系统共享网络安全全面保障实施需求，对比信息服务机构的网络与云数据中心的网络，面向共享的信息资源网络安全建设还面临着传统环境下的网络与系统安全问题，包括拒绝服务攻击、恶意移动代码、协议攻击等，同样需要网络管理人员采用灵活的定制策略实现可信网络的互联、非可信网络安全连接。与传统环境下网络安全不同的是，云计算环境下实现了网络虚拟化，需要从多租户的网络拓扑结构出发，针对不同云服务部署模式的特点进行网络安全部署。在虚拟化的云数据中心，单点的硬件安全设备很难满足虚拟化环境下功能和应用多变的安全保障需要，部署在不同的层级和节点上，对安全实施实时监控。[①]

云数据网络安全技术的核心是软件定义网络（Software Defined Networking，SDN）。SDN 在网络体系结构的演化能提高管理效率，使组织能更好地调整和利用网络资源。SDN 架构如图 8-5 所示，在 SDN 架构中，网络控制和数据解耦，形成的全局网络拓扑在逻辑上集中，底层的基础设施和网络服务的应用程序被抽象化，把网络当成一个逻辑或虚拟实体。[②] 因此，云服务提供商和信息服务机构可以获得可编程性、自动化和访问控制，使其构建高度伸缩、弹性的可信网络以满足信息资源建设的网络安全需求，通过 SDN 控制软件、控制数据层接口实施控制策略，应用程序、策略引擎独立于网络之外。[③④] 采用 SDN 体系，信息服务机构可以获取独立于云服务提供商的逻辑节点控制整个网络，

---

① 李军，王翔. 云数据中心网络安全的新挑战[J]. 保密科学技术，2013(8)：6-11.

② Foundation O N. Software-defined networking：The new norm for networks[R]. 2012.

③ 张朝昆，崔勇，唐翯祎，等. 软件定义网络(SDN)研究进展[J]. 软件学报，2015，26(1)：62-81

④ Montag J. Software defined networking[J]. Network，2014，11(2)：1-2.

不需要处理大量的协议，大大简化了网络的设计和运行。

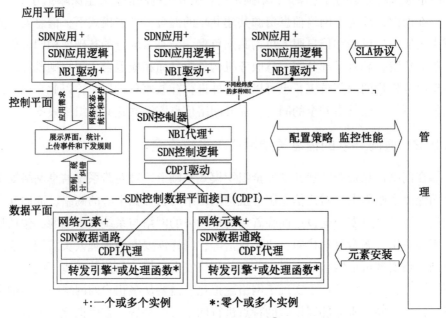

图 8-5　SDN 架构图①

面向共建共享的信息资源混合云服务部署模式，在公有云和私有云数据中心的跨系统互联、异地灾备、不同云计算服务供应商等复杂情况下，物理分散的网络安全部署难以统一，但是可以通过 SDN 架构以及 OpenFlow 标准逻辑集中实施网络安全管理与控制，消除混合云模式下不同的云服务提供商和不同的物理设备之间的差异，通过 SDN 控制器对网络参数、安全事件、流量状态进行监控和 SDN 全局网络视图，对面向云共享信息资源的云数据中心进行全局优化的资源分配和控制，进而推进信息资源网络与系统安全保障工作面向云共享需求的实施。

8.2.3　网络信息资源共享的虚拟化安全实现

跨系统共享网络安全全面保障在云计算环境支撑下，其协同实施还可以借

————————
　　① Open Networking Foundation. SDN architecture overview［EB/OL］.［2020-05-27］. https://www.docin.com/p-876126738.html.

助虚拟化技术，通过支撑网络信息资源和系统资源的按需分配，实现在多租户环境下增加软件和数据的共享，通过虚拟化云计算资源为用户提供可伸缩的建设和部署模式。基于此，虚拟化安全保障已成为增强云环境下网络信息资源共享安全的关键组成部分。和大多数多租户环境下的云服务平台一样，网络信息资源共享服务平台的安全保障同样依赖有力的安全保障机制。网络信息资源共享虚拟化安全的协同实施中三个关键方面，如图 8-6 所示。

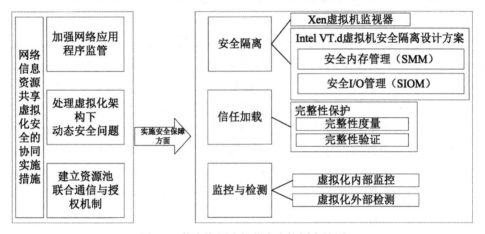

图 8-6　信息资源虚拟化安全协同实施图

①必须加强网络应用程序的监管，防止网络应用程序包含恶意的软件，如病毒、蠕虫、木马等威胁虚拟机的安全。特别是某些恶意软件可以伪装成合法软件或是隐藏自己的进程，逃避病毒扫描器或是入侵检测系统的防护，从而破坏系统的完整性。网络防火墙技术主要是作用于物理网络连接的过滤机制，不能适用于大多数虚拟网络以及拓扑分享链接的地方，可能遭受窃听攻击。很多的程序是为了实现某种特定目标而设计，缺乏对网络应用程序隔离的需求。此外，大多数的虚拟机隔离不能根据资源池安全监控的状态适时调整。

②传统网络安全系统包括需要被虚拟化部署在网络应用程序执行的环境中的入侵检测系统、防火墙等，现有的一些云服务提供商的硬件存在一些不足，部署安全系统的成本较高，而且不能重复部署。替代传统环境下的网络安全设备，虚拟安全设备已经成为快速封装和动态部署在分布式的 IT 基础设施之中的新方式，然而虚拟安全设备很难在多个虚拟机共享的情况下达到最优性能，这个问题在部署网络入侵检测系统的过程中尤为突出。虚拟安全设备需要处理

网络流量波动频繁的网络 I/O 操作，因此需要一种自适应机制处理虚拟化架构下固有的动态安全问题。

　　③基于策略的访问控制必须用于保护虚拟资源的安全，一些网络应用程序经常需要弹性大的计算能力，但是私有云中单独的资源池不能给大量用户提供足够的资源。因此，为了实现特定的目标，需要基于多个资源池的合作，建立联合通信与授权机制以便于更好地访问其他的资源池。现有的混合云可以提供一个接口访问其他的公有云，不支持解决多个资源池联盟所引发的冲突问题。

　　而网络信息资源共享虚拟化环境下的安全保障实施过程中主要可以从以下三个方面开展：安全隔离、信任加载以及监控与检测。随着虚拟化技术的发展，虚拟机被用于物理环境进行动态业务的逻辑隔离，虚拟化计算系统需要平衡和集成多种功能，如计算性能、应用效率的安全隔离。与此同时，来自网络的虚拟化攻击和系统漏洞时有发生，造成了用户的信息安全危险。虚拟化的创新来源于 IBM 早期通过分区隔离和利用虚拟机监视器技术创建在相同的物理硬件操作系统独立运行的虚拟机。在多实例的虚拟化环境中，虚拟隔离的安全保障虚拟机相互独立运行，互不干扰，虚拟机的隔离程度是整个虚拟化平台安全保障的关键要素。①

　　目前主要的虚拟化安全隔离研究主要以 Xen 虚拟机监视器为基础，开源 Xen 虚拟机监视器依赖 VN0 管理对其他虚拟机进行管理，内部或外部的虚拟机容易被攻击，针对 Xen 虚拟机监视器的安全漏洞，基于 Intel VT. d 虚拟机安全隔离设计方案可以较好地解决 Xen 宿主机与虚拟机之间的安全隔离。通过安全内存管理(SMM)和安全 I/O 管理(SIOM)两种手段实现客户虚拟机内存和 VM0 内存之间的物理隔离。在安全内存管理(SMM)架构中，所有客户虚拟机的内存分配都是由 SMM 负责，为了增加内存管理的安全性，SMM 在响应客户虚拟机内存分配请求的时候，利用 TPM 系统生成和分发虚拟机加密、解密的密钥，虚拟机通过加密分配虚拟机内存，SMM 辅助的 Xen 内存管理，为 Xen 虚拟机在实际的安全隔离环境中的应用提供了较高的安全保障。② 此外，在硬件协助的安全 I/O 管理(SIOM)架构中，每个客户虚拟机的 I/O 访问请求

---

　　①　Wen Y, Liu B, Wang H M. A safe virtual execution environment based on the local virtualization technology[J]. Computer Engineering & Science, 2008, 30(4)：1-4.

　　②　林昆，黄征. 基于 Intel VT-d 技术的虚拟机安全隔离研究[J]. 信息安全与通信保密，2011, 9(5)：101-103.

都会到达虚拟机的 I/O 总线上，通过 I/O 总线才能访问到物理的 I/O 设备，通过部署 I/O 控制器，使每个客户虚拟机都有虚拟专用的 I/O 设备，实现 I/O 操作的安全隔离。

对网络信息资源共享的虚拟化安全而言，可信加载是保障其虚拟化安全的重要组成部分，不可信系统产生的根本原因在于恶意软件和代码对完整系统的破坏。因此，保障云计算环境下应用软件来源于可信方是十分重要的，完整性度量是一种证明提供方和来源的可靠方法，在虚拟化安全管理中，同样可以采用完整性度量对用户应用程序和内核代码进行完整性测量。[①] 虚拟化的完整性保护包括完整性度量和完整性验证，完整性度量主要是基于可信计算技术实现，完整性验证则是通过远程验证方进行系统安全可信验证，通过对虚拟机进行完整性保护，提高整个信息资源虚拟化平台的安全和可靠性。

虚拟机安全监控是保护信息资源虚拟化安全的另一个有效手段，利用虚拟机监视器可以对设备的状态和攻击行为进行实时监控。云计算环境下的信息资源虚拟化安全保障不仅包括内存、磁盘、I/O 等纯粹的监控功能，还应该包括对于系统安全性的检测，如恶意攻击和入侵行为等。目前虚拟机安全监控的主流安全架构主要包括虚拟化内部监控和虚拟化外部监控。[②③] 虚拟化内部监控通过将安全工具部署在隔离的安全域中，在目标虚拟机内部植入钩子函数，当钩子函数检测到威胁时，主动通过虚拟机监视器中的跳转模块，将威胁信息传递给安全域，通过安全工具进行响应，以保护虚拟机的安全。虚拟化外部检测同样是将安全工具部署在隔离的虚拟机中，不同的是，虚拟化外部监控是通过监控点实现目标虚拟机和安全域之间的互通，监控点可以主动拦截威胁。通过虚拟化内部安全监控和外部安全监控，可以有效保障虚拟化平台的安全性，进而推动网络信息资源共享的虚拟化安全保障工作。

① Azab A M, NingP, Sezer E C, et al. HIMA：A hypervisor-based integrity measurement agent[C]// Computer Security Applications Conference. IEEE Computer Society, 2009：461-470.

② Bhatia S, Singh M, Kaushal H. Secure in-VM monitoring using hardware virtualization [C]// Proceedings of the 16th ACM Conference on Computer and Communications Security. ACM, 2009：477-487.

③ BD Payne, M Carbone, M Sharif, et al. Lares：An architecture for secure active monitoring using virtualization[C]// Proceedings of the IEEE Symposium on Security and Privacy. Washington：IEEE Computer Society, 2008：233-247.

8.3　信息资源开发与获取安全全面保障的协同实施

以跨系统共享网络安全为基础，针对协同框架下的具体信息资源，需要先对信息资源开发与获取安全进行全面保障和协同实施，在其中既体现知识发现与应用开发的安全保障，同时又兼顾信息资源的可见性和可获取性。

8.3.1　基于元数据的信息资源知识发现安全保障

网络信息资源的知识发现是实现网络信息资源开发的重要途径，需要围绕信息资源元数据安全整合服务和信息资源元数据安全互操作来协同提供信息资源开发安全全面保障。

(1)信息资源元数据安全整合服务

考虑到信息用户通常希望通过网络接口可以查询到多个信息服务机构的有用信息，而不需要对每个信息服务机构进行查询，信息资源面向用户的服务需要在元数据整合的基础上实现各个信息资源机构信息资源查询的快速响应。元数据通常被定义为描述数据的数据，通过元数据来描述网络上的数据和资源，以此来促进网络上信息资源的组织和发现。元数据对信息资源组织和开发的各个环节都十分关键，是实现有效利用信息资源和云服务的基础，围绕信息资源元数据整合服务的安全保障也是信息资源开发安全保障协同实施的关键环节。

针对通过网络实现对不同机构的知识利用的目标，有研究人员提出Harvesting 方法。信息资源安全整合服务需要注重跨系统、跨域的安全整合，基于 Harvesting 方法可以更好地响应信息资源用户的查询和服务利用需求。目前 Harvesting 在数字图书馆领域应用较为广泛，基于 Harvesting 的联邦搜索是数字图书馆领域的研究热点，国际上一些著名的数字图书馆项目如 NDLTD①和 NSDL② 也都是基于 Harvesting 方法作为数字图书馆互操作的解决方案。

---

① 　Suleman H, Atkins A, Gonçalves M A, et al. Networked digital library of theses and dissertations：Bridging the gaps for global access[J]. D-Lib Magazine, 2001, 7(9).

② 　Lagoze C, Arms W, Gan S, et al. Core services in the architecture of the national science digital library (NSDL)[C]// Proceedings of the 2nd ACM/IEEE-CS Joint Conference on Digital Libraries. ACM, 2002, 46(6)：201-209.

Harvesting 方法的基本实现思想在于，通过对信息资源的元数据进行采集，将采集后的存储在元数据临时仓库进行筛选、合并后存储在统一的元数据存储中心，信息资源服务的用户在查询信息资源的时候，通过统一的网络接口访问元数据存储中心，获取相应的元数据查询结果。① 信息资源 Harvesting 结构，如图 8-7 所示。Harvesting 包括一组可以从信息服务机构的信息资源数据库中搜集信息并建立主体索引的集成工具。Harvesting 体系机构主要包括搜集者（Gatherers）和代理（Brokers），每个搜集者的主要任务是从不同信息服务机构的数据库中搜集并提取索引信息，并按增量方式对其进行更新，代理程序为多个信息服务机构数据库建立集成索引。

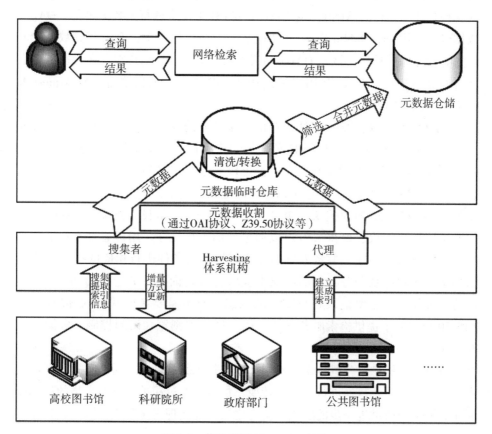

图 8-7　信息资源 Harvesting 结构

① 胡四元. 区域性信息资源整合服务系统的实现[J]. 高校图书馆工作，2009，29（1）：35-37.

信息资源元数据通过 OAI 协议、Z39.50 协议等进行收割，存储至元数据仓储中，面向信息服务用户提供元数据安全检索服务。

①OAI 协议：OAI 协议的目标在于通过对元数据的收割实现不同组织之间的互操作，主要在欧美国家被广泛应用，同时也是我国信息资源整合应用的有效工具。OAI 协议主要包括两个角色：数据提供者(Data Provider, DP)和服务提供者(Service Provider, SP)。基于 OAI 协议信息服务机构，DP 可以有自己的元数据标准，但是必须符合 OAI 协议的规范，SP 可以通过元数据收割机(Metadata Harvester)从 DP 那里进行元数据采集，将采集的数据进行整合处理后，建立元数据之间的关联，为用户提供统一的元数据检索服务。① OAI 协议的实现是在 HTTP 的基础上，采用 GET 或 POST 请求进行元数据采集，OAI 元数据采集采用 DC(Dublin Core)元数据格式，在信息资源公有云存储数据中心和私有云存储数据中心嵌入 OAI 服务器程序，形成 DP 用户端，在云服务中心部署 OAI 客户端，形成 SP 用户端，SP 和 DP 之间的通信通过 OAI request 和 OAI response 实现。

②Z39.50 协议：Z39.50 协议对信息服务业的发展具有重要意义，Z39.50 广泛应用于科研机构、高校图书馆、公共图书馆等部门的信息资源服务建设。基于 Z39.50 协议的信息系统，用户都可以通过网络访问并检索到所需要的信息，突破了时空的限制，促进了信息全球范围内共享，满足了人们多样化的信息需求。② Z39.50 协议定义了基于客户端(Client)和服务器端(Server)结构的网络应用层协议，使得 C/S 可以通过会话进行交互。用户通过客户端向服务器端发送查询请求，服务器端的程序根据查询条件进行相应的搜索并建立结果集，客户端从服务器端的结果中提取符合查询条件的记录给用户。③ 客户机和服务器只需要记录各自交互的状态，而不需要考虑其他的环境因素。Z39.50 协议除了提供检索服务支持，还包括索引浏览、访问控制、资源管理等功能。

由于各个信息服务机构采用不同标准进行元数据处理，对信息资源元数据进行采集后，对元数据进行清洗、转换、加载，通过相关协议所采集的信息资源元数据必须通过进一步的加工、整合之后才能实现安全利用。因此，首先将

---

① 沈艺. OAI 协议及其应用[J]. 现代图书情报技术, 2005(2)：1-3.

② 陈培久. Z39.50 协议应用的比较研究[J]. 情报学报, 2000, 19(1)：31-37.

③ 茆意宏，张俊，黄水清. 异构数据库互操作协议 Z39.50 和 OpenURL 的比较研究[J]. 图书馆理论与实践, 2006(4)：101-104.

采集的信息资源元数据存储在元数据临时仓库，通过内置的函数和脚本进行元数据转换，针对元数据采集中数据出现的不完整、重复等问题进行元数据清洗，经过元数据转换和清洗的数据，从元数据临时仓库加载到元数据仓储中进行保存。①

(2)信息资源元数据安全互操作

元数据可以分为语法元数据和语义元数据，语法元数据主要用来描述文档内容，语义元数据描述关于文档内容的具体领域信息。元数据的语义和语法的标准化以及不同元数据体系之间的映射为信息服务机构服务过程中知识发现的实现奠定了基础。

语义上的异构是信息资源知识发现安全服务面临的挑战，本体为实现语义互操作提供了解决方案，本体被定义一种概念化的显示说明或表示，本体概念模型的应用，使基于不同语言、建模方法构建的异构系统之间实现语义互操作。② 在本体的应用方面，已经有很多学者进行了探讨，主要是基于特定领域或通用本体为基础的应用，在本体的表示方面，已经出现了 DAML+OIL、RDF/RDF Schema 等语言，以及 XOL、OIL 本体交换语言和开放知识互联(OKBC)等概念，基于本体可以挖掘语法不同但是语义相同的知识关联。Laskshminarayan 提出了基于本体和相关关系实现数字图书馆领域互操作的方法，基于 XML Schema 进行本体的定义，统一保存到数据库中，实现了地理参考数字图书馆之间的语义互操作。③ 本体同样适用于信息服务机构之间实现元数据语义互操作的方法。

建立相关领域的元数据标准是促进元数据安全互操作的有效方法，并在元数据标准中定义元数据集及其语义。每个信息服务机构使用安全元数据标准来建设相应元数据数据库，就可以实现不同信息服务机构之间的安全语义互操作。以 RDF 为例，RDF 可以对元数据进行编码与再利用，在此基础上实现网络数据集成，通过对语义、语法和结构的支持，能够提供不同元数据体系之间的互操作性，RDF Schema 能够解决不同元数据集之间的语义重叠问题，已经

---

① 胡四元. 区域性信息资源整合服务系统的实现[J]. 高校图书馆工作，2009，29(1)：35-37.

② Sidney C. Ontology negotiation between intelligent information agents [J]. Knowledge Engineering Review，2002，17(1)：7-19.

③ Lakshminarayan S. Semantic interoperability in digital libraries using inter-ontological relationships[D]. The University of Georgia，2000.

成为网络元数据互操作标准。①

此外，信息资源元数据体系之间的映射关系也是元数据安全互操作的关键，信息资源元数据之间主要区分为语义和结构映射两种，语义映射主要实现不同元数据体系之间的元数据语义映射，结构映射主要解决不同元数据之间的对应关系。元数据的动态映射需要借助网关或中间件进行，将用户请求转换成符合标准的元数据格式或符合目标系统的元数据格式，而静态映射则主要用于元数据仓储。②

8.3.2 信息资源应用开发安全保障

信息资源最终面向用户提供查询、检索等服务，需要进行应用开发，传统网络环境下，各个信息服务机构各自负责面向用户的应用开发或外包给第三方进行应用开发后直接利用，大多数由各个信息服务机构负责应用维护。面向共享共建的网络信息资源开发，如果信息资源迁移到云端进行存储，信息资源应用开发安全将面临新的挑战。PaaS 在 IaaS 的基础上提供了适用于信息服务机构的开发环境，信息服务机构可以利用 PaaS 的编程接口、编程模型及软件栈等相关服务进行信息资源应用开发、测试和部署，同时可以快速调用云端存储信息资源，进行应用的统一部署，不需要由各个信息服务机构负责烦琐的应用维护，可以实现统一安全管理，提高信息资源应用开发的效率，避免资源的重复投入。PaaS 模式下安全问题主要由信息服务机构和云服务提供商共同承担，PaaS 在应用开发之前就必须采用合理的防护措施，以减少 PaaS 服务模式下的安全风险。

(1) 云环境下信息资源应用开发接口安全

PaaS 模式为信息资源开发人员提供编程接口进行应用开发和云服务接入，各个信息服务机构在利用云服务平台不断完善本身服务质量的同时，也在不断促进云服务平台的完善。PaaS 模式下信息资源应用开发安全风险主要来自 PaaS 提供的编程模型、接口以及 PaaS 环境。

在应用开发阶段，PaaS 提供包括编程接口、操作系统、第三方应用等综

---

① 高文，刘峰，黄铁军，等. 数字图书馆：原理与技术实现[M]. 北京：清华大学出版社，2000.

② 张付志. 异构分布式环境下的数字图书馆互操作技术[M]. 北京：电子工业出版社，2007：40.

合的开发环境，涉及的范围较广，如果中间任何一个环节出现漏洞，都可能被攻击者利用，对信息服务机构开发人员所开发的应用进行攻击。信息服务机构开发人员在利用 PaaS 开发环境过程中，PaaS 集成众多应用开发需要的模型、方法，如果开发人员不明确这些编程模型的详细内容，可能也会造成编写出的应用程序存在安全漏洞。此外，PaaS 云平台本身具有特定的安全防护策略，会封装成安全对象供用户调用，但是如果安全防护策略过于复杂，会加大信息资源应用开发的难度。

目前，云计算环境下尚未形成统一的开发接口规范，云服务提供商普遍采用自己的开发接口规范，导致信息服务机构采用 PaaS 的安全风险增加。如果信息服务机构进行云平台迁移，开发人员需要花大量的时间重新熟悉开发模式、开发周期、接口，面临着很多的限制，可能导致云应用无法适应新的云平台环境，这就造成了云平台绑架开发人员的问题。相对于单独的云服务提供商提供 PaaS 环境下的应用开发，信息资源应用开发涉及混合云服务模式，需要在不同云服务提供商的跨云平台进行，不同的云平台存在不同的接口规范，对数据类型的要求也不一致。因此，造成信息资源应用开发的难度增大，需要加强各个云平台之间的交互与协调。

云环境下信息资源应用开发，接口安全是其安全保障的关键要素，为了解决不同云平台之间接口集成问题，比较好的解决方案是实施第三方接口集成和管理机制，由第三方提供应用管理模块，供信息资源应用开发人员发布接口，信息资源应用的开发人员通过 SDK 中编写接口描述文件，将接口发布到云平台中。第三方的应用管理平台可以下载到本地进行部署，通过在本地部署将接口信息发送到云平台进行统一管理。① 信息服务机构的开发人员可以在云计算环境中部署自己的应用，可以较为便捷地实现接口托管，保障平台的可用性。②

（2）基于沙盒技术的云计算环境下多租户安全隔离

信息资源应用部署阶段，信息服务机构将自己的应用部署 PaaS 中，由

---

① 陈毓亮. 基于接口集成的云开放平台[D]. 武汉：华中科技大学，2013：13-16.
② Sun L, Chen S, Liang Q, et al. A QoS-based self-adaptive framework for OpenAPI [C]// 2011 Seventh International Conference on Computational Intelligence and Security. IEEE Computer Society，2011：204-208.

PaaS 的运营管理系统负责解决应用运营中的问题。虽然云服务提供商提供基础的安全保障策略，但是默认部署云服务提供商的安全配置可能无法抵挡大部分攻击，而且在过程中出现部署不当，将直接影响信息资源云应用的安全性。信息资源基于 PaaS 进行应用开发，在多租户的情况下，云服务提供商无法对每个隔离后应用程序开发环境进行监控，容易产生安全漏洞。此外，云计算环境下 PaaS 的运行管理系统无法针对不同应用特点制定合理的资源配置策略，可能在开发过程中出现资源争夺、资源供给不及时等情况，影响信息资源开发应用的效率和可用性。

为了保障云计算环境下信息资源应用部署的安全性，应该对云计算环境下多租户应用进行安全隔离。沙盒技术通过将不被信任的程序在隔离的虚拟空间中运行，从而降低病毒等攻击程序造成的风险，同时，沙盒技术的回滚机制可以将攻击程序的痕迹抹去，使系统保持正常状态运行。① Java 在 JDK1.0.2 中提供了最初的沙盒安全模型，主要约束不信任程序的运行，保障公共网络的安全。沙盒模型的本质，在于建立可信的运行环境，对于不可信的程序通过沙盒的虚拟空间进行隔离、观测以确定其安全性，确定为攻击程序进行阻断和恢复，防止其对系统造成破坏。② Sunbelt 公司开发的沙盒产品 CWSandbox 不仅能够全面的分析恶意程序，而且能对系统上的 API 进行监控，对攻击者的安全漏洞攻击具有一定的防护能力。

引入沙盒技术可以较好地解决应用安全隔离的问题，利用沙盒技术可以基于云计算资源虚拟化营造无数个沙盒虚拟空间，每个沙盒虚拟空间不受其他沙盒虚拟空间的干扰，在沙盒虚拟空间内正常运行自己的应用程序。沙盒控制模块是沙盒技术的核心，其作用主要体现在任务控制、分析控制和虚拟机控制。将沙盒技术引入云计算环境下信息资源应用部署安全保障，利用沙盒技术实现的具体功能包括：根据控制台设置的优先级，对分析任务进行排序、生成目标程序的分析日志文件、锁定和释放对虚拟机的控制权等，云计算环境下信息资源应用部署沙盒控制，如图 8-8 所示。③

---

① Jana S, Porter D E, Shmatikov V. TxBox：Building secure, efficient sand boxes with system transactions[J]. IEEE Xplore, 2015.

② 王洋，王钦. 沙盒安全技术的发展研究[J]. 软件导刊，2009(8)：152-153.

③ 何国贤. 基于沙盒技术的多平台恶意程序分析工具研究与实现[D]. 成都：电子科技大学，2013：38-40.

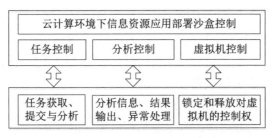

图 8-8　云计算环境下信息资源应用部署沙盒控制

沙盒分析模块是系统中的关键模块，针对所提供程序的类型匹配对应的分析平台策略，通过与虚拟机建立密切关联，沙盒分析控制模块可以实现对虚拟机内运行的目标文件状态的监测，并对相关状态进行记录。

8.3.3　信息资源跨系统检索安全保障

在信息资源开发安全保障协同实施的基础上，围绕信息资源的快速获取环节，还要从信息资源跨系统检索安全方面进行协同安全保障。加密技术提高了信息资源跨系统检索的安全性，但同时也面临着密文存储利用效率受限的难题。为了解决密文存储利用效率的问题，密文数据检索技术应运而生，为提高信息资源跨系统检索安全及利用效率提供了参考。信息资源主要包括结构化的数据和半结构化的数据，结构化的数据如关系型数据库和对象数据库都经过人为的信息加工，包括表、类型、对象等元素。随着 Web2.0 技术的发展，越来越多的网络数据进入到信息资源体系中，HTML、XML 等半结构化的数据在信息资源体系中的比重不断加大。

（1）结构化信息资源的密文检索

基于结构化数据的加密检索技术具有代表性的是关系型数据的 DAS 密文检索模型，Hacigumus 和 Iyer 等（2002）提出了数据库即服务 DAS 理念，数据库服务提供商为用户提供新的数据管理模式，用户可以将数据库外包给数据库服务提供商进行管理，由数据库服务提供商给用户提供存储、访问控制等服务。① 相关研究基础上，实践中也常基于 DAS 模型对信息资源的加密数据采

---

① Hacigumus H, Iyer B, Mehrotra S. Providing database as a service［C］// Proceedings of The 18th International Conference on Data Engineering. IEEE Computer Society，2002：29-38.

用 SQL 查询方案。

信息服务机构在向客户端提交明文数据的同时，提交明文的查询语句，客户端通过加密/解密中间件对信息资源数据进行加密/解密。客户端首先对信息资源明文数据进行加密，提取元数据同时将相应的明文查询语句转化为密文查询语句，并存储在云数据数据库中。由云服务器负责信息资源密文数据的存储，并执行相应的密文查询。信息资源数据云存储过程中对云服务提供商的信任是有限的，为了更好地保护数据隐私和防止数据泄露，可对敏感属性关系表构建隐私保护指标，这些指标可以用来评估混淆查询范围，以减少数据泄露的风险，并基于分桶技术设计了 QOB 和 CDF 算法，解决了密文存储的数据范围查询。① 分桶技术运用也是整个方案的支撑，在加密阶段，客户端对信息服务机构的信息资源原始数据进行加密，并且利用元数据存储系统给信息资源原始数据进行属性值划分，根据不同的属性特征进行相应的分桶设计。然后将信息资源密文数据和桶标签等描述信息一起上传到云服务提供商的云存储中心。在检索阶段，客户端根据中间件进行解密，将信息服务机构和个人用户的检索请求转换为信息资源密文查询的数据，传输至云存储中心，云存储中心按照密文查询语句返回查询结果，通过中间件转化为明文查询结果返回给最终用户，在保护信息资源机密性的同时，保障了信息服务利用效率。

（2）半结构化信息资源的密文检索

半结构化的信息资源数据格式主要包括 HTML、XML 等，可扩展标记语言（Extensible Markup Language，XML）是 W3C 联盟提出的适用于网络数据交换、定义电子文件机构和内容描述的标准。早在 1998 年 W3C 联盟就已经推出了 XML1.0 版本，用于指导网络数据的传输。XML 标准的复杂性和灵活性适合对半结构化的信息资源进行处理，可以作为半结构化数据表示的统一数据模型，将不同类别的半结构化信息转换为 XML 格式进行保存。目前，很多网络数据采用 XML 格式进行存储，众多的学者对 XML 数据的密文检索进行了探索，其中 Wang 和 Laksmannan（2006）提出了针对 XML 加密数据库的安全查询算法，该方案基于 Xpath 对不可信服务器上的 XML 加密数据库进行查询处理，通过将明文 XML 查询的标签数据值转换为密文，实现密文查询。同时，服务器对查询结果产生的密文块 ID 和满足结构的节点进行比对，将满足结构和数字约

---

① Hore B, Mehrotra S, Tsudik G. A privacy-preserving index for range queries [C]// International Conference on Very Large Data Bases. VLDB Endowment, 2004: 720-731.

束的结果返回客户端，这种高效安全的查询架构对云计算环境下半结构化信息资源密文检索具有指导作用。① 研究指出，随着 Web 页面、电子邮件、音频等非结构化数据的爆炸式增长，对非结构化数据进行有效检索和管理面临着困境。传统的加密策略针对整个 XML 文档，虽然保障了数据的安全性，但是检索效率较低。为了在保障数据安全性的同时提高检索效率，提出了建立结构索引和值索引，采取将数据存储在不可信服务提供商处，但是将结构索引和值索引存储在客户端的安全策略，减少索引数据被破解而导致密文数据泄露的可能性。②

　　基于 XML 的信息资源密文存储查询方案，在半结构化信息资源加密阶段，信息服务机构首先将半结构化信息资源数据通过 XML 统一数据格式，转换成功后，将 XML 明文传输至可信客户端进行加密和提取元数据。在信息资源加密阶段注意保持信息资源原始数据的结构信息以及节点之间的隐私关联，防止来自网络攻击的破坏。生成 DSI(Discontinuous Structural Interval)索引和密文块作为结构索引，通过结构索引可以准确地找到 XML 节点的路径和位置，生成值索引以支持范围查询。随后将密文和元数据信息存储在云存储数据中心，在查询过程中，DSI 索引表用于查找满足结构要求的节点，值索引用于查找密文块 ID，通过密文块 ID 查找对应的密文块。客户端则通过对密文块解密和执行 XML 原始查询语句，将查询结果返回给信息服务机构以及个人用户等最终用户。③

8.4　信息资源存储安全全面保障的协同实施

　　伴随着网络信息资源协同开发与获取效率的提升，为了实现跨系统信息资源便捷的存取利用，当前网络信息资源大多通过云端进行存储。基于云计算网络环境的信息资源存储安全全面保障成为网络信息安全全面保障的重要协同实施路径。

---

① Wang H, Lakshmanan L V S. Efficient secure query evaluation over encrypted XML databases[J]. VLDB, 2006：127-138.

② 刘念. DAS 模型中的数据库加密与密文检索研究[D]. 北京：北京邮电大学，2010：11-13.

③ Wang H, Lakshmanan L V S. Efficient secure query evaluation over encrypted XML databases[J]. VLDB, 2006：127-138.

8.4.1 信息资源密文云存储

信息资源在云迁移前首先对数据进行加密，再将加密后的数据迁移到网络/云端，通过这种方式提高数据的安全性。信息资源加密主要依托密码学技术，通过加密算法改变信息资源数据的原有意义，使其不可读。加密算法主要包括对称密钥加密（Symmetric-key Cryptography）和非对称密钥加密（Asymmetric-key Cryptography）。对称密钥加密是使用一种简单的密钥进行加密和解密，加密解密密钥是互逆的，其中 P（Planittext）是明文，C（Ciphertext）是密文，K（Key）是密钥，对称密钥加密典型的实例包括 DES、3DES、Blowfish、IDEA、RC4 等，加密算法 Ek(x) 通过相应的加密算法从信息资源的原信息创建一个密文，解密算法 Dk(x) 就是从信息资源的密文解密成明文，对称密钥加密解密如果作用于同一个文件那么它们的作用会相互抵消。对称密钥加密算法的开销较低，复杂性较低，在使用效率上具有一定优势。需要注意的是，对称密钥加密的安全性较非对称密钥加密低，使用对称密钥加密可以根据 Kerckhoff 原理把加密和解密公开，因此把公共密钥进行保密是较安全的方式。信息服务机构与云服务提供商需开发两个信道，一个信道用于信息资源数据传输、一个信道用于交换密钥。信息资源云迁移前的对称密钥加密安全模式，主要运用对称密钥进行加密，公共密钥的共享可以由信息服务机构和云计算服务提供商双方进行，也可以由双方都信任的第三方给予相同的密钥，或创建临时密钥进行数据加密。①

相对于对称密钥加密，非对称密钥加密在实际应用过程的优势在于，密钥传递和管理相对简单，安全性相对较高。从算法的实用性来看，非对称密钥加密可以用于公证和数字签名，用途更加广泛。因此，信息服务机构在实际的应用过程中需要综合考虑成本以及安全性。如果信息资源迁移至云端，信息资源数据安全责任主要由云服务提供商承担。云服务提供商需要创建公钥和私钥，由服务提供商负责密钥的分配，需要建立可信的公钥分配通道将公钥传递给信息服务机构，信息服务机构和云计算服务商在通信中不能使用相同的密钥。在信息资源密文存储中，对称密钥加密和非对称密钥加密的应用各有优缺点，对于信息服务机构而言，最好的方式是综合运用对称密钥加密和非对称密钥加密，使两者互为补充。②

————————————

① Behrouz A Forouzan. 密码学与网络安全[M]. 北京：清华大学出版社，2009：51-52.
② 李丹，薛锐，陈驰，等. 基于透明加解密的密文云存储系统设计与实现[J]. 网络新媒体技术，2015(5)：26-32.

8.4.2 信息资源云存储访问控制安全保障

访问控制是指通过用户身份将不同用户归属某些预定义组，限制不同的用户对数据的访问能力及范围。信息资源迁移到云端进行存储，服务和存储都发生了很多变化，导致云计算环境下信息资源访问控制难度加大，这些变化主要体现在以下几个方面：①云计算环境下信息服务机构与信息资源数据的分离，无法实现直接管理；②云服务提供商属于不完全可信方，信息服务机构购买云服务提供商提供的云计算服务，双方通过服务等级协议约定权利和义务，确认有效的监督机制，但是信息服务机构和云服务提供商之间缺乏信任；③云计算环境下信息服务机构采用混合云服务模式进行部署，公有云部分多租户共享，使得访问控制的主体需要重新进行定义；④虚拟化技术很可能使云存储资源受到共享同一物理设备的用户攻击，利用虚拟化技术漏洞，攻击者通过攻击虚拟机可能造成整个云存储系统的瘫痪。①

目前，国内外学者已经开展了诸多云计算环境下访问控制模型的研究，大部分在传统访问控制的基础上进行扩展，以适用于云计算环境下分布式计算所带来的访问控制模式变化，云计算环境下信息资源访问控制模型主要包括以下几种类型：

①基于角色的云计算访问控制模型（Role-Based Access Control，RBAC），RBAC模型采用用户角色与用户访问权限相关联的方式，对用户的访问权限进行预先的分配。其具体的过程是，对用户指派不同的角色层次进行权限分配，系统通过不同权限对用户实现访问控制，这里的权限分配是统一由系统管理员进行强制分配，用户并不参与访问权限的分配过程。RBAC采用对权限进行预先分配的机制，在实施过程中不对用户访问权限的使用进行监管和控制。在云计算环境下信息资源集中存储，用户角色关系复杂，在混合云服务部署模式下，公有云和私有云以及不同的安全域之间有多种身份和不同权限，采用RBAC模式面临较大的风险，缺乏过程中的控制，很可能在发生安全事故后才发现用户的非法访问。

为了更好地提升云计算环境下的访问控制安全，需要在RBAC模型的基础上针对云计算环境下的访问控制特征进行改进，如针对云计算环境下用户角色的动态改变问题引入信任值，通过信任值确定用户的信任等级，通过信任等级

---

① 王于丁，杨家海，徐聪，等.云计算访问控制技术研究综述[J].软件学报，2015，26(5)：1129-1150.

划分用户访问云端资源的权限。① 亦可根据信任度和行为计算出的结果为用户权限的分配提供参考，同时结合不同的用户角色特征为用户进行访问权限的分配。② 以上基于角色的云访问控制模型解决了云存储中的信息资源访问安全问题，但是适用于云内部，没有充分考虑跨域和跨云访问的情况，针对以上情况还需要引入新的访问控制方案。③

　　②基于属性加密的云计算访问控制模型(Attribute Based Encryption-Access Control，ABEAC)。与基于角色的云计算访问控制模型不同，ABE 能较好保障用户的隐私以及共享数据的安全，ABE 主要是利用密码学技术将用户的身份属性作为密钥来标识用户的身份。ABE 由 Sahai 和 Waters 在 2005 年首次提出，通过加密和解密实现了用户属性集和访问控制结构相结合，当一个用户通过 ABE 向多个用户发送加密数据，那么只有通过授权的用户才能对加密数据进行访问。④ ABE 的优点在于通过加解密，防止了非授权用户的非法访问；在一对多的关系中，信息服务机构只需要根据密文属性集进行加密，而不需要考虑数据接收方的数量，节约了成本。ABE 框架中通过属性集，如用户的所属单位、职务、性别等，将密文属性级设为{A，B，C}，因此 ABE 访问控制对象是具有某些属性值组合的用户集合。ABE 构架首先由授权机构生成系统的公钥和主密钥，利用公钥和主密钥根据数据接收方的属性集生成私钥后分发，然后信息发送方通过公钥和密文属性集对数据进行加密后发送给数据接收方，数据接收方收到解密的要求，则可以利用私钥对数据进行解密获取明文。ABE 虽然安全保障性较高，但是应用在云计算环境下有一定的缺陷，在于：其访问控制策略只支持属性的门限控制层策略，灵活性较差；消息的门限参数不能由信息服务机构决定，而是由授权机构决定，影响了云计算利用的效率。由于基本 ABE 架构的不足，Goyal 等(2006)提出了基于密钥策略属性基加密(Key Policy-attribute Based Encryption，KP-ABE)。由数据接收方制定访问控制策略，由授权机构根据访问控制策略生成私钥，同样是由数据接收方判断是否符合解

---

① 张凯，潘晓中.云计算下基于用户行为信任的访问控制模型[J].计算机应用，2014，34(4)：1051-1054.

② 林果园，贺珊，黄皓，等.基于行为的云计算访问控制安全模型[J].通信学报，2012(3)：59-66.

③ 王静宇.面向云计算环境的访问控制关键技术研究[D].北京：北京科技大学，2015：20-25.

④ Sahai A，Waters B. Fuzzy identity based encryption[J]. Lecture Notes in Computer Science，2004，3494：457-473.

密条件，符合解密条件才可以对密文进行解密。KP-ABE 的优势在于每个用户都有相对应的访问控制策略树，可以实现云计算环境下共享数据的细粒度访问控制。缺点与 ABE 一样，密钥的生成和分配需要通过授权机构进行，不能由数据发送方进行完整的访问过程控制。①

　　针对 KP-ABE 存在的缺陷而提出的基于密文策略属性基加密方案（Ciphertext-Policy AttributeBased Encryption，CP-ABE），直接由数据发送方根据用户的属性生成和分配密钥，在访问共享数据时，每个用户都会被分配到属性组中，只有当用户属性组满足访问控制策略，数据接收方才可以利用私钥进行密钥解密。② CP-ABE 在 ABE 和 KP-CBE 基础上进行了改进，由于 ABE 和 KP-CBE 的访问控制策略都是由授权机构决定，而实际需要满足的是数据发送者的访问控制需求，灵活性和操作性较差。CP-ABE 的访问控制策略由数据发送方决定，并进行加密和解密机制设计，更适于云计算环境下信息资源的共享性和开放性，能够灵活地实现信息资源数据共享细粒度访问控制。

8.4.3　信息资源云存储数据完整性验证

　　为了确保存储在云数据中心的信息资源不被篡改和破坏，云存储中的数据完整性验证（Provable Data Integrity，PDI）至关重要。在云计算环境下，信息资源面临着数据完整性被破坏的风险，而完全依靠不可信云计算服务供应商提供数据完整性验证，信息资源的状态无法有效地进行监督，云服务提供商可能为维护自身的利益，向信息服务机构隐瞒实际的情况。云计算环境下数据完整性面临着高风险，传统网络环境下，信息资源主要存储在本地服务器中，通过基于数字签名、数据结构的验证可以进行完整性验证。而云计算环境下信息资源数据迁移至云端存储，虽然也有信息服务机构为了安全在本地留有副本，但是随着业务的开展和信息资源的实时更新，产生的数据绝大多数都持续保存在云端。因而，与传统网络环境下的数据完整性验证相比，云计算环境下信息资源的完整性验证最直接的方法是从云服务提供商数据中心将存储的信息资源数据下载到本地，然后通过完整性验证方法进行验证，但是这样的操作效率较低而且信息服务机构会承担巨大的通信费用。因此，解决云计算环境下信息资源完

① Goyal V, Pandey O, Sahai A, et al. Attribute-based encryption for fine-grained access control of encrypted data[J]. Proc. of Acmccs, 2006：1-12.

② Bethencourt J, Sahai A, Waters B. Ciphertext-policy attribute-based encryption[J]. IEEE Computer Society, 2007：321-334.

整性验证的关键在于如何在没有本地数据副本的情况下进行数据完整性验证。

　　较云服务提供商而言，信息服务机构计算资源和能力毕竟是有限的，以及为了保障信息资源完整性验证的公平性和公正性，云计算环境下信息资源的完整性验证可以引入可信第三方审计 TPA(third-party auditor)，TPA 具有单个信息服务机构不具备的计算和审计能力，在获取信息服务机构的授权后，代替信息服务机构执行云端信息资源数据的完整性验证。

　　针对现有云存储系统的缺陷，从云存储数据安全保护的角度，构建第三方审计方案，应该包括三个主体，云服务提供商提供存储空间和计算资源、信息服务机构将信息资源存储在云端、具备专业知识和能力的第三方审计代替信息服务机构评估云存储服务的可靠性。信息服务机构依靠云服务提供商提供的数据存储和保护，通过云服务访问和更新存储数据，但数据的动态变化使其完整性面临着较大风险，借助 TPA 进行存储数据的完整性验证。①

　　目前，有很多学者对云计算环境下数据的完整性验证实现技术进行了研究，Ateniese 和 Burns 等(2007)提出了数据持有性证明(provable data possession, PDP)模型，通过使用同态标签技术(homomorphic verifiable tags)和挑战-响应协议(challenge/response protocol)来实现对云存储数据的完整性验证，但是该方案不能满足数据动态操作的要求。② Wang 等(2009)利用 Merkel 哈希树提出用于支持公共审计的完整方案，但不足之处在于，在验证过程中可能会导致用户数据的丢失与泄露。③ 赵洋等(2015)从隐私保护的角度，提出了基于无双线性对的数据完整性验证方法，同时引入代理重签名服务器对用户的私钥进行保护。④

　　以相关研究为基础，可以将云存储信息资源完整性验证划分为初始化、挑战和响应三个阶段，信息资源云存储完整性验证整体框架，如图 8-9 所示。初始化阶段对信息服务机构运行 KeyGen 函数生成公钥(PK)和私钥(SK)，然后，对存储的文件进行分块 $F = (m_1, m_2, \cdots, m_n)$，运行 SigGen 函数对文件块进

　　① Wang C, Wang Q, Ren K, et al. Privacy-preserving public auditing for data storage security in cloud computing[C]// INFOCOM, 2010 Proceedings IEEE. IEEE, 2010: 525-533.

　　② Ateniese G, Burns R, Curtmola R, et al. Provable data possession at untrusted stores [C]// ACM Conference on Computer & Communications Security. ACM, 2007: 598-609.

　　③ Wang Q, Wang C, Li J, et al. Enabling public verifiability and data dynamics for storage security in cloud computing[C]// Proc. of ESORICS'09. Saint, 2009: 355-370.

　　④ 赵洋, 任化强, 熊虎, 等. 无双线性对的云数据完整性验证方案[J]. 信息网络安全, 2015(7): 7-12.

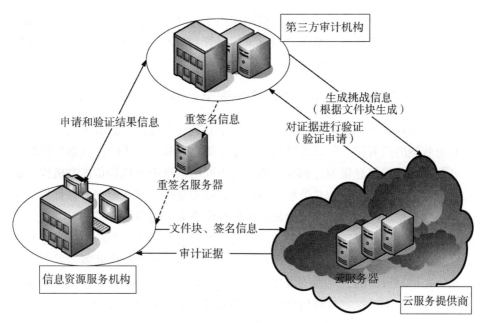

图 8-9　信息资源云存储完整性验证整体框架

行签名，将文件块和相对应的签名信息保存至云端，同时删除本地数据，重签名信息则由签名服务器生成和进行分发。① 挑战阶段，由 TPA 运行 ChalGen 函数生成挑战信息，从文件 F 分块索引集合 $[1, n]$ 中随机挑取 C 个块索引 $\{s_1, s_2, s_3, \cdots, s_n\}$，将根据文件块生成的挑战信息发送给云服务提供商，云服务提供商接受挑战信息，运用 GenProof 函数生成审计证据，并发送给信息服务机构。验证阶段，第三方审计者在收到云计算服务供应商发过来的证据后，发送给重签名服务器进行重签名后返回第三方审计者，由第三方审计对证据进行验证。

在信任缺失成为阻碍云存储数据安全的最大障碍时，除了利用技术实现信息资源云存储完整性验证，建立信息资源云存储完整性的问责机制对于信息资源云存储数据安全也至关重要。虽然引入可信第三方可以提高整个系统的可信度，但是云计算环境下取证较为困难，一旦发生安全事故，很难追究云服务提供商的责任。通过生成凭单列表，记录信息服务机构和云服务提供商之间的操作记录，无论是创建、更新、删除文件，在操作完成后都必须运行凭单生成协

① 谭霜，贾焰，韩伟红. 云存储中的数据完整性证明研究及进展[J]. 计算机学报，2015，38(1)：164-177.

议，系统将凭单链表存储在云端，引用项用于文件所有者身份、文件标识和凭单项标识，将引用项发送给信息服务机构保管，从而为信息资源云存储完整性验证提供机制层面的安全保障。①

8.4.4　信息资源云存储备份与容灾安全保障

　　云计算环境下信息资源迁移至云存储中心进行存储，信息服务机构虽然仍享有对数据的所有权，但是管理权归云服务提供商所有。传统信息系统环境下信息服务机构将信息资源存储在本地，由不同的信息服务机构负责本机构系统的安全维护，安全风险相对分散，而将信息资源集中存储在云端，一旦发生灾难或遇到其他原因的破坏，所造成的破坏程度更大，信息服务机构将蒙受巨大损失。一般而言，灾难指的是突发的、无法预料的、造成损失的事件，主要包括自然灾害、系统设施的损害和操作失误。一方面云服务提供商需要采取管理措施防止信息资源遭到人为的破坏；另一方面云服务提供商需要利用云灾备技术保证在发生不可控灾难时信息资源能够获得恢复，如图8-10所示。

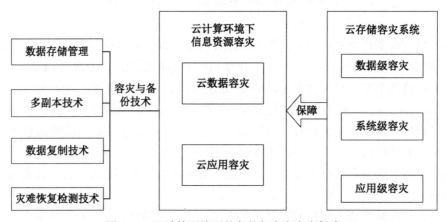

图8-10　云计算环境下的备份与容灾安全保障

（1）云计算环境下信息资源云存储的容灾保护

　　云计算时代，众多云安全事故的发生给人们带来了巨大的经济损失。在云

―――――――

　　①　范振华.云存储数据完整性验证和问责机制的研究[D].河北：河北大学，2014：20-24.

计算环境下，数据的安全和云平台的持续可用性都是云计算安全的关键，因此，Amazon、Microsoft、Google 等云服务提供商都在提供云服务过程中积极部署云灾备以增加云计算环境下云服务与云应用的安全性。根据容灾保护对象的不同，云计算环境下信息资源容灾可以分为云数据容灾和云应用容灾两种类型：①

①云数据容灾。云数据容灾通常是构建数据备份中心实现关键数据的保护，防止云端数据受到灾难的破坏而不可恢复。当云服务中心的系统受到灾难，数据被破坏，服务被迫中断，此时可以启用云数据备份系统以保障云存储中心数据快速恢复。云数据容灾主要的思路是数据冗余+异地备份，在实践过程中，云备份中心的数据很可能因为延时影响完整性，但是应用数据的可用性和一致性是可以保证的，基于云备份中心，云服务提供商可以快速地恢复云服务，将灾难所带来的损失减到最低。

②云应用容灾。通过对云应用服务系统的备份，在云应用服务系统遭到灾难破坏时可以迅速切换到备用系统，保障云计算环境下应用服务的连续性。在实践过程中，虽然云应用容灾能较好地保障云应用服务的可用性和持续性，但是构建两个以上云应用服务系统成本过高，因此，云应用容灾方案采用的组织较少。

按照生产中心和灾备中心距离的远近，可以分为同城灾备和异地灾备。同城灾备生产中心和灾备中心距离近，优势在于数据同步传输，可以较好地实现数据完整性和可用性，劣势在于一般用于供电故障、系统故障、人为破坏等，对灾难的防范能力较低。异地灾备生产中心和灾备中心相隔距离远，优势在于对于自然灾害、战争等风险有较好的防范能力，缺点在于两个中心之间的数据为异步传输，存在延时、容易造成数据的丢失与泄露。同城灾备和异地灾备各有优缺点，所以对于云计算的超大型数据中心，为达到最理想的灾难恢复效果，可考虑采用同城和异地各建立一个灾备中心的方式进行灾难备份与恢复建设。②

容灾备份中心是云存储系统的有机组成部分，为云存储系统提供完善的数据保护和恢复机制。容灾备份中心云存储生产系统互相关联、互为补充，共同确保业务的连续运行和服务的持续提供。云存储系统的灾备建设可以采取同城

---

①　钟睿明.富云：一种跨越异构云平台的互备可靠云存储系统的实现机制研究[D].北京：北京邮电大学，2014：22.

②　金华敏，沈军，等.云计算安全技术与应用[M].北京：电子工业出版社，2012.

双中心加异地灾备中心的"两地三中心"模式，兼具高可用性和灾难备份能力。"两地三中心"在同城建立两个可独立承担系统运行的云存储中心，双中心通过高速链路实施同步数据，日常情况下，可以同时分担业务及管理系统的运行，并可切换运行，灾难情况下可在基本不丢失数据的前提下进行灾备应急切换，保证业务连续运行。为提高应对地理和自然灾难的能力，需要在异地建立一个备份的灾备中心，采用异步复制模式，无距离限制，当同城双中心全部故障后，异地灾备中心可用备份数据进行业务的恢复。

云计算的数据中心存储了跟业务相关的所有数据。因此，其灾难备份与恢复应支持文件级和系统级。云计算的数据中心以虚拟化为技术特征，虚拟化带来了一个与传统方式截然不同的灾难恢复途径，整个服务器，包括操作系统、应用程序、配置文件、用户数据都被封装到一个单一虚拟服务器中，可以通过提供更大的硬件独立性，很容易复制或备份到异地数据中心和虚拟主机里。实现云计算环境下信息资源容灾与备份主要依托数据存储管理、多副本技术、数据复制技术、灾难恢复检测技术。

①数据存储管理。云计算环境下信息资源的存储管理，是指对云端数据归档、备份、恢复等与信息资源数据有关的统一管理过程，数据存储管理超出了云容灾的范围，但是数据存储管理为云容灾的实现奠定了基础，包括了数据备份、数据归档、备份索引等与备份相关的管理，已经成为云容灾的重要组成部分。其中数据备份是为了防止由于灾难导致的云系统瘫痪所产生的数据丢失，通过将数据实时传输到其他存储介质上进行保存，以保障数据的可用性。通过数据归档将复制后的数据移动到可用存储介质上，完成归档工作后对原始数据进行删除。随着数据量的不断增大，根据数据访问量进行分级，出现了层次化的存储方案。①

②多副本技术。多副本技术通过将数据存储在不同节点以减少灾难造成的数据丢失的可能性。多副本技术不仅能保证数据不丢失，还能提高数据的可用性和数据读写的访问速度，传统多副本技术的利用一般都要考虑运行系统负载、存储终端的效率和副本的一致性等因素，云计算环境下实施多副本技术还需考虑地域分布、海量用户访问等因素，云计算环境下的多副本技术的应用需要根据云计算的应用特征加以改进，在综合云服务特性和用户需求的基础上，在云中创建多副本需采用不同的策略，包括：最佳客户策略、瀑布式策略、普

---

　　①　王树鹏，云晓春，余翔湛，等. 容灾的理论与关键技术分析[J]. 计算机工程与应用，2004(28)：54-58.

通缓存策略、缓存瀑布式策略、快速扩展策略以及基于市场应用的副本创建策略，不同的多副本创建策略具有不同优缺点。最佳客户策略可以提高用户对数据的访问效率，但是不能较好地响应客户端的请求；瀑布式策略能够实现存储响应速度快，但是网络扩张性差；普通缓存系统策略运行速度快，但是存储空间消耗大；缓存瀑布式策略结构较为合理，但是达到快速响应开销相对较大；快速扩展策略的优点在于响应速度快，缺点在于消耗存储资源较多；基于市场应用的副本创建策略可以针对不同用户需求进行定制，但是其中包含的不确定性多，对安全的影响大。① 因此，云计算环境下信息资源云容灾，在使用不同的多副本创建策略时，需要权衡安全性、效率与开销之间的关系。

③数据复制技术。在容灾中，数据复制技术用以支持分布式应用和建立备用的数据中心，与数据备份相比，数据复制技术具有实时性高、数据丢失少、容灾恢复快等特点。数据复制的实现方法很多，一般可以分为同步复制和异步复制。同步复制的数据在多个复制节点都保持着一致性，如果其中的某一个节点的数据发生变化，那么其他节点的数据也会一起发生变化。异步复制是指所有节点上的数据并不在某一个时间点是完全一致的，当某一个复制节点的数据发生变化时，那么其他复制节点的数据会陆续发生变化，最后所有复制节点的数据仍然会达成一致。目前复制技术主要包括主机层数据复制、数据交换层数据复制、存储层数据复制。主机层数据复制通过在主机上安装卷管理软件和远程复制控制技术实现基于逻辑卷镜像的远程复制，数据库的远程复制通过数据库日志将数据复制到容灾中心的对应的数据库中。数据交换层的数据复制则是利用网络或存储交换机的功能实现应用系统与容灾系统之间的数据复制。存储层数据复制则主要是通过存储设备对系统中的存储器 I/O 操作复制到远程存储系统，来保障数据可用性和一致性。②

④灾难恢复检测技术。在云计算环境下数据丢失是 CSA 公布云计算安全威胁中排名第二的威胁，数据丢失给用户造成的损失将无法估量。③ 为了防止灾难对云数据的破坏，可靠的云容灾系统应该在灾难来临前进行安全预警，将数

① 刘田甜，李超，胡庆成，等.云环境下多副本管理综述[J].计算机研究与发展，2011，48(S3)：254-260.

② 罗易.存储数据复制技术在容灾系统中的应用[D].重庆：重庆大学，2008：6-8.

③ 2013 年云计算的九大威胁[EB/OL].[2016-03-26].http://www.csdn.net/article/2013-02-27/2814283-clouds-risks-spur-notorious-nine-threats-for-2013.

据和关键业务切换到备用服务器,以尽量减少灾难对于云服务和云端数据的影响。心跳技术是目前比较常用的灾难检测技术,通过设置周期间隔的心跳信号,将遵循周期间隔规律的心跳信号发送到灾难检测系统以及云服务系统之间,如果云服务系统能检测出心跳信号,则说明云服务系统运行正常;反之,则说明云服务系统出现了故障,心跳技术合理应用的关键在于发送心跳信号间隔周期的设定。① 另一项主要的技术是磁盘故障检测技术。在云计算环境下避免因磁盘故障导致的云端数据的丢失,才能较好的保障云存储的可靠性。通过自我监测、分析及报告技术 SMART(Self-Monitoring Analysis and Reporting Technology, SMART)可以进行主动检测,通过预先设定的指令对磁盘等存储系统部件状态进行检查,如果发生问题,可以预先进行处理。②

(2)云计算环境下信息资源云存储的容灾系统

为了满足云服务的连续性和云存储中心信息资源数据的安全性,云存储容灾系统的主要结构可以分为三个等级,分别是数据级容灾、系统级容灾和应用级容灾。③ 数据级容灾主要保障云存储中心信息资源数据的安全性,系统级容灾主要保障云服务的连续性以及容灾恢复的效率,应用级容灾主要包括对灾难的快速响应和系统的快速切换,保障应用的可用性。

面向共享共建信息服务建设可采用混合云服务模式进行部署,私有云安全级别较高,信息服务机构的用户数据和敏感性数据采用私有云进行部署,信息资源混合云部署中共享的存储配置可以存储在公有云部分,信息服务机构的应用程序运行在不同的服务器上,备份服务器可以分布在不同地域,信息资源云存储容灾系统,如图 8-11 所示。在进行初始云备份的时候,由于信息资源数据量较大,可以建立临时传输通道进行数据传输或对数据进行分块传输,以解决远程备份过程所面临的障碍,初始备份完成后,对信息资源数据采取实时备份,以防止灾难造成信息资源数据丢失。

---

① Chen C, Chen H T. An adaptive heartbeat inspection algorithm for disaster recovery systems[J]. Computer Engineering & Science,2008,30(5):53-54.
② 钟睿明. 富云. 一种跨越异构云平台的互备可靠云存储系统的实现机制研究[D]. 北京:北京邮电大学, 2014:26.
③ 蒋天民, 胡新平. 基于云的数字图书馆容灾模式研究[J]. 现代情报, 2012, 32(6):43-45.

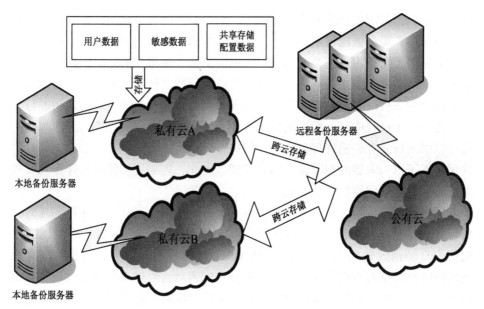

图 8-11 信息资源云存储容灾系统

8.4.5 信息资源云存储数据确定性删除

基于完整的云数据生命周期，云存储数据的确定性删除是其中的最后一个环节，对于信息服务机构而言，云存储数据的确定性删除仍然面临很多难题，因信息服务机构将数据存储在云端，由云服务提供商进行管理，于是面临如何保证在退出云服务时云服务提供商对信息服务机构云存储数据进行删除，如何确保云服务提供商将存储空间提供给其他租户时，原来的信息服务机构的云存储数据不被新租户恢复等问题。而云服务提供商为了保障安全对信息服务机构的云存储数据进行备份，备份数据没有被及时删除等情况下都会造成信息资源数据泄露的风险。数据彻底删除的方法主要是通过软件方法和物理方法销毁数据，软件方法销毁数据主要是通过数据覆盖等软件方法，对数据进行逻辑上销毁。物理销毁方法主要是对存储数据的物理载体进行破坏，使其不能被恢复，通常物理销毁用于保密度较高的数据删除。采用哪种方法具体由信息服务机构的数据等级和业务需要决定。

对于信息资源云存储确定性删除而言，直接的方法是在信息资源存储在云端之前进行数据加密，私钥由信息服务机构进行保存，云服务提供商可以利用公钥，通过公私密钥的使用，保障云计算环境下信息资源的安全，需要进行云端数据删除，只需要删除密钥就可以了，但是所有的数据基于一个密钥，如果密钥被删除，那么数据将不能被访问，如果采用不同密钥对于不同的数据需要大量的密钥，那么很可能会成为用户管理的负担。更重要的是，用户可能只需要删除一个条目，但是却必须改变整个对应的数据文件，从大数据中搜索出所需要修改的条目的对应数据文件解密后进行修改，然后需要用新的密钥进行加密上传，这个过程中整个数据文件的利用会受到影响。为了保障数据安全性，也可以引入第三方密钥管理机构对密钥进行集中式管理，但是仍然存在着密钥管理者不可信、未删除和泄露密钥的隐患。因此，需要更加针对云计算和大数据环境下数据确定性删除设计灵活方案。

通过软件方法销毁数据，学者进行了大量的研究，复旦大学并行处理研究所设计 Dissolver 系统，通过对数据生存时间的控制，使 Dissolver 系统能够根据指令自动销毁数据。① Geambasu 和 Kohno(2009)通过对数据创建时间有效期的同时对数据有效期进行加密，生成公私密钥对，通过有数据有效期的公钥对文件进行加密，数据删除的时候，删除文件对应的公私密钥对有效期，使数据保存在加密状态无法恢复。② Paul 和 Saxena(2010)基于安全覆盖技术，通过破坏当前数据使其变得无意义，在修改数据更新到云服务器及其备份系统后，对云存储的数据进行确定性删除。③ 冯贵兰和谭良(2014)提出了基于信任值的云存储数据确定性删除方案，并指出目前云存储中分散式的数据确定性删除方法虽然可以保护用户数据在达到特定时间后进行自动销毁，但是都是基于 DHT(Distributed Hash Table)节点是可信的，然而这些 DHT 节点本身存在不安全隐私很可能导致整个方案不可用。④ 张坤和杨超等(2015)研究表明，目前数据删除都是针对密钥的销毁，原始数据仍然存在，存在其他人通过密钥恢复数据的可能，无法实现确定性删除的目的。⑤

———————————

① 张逢喆，陈进，陈海波，等. 云计算中的数据隐私性保护与自我销毁[J]. 计算机研究与发展，2011，48(7)：1155-1167.

② Geambasu R, Kohno T, Levy A A, et al. Vanish: Increasing data privacy with self-destructing data[C]// USENIX Security Symposium. 2009：299-316.

③ Paul M, Saxena A. Proof of erasability for ensuring comprehensive data deletion in cloud computing[M]// Recent Trends in Network Security and Applications. Springer Berlin Heidelberg, 2010：340-348.

④ 冯贵兰，谭良. 基于信任值的云存储数据确定性删除方案[J]. 计算机科学，2014，41(6)：108-112.

⑤ 张坤，杨超，马建峰等. 基于密文采样分片的云端数据确定性删除方法[J]. 通信学报，2015，36(11)：108-117.

整体而言，云计算环境下数据确定性删除的方案主要集中在两个方面。第一个方面是集中式管理，基于一个或多个可信第三方机构对密钥进行集中管理，为云计算环境下数据确定性删除提供协助。第二个方面是分散式管理，由用户进行分布式密钥管理，分布式密钥管理的操作灵活性更高。① 云计算环境下信息资源确定性删除方案，应该引入信任机制的同时考虑实际的使用效率。对于敏感度高的数据采用原始数据的确定性删除方法，对于敏感度低的数据采用密钥销毁的方式进行数据的确定性删除。对于敏感度较高的数据采用文件加密和分片的形式，引入可信第三方机构进行完整密文合成，机构对密文与访问控制进行管理，实现信息资源共享以及细粒度访问控制。将密文进行分割，然后分别由云计算服务供应商和可信第三方机构持有，当用户需要访问时，由云服务提供商将剩余密文发送至可信第三方机构负责合成发送给提出请求的授权者。对于敏感度低的数据，经过加密后并创建数据的有效期上传至云端，由可信第三方机构设计和分配公私密钥对，数据有效期到期后删除加密数据所对应的公私密钥对，从而达到数据确定性删除的目的。基于以上两种方案的结合，在对信息资源云存储中敏感度高数据增强确定性删除安全性的同时，提高对敏感度低数据的确定性删除效率。

8.5 信息资源交换安全全面保障的协同实施

协同框架下面向共享的信息资源平台建设需要解决异构系统之间互联互通的问题，在此基础上实现跨系统信息资源的交互利用。不同信息服务机构构建了众多的信息系统，绝大多数信息服务机构的数据库由机构相关技术人员维护。以往对于信息服务机构采用何种数据库往往都是基于自主选择，没有统一应用的标准，同时随着数据库技术自身的发展变化等原因，造成了各个信息服务机构数据库异构的局面。信息服务机构信息系统的异构性主要体现在三个方面：①信息系统平台异构，不同的信息服务机构所使用的操作系统、通信协议、软硬件等应用环境都存在差异；②信息资源异构，信息资源包含着各种信息源和信息格式，文本、视频、音频、图像等来自不同的数据库，造成了信息资源本身的资源异构；③信息资源语义异构，不同信息服务机构在表示资源时

---

① 冯贵兰，谭良. 基于信任值的云存储数据确定性删除方案[J]. 计算机科学，2014，41(6)：108-112.

的方式各不一样，存在使用不同概念标识相同资源的情况和相同资源使用不同概念进行标识的情况。

为解决各信息存储与服务机构之间的异构数据统一数据模式描述困境，以及由此造成的各个机构之间的互操作性差等问题，在信息资源存储安全全面保障基础上，还要围绕信息资源交换安全协同实施安全保障工作，以推进信息资源交换中的安全共享实现。

8.5.1　面向共享的信息资源跨系统安全交换

信息资源涉及的资源种类多种多样，包括传统的图书信息资源、期刊、图书、影像资料，还包括网络信息，如网络资源链接、网络内容等，涉及 PDF、Word、Excel、HTML 等多种数据格式，虽然目前这些数据格式的应用已经非常普遍，但是不同数据格式对资源的交换与共享产生影响。进入大数据时代，已有海量的结构化、半结构化、非结构化数据，且各个数据库提供商存在数据格式不同、数据库运行平台不同、操作系统不同、软硬件基础设施不同、信息资源标引和分编不同等众多差异。因而，信息资源交换安全的关键是保障信息资源共享数据准确的分类组织以及共享数据的安全交换。在信息资源基本数据结构缺乏统一标准造成信息资源共享困难的情况下，XML 技术为信息资源的跨系统安全交换的实现提供了契机，在实际应用中，XML 已经发展成为通用数据转换模式。

面向共享的信息资源安全交换的思路是通过通用数据模型将信息资源异构数据转换成统一数据形式，在交换过程中采用安全手段保障交换数据的安全。选取 XML 文档作为通用数据模型，实现异构信息资源之间的转化。首先，信息资源原始数据库将数据转化为 XML 数据文档，多个异构数据库进行交换时，需要经过解析、校正、增补等处理，导入信息资源目标数据库中。基于 XML 信息资源异构数据安全交换，不同的接口分别负责数据库数据的导入和导出，接口实现方法的不同对信息资源数据交换的效率以及安全性有影响。[1] 信息资源中不同类型的数据，如数据库数据与 XML 的数据表现形式具有区别，为了将信息资源数据库的数据更准确地转换为 XML 文档，关键在于将 XML 文档的 DTD/Schema 与关系型数据模式、面向对象的数据模式形成映射关系。相关数据转换成 XML 形式后可以采用适当的模型与原数据库的 E-R 模型相

---

① 李尊朝，徐颖强，饶元，等. 基于 XML 的异构数据库间信息安全交换[J]. 计算机工程与应用，2005，41(13)：163-165.

对应。在异构系统之间进行信息资源交换，同其他数据格式的文件一样，XML 文件需要通过解析器解析，解析之后才能生成对应的 XML 结果树，再到应用系统通过接口进行数据处理，然后才能保存在新的系统或数据库中进行存储和利用。

信息服务机构之间可以通过 XML 中间件将数据转换成统一的数据模式进行交换，XML 信息通过网络进行传输面临着信息资源数据安全风险。基于 TLS、SSL 和 IPSec 的传统数据传输解决方案，可以保护传输层和网络层的安全，无法保护存储在云端的信息资源数据安全。针对 XML 作为数据转换模式的安全问题，W3C 组织制定了 XML 数字签名推荐标准、XML 加密草案和 XML 密钥管理规范等，XML 安全技术的出现，为实现信息资源跨系统交换提供良好的安全保障，通过 XML 与其他数据安全方案相比，可以对整个 XML 文档或是部分进行加密和数字签名处理，能较好地保障交换数据的机密性、完整性和可用性。

面向共享共建的信息服务机构跨系统数据交换主要包括两个方面的内容：异构信息资源数据的交换、信息资源数据的跨网络传输，将信息资源异构数据源进行整合，面向最终用户实现网络信息资源共享。信息服务机构可以采用 Web Services 及 XML 整合交换方案，在满足信息资源跨系统安全交换的同时满足信息资源跨系统交换的效率。

8.5.2　面向云环境的信息资源跨平台安全互操作

针对云计算环境下的信息资源云存储和互操作问题，云共享中的信息交换通常是指用户的数据和工作流可以从一个云服务提供商向另一个云服务提供商或是公有云和私有云轻松移动。不同的信息服务机构可能采用不同云计算提供商提供的服务，国外的云服务提供商包括 Amazon AWS、Salesforce Cloud Computing、Rackspace Cloud、Microsoft Azure 等，国内的云服务提供商主要有百度云、华为云、阿里云等。面向云共享必然涉及信息资源跨平台整合与调度，因此，云平台互操作安全保障至关重要。目前，学术界有大量云计算标准化的讨论，有一些观点认为云计算是全新的，需要一套全新的标准，有一些观点则认为云计算是在已有技术的基础上建立起来的，已经具有相关标准[1]。互操作性的一个常见的策略是使用开放标准，就目前而言，云计算的相关标准化

---

[1]　Lewis G A. Role of standards in cloud-computing interoperability[C]// System Sciences (HICSS), 2013 46th Hawaii International Conference. IEEE, 2013: 1652-1661.

工作很多仍在探讨之中，很多研究表明组织担忧被云服务提供商锁定(Vendor
Lock-in)，一旦采用了一个云服务提供商提供的服务就很难向另外的云计算服
务商移动或是必须花费巨大成本才能更换服务商，云计算环境下互操作难度大
已经成为阻碍组织采纳云计算的重要因素之一。①②③ Perera(2011)研究指出，
最近政府在敦促行业采用更加开放的标准以增加云计算的采纳。④ 开放云宣言
(The Open Cloud Manifesto)发布了一系列原则，建议相关行业遵循，这些原则
包括使用开放标准和与其他组织更好地合作。⑤ Cerf 强调需要内部云标准以改
善云中的资产管理，然而其他组织强调使用云标准只是云互操作需要解决的难
题之一，要实现云的互操作需要健全的规范架构以及云服务提供商和用户之间
的协调。⑥

云服务的互操作性主要涉及云服务管理和云服务功能接口两类，很多既有
的 IT 标准给云服务和云应用、云服务和云服务之间的互操作奠定了基础。云
计算环境下互操作的标准主要包括：

①开放云计算接口(Open Cloud Computing Interface，OCCI)，OCCI 最初通
过 RESTful API 应用实现 IaaS 远程管理，监督 IaaS 部署模式下的互操作，随着
技术的不断发展，目前已经涵盖了 IaaS、PaaS、SaaS 三个层次的应用。最初试
图创建一个基于 IaaS 模型服务的远程管理 API，对 IaaS 层任务包括部署、自主
扩展和监控进行互操作。随着 OCCI 的发展，重点关注互操作和提供灵活的 API，

———————

① Armbrust M, Fox A, Griffith R, et al. A view of cloud computing[J]. Communications of
the ACM, 2010, 53(4)：50-58.

② Vivek. Federal Cloud Computing Strategy[EB/OL]. [2016-01-12]. http://acmait.com/
pdf/Federal-Cloud-Computing-Strategy.pdf.

③ Ahronovitz, Miha, et al. for the Cloud Computing Use Cases Discussion Group. Cloud
Computing Use Cases White Paper (Version 4.0) [EB/OL]. [2016-01-12]. http://opencloudma
nifesto.org/Cloud_Computing_Use_Cases_Whitepaper-4_0.pdf (2010).

④ Perera, David. "Military Won't Commit to Single Cloud Computing Architecture, Say
Panelists." Fierce Government IT: The Government IT New Briefing[EB/OL]. [2016-01-12].
http://www. fiercegovernmentit. com/story/military-wont-commit-single-cloud-computing-architecture-
say-panelists/2011-05-17? utm_medium=nl&utm_source=internal#ixzz1RQqkS8Na (2011).

⑤ Open Cloud Manifesto Group. Open Cloud Manifesto[EB/OL]. [2016-01-12]. http://
www.opencloudmanifesto.org/Open%20Cloud%20Manifesto.pdf (2009).

⑥ Krill, Paul. Cerf Urges Standards for Cloud Computing. InfoWorld[EB/OL]. [2016-01-
12]. http://www. infoworld. com/d/cloud-computing/cerf-urges-standards-cloud-computing-817?
source=IFWNLE_nlt_cloud_2010-01-11 (2010).

目前开放云计算接口除了适用 IaaS 层，已经扩展到 PaaS 和 SaaS 层的应用。

②云数据管理接口（Cloud Data Management Interface）是由存储网络行业协会（Storage Networking Industry Association，SNIA）提出的管理和访问云存储的协议，CDMI 定义 RESTful 用来评估云存储系统分发和访问容器和对象、管理用户和组、实施访问控制、获取元数据、执行任意查询等功能，通过与其他协议例如 ISCSI 和 NFS 传输协议合作，利用云日志记录工具，使数据可以在不同云系统之间进行传输和移动。①

③IEEE P2301/IEEE P2302，IEEE P2301 云可移植性和互操作性概要指南的起草，为应用的可移植性、管理、互操作接口、文件格式和操作惯例提供参考，该标准用于云服务提供商和用户之间的云计算应用问题。IEEE P2302 内部云互操作和联合标准草案，用于不同设备对文件和不同应用的访问。②

云平台安全互操作的实现必须合理利用 SOAP（Simple Object Access Protocol，SOAP）、REST（Representational StateTransfer，REST）等相关规范和方法。SOAP 规范以及 REST 方法为云平台互操作提供了数据传输的标准方式，并且屏蔽了底层结构的复杂性。REST 不是数据特有的标准，但是可以为众多的云服务提供商提供支持 RESTful 的接口。Web Services 是一种松散的服务捆绑模式，能动态和快速地响应和绑定应用，改变了点对点紧密耦合的集成处理方式。XML 作为数据转换的标准，通过纯文本形式表示数据，可以直接通过简单对象访问 SOAP 等通信协议在分布式环境中进行数据传输。③ SOAP 作为 Web Services 的核心技术，在网络环境下的数据整合、应用系统集成、网络服务合成等过程中起到重要作用，针对网络信息资源数据跨云平台互操作 SOAP 协议支持安全问题，作为扩展的 Z39.50 是图书馆界开发的可用于信息搜索和检索的标准协议，广泛应用于不同计算机系统之间的互操作，针对数字图书馆互操作的简单数字图书馆互操作协议、SDLIP 数字签名等可以直接嵌入到 SOAP 消息中。④

---

① Cloud Data Management Interface[EB/OL]．[2016-01-12]．https：//en.wikipedia.org/wiki/Cloud_Data_Management_Interface.

② Mezgár I，Rauschecker U. The challenge of networked enterprises for cloud computing interoperability[J]. Computers in Industry，2014，65(4)：657-674.

③ 陈晚华. XML 安全技术在共享数据交换中的应用[D]. 长沙：中南大学，2008：35-37.

④ 刘都都，贾松浩，詹仕华. SOAP 协议安全性的研究与应用[J]. 计算机工程，2008，34(5)：142-144.

8.6 信息资源服务与用户安全全面保障的协同实施

在实现了围绕跨系统共享网络、信息资源开发与获取、信息资源存储和信息资源交换等方面的安全保障协同实施后，还要围绕面向用户的信息资源价值产生环节，即实现信息资源服务与用户安全全面保障的协同实施。在信息资源服务与用户安全保障中，除了突出对信息资源服务中的用户管控实现用户安全管理之外，还可基于可信第三方监管落实信息服务安全保障工作。

8.6.1 信息资源服务中的用户管控

网络信息服务所面对的应用系统繁多，用户数量庞大，如何对用户账号、身份认证、用户授权进行有效管理，操作审计的难度也不断加大，如何有效解决用户的接入风险和用户行为威胁，构建4A是针对云计算环境下信息资源服务用户管控的有效措施。

4A统一安全管理平台，是将用户账号(Account)、认证(Authentication)、授权(Authorization)以及安全审计(Audit)四个要素整合，进行统一用户安全管理。网络信息服务涉及海量用户服务调用以及用户安全管理，通过统一的基础安全服务技术架构，使新应用更容易集成到安全管理平台中，同时有利于用户安全管理集中实施。通过4A安全服务，能够提升网络信息服务平台的安全性和对用户的安全管控能力。

网络信息服务平台4A体系建设应该包括统一的账号管理、身份认证、授权管理、审计管理等部分，利用单点登录技术和构建统一的用户登录界面，用户在4A体系下被集中管理，用户在跨系统访问的时候不需要重复进行登录，在完成4A体系下的认证后，由4A平台自动代为登录。[1] 信息服务用户通过4A安全管理平台登录信息服务平台的业务流程，如图8-12所示。

首先，用户通过网络对4A安全管理平台进行访问，输入正确的用户名和密码，就能发起访问请求。接收到用户请求后，4A平台的认证管理模块对用户的认证请求信息进行鉴别。认证成功之后，4A平台的权限管理模块通过分析用户的账号属性，包括可访问的目标设备、访问权限、协议类型等，显示出

---

[1] 刘兹宇. 4A安全平台在管理信息系统中的部署和实现[D]. 西安：西安电子科技大学，2013：14-15.

用户账号可访问的设备。用户在其中选择需要访问的目标设备，进行操作维护。然后，4A 平台将用户访问目标设备的所有操作的执行结果返回到用户的终端。在这个过程中，4A 平台对用户从登录到目标设备的访问操作进行全程的审计记录。

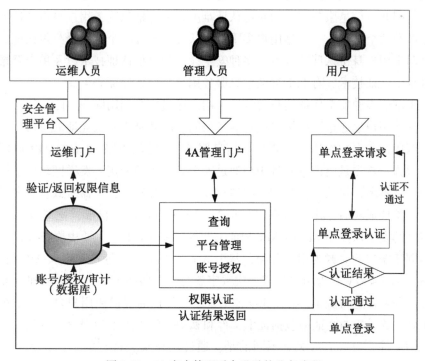

图 8-12　4A 安全管理平台登录的业务流程

信息服务平台中的账号管理，需要对每个信息服务用户分配唯一的账号，用户账号的添加、修改、注销都必须进行审核，审核通过后才能操作成功，并通过服务器对账号的变动操作进行记录，进行相应的监督。制定相应的用户账号管理规范并告知用户，不允许多个用户共用一个账号，在设置账号的密码时，提示用户设置复杂度较高的密码，以提升账号的安全。在用户登录出现异常情况的时候，需要有报警机制，限制用户错误登录的次数，一旦超过次数则锁定账号，恢复时需要重新对用户身份进行审核。用户登录信息服务平台后，如果登录时间超出限制规定，则系统需要要求用户重新进行登录。用户的账号信息注册成功，信息服务机构通过网络将账号信息传输给用户的时候需要保证传输安全，账号不被非法窃取。

　　在对信息服务平台中的账号进行管理时，需要制定账号管理的生命周期，包括同步、修改、冻结、删除等功能，对账号管理生命周期的各个阶段实施安全策略，基于账号的生命周期，实现信息服务平台统一账号管理。① 信息服务存在跨域、跨系统访问的特点，用户在不同的域和系统之间进行不同用户角色切换。因此，信息服务用户的身份认证难度较大。信息服务用户身份认证方式主要涉及两个难点：一个是用户多重身份认证，另外一个是联合身份认证。针对这两个用户身份认证的难点，多种安全凭证的身份认证技术以及单点登录的联合身份认证技术，有助于突破信息服务用户身份认证障碍。

　　①基于多种安全凭证的身份认证。用户通过网络调用服务，除了用户自身外，其他用户也通过网络接口进行服务访问，因此基于安全凭证的身份认证在服务调用过程中的作用至关重要。信息服务平台基于安全凭证的 API 调用主要流程为：首先是由信息服务用户通过安全凭证中的密钥，发送网络请求创建一个数字签名，将数字签名和访问请求发送至服务器，服务器对数字签名进行验证，验证成功后，用户可以对相应的 API 进行访问。目前，网络环境下使用较多的安全保障是 Access Key 和证书两种。Access Key 主要由服务提供商在用户创建账户的时候为用户分配，基于 Access Key 用户每发起一次 API 请求，Secret Access Key 就为用户生成一次数字签名，并将生成的数字签名和 API 包发送给服务器进行验证。② X. 509 证书是服务提供商提供或用户自己通过第三方工具生成，X. 509 证书包括证书文件和私钥文件，用于为用户生成数字签名及私钥文件。与 Access Key 不同的是，通过用户唯一持有的私钥，才能对其 API 请求进行数字签名。

　　②基于单点登录的联合身份认证。跨系统信息服务、以及信息服务平台不同区域之间信息资源调用，都需要对用户身份进行验证，而用户在不同区域或不同平台之间所具有的身份和权限各不相同，将导致用户拥有多个口令以及实施多次验证操作，影响平台安全及服务效率。基于单点登录的联合身份认证，用户登录到其中某个服务平台，不需要重复登录就可以对其他信任的服务平台进行访问。目前，网络环境下应用较广的两种典型的单点登录实现方案：OpenID 协议和基于 SAML 的单点登录。采用 OpenID 认证协议框架，用户不需

————————
　　①　卢定. 企业级 4A 安全管理平台的设计与实施[D]. 成都：电子科技大学，2008：8.
　　②　余幸杰，高能，江伟玉. 云计算中的身份认证技术研究[J]. 信息网络安全，2012(8)：71-74.

要使用不同服务提供商提供的多个身份凭证，只需要通过 OpenID 服务提供商提供的身份凭证就可以对第三方服务进行访问。① SAML(Security Assertion Markup Language)是基于 XML 开放标准的抽象框架，主要用于不同安全域之间的请求认证和交换认证数据，如授权、单点登录、会话初始化等。基于 SAML 的单点登录实现，需要用户代理扮演中介角色。用户通过代理向 SAML 资源提供者发送网络资源请求，SAML 资源提供者则通过用户代理向 SAML 身份提供者请求认证用户身份信息并返回认证结果。②

8.6.2 基于可信第三方监管的信息服务安全保障

面向共享的网络信息服务建设涉及多元主体，包括服务提供商、信息服务机构、个人用户等共同构成了信息服务的主体，各主体之间相互关联，共同参与到信息服务过程之中。对于不同主体而言，信息服务关注的侧重点存在差异，服务提供商重点在于为信息服务机构提供满足其需求的服务，并维持服务的持续运行；对于信息服务机构来说，服务安全、效率、质量是关键问题；对于个人用户而言，重要的是利用信息服务并保障个人信息安全。在整个信息服务生命周期中，各主体参与其中，建立了密切的联系。

(1)基于可信第三方的信息服务监管模式构建原则

基于可信第三方的信息服务监管模式，最大的特点是在多元主体参与的信息服务监管过程中，增加可信第三方，实施服务安全监管，尤其是在信息资源面向共享共建情况下，可信第三方对信息服务的全过程实施监督，有助于提高信息服务的安全性与可靠性。基于可信第三方的信息服务监管模式构建，必须在结合网络环境特征的同时，遵循以下几方面的原则：③

①系统性原则。基于可信第三方的信息服务监管模式设计需要包含关键要素以及要素之间的关系，形成整个系统。设计应该结合环境特点，保障该模式在现实情况下的可用性，服务监管模式中的要素系统越完整，越有利于提升该模式在实践过程中运行的稳定性和可靠性。

① 江伟玉，高能，刘泽艺，等. 一种云计算中的多重身份认证与授权方案[J]. 信息网络安全，2012(8)：7-10.

② OASIS Standard. SAML V2.0[EB/OL]. [2016-03-06]. http://docs.oasis-open.org/security/saml/v2.0/,March,2005/ June 07,2012.

③ 李升. 云计算环境下的服务监管模式及其监管角色选择研究[D]. 合肥：合肥工业大学，2013：20.

②可检验性原则。基于可信第三方的信息服务监管模式设计需要和信息服务流程紧密结合，设计能够经受实践检验的服务监管模式，提供可检验的具体标准，推动检验发掘服务监管模式设计的不足，并加以改进。

③可扩展性原则。网络环境下信息服务的开放性和共享性，以及云计算等新兴技术的应用，使其安全问题日趋复杂，安全监管的难度也加大了。网络环境下信息服务监管模式设计应具有可扩展性，随着技术以及服务的发展情况，不断进行完善和更新，从而保证未来服务监督模式的适用性。

（2）基于可信第三方的信息服务监督机制

可信第三方借助技术、工具形成了强大的数据分析能力，通过对信息服务过程中的数据收集并分析，发掘其中存在的安全问题，有利于针对性的安全保障措施的及时实施，通过可信第三方服务监督机制，为网络信息服务安全保障提供有力支撑。

基于可信第三方的信息服务监督机制的组成主要包括：服务请求方（信息服务机构）、服务提供商、信息服务平台、可信第三方监督机构。可信第三方机构对信息服务平台的安全运行以及服务提供商进行监管，并将结果反馈给信息服务机构。① 与传统服务模式下的发布、检索等基本操作相比较，基于可信第三方的信息服务监督机制增加了"信任流"以及"服务流"，允许信息服务机构申请可信第三方监督机构的监督、反馈等相关的监管操作。为了避免某些服务参与方为了利益而显露超出条例规范之外的不良行为，继而影响信息服务的效果和安全。可信第三方监管需要通过制定严格的制度，对参与信息服务过程的多元主体行为进行约束。为信息服务过程中的监管提供管理依据，减少不良行为发生的可能性。如监督奖惩制度的建立，通过监督奖惩制度对遵循该制度的行为予以奖励，鼓励参与方的自我约束，对触犯该制度的不良行为进行处罚。可信第三方监管制度的合理确立，是可信第三方有效监管工作开展的重要保障。从规范上增强信息服务环节监督与管理，可以围绕奖惩的范围、方式、程序、条件等入手。合理的监管制度，有利于促进服务参与方在服务展开中彼此的关系互动，营造信息服务的安全环境。

---

① 王笑宇. 云计算下多源信息资源云服务模型及可信机制研究［D］. 广州：广东工业大学，2015：35.

9 网络信息安全全面保障的协同管理与控制

在多主体参与、多维度开展的网络信息安全全面保障协同实施过程中，考虑到网络信息安全保障活动覆盖面广、安全保障内容与过程复杂等特征，网络信息安全全面保障得以有序协同实施，需要以健全、科学的管理制度和控制机制为支撑，即需要在多元主体协同框架下，建立面向网络信息安全保障的协同管理与控制机制，从全员协同管理、信息安全测评、协同跟踪预警、协同控制等方面针对网络信息安全全面保障协同实施过程进行统筹管理、跟踪评价和科学把控。

9.1 网络信息安全全面保障中的全员协同管理

协同框架下网络信息安全全面保障涉及的主体众多，如国家层面的网络信息资源建设安全保障需要政府信息科学规划以及各级相关部门的协同组织，需要依托网络以及区域将国家层面的网络信息资源建设，逐层细化网络信息安全保障工作的实施；在区域范围实现信息服务机构信息资源的共建共享安全保障，则需要依托区域节点实现信息资源的整合保障，从而更好地为信息资源用户提供网络信息资源服务安全保障。可见，网络信息安全全面保障的协同管理的首要任务即是实现网络信息安全全面保障中国家层、区域层和其他各类微观层等不同层面的全员协同管理，如图9-1所示。

9.1.1 国家层面相关主体的协同管理

网络信息安全保障是国家信息安全战略的重要组成部分，国家政策引导下广泛开展的针对网络信息资源的共建共享建设进程，以及网络信息资源共享平

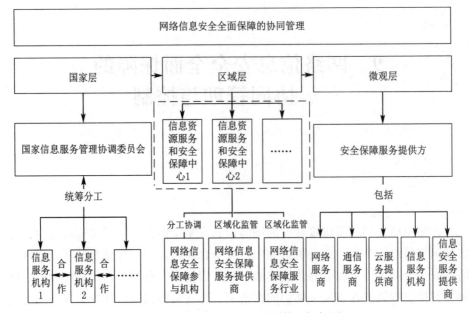

图 9-1 不同层面的全员协同管理框架图

台运作及网络信息资源跨系统共享利用中的各类协同安全保障活动，一旦信息资源平台或协同安全保障策略被破坏，将会威胁到众多的信息服务机构，而攻击者利用平台的漏洞窃取、修改、删除等破坏存储在网络的信息资源，不仅会给网络信息资源造成损失，还可能会威胁国家安全。因此，网络信息安全保障协同实施依赖于国家的宏观指导，对网络信息资源服务实施管理与监督。

一直以来，我国对信息安全保障非常重视，成立了国家信息化领导小组，进一步加强我国信息化建设以及维护国家信息安全，在具体实施过程中，主要通过国家信息服务管理协调委员会进行实际工作的管理。通过国家信息服务管理协调委员会对信息资源服务涉及的信息服务机构，进行统筹分工，明确各个机构的职责，制定信息服务机构协调合作的方针。

基于国家层面相关主体的网络信息安全保障协同管理，可以有效地控制网络信息资源共享共建所面临的各类组织障碍以及不同地域之间进行资源整合的地域障碍，从国家层面将网络信息活动相关主体的总体组织结构、信息活动内容和协同保障过程进行系统规划，可以进一步明确诸如网络信息资源共享共建的资源组织与安全保障调度，在合作分工以及组织协同的基础上，加强网络信息资源安全保障的实施过程多主体管理，对信息保障过程进行监督。同时，出台相应的标准、法律法规进一步规范网络信息安全，保障相关主体及服务提供商的各类行为安全。

9.1.2 区域层面相关主体的协同管理

区域层面的网络信息安全保障相关参与主体主要涉及中观层面，按照国家层面的信息资源安全指导方针，构建各类信息资源服务和安全保障中心，制定细化的区域网络信息安全保障协同管理方针，对不同网络信息安全保障参与机构进行分工与协调，同时，对网络信息安全保障服务提供商和服务行业加强区域化监管。

例如，在面向网络信息资源共建共享安全保障方面，我国已在信息资源共享共建参与方管理上已经积累了经验。2005 年由广东省中山图书馆发起，构建由国内众多公共图书馆参与服务的联合参考咨询网，面向用户提供参考咨询和文献传递服务。[①] 广东省参考咨询服务自 2001 年开通，联合了商业信息资源提供商、国内外多家图书馆，2003 年构建自己的网上参考咨询平台，并逐步实现了资源的共享共建以及面向用户的信息资源服务开放。在建设过程中，广东省为省域信息资源共享共建提供了必要的政策和管理支持，成立了广东省跨系统联合数字参考咨询指导委员会，由该委员会负责规范、标准体系的建设，由相关政府部门负责监督和协调跨系统联合数字参考咨询服务过程中的各个机构，为区域网络信息资源共享共建参与方的管理提供了参考。[②]

针对区域层面的网络信息资源参与方管理，需要成立负责区域网络信息资源安全的管理部门，成立区域网络信息资源安全管理小组负责该区域内信息资源建设工作，包括共享共建的管理规范、通过分工和确定各个信息服务机构在共享共建以及信息服务过程的职权、协同信息服务机构的管理工作。面向区域网络信息资源服务建设，解决传统网络环境下信息服务机构各自为政的局面。成立区域网络信息资源服务技术小组，为信息服务机构遇到的技术应用问题提供指导，并且制定信息资源应用开发标准、元数据标准、服务标准等。网络信息资源建设的标准体系有助于突出技术难题的解决。成立区域网络信息资源服务资源管理小组，主要负责区域信息资源共享共建服务中心的资源调度，制定统一的工作规范，按照规定的流程对各个信息服务机构的信息资源数据进行组

---

① 赵彦龙. UCDRS 系统的功能特点及其在图书馆联合参考咨询服务网络中的应用 [J]. 数字图书馆论坛，2006(7)：66-68.

② 胡俊荣. 构建跨系统联合数字参考咨询服务网络平台[J]. 图书情报工作，2006，50(5)：83-87.

织和配置,并对信息资源的质量和使用情况进行监督。成立信息资源服务审计和监督小组,负责区域网络信息资源服务建设过程中的安全监督与审计工作,主要负责对网络信息资源建设过程中的各种操作和安全事件监督,以及对制定的管理规范、控制策略等信息安全评估,不断完善信息资源安全体系。此外,成立专家指导小组,选取信息服务机构、相关政府部门、服务提供商等相关参与方专家对信息资源建设过程中的问题提供建议,不断增强和促进信息资源安全控制。

9.1.3   微观层面相关主体的协同管理

微观层面的网络信息安全保障相关主体及协同实施参与方主要涉及提供安全保障支撑和服务内容的网络服务商、通信服务商、云服务提供商、信息服务机构以及专门性信息安全服务提供商等。网络信息服务方主要为各类微观层面网络信息安全保障活动的开展提供专业的、具体的网络安全保障。针对微观层面相关主体的协同管理即围绕这类安全保障服务提供方,围绕专门的网络信息安全保障活动,实现协同管理支撑。

具体而言,各类信息服务的机构通常采用云计算服务、通信服务、网络服务等,都需要通过服务提供商购买所需服务,形成了直接的买卖关系。在交易过程中,买卖双方会对安全问题产生共识,通过合同契约对双方进行约束。微观层面上的网络信息服务参与方管理的重点在于构建信息服务机构以及服务提供商之间的信任关系。在信息资源服务建设过程中,通过与其他参与方建立可靠的信任关系,建立一定的约束机制来约束各参与方责任与义务,促使网络信息服务各个参与方按照预定目标进行合作以实现预期的目标。无论是在云计算环境下还是在网络环境下通过用户与服务提供商协定契约,都是对服务提供商和用户进行管理的有效方法。服务等级协议(Service Level Agreement,SLA)是服务提供商和用户经协商确定服务等级的协议或合同,通过合同对双方的义务、责任等达成共识,以达到持续服务的目标,利用 SLA 是实现服务参与方信任管理的重要手段。

①对于网络服务提供商,基于 SLA 信息服务机构可以确定提供网络服务的类型、网络服务中断的补救措施、协商网络服务造成的损失如何进行赔偿等,通过 SLA 明确与网络服务提供商之间的权利与义务。①

①   邓仲华、涂海燕、李志芳,等. 基于 SLA 的图书馆云服务参与方的信任管理[J].图书与情报,2012(4):16-20.

②对于通信服务提供商，通过 SLA 应该重点强调信息资源数据传输过程中通信服务提供商的安全保障责任，针对如何对传输数据进行加密、如何发现传输过程中的安全漏洞并进行补救等信息安全通信方面的问题进行细化协商。

③对于云服务提供商，基于 SLA 需要强调的是在云存储中的信息资源数据安全保障的责任、云平台的安全防护、云安全事故发生如何响应、云容灾与备份等，通过 SLA 增强云服务提供商与信息服务机构之间的互信，一旦发生事故对信息服务机构造成了损失，可以利用 SLA 进行定责。① 信任问题是影响微观层面网络信息服务参与方协同合作的阻碍，基于 SLA 的约束对网络信息服务参与方的安全管理具有重要作用。

9.2 网络信息安全全面保障中的信息安全测评

网络信息安全全面保障的协同实施是涉及多元主体的持续性活动，这意味着面向网络信息安全全面保障的协同管理与控制需要对相关协同实施过程进行定期测评工作，以网络信息安全测评为手段发现网络信息安全保障中可能存在的问题和不足，促使网络信息安全保障效率和效果的提升。

9.2.1 网络信息安全测评的流程与方法

传统信息安全测评主要围绕信息系统安全测评开展，在经历了长期的发展后，已经形成一系列的规范和指南，美国早期颁布的《可信计算机系统评估准则》、英国颁布的信息安全管理实施规范（BS7799-1：1999）即 ISO/IEC1799：2000、美国联邦颁布的信息系统安全控制评估指南（SP800-53A）等，为信息安全测评提供了参考。其中，《可信计算机系统评估准则》将安全保护能力划分为 7 个等级为计算机安全测评提供了标准，《可信计算机系统评估准则》关注技术上的不同需求，涉及信息访问控制以及保证，但由于公布时间较早，在目前新需求环境下不能有效扩展。

ISO/IEC1799：2000 主要为信息系统安全管理提供了一套体系，利用规划、执行、检查和整改过程提出了持续改进的管理模式，并详细列举了控制措施，为信息系统安全等级保护提供了指导。美国颁布的信息系统安全控制评估指南（SP800-53A）提供了信息系统评估的方法、规程以及建议，该概念框架明

---

① 陈驰，于晶等.云计算安全体系[M].北京：科学出版社，2014.

确了需要针对规范、行为、机制、人员四类对象进行测评。

　　我国从颁布《中华人民共和国计算机信息系统安全保护条例》到等级保护全面推广，至今，传统信息系统的安全测评标准已经经历了较长时间的发展，形成了相对成熟的等级测评体系，安全等级测评是信息系统安全测评领域较为成熟的方法，该方法以国家颁布的相关标准为测评依据，面向的主体对象是信息系统。参考传统信息系统等级测评过程，将网络信息安全测评过程分为四个阶段：安全测评准备阶段、安全测评方案编制阶段、安全现场测评阶段以及安全测评分析与报告编制阶段，如图9-2所示。

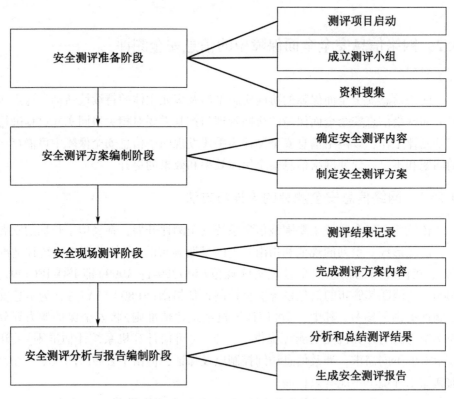

图 9-2　网络信息安全测评阶段框架图

　　网络信息安全测评准备阶段主要完成测评项目启动，成立相关的测评小组，通过资料搜集掌握网络信息资源系统的现状，为测评方案的编制提供参考。在方案编制阶段，进一步确定安全测评的内容，制定安全测评方案；在现场测评阶段主要完成测评方案的内容，进行测评结果的记录；而分析与报告阶段，主要是根据现场测评的结果进行分析和总结，在此基础上生成安全测评报告。① 在整个安全测评过程中，需要测评双方在充分沟通的基础上，完成相关的测评工作，以保障安全测评的效果。一般而言，对信息系统安全进行测评，包括两个方面的内容，一个是安全控制测评，另一个是系统整体测评。对安全控制测评的描述主要通过工作单元进行组织，通过工作单元将测评内容一一对应，② 其中涉及的测评方法由测评人员根据测评内容进行选择，测评方法主要包括访谈、检查和测试三种。③

①访谈。测试人员通过对测试系统的相关人员进行交流与沟通，了解该信息系统运行的基本信息，对相关测试内容找到对应的访谈对象后一一进行询问，通过访谈的方式将获得的结果进行记录。

②检查。测评人员按照专业的方法和工具对测评对象收集测评数据，包括观察、核查等方式，按照预定的方法和策略执行获取测评数据以证明信息系统安全性，检查可以通过实地查看、文档检查、配置检查等方法。

③测试。主要是测试人员按照预定的方法和工具对测评数据进行搜集以检查安全控制措施有效性的一种方法，主要通过安全机制的功能测试、安全配置功能测试以及关键组件等功能进行测试。

引入双向定级的方法，首先由相应的服务提供商确定平台的安全保护等级，然后由平台服务商制定相对应的安全控制措施并实施，信息服务机构的数据和业务重要程度由信息服务机构和服务提供商进行协商，可以参照目前的《定级指南》等相关标准，确定信息服务机构网络/云端数据和业务的安全等级。在此过程中引入第三方机构进行安全测评，从而保证评价的公平性和客观性，安全测评可以由服务提供商或信息服务机构发起，在安全测评中发现的问题可以为信息服务机构选择服务提供商提供参考，并提高服务的可信度。

9.2.2 网络信息安全测评的指标体系

网络新安全全面保障中的信息安全测评还需要构建面向网络信息安全测评

① 杨磊，郭志博.信息安全等级保护的等级测评[J].中国人民公安大学学报：自然科学版，2007，13(1)：50-53.

② 信息安全技术信息系统安全等级保护测评过程指南[EB/OL].[2019-07-04].http://tds.antiy.com/biaozhun/6/index.html.

③ 肖国煜.信息系统等级保护测评实践[J].信息网络安全，2011(7)：86-88.

的指标体系。《信息系统安全等级保护基本要求》①将技术要求划分为：物理安全、网络安全、主机安全、应用安全和数据安全及备份恢复。而管理要求则通常可划分为：管理安全制定、安全管理机构、人员安全管理、系统建设管理、系统运维管理。考虑到网络信息安全测评涉及的方面较广，虽然在评价指标上有所不同，但是传统信息系统评估的测评层面划分对网络信息安全测评具有指导作用，可以在参考传统信息系统安全评估层面划分的基础上新增安全测评的指标。

此外，可信云服务小组编写了《可信云服务认证评估方法》为云环境下信息安全测评指标体系的构建提供了一定的参考。② 数据中心联盟可信云服务工作组组长栗蔚，在可信云服务大会上提出了我国可信云服务认证评估标准和方法，指出对可信云服务评估主要涉及 5 个部分，包括云数据库服务、云主机服务、对象存储服务、块存储服务和云引擎服务，并进一步提出了可信云服务评估的方法，包括 3 个方面、16 个指标、4 种评估手段、86 个子项。③ 从可信云服务评估的角度，细化了云安全测评所涉及的云服务测评指标和方法，为基于云的网络信息安全测评提供了重要参考。

在管理方面，结合网络信息安全保障的相关主体特征，主要需要进行考核的是服务提供商的安全管理策略、合规性、访问控制等安全保障能力。在人员管理、系统运维管理、系统建设管理、应急管理等方面，面对网络环境下的特点，尤其是云计算等新兴技术应用所带来新的核心管理要求，如数据安全、虚拟化安全、合规性监督等，需要在传统信息系统测评的基础上进行拓展。网络信息资源安全测评受服务类型和测评目标的影响，存储核心测评指标应包括数据以及隐私安全、基于内容的访问控制、用户授权、合规性监控、密钥管理、容灾与备份等，而主机核心指标则应包括安全策略管理、身份鉴别及访问控制、变更安全管理等。不同层次安全防护的侧重点各不相同，因此我们在进行管理测评的时候要突出不同层次的关键点，而对于基础的管理要求进行整合，在基线达标和扩展加分的机制基础上建立网络信息安全测评指标体系，如图 9-3 所示。

① 《信息系统安全等级保护基本要求》中华人民共和国国家标准 GB/T 22239-2008 [EB/OL]. [2019-07-04]. http://tds.antiy.com/biaozhun/4/index.html.

② 何明，沈军. 云计算安全测评体系研究[J]. 电信科学，2014(Z2)：98-102.

③ 可信云服务认证标准和评估方法[EB/OL]. [2016-03-20]. http://www.chinacloud. cn/upload/2014-09/14090116518353.pdf.

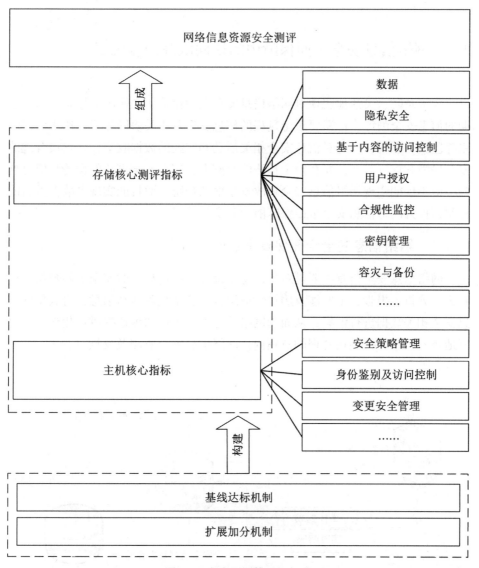

图 9-3 安全测评体系框架图

网络信息安全测评规范和测评体系的制定，需要由相关政府部门、服务提供商、信息服务机构、信息服务用户、第三方测评机构等共同参与，根据制定的测评规范，可以委托第三方测评机构也可以由信息服务机构组织的管理部分承担现有的工作，通过技术和管理要求的评估，对安全控制提供有效的指导，从而更好地促进网络信息安全全面保障工作的开展。

9.3　网络信息安全全面保障中的协同跟踪预警机制

为了及时、灵活地实现对网络信息安全全面保障协同实施的控制，除了定期的信息安全测评，还需要对全过程的信息安全及相关协同保障工作实施协同跟踪监测与预警，通过对信息安全相关活动和实践的数据收集，寻求最合理的安全保障和控制方案，并在安全预测的基础上，实现安全事故的预警与应急响应，即不仅能实现网络信息安全事故发生前的预防，而且能实现事故发生后的控制，提升网络信息安全全面保障能力和实施效果。

9.3.1　网络信息安全全面保障中的安全监测

网络信息安全监测主要是对于信息系统和服务过程中的安全事件数据进行收集、分析、报告，主要涉及用户、应用程序和系统等活动信息，将收集的信息安全相关数据进行汇集，从而为网络信息安全事件的评估提供量化参考，更好地将安全事件控制在合理的范围内。网络信息安全监测及反馈过程①，如图9-4所示。

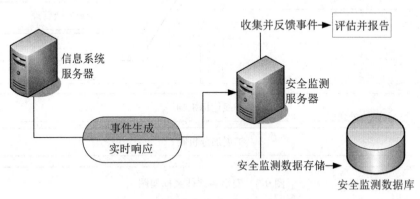

图 9-4　网络信息安全监测及反馈过程

网络信息安全监测作为网络信息安全控制策略的重要组成部分，主要作用

---

① 李天枫，姚欣，王劲松. 大规模网络异常流量实时云监测平台研究[J]. 信息网络安全，2014(9)：1-5.

在于通过信息安全监测对安全风险进行检测，对信息安全进行实时监测是对抗攻击以及威胁的有效措施，通过对实时监测数据的收集、分析、评估，采取及时安全控制措施。

网络信息安全监测可以用来验证安全控制措施的有效性，大多数的安全控制策略都是面向执行的，而信息安全监测通过对事件数据的收集、分析可以反馈安全控制策略的执行结果。如果安全控制策略是有效的，那么安全策略所控制的安全事件就不会出现；反之，如果信息安全监测事件数据出现，则说明该安全控制策略没有发挥应有的作用。网络信息安全监测可以实现对安全漏洞或错误的检查，信息服务机构以及服务提供商可以在漏洞以及错误造成损失前进行自查，通过触发相应的安全监测规则，判断安全监测的有效性以及在可控范围内发现自身的安全漏洞及错误。同时，网络信息安全监测能够为打击网络环境下的信息犯罪提供证据支持，网络信息安全监测的保存能够提供用户行为、系统运行状况等可信的取证数据。①

信息系统本身具有生成安全事件的能力，用户通过对信息系统的配置，可以生成安全事件。如通过对操作系统的配置，用户可以生成审计或系统日志事件，使用标签的操作系统可以根据强制标签的访问控制生成相应的安全事件集等。网络信息服务平台的基础设施、网络、应用程序、中间件等各个层次都支持安全事件流的生成。通过将这些安全事件数据源进行综合，形成安全事件数据集。大量安全事件数据的产生，会影响安全事件分析和评估效率，充斥在大量的安全事件数据中，可能会使紧急的安全事件无法得到及时地处理，无法发挥信息安全监测的作用。

网络信息安全监测需要对信息安全事件进行合理的调整，针对信息安全监测的重要等级进行排序，将信息安全监测与所处的场景进行结合，优先处理信息安全事件影响较大的数据，避免有重大影响的安全监测数据因为拖延而得不到及时的处理。网络信息安全监测除了需要确定信息安全监测的重要等级排序，对安全事件的收集粒度控制也十分重要。对于网络信息安全监测而言，并不是数据越多效果就越好，收集的信息安全监测数据越多，相应的处理效率就越低。基于此，可以采取两种解决思路：首先是采取措施对收集的大量信息安全监测数据在数据源处就进行过滤然后汇总处理，其次是生成信息安全监测核

---

① NIST Special Publication 800-37 Revision 1, Guide for Applying the Risk Management Framework to Federal Information Systems, A Security Life Cycle Approach[EB/OL]. [2016-03-20]. http://dx.doi.org/10.6028/NIST.SP.800-37r1.

心数据集进行参照，同时根据需求从对应的信息安全监测区域调集信息安全监测数据。通过获取网络信息安全监测的数据，得到安全事件流，通过对安全事件流的分析，得到相关信息安全态势感知，同时在分析的基础上进行网络信息安全预警。

9.3.2　网络信息安全全面保障中的应急响应

网络信息安全应急响应需要在信息安全监测的基础上进行，网络信息安全应急响应与信息安全监测一样都是实现网络信息安全控制的重要手段。网络信息安全应急响应在整体信息安全控制策略的指导下，在信息安全监测和评估了解信息资源安全状态下，通过应急响应，将网络信息安全风险控制在最低范围内，进行信息安全控制防护。

传统网络环境下 P2DR 安全模型被广泛应用于医疗、金融等领域信息安全的应急响应。P2DR 安全模型的基本描述为：安全是风险分析、执行策略、系统实施、漏洞监测、实时响应执行的总和。① P2DR 安全模型强调监测、应急响应、防护的动态循环过程，适用于网络环境下信息安全控制。结合 P2DR 安全模型，可以将网络信息安全应急响应与安全控制策略、信息安全防护、信息安全监测进行无缝对接。

借鉴 P2DR 安全模型的思想，网络信息安全应急响应实际上是整体安全防护循环上的一个重要环节。因此，将网络信息安全应急响应分为响应前、响应中和响应后三个阶段，如图 9-5 所示。响应前主要在网络信息安全控制策略指导下，进行信息安全响应措施的制定。为了能够快速响应、处理安全事故，需要制定安全事故处理的规程，并对安全事故进行分类，根据不同的安全事故类型制定不同的应急预案，从而做好网络信息安全应急响应的准备。响应中，主要是基于网络信息安全监测的数据，找到安全问题，并利用信息安全响应的措施进行应对，防止被攻击者破坏，将安全损失降到最低。响应后主要在事故处理完成后，应及时修复信息资源安全漏洞，巩固网络信息安全防护体系，并形成相应的报告以减少以后此类安全事故的发生，为相关责任人的责任追究提供证据。

网络信息安全应急响应在执行过程中，仍然需要人员的介入，通过人员参与将相对独立的策略、防护、监测、响应进行连接，并贯彻网络信息安全控制

---

① 黄勇. 基于 P2DR 安全模型的银行信息安全体系研究与设计[J]. 信息安全与通信保密，2008(6)：115-118.

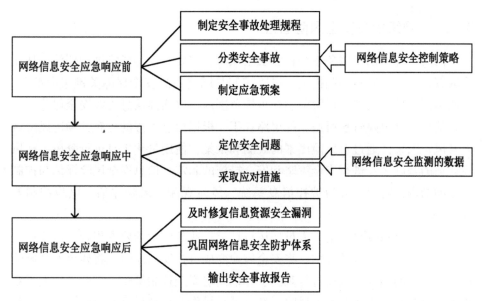

图 9-5 网络信息安全应急响应阶段框架图

方案。因此，网络信息安全应急响应的实施需要对相关人员进行管理，提高相关人员的专业素质以及应急响应问题的处理能力，以应对网络信息安全事故的动态变化，进行及时地处理与防护，弥补应急响应模型及措施在执行过程中的不足。

由于信息服务机构和服务提供商在不同服务模式下承担的安全保障责任不同，以云计算应用为例，在 IaaS 和 PaaS 模式下，系统和应用程序的信任边界都由信息服务机构和服务提供商确定。因此，服务提供商和信息服务机构都需要做好信息安全监测和应急响应的准备，对网络信息服务和安全保障过程中出现的漏洞或攻击及时采取安全措施进行安全控制。

9.4 网络信息安全全面保障中的全程协同控制策略

以网络信息安全全面保障中全员协同管理、信息安全测评和协同跟踪预警机制为基础，针对网络信息安全全面保障全过程协同控制需求，还需要立足于网络信息安全风险管理、安全基线建设、安全合规审计等方面，在强调多元参与主体协同的同时，进一步完善全程协同控制策略。

9.4.1　网络信息安全风险管理

网络环境下信息服务系统存在安全风险，需要对安全风险进行评估，从而采取有针对性的有效控制措施。风险控制是网络信息安全保障关键组成部分，将网络信息服务的安全风险限制在可控范围内，以增强信息资源安全保障。

信息安全风险管理所遵循的思路在于，根据信息资源的分布，确定风险域以及风险因素，通过对风险因素的观测和采集，使用量化工具进行分析，在风险评估的基础上，进行安全策略和安全措施的制定。信息安全风险评估与控制的模型结构，可以划分为被控信息系统、风险观测、风险评估、风险控制等部分。①

被控信息系统是网络、人员、运行环境、业务应用的要素集合，需要通过对安全风险的观测以及评估，将安全风险变成可控安全风险，将残余安全风险经过再一次的循环，从而进行观测、评估制定安全控制策略，在此基础上不断改进安全控制策略降低安全风险，经过循环操作，直到最终输出的安全风险都在可接受的范围内。风险评估过程一般包括识别风险、分析风险和评价风险等一系列环节，风险分析则包括资产、威胁、脆弱性等方面。首先对资产类别、资产价值进行判断，然后对威胁发生的类型、频率进行分析，根据脆弱性程度进行赋值，最后在综合验证资产价值、威胁频率、脆弱性的基础上，预估安全事故可能发生的概率以及可能造成的损失。

网络信息安全风险管理，作为满足信息服务机构信息安全控制的主要途径之一，需要服务提供商以及信息服务机构根据风险评估的结果，最终确定信息资产的保护程度、保护措施以及控制方式。② 信息安全风险管理目标重点在于事故预防，在事故发生之前，找到潜在的威胁和自身的弱点，实施恰当安全控制措施，从而减少事故的发生。

在信息系统中，资产的表现形式是多样的，包括客体资产、主体资产和运行环境资产，其中客体资产包括系统构成的软件、硬件、信息资源数据等；主体资产包括信息系统管理人员、技术人员、运维人员等；运行环境资产主要包括信息系统中主体和客体所处的内外部环境的集合，通过对资产进行分类，确定风险域的风险要素，对资产的赋值在综合资产的价值以及资产对信息安全状

---

① 王祯学. 信息系统安全风险估计与控制理论[M]. 北京：科学出版社，2011：15.

② GB/T 20984—2007 信息安全技术　信息安全风险评估规范[EB/OL]. [2016-03-20]. https://max.book118.com/html/2018/1224/7120025034001166.shtm.

态影响的基础上进行。根据资产对信息安全三元组的影响程度，将资产对信息资源云信息系统的安全影响程度，划分为五级分别表示很高、高、中、低、很低，分别采用 5、4、3、2、1 进行赋值。其中，值越大，代表其安全属性破坏后对信息资源平台造成的危害越大。

脆弱性资产本身所具有的威胁可以利用脆弱性破坏信息系统。从技术和管理角度进行脆弱性识别，技术脆弱性的识别对象包括数据库软件、应用中间件、应用系统；管理脆弱性识别对象包括技术管理、组织管理。在参考等级保护的基础上，信息系统技术脆弱性识别对象为物理环境安全、主机安全、应用安全和数据安全、网络安全；信息系统管理脆弱性识别对象包括业务连续性管理、资产管理、通信管理、人力资源管理、信息安全组织、物理与环境安全、访问控制、安全事件管理、系统及应用开发与维护。[①] 脆弱性验证程度进行等级化处理，分为五个等级，等级数字越大代表脆弱性的严重程度越大。通过分析威胁与脆弱性之间的关联确定安全事件发生的可能性，明确影响的资产以及安全事件所造成的损失，在此基础上计算出风险值。[②]

安全控制需要在安全风险评估的基础上进行，制定相对应的安全风险控制措施，提高信息系统整体的安全防护能力。网络信息安全风险管理是一个复杂的、涉及多方面的过程，涉及高层领导人员的战略指导与目标制定，中层领导人员的计划制定与管理策略，信息资源服务系统的开发、实施和操作系统支持网络信息资源服务的关键业务。借鉴 NIST 特别出版物 800-39（集成企业范围内的风险管理：组织、任务、信息系统视角）通过提出三层风险管理方法，应对集成企业的风险管理，提出的风险管理结构包括三个层面：组织层面、任务与业务流程层面、信息系统层面，[③] 如图 9-6 所示。

①网络信息安全风险管理的组织管理层，主要的职责是确定信息安全风险综合治理结构以及制定合理的安全风险管理措施。管理部分制定安全治理结构和风险管理措施必然涉及不同角色人员的参与，需要对人员进行权责分配，因此，需要对安全风险的相关管理人员进行管理。此外，信息安全风险管理中的综合治理结构构建和风险管理策略的制定主要涉及的内容包括信息安全风险控

---

①　王希忠，马遥. 云计算中的信息安全风险评估[J]. 计算机安全，2014(9)：37-40.

②　汪兆成. 基于云计算模式的信息安全风险评估研究[J]. 信息网络安全，2011(9)：56-59.

③　Ross R S. NIST special publication 800-39[J]. Managing Information Security Risk：Organization，Mission，and Information System View，2011.

制措施、信息安全风险评估的技术与方法、信息安全风险评估的方式与程序、信息安全风险控制措施的有效性测量，以及信息安全风险监督计划的制订。

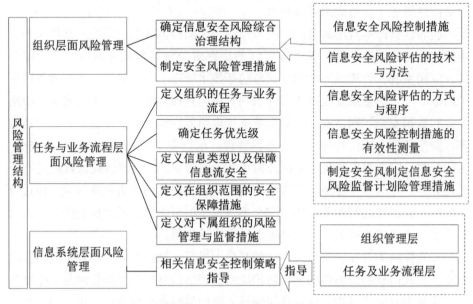

图 9-6　风险管理结构框架图

②网络信息安全管理的任务及业务流程层面，主要的核心职责在于定义组织的任务与业务流程、确定任务优先级、定义信息类型以及保障信息流安全、定义在组织范围的安全保障措施、定义对下属组织的风险管理与监督措施。

③网络信息安全风险管理的信息系统层面，主要接受来自组织管理层和任务及业务流程层相关信息安全控制策略的指导。

9.4.2　网络信息安全基线建设

面向协同框架下的网络信息资源利用与服务平台，由于网络信息活动涉及多元主体，众多信息服务机构如果采用不同服务提供商提供的服务，需要应对网络结构复杂、服务器种类繁多等诸多问题。因此，网络信息资源服务过程中不能仅仅基于传统的信息系统方式对信息系统进行维护，而忽略新技术应用环境下安全控制的特点与需求。因此，信息资源安全的保障必须建立相关的基线规范，基于相关的基线规范来实施安全控制。

信息安全基线建设是对其信息安全最小的安全保障，是信息资源安全的最基本保障，信息系统涉及的运行和维护人员，可通过网络信息安全基线明确信息安全保障的最低要求，基于信息安全基线进行信息系统以及资源的维护、配置、检查等操作。参考 NIST 特别出版物 800-53 r4 和 FedRAMP2.0 网络信息安全基线构建至少需包含以下 17 类安全控制措施：访问控制、意识和培训、审计和可追究性、安全评估和授权、配置管理、应急规划、标识和鉴别、事件响应、维护、介质保护、物理和环境保护、规划、人员安全、风险评估、系统和服务采购、系统和通信保护、系统和信息完整性。每一类安全控制措施之下，都有若干个子类。此外，NIST 特别出版物 800-53 r4 特地扩充了访问控制以及系统和服务采购的内容，以期覆盖云计算和供应链安全要求。①②

信息安全基线的构建是一项复杂的系统工程，COBIT（the Control Objectives for Information and Related Technology）是一个 IT 治理框架和支持工具集，管理者可以通过 COBIT 在信息安全控制目标、技术、风险之间建立关联，可以为信息安全控制提供明确的策略和实践指导。过去 COBIT 作为制定和定义基线的基础，COBIT 已经映射到很多信息安全标准中。安全基线建立需要结合安全风险以及信息系统生命周期进行规划。信息服务机构需要降低安全风险，保障服务信息系统的正常运行。信息服务机构以及服务提供商必须应用现有的法律、标准、规范等进行安全控制措施的制定与选择，需要考虑服务信息系统的安全、业务流程的安全实施、服务环境安全等因素。信息资源安全基线应以业务系统为主，基于不同业务系统的特性进行不同的安全防护，同时将业务系统进行分解为不同的系统模块，如数据库、操作系统、网络设备等，根据业务层的定义进行安全控制细化，制定不同的安全控制基线。

信息安全基线建设，首先区分不同安全需求所对应的基线要求，根据高、中、低三种不同的安全要求，构建三级信息资源安全基线，对于安全要求不在高、中、低之列的，主要考虑运行环境、运行特征、系统功能、威胁类型和信息类型等五项因素。此外，明确安全控制措施的作用域，安全基线并不是控制措施越复杂越好，需要考虑安全控制目标、运行环境、技术条件等因素进行安全控制的选择，将不要的安全控制措施剔除。同时，注重安全基线在信息服务关键业务和操作以及数据安全等方面，实现基于信息系统生命周期的全过程

①　美国标准与技术研究院特别出版物 800-53[EB/OL].［2016-03-06］. http://dx.doi.org/10.6028/NIST.SP.800-53r4.

②　周亚超，左晓栋.网络安全审查体系下的云基线[J].信息安全与通信保密，2014（8）：42-44.

覆盖。

9.4.3　网络信息安全合规审计

　　合规审计功能在传统的外包关系中发挥着重要作用，在网络环境下服务提供商和信息服务机构面临着建立、监视一系列信息安全控制措施的持续合规性方面的挑战，网络环境下的合规与审计主要包含内部政策合规、法律合规和外部审计，三者之间相互协调，从内部和外部流程实现需求目标的确立，明确需求是否符合用户合同、法律法规、标准等规范；实施策略、程序、过程以满足需求；监测策略、程序、过程是否有效被执行。

　　大部分合规性目的在于对有机会访问资产的人员、他们所访问的等级以及哪些等级的维护进行适当的控制。对于服务提供商而言，在提供服务过程中必须遵守不同的 IT 流程控制需求，包括内部需求和外部需求，在实践过程中，众多的合规性要求形成了复杂的关系，在审计过程中或者安全事件的结果中难免会出现重复性的不合规控制。可以通过合规工作对这些内部需求和外部需求进行统一地处理，从而提高效率并满足多组合的合规性要求。从长远发展来看，单个合规工作将被总体 IT 流程的合规取代。

　　合规需要和操作风险、内控进行有机结合，其中，合规管理范围主要涉及外部监管法规和内部制度规程要求的合规事件。KPMG 提出了通过合规审计构筑三道防线机制，其中，第一道防线在于通过合规管理和内控，进行风险识别、评估、监测；第二道防线在于在强化合规管理和内控持续优化、风险缓释的基础上将三者进行优化组合；第三道防线是对于内部审计中使用的方法、流程和标准进行整合。① 在借鉴前人研究的基础上，服务提供商以及信息服务机构可以采用管理、风险和合规(GRC)概念，针对长期的云合规工作进行持续的正式的合规程序设计。

　　合规的关键组成部分包括风险评估、关键控制、监测、报告、持续改进、风险评估-新 IT 项目和系统等六个部分，② 如图 9-7 所示。其中，合规所涉及的风险评估方法是服务提供商或信息服务机构对管理以及需求的合规性鉴定的

　　① KPMG 银行业操作风险研讨会. 操作风险管理及与内控、合规管理的有机结合 [EB/OL]. [2019-06-29]. https://wenku.baidu.com/view/8c790dfe03d276a20029bd64783e0912a2167c98.html? from=search.

　　② Lundin M. Industry issues and standards-effectively addressing compliance requirements [J]. ISACA San Francisco Chapter, Consumer Information Protection Event, 2009, 4.

开始，包括对关键领域风险的控制、用户身份管理、数据安全等方面；关键控制是在进行风险评估之后对于关键领域的合规需求进行确定，合规性活动主要是基于关键控制进行而不是基于外部产生的合规需求；监测是指对关键控制进行监测和测试的流程，监测结果可以用于支持审计工作的进行；服务提供商以及信息服务机构可以通过定义和报告持续进行的标准和关键绩效指标（KPI）获得控制的有效性报告；持续改进主要通过对实施过程的监测挖掘目标与实施过程中的差距，进行控制改进；风险评估-新 IT 项目和系统，在开发新 IT 项目和系统的时候，对于新的风险和控制措施进行评估，完善控制措施以及监测流程。

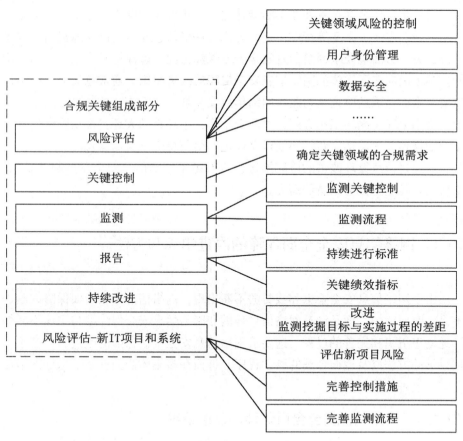

图 9-7　合规的关键组成结构图

10 网络信息安全全面保障的改进 组织与协同推进

网络信息环境和技术处在不断变化之中，所带来的网络信息安全问题也呈现出复杂、多元、多变等特性，这一方面对网络信息安全全面保障提出了技术挑战，另一方面也要求网络信息安全全面保障协同实施保持动态完善，强调协同框架下面向多元主体的网络信息安全保障的改进组织。通常意义上，网络信息安全全面保障的改进是构建在网络信息安全规划、实施、控制之上的重要环节，借助 PDCA 循环工作方式，大环套小环，小环推动大环，推动网络信息安全全面保障能快速适应新的问题以及促进网络信息安全全面保障能力的不断提升；而通过持续循环改进的协同推进，也有助于网络信息安全在控制基础上，将协同保障能力提升到新的高度。

10.1 网络信息安全全面保障的改进组织与方法

由于网络信息安全隐患和威胁的不断出现，网络信息安全全面保障的改进不是一蹴而就的，而是针对网络信息环境和网络信息安全保障参与主体不断循环地动态组织和完善的过程。这要求网络信息安全全面保障的改进组织必须采用科学的方法以及遵循合理的科学程序，进而在多主体协同框架下保证网络信息安全改进的效果。

10.1.1 网络信息安全全面保障的改进组织

借鉴 ISO/IEC 27001：2005 和 BS7799-2：2002 标准，网络信息安全全面保障的改进可视为一个包含网络信息安全保障的规划、实施和控制的 PDCA 循环的最终阶段。网络信息安全保障规划阶段，在风险识别的基础上，根据组织的整体策略和目标,建立安全策略、目标以及管理风险和改进信息安全相关的过程和程序。网络信息安全保障实施阶段,主要是实施和运作安全策略、控制、过程和程序,同时针对信息资源建设环节,结合技术和管理手段保障实施。网络信息安全保障控制阶段,在执行监视、评审程序和其他安全控制措施、测量控制措施的有效性(包括安全策略和目标的实现情况、安全控制评审)、事故的响应、安全事故的分析等基础上进行网络信息安全的监督与控制。在此基础上,网络信息安全保障的改进阶段则是指通过网络信息安全保障策略、安全目标,纠正预防措施并持续改进网络信息安全全面保障体系。

网络信息安全全面保障的改进与控制最大的区别在于:网络信息安全全面保障的控制,通过各项安全保障措施,满足网络环境下信息资源建设与服务过程中的各类安全保障需求。而网络信息安全的改进期望通过各项安全保障措施,提高网络信息安全保障的能力,是对现有安全保障水平在控制基础上的进一步提高,使安全保障水平达到新的高度。网络信息安全的改进,涉及多元主体的参与。不同的主体对网络信息安全改进的要求及在改进组织过程中发挥的作用也不尽相同。

从国家信息安全保障角度出发,网络信息安全持续改进受国家层面信息安全保障环境与政策的影响,网络信息安全并不是单纯依靠服务供应商和信息服务机构的信息安全保障措施,而是受宏观安全环境的影响。网络信息安全标准与法律法规的发展,是网络信息安全持续改进的有力支撑。

从服务提供商的角度出发,网络信息安全保障的持续改进是其信息安全保障生命周期的重要组成部分,在确定事件和改进情况之后,服务提供商和信息服务机构应该确保有反馈回路,使网络信息安全可以随着参与机构的成熟以及用户需求的发展而持续改进。服务提供商面临来自不同用户信息安全保障需求的挑战,为了构建可持续发展模式,对于服务提供商和信息服务机构而言,重点是建立可以用于不同用户群体的信息安全保障措施。

从信息服务机构角度,网络信息安全保障的持续改进主要针对其用户、数据以及服务安全。网络环境下信息服务机构信息资源数据以及用户应用,在一定程度上需要依靠服务提供商对信息安全进行安全保障。因此,信息服务机构需要根据整体的安全策略与目标进行监督、纠正预防措施等使网络信息安全保障按照信息服务机构不断更新的需求持续改进。

网络信息安全全面保障的改进是不断需要突破的复杂过程,即遵循 PDCA 循环的规律。需要成立专门的机构或部门对改进过程进行管理与监督。网络信息安全全面保障的改进组织管理分为两个层面:第一个层面是对改进层面进行宏观规划、制定方针、对改进效果进行评估等的管理机构或部门；第二个层面是实施具体的改进措施，依据安全 PDCA 的四个环节和八大步骤，开展安全改进活动。

　　基于网络信息安全全面保障的改进组织，需要从国家、区域、微观三个层面进行管理职能分工，如图 10-1 所示。网络信息安全全面保障的改进依赖于国家层面的信息安全保障环境与政策，通过国家层面的网络信息安全标准化推进与法制化管理完善，对网络信息安全全面保障的改进提供指导。区域层面的网络信息安全由区域信息资源安全管理小组负责，网络信息安全全面保障的改进活动需要区域资源投入、区域安全管理部门的组织协调，在国家层面改进政策与规范指导下，进行区域层面的网络信息安全改进活动的规划与实施。微观层面成立相应的安全改进管理委员会以及安全改进小组。安全改进委员会的主要职责在于：制订安全改进的计划，确定安全改进的项目；制订安全改进的激励机制，提供安全改进活动所需的资源；对安全改进的效果进行评估与认证，对于下属的安全改进小组进行管理。安全改进小组的基本组织结构与安全改进管理委员会相类似，下属有不同的安全改进团队负责具体工作的实施，安全改进小组根据安全改进管理委员制定的计划，进行安全改进工作。

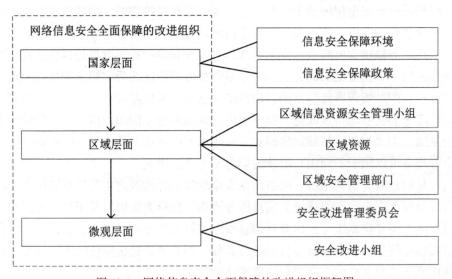

图 10-1　网络信息安全全面保障的改进组织框架图

　　网络信息安全全面保障的改进活动贯彻整个安全保障组织的动态过程，网络信息安全全面保障的改进组织必须遵循一定的原则，才能充分调动各个参与方在安全保障改进过程中的积极性，提高安全保障改进的效率。

①全员参与原则。网络信息安全全面保障的改进活动，需要全员参与，对每个人进行相应的授权，才能充分挖掘网络信息安全全面保障需要改进的问题并加以解决。

②PDCA 原则。成立网络信息安全全面保障的改进团队的同时，还需要对安全保障活动进行规划、实施、控制、改进，通过改进的安全保障评审，并且重视过程中的信息传递与反馈，以确认和巩固安全保障改进的效果。

③协调原则。网络信息安全全面保障的改进涉及多元主体和多个建设环节，需要在改进实施过程中协调各种关系，使各个参与主体之间的目标、利益和行为一致，确保网络信息安全全面保障的改进活动的顺利进行。

10.1.2 基于 PDCA 的网络信息安全全面保障循环改进方法

借助 PDCA 的循环改进模式，网络信息安全全面保障的改进活动的合理规划与组织，既将网络信息安全全面保障的改进作为 PDCA 循环的最终环节，也将其网络信息安全全面保障的改进本身也作为 PDCA 循环进行改进。

(1)网络信息安全改进的 PDCA 方法

基于 PDCA 网络信息安全全面保障主要工作方式是规划、实施、控制、改进的循环管理方式，PDCA 的四个阶段，可以划分为以下四个步骤：

①计划阶段(Plan)：主要用来分析现状查找原因。在找到问题的基础上，分析产生问题的原因，制订措施计划。

②执行阶段(Do)：这个阶段主要是按照已经确定的改进方案，有条理地执行计划。这是整个 PDCA 循环的关键，需要依靠完善的项目管理制度和成熟的技术手段完成，如果这两方面做到位，达到预期的目标就有保证。

③检查阶段(Check)：本阶段主要是对比执行结果与预期目标是否一致，通常情况下，该阶段是一个评估结果的过程，通过各种质量手段对结果进行对比评估，如果结果与预期目标有差距，要返回上一阶段，重新执行，如果执行效果很好，可以进入总结阶段。

④处理阶段(Action)：本阶段主要是针对检查的结果进行总结，将成功的经验制定成相应的标准文件，推广到整个组织，把没有解决的或新出现的问题转入下一个 PDCA 循环中，达到持续改进的目的。

(2)网络信息安全改进的 PDCA 循环过程

PDCA 连续性的循环工作方式,各个循环之间有序衔接,对于循环过程中发现的问题,找出原因,进入到下一个循环过程中解决。① 通过不断循环的工作方式,促进网络信息安全全面保障水平的不断提高。

①网络信息安全改进的 PDCA 循环模式。借鉴全面质量管理理论核心思想,网络信息安全全面保障的规划、实施、控制、改进四个阶段形成一个大循环,每个阶段本身也是一个 PDCA 循环,形成一个小循环,网络信息安全改进的 PDCA 循环模式,如图 10-2 所示。如网络信息安全全面保障的实施,是大循环的实施(D)阶段,但是网络信息安全全面保障的实施本身也需要规划、实施、控制、改进是一个 PDCA 小循环,大循环套小循环,小循环的作用在于推动网络信息安全全面保障的大循环 PDCA 四个阶段的安全能力的提升,大循环的作用是推动整体网络信息安全全面保障能力的提高,而小循环的不断实施也有利于保障大循环能够正常运行。因此,大环套小环、小环推动大环的不断循环过程中,网络信息安全全面保障的问题不断被解决,网络信息安全全面保障

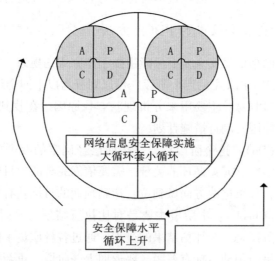

图 10-2 网络信息安全保障改进的 PDCA 循环模式

---

① 李融,韩毅.基于 PDCA 的数字图书馆质量管理研究[J]. 大学图书馆学报,2003,21(3):12-15.

不断地改进。①

②网络信息安全改进的 PDCA 循环上升过程。PDCA 每次循环，促进问题的解决以及新问题的挖掘，而新的问题将进入下一个循环过程中进行解决。网络信息安全全面保障，通过连续性的循环工作，推动网络信息安全全面保障体系的不断完善。每循环一次，网络信息安全全面保障能力就提高一步。可以通过控制 PDCA 循环的频率，更有效率地达到网络信息安全全面保障的需求。

10.2 网络信息安全全面保障的技术完善与实施优化

在明确了网络信息安全全面保障的改进组织模式与具体组织方法后，还需要在协同框架下督促网络信息安全保障技术与实施过程的不断优化，这既强调推进网络信息安全纵深防御体系的完善建设，也要求网络信息安全保障实施中联动机制的优化完善。

10.2.1 网络信息安全的纵深防御推进

纵深防御(Defense in Depth，DID)是实现系统安全的基础原则和策略，最早于美国的信息保障技术框架中提出，并用于指导美军全球信息栅格实践。②我国网络信息安全保障仍普遍采用传统 IT 架构下的单层防御体系，其原因在于安全厂商的商业化割据，防火墙、网关、加密机等都有自己的安全保障机制，但是各个安全厂商主要针对自身的安全防护，各自为政。目前服务提供商与其他提供商之间的协同合作趋势越来越明显，服务提供商将购买的软硬件设施整合到信息系统中。然而，如何把网络信息资源建设参与方安全能力整合起来，形成合力而不是针对单个安全节点的信息安全保障，是网络信息安全建设发展过程中信息安全保障改进的方向。

网络信息安全保障引入纵深防御的思想可以拓展网络信息安全保障的深度和广度，对于网络信息安全保障体系的改进具有指导作用。其突出的变革在

---

① 茆意宏，黄水清.数字图书馆信息安全管理依从标准的选择[J].中国图书馆学报，2010(4)：54-61.

② Son H，Kim S. Defense-in-depth architecture of server systems for the improvement of cyber security[J]. International Journal of Security & Its Applications，2014，8(3)：261-266.

于：一是网络信息安全防御广度上可以对广域网、局域网、主机采取不同的安全防护策略；二是在防御深度上可以进一步形成从预警、保护、检查、响应、恢复、反击的闭环结构。① 以 WPDRRC（Warning Protection Detection Response Recovery Counterattack）模型为代表的纵深防御理论关注管理、技术在信息安全保障的作用，与网络信息安全模型的目标一致，涉及人员、策略、技术。其中人员主要包括涉及安全保护的关键人员，包括管理员、用户等，对其进行相关培训，规范人员行为；策略则主要是指纵深防御策略，通过纵深防御策略指导安全防护工作的开展；技术则涵盖纵深防御过程中所采用的相关安全和保障技术。

信息服务机构通过网络服务提供商获取服务，信息资源用户通过网络访问信息资源，对网络类型进行划分，构建不同的信息安全保障策略，通过设置多层保护策略，即使攻击者攻破外围防线，里面的防御体系并不会遭到破坏，比传统 IT 机构下的单层防御安全性更高。在利用网络安全技术防范外部威胁的同时，应该关注内部架构与内部人员的监督，防止信息资源数据泄露。② 将纵深防御思想引入网络信息安全保障，网络信息安全保障未来的改进方向主要涉及以下几个方面：

（1）基于纵深防御思想拓展网络信息安全保障的广度

从传统架构下单层防御部署向多层防御部署过渡。采用不同信息安全技术进行分区部署，降低信息安全风险。互联网是最外层的，无论是信息服务机构还是信息资源用户，都是通过互联网对服务进行访问，通过防火墙、入侵防御系统、入侵检测系统、在线病毒扫描、系统日志、安全信息管理等构筑网络第一道防线。通过在数据中心构建防火墙、信息保障脆弱性警报、IP 安全阻断列表，漏洞修复等构建第二道防线。针对最内层的主机安全防护，则主要基于主机的安全系统、访问控制、反病毒、数据加密等手段实现。面向共享共建的信息资源建设，技术漏洞造成了攻击面的扩大，通过设置三层防线，改善单层防御的缺陷。攻击者攻破一道防线并不会造成整个系统业务的瘫痪，系统进行及时的报警与响应可以减少损失并进行恢复，将提高网络环境下信息资源整体

① 黄仁全，李为民，张荣江，等. 防空信息网络纵深防御体系研究[J]. 计算机科学，2011(S1)：53-55.
② 中国计算机报. 云纵深防御治理内网安全[EB/OL]. [2016-2-9]. http://www.xzbu.com/8/view-4464397.htm.

的信息安全。

(2)基于纵深防御思想拓展网络信息安全保障的深度

纵深防御思想强调人员、策略、技术。技术手段对于网络信息资源建设起到了支持作用，而策略是基于闭环结构的不断改进，人员处在纵深防御模型的中心位置，突显出重要性。在网络信息资源建设过程中，普遍将对外部威胁的防护视为重中之重，而实际上来自内部的威胁也是问题的核心，众多的调查显示内部的威胁来自内部人员的恶意操作以及内部的管理与技术漏洞等。

网络信息安全保障中人是保障信息系统安全的关键要素，如果服务提供商的内部人员进行非授权访问、恶意攻击，那么将给信息资源建设带来巨大的损失。因此，需要督促服务提供商完善内部管理的策略，服务提供商对需要内部人员在承担某岗位时进行培训，定义职务及安全责任；任用时，需要让人员明确信息安全管理的流程和策略以及制定相应的违规处理政策；针对任用的终止或变更，需要制定相关规范，对用户退出服务进行审核，防止用户破坏信息资源，同时撤销任用，终止或变更用户的访问权。其中，职权分离是预防用户恶意行为、减少用户行为危害的有效方法，对职权进行分离后，相关人员对不同的工具、数据库、操作系统等的访问就会受到限制，同时减少因一个人负责多个管理领域而不能及时发现信息安全问题的情况，可以减少潜在的破坏行为。服务提供商需要对内部人员、第三方提供商人员以及信息服务机构人员等涉及网络信息资源建设过程中的关键人员进行定期的安全培训，确保所有的参与方执行相同的安全政策，并对参与方进行监督，防止恶意参与方以及安全事件的出现。

10.2.2 网络信息安全的联动机制完善

由于网络信息安全保障的多主体性和复杂性，基于局部的、静态的、被动的安全防护已经无法满足其信息安全保障的需要，网络信息安全保障需要从全局出发，动态、综合地设计多方安全联动机制。联动机制是指信息安全保障过程中各参与主体和人员联合行动、互相配合，以实现共同的信息安全保障目标。网络信息资源建设参与主体包括信息服务机构、服务提供商，如果信息资源建设部署在信息服务机构内部，信息服务机构信息安全保障的主动权更高；如果信息资源建设部署在服务提供商的数据中心，则主要由服务提供商进行维护。

划分安全区域是联动机制中提高联动效率、增加联动防御能力的重要手段，通过划分安全区域将整体的安全保障范围细化，分区自治的同时，统筹安全保障的策略，实现多元主体安全保障能力的联合以及相应问题解决效率的提高。安全域的划分主要参考信息安全标准化委员会（TC260）WG5 发布的《TC260-N0015 信息系统安全技术要求》，网络环境下安全域划分所遵循的原则如下：①

①业务保障原则。对信息服务平台进行安全域划分，其目标是为了保障信息服务的安全运营，不仅是采用繁复技术手段进行控制，而且需要从实际出发保障信息服务以及相关业务的正常运行和运行效率。从理论上讲，划分的安全域越多，越容易进行安全控制，但是也会造成管理的复杂性以及业务的低效率，因此需要在业务保障的前提下进行安全域的划分。

②多重保护原则。网络信息安全面临来自管理、技术等多种的安全风险，因此不能让信息资源平台依托于单一的安全措施，应该围绕安全域进行各个层次上的立体防护，包括网络、主机、操作系统、应用程序等，一旦某一层被攻击者攻破，其他层仍可以起到安全防护的作用。

③生命周期原则。信息资源平台的安全域划分不是一成不变的，需要在实际的发展过程中根据网络信息安全保障的需求进行调整，从而不断更新与完善安全域策略，增强网络信息安全保障能力。

网络信息资源每个安全域都有相对的区域安全防护能力，制定域的信息安全防护策略，但是各个安全域在保有安全防护区域灵活性的同时，需要建立多个域的联动机制，将各个域的防护能力进行整合，这样不仅仅是在域内，在整个平台都能够通过安全联动机制相互配合、统一实现整体的信息安全保障目标。在借鉴基于综合联动机制的网络安全模型（Netware Security Model based on Synthesized Interaction Mechanism，NSMSI）思想的基础上，构建出网络信息安全域联动机制，② 如图 10-3 所示。由信息资源平台联动控制中心负责整体的联动控制与管理，通过制定联动控制策略的应用域，完善、促进各个域相互之间信息安全防护的联动。其中涉及办公域、生产域、运维与管理域、网络域、物理安全域，各个安全域本身可以通过域联动策略的应用与改进，通过安全域内的联动控制中心实现安全域内信息安全保护的联动。

网络信息安全域联动的技术实现主要是基于安全分析基础上的决策。通过

---

① 张尼. 云计算安全技术与应用［M］. 北京：人民邮电出版社，2014：101-102.

② 向军，齐德昱，徐克付，钱正平. 基于综合联动机制的网络安全模型研究［J］. 计算机工程与应用，2008(13)：117-119.

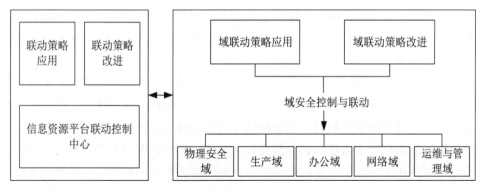

图 10-3 网络信息安全域联动机制

安全监测产生数据的主动上报以及对安全数据的收集，对信息资源安全状态进行评估，对信息安全威胁进行判断，根据分析结果进行安全决策，并分析该安全事件与其他安全事件、安全设备、安全域之间的关系，对安全事件进行定位并选择响应措施。① 通过联动机制对事件进行跟踪，并阻断其在安全域的活动，任务完成后形成新的联动策略并保存在联动策略知识库，不断完善联动机制和联动的响应策略。

10.3 网络信息安全全面保障的管理制度协同推进

网络信息安全全面保障的改进组织与协同推进不仅依赖于组织方法和技术的落实，还需要立足网络信息安全全面保障的科学管理制度，以确保面对协同框架下的多元主体参与的网络信息安全全面保障得以有序展开。网络信息安全全面保障的管理制度协同工作主要面向网络信息服务用户，可从用户隐私安全保护和知识产权保护等方面积极推进。

10.3.1 网络信息服务用户隐私安全保护工作推进

不同国家对于隐私的定义和管辖范畴认知存在较大差异，而网络开放环境使其用户隐私安全保护难度更加凸显。在网络环境下，隐私安全保护的范畴尚未达成共识，但是可以明确的是，网络环境下隐私权利与义务与数据的收集、

① 刘勇，常国岑，王晓辉. 基于联动机制的网络安全综合管理系统[J]. 计算机工程，2003，29(17)：136-137.

使用、披露、存储、销毁等数据生命周期紧密相关，网络环境下的隐私体现了服务提供商对个人信息业务活动的透明度，保障网络环境下隐私是服务提供商对数据所有者的责任。

此外，伴随着云计算技术的协同化发展，云计算必将走向全球化。云服务提供商购买其他供应商提供的服务，从而突出自己的核心业务优势，已经成为云计算不可避免的发展趋势，未来网络环境下的隐私保护还将涉及跨境隐私保护问题，云用户对于自己数据存储在哪个地域、哪个数据中心并不知晓，如果数据被存储在另外一个国家的数据中心，如何协调来自不同国家的隐私数据保护责任认定，也是未来将面临的隐私保护难题。虽然诸如信息服务机构等云用户和云服务提供商通过合同或协议明确隐私保护条款，但是数据管理权与所有权分离，一旦发生云用户隐私受损的事件，如果云服务提供商不进行通知，云用户可能会毫不知情，而云服务提供商的过失责任如何进行取证以及合同如何执行，这些都为云服务用户隐私保护维权带来了困难。

目前，用户在网络中的安全保障普遍依赖于服务提供商，而用户与服务提供商签订的关于安全保护的协议，是由服务提供商提供的，虽然用户与服务提供商可以进行协商，但是服务提供商已经掌握了主动权，用户在实际执行过程中选择的余地很小。服务提供商滥用契约自由的原则，从责任规避的角度制定符合云服务提供商利益的条款，导致了服务协议书安全责任与义务分配不合理，给责任认定以及安全事故的赔偿带来了困难，使用户处于弱势地位。针对百度、Microsoft、Amazon、Salesforce、Google、华为等15家国内外主流云服务提供商的隐私政策，从信息收集、信息披露、信息删除三部分进行剖析发现，现有云服务协议的隐私政策并不能完全保证用户的隐私不被泄露，且云服务提供商将收集、披露以及删除用户信息看作是一种合理行为，不需为此付出任何代价。① 在网络环境下用户隐私保护并没有普遍采用的标准，一旦发生用户隐私泄露，云服务提供商可以规避自己的责任，如阿里云的服务协议中有："该账户和密码因任何原因受到潜在或现实危险时，您应该立即和阿里云取得联系，在阿里云采取行动前，阿里云对此不负任何责任。"②iCloud 的服务协议中提道："对于由他人提供的任何内容，苹果公司在任何方面均不承担任何责

---

① 黄国彬，郑琳. 基于服务协议的云服务提供商信息安全责任剖析［J］. 图书馆，2015（7）：61-65.

② 阿里云. Aliyun. com 服务条款［EB/OL］.［2018-07-02］. https://account.aliyun.com/common/agreement.htm? spm = 0.0.0.0.eifQ9b&fromSite = 6.

任，且没有义务对该等内容预先进行审查。并且，如果苹果公司认为有违规情况发生，可以自行决定拒绝、修改或删除用户的相关内容，而不需事先发出通知"。① 如 RackSpace 在服务协议中提道："在以下情况，本公司会将用户信息提供给第三方：执行法律规定、保护他人安全和权利、抑制欺诈和垃圾邮件等不良行为。"②

关于数据隐私的法律法规与监管规定，也未形成共识。有些国家监管十分严格，如欧盟国家对个人数据的处理只有在指导下才能进行，相对而言，美国的相关规定则较为宽松。欧盟《有关个人数据处理和电子通信领域隐私保护的指令》《关于个人数据处理保护与自由流动指令》等立法，为各国网络环境下的个人信息保护和数据跨境流动保护提供了法律依据。欧盟的数据保护严格规定，欧盟的数据只能流动到数据安全保护水平相当的国家和地区，如阿根廷、瑞士、加拿大等国家。与美国、欧盟相比，我国面向网络环境下的用户数据保护、跨境流动等问题的相关法律法规还需要进一步完善，从而满足网络环境下隐私安全保护的迫切需要并与国际接轨。

网络信息安全在数据生命周期的各个阶段呈现出不同特点，网络信息安全数据生命周期可以分为生成、传输、存储、使用、共享、归档、销毁七个阶段，③④ 如图 10-4 所示。

数据生成阶段主要指数据创建者生成但是尚未传输至网络，数据创建者需要定义数据的属性、安全级别等，在传输至网络之前，可以进行加密处理，以防止数据泄露。数据传输阶段，主要是指数据拥有者或数据创建者将数据传输到网络，这个过程的安全保障通常通过加密技术进行防护。存储阶段，主要是指数据存储在网络，保护数据的完整性、可用性和保密性不被破坏，以及访问控制与数据管理。使用阶段，是指用户访问网络数据，并可能对数据进行修改，难度在于如何验证用户的数据修改权限，保障数据的安全。共享阶段，主要是指用户对数据进行访问与服务，支持海量用户的访问以及保障数据和数据不丢失。归档阶段，是指用户的数据迁移到固定的存储设备进行长期保存，归

---

① Apple. iCLOUD 条款和条件［EB/OL］.［2018-07-02］. http://www.apple.com/legal/internet-services/icloud/cn_si/terms.html.

② RackSpace. Privacy Statement［EB/OL］.［2018-07-02］. http://www.rackspace.com/information/legal/privacystatement.

③ 曹景源，李立新，李全良，等. 云存储环境下生命周期可控的数据销毁模型［J］. 计算机应用，2017，37(5)：1335-1340.

④ 冯登国，张敏，张妍，等. 云计算安全研究［J］. 软件学报，2011，22(1)：71-83.

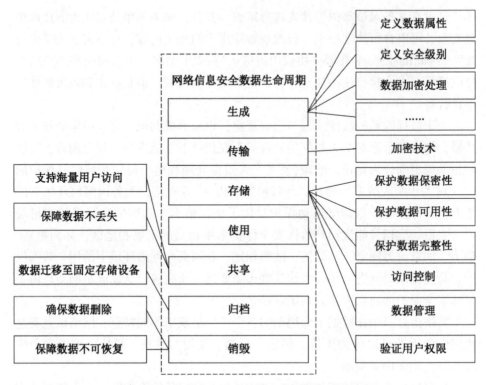

图 10-4　网络信息安全在数据生命周期各阶段特点

档的难度在于服务提供商提供的归档是否能够符合合规性的要求，以及如何对此进行监督。销毁阶段，是数据生命周期的终止阶段，用户需要删除网络/云端存储的数据，难度在于如何确保数据被彻底删除，不被服务提供商和其他用户恢复，从而造成数据的泄露。

　　网络信息服务用户隐私安全问题的解决依赖于隐私权立法以及政策保护的加强，通过立法与相关政策研究，针对网络环境下的特征，基于数据生命周期的每个阶段进行责任划分，明确每个阶段用户和服务提供商的权责范围，规定用户隐私数据收集的目的、方法、侵权责任以及赔偿制度等。信息服务机构在与服务提供商制定协议时必须了解服务协议的内容，以防止自己处在被动地位，与此同时，必须对隐私安全风险进行主动防御，而不是完全依靠服务提供商。主动防御的措施主要包括：信息资源在迁移前进行数据分级，将数据分为不同安全等级，每个机构数据分级的处理都不尽相同，可以参照 GB/T20271—2006 标准将信息安全保护等级分为五级，根据不同的数据安全等级制定不同的安全保护和访问控制策略，对于敏感程度较高的数据需要结合信息服务机构自身的规定进行本地存储，不迁移至不可信服务商的网络数据中心进行存储。

服务提供商作为信息生命周期中隐私安全保护主要责任承担者，需要制定每个阶段的安全管理策略，同时，服务提供商与用户必须形成良好的互动机制，服务提供商需要定期向用户提供安全策略、安全实施和运营活动的细节并形成报告，将这些逐步纳入到网络信息安全管理的流程之中，避免服务提供商规避责任。而国家相关的职能部门需要根据相关标准进行信息安全监管，并不断促进网络环境下隐私保护法律法规体系的完善。

10.3.2 网络信息服务用户知识产权保护工作推进

在多种形态的信息服务开展和网络信息资源整合的基础上，知识产权保护已经成为网络信息资源安全保障的重要组成部分。网络信息资源的开放性与共享性，使知识产权保护难度大，① 而面向共享共建网络信息资源建设数据规模大、复杂性程度更高，面向复杂网络环境以及网络信息资源建设的新形态，需要在原有知识产权保护框架的基础上，进行用户知识产权保护的深入探讨，推动整体安全环境的完善。网络信息服务用户知识产权保护推进（如图 10-5 所示），主要涉及以下几个方面：

（1）构建网络信息服务用户知识产权保护规范

网络信息资源建设过程中用户知识产权保护，可以借鉴基于知识共享协议的知识产权保护模式。基于知识共享协议，信息资源拥有者根据其不同的安全保障需求，自主选择信息资源的知识保护程度。② 版权拥有者可以通过不同程度的授权，约束或限定用户版权转让、传播及利用等行为，从而降低知识产权被侵犯的风险。③ 面向共享共建的网络信息资源建设，需要众多服务开发商和信息服务机构协同合作，在合作过程中可以通过 SLA 等方式明确各方的权益，针对知识产权的归属、使用、转让等进行约定，④ 在完善网络信息服务用户知

---

① 徐刚红. 虚拟参考咨询服务中的知识产权问题探讨[J]. 情报资料工作，2007(5)：87-89.

② 袁纳宇. 基于云计算技术的信息服务与知识产权保护——由百度文库"侵权门"事件引发的思考[J]. 情报资料工作，2011(5)：68-71.

③ 知识共享协议 [EB/OL]. [2018-07-02]. https://baike.baidu.com/item/creative%20commons/8755425? fr=Aladdin&fromid=10000329&fromtitle=%E7%9F%A5%E8%AF%86%E5%85%B1%E4%BA%AB%E5%8D%8F%E8%AE%AE.

④ 秦珂. 云计算环境下图书馆的著作权法律风险规避[J]. 图书馆工作与研究，2013，1(12)：10-13.

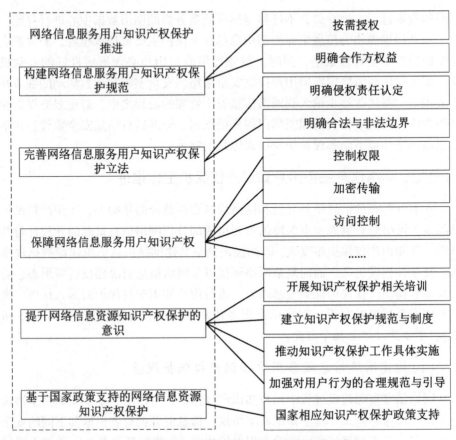

图 10-5　网络信息服务用户知识产权保护推进框架图

识产权保障实施策略的同时，也可为侵权责任认定提供依据。

（2）完善网络信息服务用户知识产权保护立法

　　网络信息资源建设涉及复杂网络环境和海量资源，网络环境下知识产权保护问题，需要结合网络信息资源建设的特征，完善相应的法律法规体系，其焦点主要涉及传播权、出租权、侵权责任认定等问题。通过完善立法，进一步明确网络信息资源传播与利用过程中合法与非法使用的边界，减少模糊不清的侵权问题及侵权责任认定问题，① 健全网络信息服务用户知识产权保护法律法规

---

　　① 左祥宾. 云存储环境下版权侵权法律问题研究［D］. 广州：华南理工大学，2014：38-39.

体系，增强知识产权保护力度。

(3)通过技术手段保障网络信息服务用户知识产权

技术手段是网络信息服务用户知识产权保障实施的重要方式。通过对网络信息资源进行分类，根据网络信息资源不同的知识保护程度，采取相应的技术手段实施安全保障。通过授权来限定用户的操作权限，用户在所授操作权限下可执行相应的操作，从而有效减少越权使用、非法使用、过度使用等行为。在网络信息资源传播和利用过程中，可根据不同的安全保障需求，通过加密传输、访问控制等技术手段，进一步增强网络信息服务用户知识产权保护。

(4)进一步提升网络信息资源知识产权保护的意识

网络信息资源建设过程中资源的开发与利用是关键，为保障工作安全开展，必须重视知识产权问题。信息服务机构应注重提升机构人员的知识产权保护意识，组织开展知识产权保护等相关培训，结合网络信息资源建设工作环节，建立健全相应的知识产权保护规范、制度，推动网络信息资源建设过程中知识产权保护工作的具体实施，同时注重加强在网络信息服务过程中对用户信息传播与利用行为的合理规范与引导。

(5)基于国家政策支持的网络信息资源知识产权保护

网络信息资源建设过程中知识产权保护工作的开展，应明确服务对象及服务目的，制定具有针对性知识产权保护政策。诸多面向共享共建的网络信息资源建设的主要目的在于，在资源整合的基础上面向公众提供优化的信息服务，而非以营利目的。以公众性利益为基础，国家在制定相对应知识产权保护政策时应予以支持，保护网络信息资源的社会公益职能。从政策层面，推动网络信息资源知识产权保护工作的开展。

10.4 网络信息安全全面保障的运作管理协同推进

在制定并推进网络信息安全全面保障的管理制度过程中，还需要面向网络信息安全全面保障的运作实施过程实现运作管理的协同推进工作，从而根据参与主体的组成变化、资源变化以及网络信息安全环境变化，不断优化网络信息安全全面保障运作过程。网络信息安全全面保障的运作管理协同工作主要立足于各层级的标准化工作，确保在信息资源与信息系统在建设安全、安全审查及责任划分等方面的网络信息安全保障工作的有效协同，如图 10-6 所示。

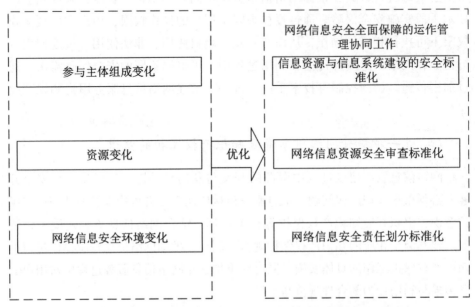

图 10-6　网络信息安全全面保障的运作管理协同工作框架图

10.4.1　信息资源与信息系统建设的安全标准化

信息系统构建是网络信息资源建设的重要组成部分，传统的信息系统安全标准已经相对完善，信息安全等级保护管理方法从定级、备案、建设整改、等级测评和监督检查五个方面明确了信息安全等级保护的工作步骤。在对信息服务平台进行安全保障的过程中，可以参考信息安全等级管理办法的步骤来落实网络信息资源服务平台保护的措施。

信息系统的安全保障，首先需要明确信息资源数据中心的安全保护等级以及安全边界。一般而言，数据中心由多个信息系统组成，数据中心的正常运行需要对多个信息系统的安全保护等级进行划分，对关键的信息系统进行重点保护。传统信息系统主要参照《信息系统安全等级保护基本要求》，按照信息系统建设中所涉及的基本安全防护要求进行规范。数据中心的构建，同样需要制订基本的安全防护参考规范。在此基础上，网络环境下的信息资源系统建设应该构建管理、技术上的支持体系，明确面对新的威胁与安全风险的情况时，网络环境下信息资源系统建设的基本防护要求。

信息服务机构和服务提供商需要根据信息系统出台的安全保护标准，对信息资源数据中心的安全防护措施是否达到等级保护的要求进行判定。同时，促使网络信息系统的规范化实施，对于网络信息资源系统建设的协调与监督工作也具有重要的指导作用。

10.4.2 网络信息资源安全审查标准化

面向共享的网络信息资源建设，为了保障网络信息资源数据的安全，需要对服务提供商提供的服务进行安全审查。参与网络信息资源建设的信息服务机构众多，为了避免各个信息服务机构出现重复审查，可以由网络信息资源建设的管理部门进行统一的安全审查。由各个信息服务机构参与，在参照相应规范的基础上构建安全基线，然后由网络信息资源建设的管理部门或委托的第三方评估机构，对服务提供商的服务进行评估，网络信息资源建设的管理部门根据评估结果对服务提供商进行安全审查，安全审查结果可以面向信息服务机构公布，从而减少重复审查的情况，提高安全审查的效率。

此外，网络信息安全审查应考虑在云计算等新技术进行安全审查的标准上进行拓展，在网络信息安全的特征与实践探索基础上建立规范，网络信息资源存储的数据安全问题、用户隐私保护、跨云认证、知识产权保护等关键的信息安全问题等都需要进一步考虑，以建立符合实际和具有可操作性的网络信息安全审查的安全基线。

10.4.3 网络信息安全责任划分标准化

网络信息安全建设依赖服务提供商的安全保障实施，一般情况下，用户和服务提供商会基于合同或协议的形式对安全问题以及相应的责任承担进行约定。目前基于 SLA 的服务等级协议虽然可以起到一定的约束作用，但是在实际执行过程中，服务提供商往往无法达到预期的服务质量要求，而网络环境下，调查取证困难，导致安全责任认定十分困难。因此，在网络信息安全保障的过程中，需要在相关标准的指导下，与服务提供商共同明确双方的信息安全保障责任与义务。

网络环境下安全责任的划分与服务模式密切相关。以云计算服务模式为例，在 SaaS、PaaS、IaaS 不同云服务模式下，用户承担的安全管理责任存在较大差异,① 云服务模式与控制范围的关系，如图 10-7 所示。

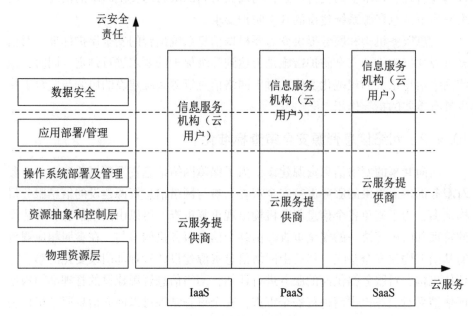

图 10-7 云服务模式与控制范围的关系

在 SaaS 中，云服务提供商需要承担物理资源层、资源抽象和控制层、操作系统、应用程序等相关责任。云用户则需要承担自身数据安全、客户端安全等相关责任；在 PaaS 中，云服务提供商需要承担物理资源层、资源抽象和控制层、操作系统、开发平台等的相关责任。客户则需要承担应用部署及管理，以及 SaaS 中客户应承担的相关责任；在 IaaS 中，云服务提供商需要承担物理资源层、资源抽象和控制层等的相关责任，云用户则需要承担操作系统部署及管理，以及 PaaS、SaaS 中客户应承担的相关责任。服务提供商之间的协同合作已经成为一种趋势，为了提高竞争力、优化资源配置，越来越多服务提供商采用其他供应商提供的产品与服务，如 SaaS、PaaS 服务提供商可能依赖于 IaaS 服务提供商的基础资源服务。在这种情况下，供应链中其他服务提供商的参与共同到安全保障措施中。

需要注意的是，服务提供商所提供的平台满足安全标准但是并不意味着服

---

① 信息安全技术云计算服务安全指南［EB/OL］．［2018-07-02］．https：//wenku.baidu. com/view/f2cd395cb4daa58da1114a64.html.

务提供商的安全能力达到合同的要求，一般而言，需要第三方审计机构对服务提供商进行测评工作，测评结果可以作为用户选择服务提供商的参考。当用户通过评估选定了服务提供商，需要服务提供商对其信息安全保障进行申明，使用户的信息资源数据受到合理的保护。

11 协同构架下网络信息安全
全面保障的案例分析

针对网络信息环境下的信息安全保障工作，尤其是当前广泛利用并开展的基于云计算技术的网络信息资源开发与利用实践，考虑到依托云计算技术所开展的面向共建共享的网络信息资源服务建设所体现出的多主体参与的协同构建特点，协同框架下网络信息安全全面保障的实践分析，以网络信息资源服务建设实践中的安全保障作为典型案例展开。其中，中国高等教育文献保障系统（CALIS）是网络信息资源共享建设项目的典型代表，其依托云计算技术实现数字学术信息资源整合与共享；国家科技图书文献中心（NSTL）作为我国科技文献共建共享保障的重要支撑力量，其运作中同样呈现着鲜明的跨系统协同特性；而美国的 HathiTrust 数字图书馆项目，则由众多图书馆参与其学术信息资源服务建设，面向云环境实现数字信息资源的集中存储和开放获取。针对三者的网络信息安全保障路径和策略研究，对网络信息安全全面保障的协同实践工作开展具有代表与借鉴意义。故而，协同框架下网络信息安全全面保障的案例研究针对 CALIS、NSTL 与 HathiTrust 在面向共建共享网络信息资源建设过程中安全保障存在的问题，并通过 CALIS、NSTL 与 HathiTrust 的安全策略进行比较分析，启发围绕实践开展的协同构架下网络信息安全全面保障新思考。

11.1 面向共建共享的信息资源平台建设及服务组织

为了明确网络信息安全全面保障工作在面向协同共建环境下的开展路径和思路，需要首先梳理代表性共建共享网络和信息资源平台建设模式，提炼相应网络信息资源共享服务组织模式，进而揭示潜在网络信息安全隐患和问题，并提出网络信息安全全面保障需求。

11.1.1 CALIS 信息资源共享平台建设

目前，CALIS 共建共享主要以省域为单位进行划分，而 CALIS 云服务也以省域或共享域进行开通，单个的成员首先需要向所属的省域中心进行云服务的申请。CALIS 三期建设已经推出了信息资源搜索引擎 E 读，用来实现各个成员馆之间统一的知识发现；面向全国高校师生以及各个成员馆的可检索与获取服务的外文期刊网篇名目次库 CCC；面向各个成员的统一认证、用户管理的统一认证系统 UAS；为各个成员馆实现有效馆际互借以及成员馆内部用户馆际互借的馆际互借服务 ILL；支持各成员馆本单位以及多馆联合资信、知识管理等功能的虚拟参考咨询系统 CVRS；实现本地馆藏数据或用户数据与 CALIS 联合目录系统数据交换服务的统一数据交换系统 UES。① 各个成员馆通过租用 CALIS 提供以上几种类型的云服务，将本地服务和云服务平台进行结合，利用云服务实现共享共建基础上构建的更大规模的交互与资源利用。各个信息服务机构面临的用户服务需求变化以及技术变革所带来的革新压力，通过购买或租用相应的云服务就可以实现既定服务功能，而不需要进行系统建设、购买基础设施等，从而可以突出本馆业务的核心优势，节约人力、物理、财力资源，也可以有效减少资源的重复建设。CALIS 应用模式如图 11-1 所示。

为了便于全国高校、图书馆等信息服务机构共享 CALIS 的信息资源，CALIS 构建了众多的共享域。CALIS 实体共享域通常以省级为中心进行划分，已经建成 CALIS 河北省文献信息服务中心、CALIS 吉林省文献信息服务中心、CALIS 重庆市文献信息服务中心等 30 多个共享域，CALIS 通过省级分中心进行实体的云服务部署，各个省内的图书馆通过省级分中心进行云服务租用和云平台部署等实际工作的管理。此外，CALIS 还有按学科以及学校类别构建的共享域，有针对性地对各个图书馆、学科领域进行信息资源共享。虚拟共享域是依托实体共享域形成，实现信息资源服务和数据的共享，图书馆之间可以通过虚拟共享域实现逻辑上的服务与资源整合，虚拟共享域并不需要进行云平台的构建。② CALIS 共享域建设的难点在于，既要为不同的数字学术图书馆建立服务解决方案，又要保证省级共享域之间的互联，在保障信息安全的同时，又需保障信息资源业务的效率与灵活性。

---

① 肖小勃，邵晶，张惠君. CALIS 三期 SaaS 平台及云服务[J]. 知识管理论坛，2012 (3)：52-56.

② 杨新涯，王文清，张洁，等. CALIS 三期共享域与图书馆系统整合的实践研究[J]. 大学图书馆学报，2012，30(1)：5-8.

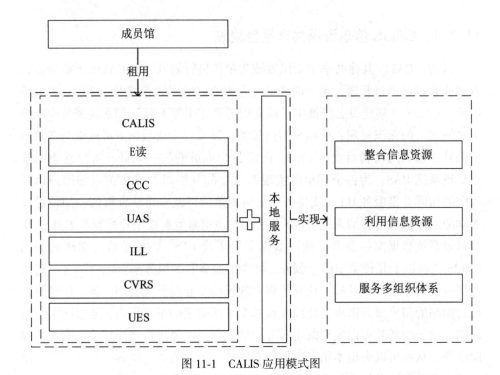

图 11-1 CALIS 应用模式图

  CALIS 信息资源共享共建的目标在于，通过云计算技术应用在信息资源整合的基础上，为成员馆提供一站式知识发现与获取服务，从而突破目前高校图书馆在资源整合和共享方面遇到的困境，完善各个图书馆之间的信息资源共享与协同机制，构建面向各个成员馆提供统一部署、统一认证的云服务。因此，CALIS 云服务体系主要包括三个层面：在汇集和交换、处理与挖掘基础上整合的信息资源；对整合的信息资源进行利用的资源发现云平台以及资源获取云平台；服务的组织体系涉及文献服务基地馆和核心馆、国内外其他文献服务合作机构、海外文献服务合作机构。

  在实践过程中，CALIS 开发了 SaaS 云服务应用，并进行了一些推广工作，在面向云环境下信息资源的共享共建，CALIS 主要通过建立省级共享域以及省级共享域之间的交互实现各个图书馆信息资源整合基础上的云服务。其共享共建是在各级省级政府的相关政策推动下进行，与欧美地区的信息资源云服务建设有显著区别。同时，省级以上层次的省级共享域以及各个省级共享内的信息安全管理尚未形成完整的体系。以 CALIS 为主体构建云服务平台，CALIS 既是云计算服务的提供者，又是云计算服务的使用者，兼具双重角色，数字图书馆的云服务保障，依托 CALIS 进行指导与维护，而目前 CALIS 的三期项目仍在建设之中，其在技术、管理以及标准与法律法规方面对云环境下信息资源安全保障进行了探索，但是尚未形成具体的安全体系，因此，需要进一步加快完善网络信息安全保障的研究，以指导我国的实践工作，降低网络信息安全保障的风险，避免安全风险造成损失。

11.1.2　NSTL 数字资源协同建设模式

国家科技图书文献中心（National Science and Technology Library，NSTL）是一个虚拟的科技文献信息服务机构。作为不同学科构成的跨系统、跨地区科技的文献信息服务机构，NSTL 是我国科技文献共享共建服务组织与保障的重要力量，通过集中以及分布式服务的方式，整合各类科技文献资源，其突出特点在于打破了传统条块的行政管理框架，为跨系统、跨地区协同运营模式实施提供支撑。①

NSTL 是我国数字资源协同建设的典型代表，主要涉及协同流程开发、数字资源协同建设以及协同组织模式等方面，协同建设模式如图 11-2 所示。协同流程开发与管理是保障系统有效运行的前提，NSTL 流程的制定将协同工作整合到管理能力，实现每一项循环流程协同组织管理；根据协同服务开发模型，建立结构化项目开发流程，涉及项目启动、资源分配、测试、审查等不同阶段的过程控制。② NSTL 在资源整合基础上提供信息检索和文献传递服务，通过期刊知识库建设、提供数据接口、开发检索平台等，实现资源共享共建，协同内外资源建设。语义计算、自动标注、智能检索等技术的应用也为数字资源体系构建奠定了基础。

NSTL 积极推动共建区域联合知识服务体系，截至 2021 年，已经建设 40 个服务站，覆盖全国 29 个省市自治区，提升了地方科技文献信息的保障能力和服务水平。③ 以 NSTL 广州服务站为例，它致力于将 NSTL 科技文献信息资源与区域科技文献共享平台进行跨系统资源整合，并打造了"广东省科学决策支撑平台"门户网站，参与"广东省文献资源共建共享协作网"建设，不仅增强

---

①　丁遒劲. 国家科技图书文献中心科技文献资源共享平台建设实践研究[J]. 图书馆学研究，2015(20)：39-41，51.

②　徐文哲. 数字图书馆协同系统及其运行机制[D]. 南京：南京大学，2015：114-126.

③　全国服务体系[EB/OL].［2021-10-02］. https://www.nstl.gov.cn/Portal/qgwftx_qgfwtxjs.html.

了共享平台的服务能力和数字资源储备，也促进了 NSTL 资源在广东省的推广与应用，拓展了数字资源收集渠道，形成了数字资源整合服务的长效机制。以共享共建、协同服务模式，促进相关数字资源的开放获取与利用。①

面对数据融合、开放获取、大数据技术下的开放融合新生态，NSTL 仍然存在着资源完整性、协同性、安全性不足等问题与挑战。未来应该面向创新战略要求，在长期保存、元数据与知识组织等方面完善数字资源协同组织与服务体系，适应开放融合环境，发展新需要。②

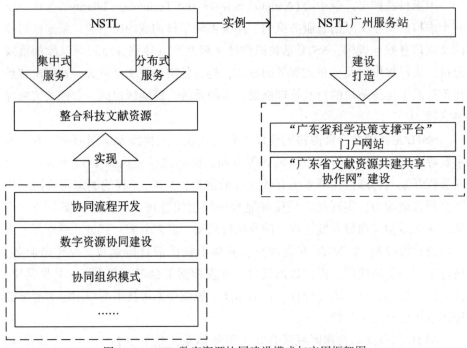

图 11-2　NSTL 数字资源协同建设模式与应用框架图

11.1.3　HathiTrust 信息资源服务组织模式

HathiTrust 通过建立合作规则、深度的资源共享以及信任机制，建立联合

---

① 吕越华，林源. NSTL 广州服务站的建设、服务与思考［J］. 科技创业月刊，2017（5）：15-17.

② 曾建勋. 开放融合环境下 NSTL 资源建设的发展思考［J］. 大学图书馆学报，2020，38（6）：63-70.

的信息资源图书馆，从单一机构的服务转变为建立联合的服务。① 用户可以通过网络对其信息资源进行访问。HathiTrust 作为对信息资源进行长期保存和访问服务的策略，必须依靠各个图书馆之间的深度合作，而 HathiTrust 的信息安全保障依赖于信息管理、标准等进行相应的实践探索。HathiTrust 采用开放档案信息系统架构 OAIS 进行框架设计，进行档案获取、存储、数据管理以及大数据的访问控制。②③

可信存储库审计和认证文档描述了 OAIS 框架的摄取过程，将对象获取过程进行记录并保存记录。HathiTrust 的获取过程分为两个不同的过程，一是从中央书目管理中心获取书目元数据，二是获取包括基本数据以及内容个数相关的元数据，在内容获取之中，通过存储库的标准保障获取以及获取之前的内容符合标准。一般而言，HathiTrust 的书目元数据主要是通过信息资源提供的书目文件获取。

HathiTrust 为其收藏的公共领域和受版权保护的文献资源提供长期保存和获取服务，既是一个共享式数字保存仓储，又是一个高效能的获取平台。HathiTrust 的目标是实现数字图书馆联盟之间信息资源的合作与共建共享，实现供应链的整体增值，有利于资源利用效率的最大化。HathiTrust 使得馆藏资源在时间和空间上得到极大延伸。HathiTrust 结构与应用优势如图 11-3 所示。

①统一检索平台，提供全文检索服务。HathiTrust 与 OCLC 共同创立了 WorldCat Local Prototype 的用户界面，建立了支持多语言、多途径的与本地服务兼容的统一检索平台，实现跨库检索、资源一站式检索、导航和全文获取。对非 HathiTrust 成员用户，则只返回相应检索资源的目录。此外，HathiTrust 与 Serial Solutions 合作，通过 Summmon 核心技术实现基于全网发现服务系统的 HathiTrust 信息资源全文检索。通过统一检索，能实现 HathiTrust 各个成员馆的物理馆藏和电子馆藏在一个检索框内被检索，同时可以按照相关性实现排序，有效推进了资源整合和无缝链接服务。

②为研究人员提供文本分析的工具。HathiTrust 研究中心提供了能够集成多个文本分析与可视化工具的 SEASR 网络服务，SEASR 可以帮助研究人员挖

① Walker D P. HathiTrust：Transforming the library landscape [J]. Indiana Libraries，2012，31(1)：58-64.

② 宋琳琳，李海涛. 大型文献数字化项目的信息资源整合研究[J]. 图书情报知识，2014(4)：94-105.

③ 周秀霞，刘万国，杨雨师. 基于云平台的数字资源保存联盟比较研究——以 Hathitrust 和 Europeana 为例[J]. 图书馆学研究，2018(23)：52-60.

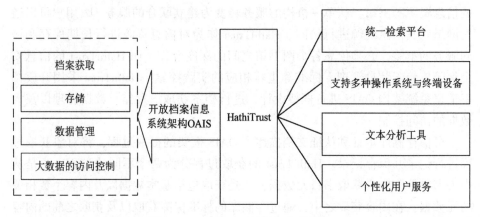

图 11-3　HathiTrust 结构与应用优势

掘隐性知识和关联信息，支持多媒体格式的处理，如图像、音频、文本、数值等格式。通过 SEASR，有利于共同参与开发的研究人员提升合作效率。

③提供个性化的用户服务。HathiTrust 能帮助用户创建定制的数据库，为用户提供自定义检索，建立自定义集合。例如 HathiTrust 书目检索功能，通过 HathiTrust 的主页进入检索页面，可以实现对作者、题名、主题、ISBN 的自定义检索；建立个人收藏库，构建虚拟学习社区。HathiTrust 为了满足用户的专题需要，为用户提供了个人收藏库。HathiTrust 的会员都可以创建收藏库，实现数字图书馆社区用户聚合，通过用户个性化服务定制，促进更多的用户从信息资源的使用者向信息资源的贡献者过渡。

④支持多种移动设备、多种操作系统。HathiTrust 推出了移动平台的测试版，支持读者使用手机或移动设备登陆访问。移动平台是对 HathiTrust 的管理系统和应用服务的集成。用户在身份信息得到认证后可以访问移动平台，检索文献。HathiTrust 移动平台未来发展趋势是为帮助用户在任何时间、任何地点获取数据库资源，但是信息资源集中云存储模式以及频繁爆发的知识产权纠纷等安全问题，使 HathiTrust 服务与用户安全面临着严峻的挑战。

11.2　协同架构下网络信息安全全面保障的相关策略分析

在梳理了代表性网络信息资源共建共享平台建设现状和潜在网络信息安全

问题的基础上，结合相关平台建设中的协同架构及网络信息安全全面保障需求，相应网络信息安全保障的组织工作将从安全保障技术策略和安全保障管理策略入手，提出协同架构下面向网络信息资源共建共享平台信息安全全面保障的解决方案，以作为网络信息安全全面保障工作实施的参考。

11.2.1 网络信息安全全面保障技术策略分析

从网络信息安全全面保障技术策略来看，CALIS 信息资源云服务平台采用统一认证策略，NSTL 面向开放融合环境采取元数据标准策略，HathiTrust 则采取信息资源安全访问控制及长期保存策略。

(1)CALIS 信息资源云服务平台统一认证策略

CALIS 数字图书馆云服务平台采用面向服务架构(Service Oriented Architecture，SOA)进行整个系统的架构，将 CALIS 数字图书馆云服务不同的功能单元通过 SOA 规范联系起来，提高了 CALIS 数字图书馆云服务的集成性与可靠性。CALIS 数字图书馆云服务平台构建在 Nebula OSGI 基础框架上，基于 OSGI 规范，CALIS 开发了 Nebula OSGI，通过 Nebula OSGI 将服务进行封装发布，通过统一的内部规范，提高 CALIS 数字图书馆云服务平台可靠性。

CALIS 信息资源云服务平台的统一认证中心主要采用 Shibboleth 和 CARSI 认证技术实现，Shibboleth 是基于安全断点标记语言等规范实现的网络认证系统，支持各个图书馆以及用户来自网络的安全访问与共享。[1] CALIS 统一认证的实现需要与各个图书馆的本地认证系统进行集成。图书馆可以将自己的用户身份信息传送到 CALIS 统一认证云服务中心，由 CALIS 统一认证云服务中心将各个图书馆的用户数据库进行整合，形成统一的云服务认证用户数据库，这种方式的优点在于用户统一认证的效率较高，各个图书馆机构只需要将用户数据导入，不需要改造图书馆的系统与 CALIS 统一认证云服务中心衔接，可以直接由 CALIS 统一认证云服务中心进行用户身份认证。此外，图书馆还可以与 CALIS 统一认证云服务中心进行联合认证，这种方式的优点在于各个图书馆对用户隐私保障能力更强，但是联合认证的操作较为复杂，需要各个图书馆对本地信息系统进行改造，与 CALIS 统一认证云服务中心进行无缝对接。

---

① 王文清，柴丽娜，陈萍，等. Shibboleth 与 CALIS 统一认证云服务中心的跨域认证集成模式[J]. 国家图书馆学刊，2015，24(4)：45-50.

目前，图书馆出于对信息安全保护的角度普遍采用的是联合认证的方式，进行用户的统一认证，从而促进用户的安全访问与信息安全保障。CALIS 基于整体多级云服务架构，推动中心级云平台、共享域级云平台、图书馆本地平台资源多云服务建设，建立统一认证体系、资源整合与交换体系等多重技术支撑的安全保障体系，并通过完善相关培训体系，促进成员馆安全保障能力的提升。①

（2）NSTL 开放融合环境下元数据标准策略

NSTL 作为面向共享共建的科技文献信息服务机构，实施科技文献国家元数据战略。科学决策与知识服务离不开元数据的参与，建设 NSTL 统一元数据标准，能够推动科技文献信息的统一描述与深度揭示，提供数据标准基础保障，增强系统间的协同能力。②

面向开放融合环境，NSTL 一方面需要加强信息安全保障体系建设，构建协同服务及长期保存机制，另一方面需要面向用户需求以及信息服务流程，进行数字资源业务管理体系重组，开放融合环境下 NSTL 资源管理体系主要内容，③ 如图 11-4 所示。

NSTL 统一元数据标准建设在兼容现有文献元数据标准的基础上，进行了拓展，呈现模块化、细粒度等深层次描述特征。④ 通过完善统一元数据保障体系，可以实现多来源渠道资源整合；通过元数据收割、转换等实施跨系统多元异构数据集成与融合；通过建立元数据库，打造元数据集成平台，覆盖知识发现、采集、服务与应用全过程，同时，提升数据完整性、安全性与使用效率，在此基础上，开拓与深化新兴资源建设与服务，推动科技文献信息保障体系优化。⑤

---

① 王文清，张月祥，陈凌. CALIS 高等教育数字图书馆技术体系[J]. 数字图书馆论坛，2013(1)：29-36.

② 张建勇，于倩倩，黄永文，等. NSTL 统一文献元数据标准的设计与思考[J]. 数字图书馆论坛，2016(2)：33-38.

③ 曾建勋. 开放融合环境下 NSTL 资源建设的发展思考[J]. 大学图书馆学报，2020，38(6)：63-70.

④ 于倩倩，张建勇，黄永文. 大数据环境下的文献元数据标准设计特点分析[J]. 图书馆杂志，2018，37(11)：35-39，46.

⑤ 彭以祺，吴波尔，沈仲祺. 国家科技图书文献中心"十三五"发展规划[J]. 数字图书馆论坛，2016(11)：12-20.

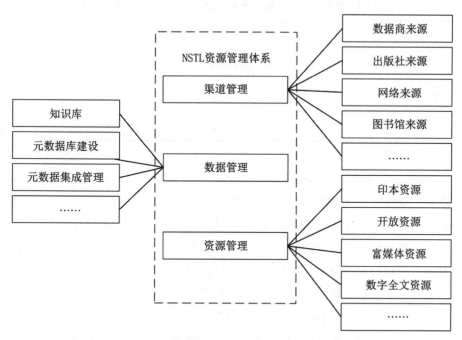

图 11-4　NSTL 资源管理体系主要内容

（3）HathiTrust 信息资源安全访问控制及长期保存策略

访问控制是实现 HathiTrust 云存储联盟信息资源安全的重要手段，HathiTrust 云存储联盟信息资源访问控制以及存储能力的保障主要是通过档案存储、管理以及访问的组件库实现。HathiTrust 云存储联盟信息资源访问控制主要分为三个类型：内容访问、检索与整合访问、元数据访问，① HathiTrust 云存储联盟信息资源访问控制的具体内容，如表 11-1 所示。

内容访问控制方法只要是通过 Data API，Data API 就可以允许机构开发自己的访问接口以访问 HathiTrust 云存储内容，并促进验证与审计的进行。检索以及整合访问控制，主要通过 Solr 索引标准的应用，Solr 索引标准服务 VuFind 目录包括完整的 MARC 记录以及权利确定的信息。元数据访问控制，通过存储库的数据管理组件对元数据的分布进行控制。

---

① York J. Building a future by preserving our past：the preservation infrastructure of HathiTrust digital library[C]// 76th IFLA General Congress and Assembly. 2010：10-15.

表 11-1　HathiTrust 云存储联盟信息资源访问控制的具体内容

访问类型	访问内容
内容访问	用户通过内容访问获取文本、元数据
检索与整合访问	用户通过检索与整合访问，利用检索索引的存储库发现内容
元数据访问	用户通过元数据访问相应资源

　　HathiTrust 主要采用 SaaS 云服务模式，以数字资源知识库为中心构架云服务框架。知识库中所存储的数字资源涵盖不同类型，为了保障这些资源存储的一致性和完整性，HathiTrust 通过定义不同资源类型的特征信息加以区分，并遵循开放档案信息系统框架（OAIS），在可信数字仓储审计与认证等相关标准的基础上，进行 HathiTrust 云平台核心建设，进一步提升 HathiTrust 云平台安全，以及长期保存数据的一致性、完整性。①

　　云存储数据安全保障是 HathiTrust 核心工作之一，HathiTrust 建立了透明的运行制度，通过各个合作的成员馆馆长组成的理事会能有效监督机构库的运行与发展。成员馆来自馆藏资源和技术方面都处于世界领先地位的大型学术研究图书馆，严格遵循数字内容归档和保存的标准与最佳实践要求，给机构库的长期运行提供了保障。对数据进行两个以上的备份，将多个备份数据分散进行异地存储，对数据存储地实施安全管理，严格限制和管理接触数据的人员，同时保障数据存储地的物理环境安全，从而降低用户数据丢失与泄露的风险。因此，HathiTrust 经过"可信赖资源库"的审计和认证。

　　为了更好地保障 HathiTrust 信息资源安全，HathiTrust 采用云存储备份机制进行信息资源安全保障，HathiTrust 云存储的数据中心有两个，一个位于密歇根，另一个位于印第安纳州。位于密歇根的云存储中心主要负责日常业务的响应、整合数据的收集、获取、存储、维护等；位于印第安纳州的数据中心主要作为备份中心，密歇根数据中心的数据定期复制到印第安纳州的数据中心，一旦发生故障，密歇根的数据中心瘫痪，可以立即启动印第安纳州的数据中心替代密歇根的数据中心进行服务响应、避免数据丢失，有效地减少云安全事故

----

① 周秀霞，马宁，杨雨师. 数字资源长期保存联盟 HathiTrust 研究[J]. 图书馆建设，2018(11)：48-52.

给相关机构带来的损失。

11.2.2 网络信息安全全面保障管理策略分析

从网络信息安全全面保障管理策略来看，CALIS采取安全域建设模式，NSTL采用协同安全管理机制，HathiTrust则采用安全管理组织策略。

(1)CALIS安全域建设模式

CALIS信息资源云服务平台建设推进，依赖于政府规划以及政府宏观政策的指导。CALIS信息资源建设直属教育部领导，涉及全国各个省、市、地区，CALIS已经在各省市的支持下构建了30多个共享域，有超过1000多个的成员馆加入其中。庞大的规模和众多机构的参与需要依赖于国家层面的规划以及政府宏观政策的指导，参与过程中，省市区与CALIS一起制定具体的信息安全保障措施，对加入的成员馆以及与CALIS共享域交互过程中的信息安全进行保障。CALIS信息资源建设的组织架构，形成了以各省域中心为主的安全域建设模式。CALIS信息资源云服务平台的安全域划分，如图11-5所示。

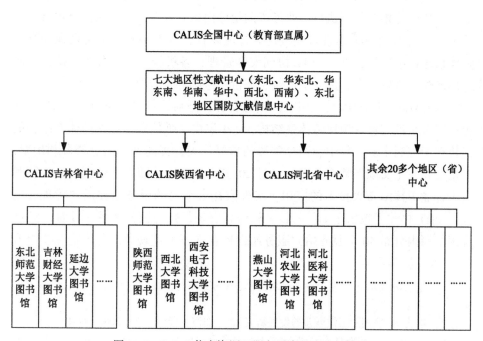

图11-5 CALIS信息资源云服务平台的安全域划分

CALIS 信息资源在教育部的领导下建立了一个全国中心，多个地区中心、众多图书馆参与的分级安全域体系，国家对 CALIS 信息资源建设给予政策支持并投入了人力、物力、财力。在信息资源共享共建的方针指导下，地区中心制定了具体的执行措施，如河北省中心为了把河北省文献信息保障体系与 CALIS 信息资源建设相结合，成立了河北省资源整合中心、技术支持中心、信息服务中心等，为网络信息安全保障提供了巨大的支持。① 各个 CALIS 省中心在国家政策的指导下建立了共享共建的长期合作机制，并加强各个图书馆的协同合作、责任分担。CALIS 信息资源云服务平台主要由 CALIS 进行统一维护，通过部署省级云服务中心，各个图书馆可以对 CALIS 云服务进行租用，明确各参与方的权责分配，有效地促进了 CALIS 信息资源云服务过程中的信息安全保障。

（2）NSTL 协同安全管理机制

NSTL 在国家相关部门的指导和支持下，从管理层面进行跨部门、跨单位的共享共建管理体制创新。NSTL 管理体制上坚持理事会领导下主任负责制，理事会作为决策部门，统筹协调，主任由理事会聘任。政策指导和监督管理主要由科技部等相关部门执行，业务咨询指导由信息资源及计算机网络服务专家委员会提供。② NSTL 重视管理机构的合理设置，突出协同安全管理在安全保障体系建设中的重要性。NSTL 协同安全管理，各机构权责、分工明确；资源合理调配、有效整合；建立了监督、评价、激励等长效机制。

与 CALIS、CASHL 等三级文献信息资源保障层次体系相区别，NSTL 呈现出单层次文献信息资源保障体系结构。③ 单层次文献信息资源保障体系结构的优势在于有利于资源集中、避免资源的重复建设，提高文献信息资源利用率，不足之处在于文献保障率不高。经过 20 多年发展，伴随着大数据、云计算和人工智能等技术新兴技术的应用，实现依托云平台的服务站和用户管理云模式，NSTL 构建了覆盖全国的科技文献信息资源保障与服务体系。目前，NSTL 全国范围内分布 40 个服务站，服务站发展存在不平衡现象。为了进一步提升

① 李凤媛. CALIS 三期建设之河北省中心服务策略与实践[J]. 科技信息，2013（35）：30.

② 李晓华. 我国图书馆联盟的发展研究[D]. 湘潭：湘潭大学，2008：11-19.

③ 吴育良. 提升 NSTL 资源保障能力与服务质量的对策[J]. 图书馆学刊，2013，35（1）：79-82.

服务质量，NSTL 提出基于推广激励的服务站管理体系，一方面推动服务站之间的良性竞争，促进服务站的服务规模、层次提升；另一方面通过培训、业务激励措施提升服务站人员的专业素质和服务水平，进而提高服务站的管理和服务水平。[1]

NSTL 面向国家发展战略不断深化改革，带领成员机构积极开展创新性、专业化、个性化的知识服务，面向大数据环境和知识服务需求，全面加强我国科技文献信息资源保障体系建设。以全国科技外文文献信息资源保障体系建设为例，NSTL 在资源整合基础上提供外文文献联合馆藏及集成检索服务，建设面向共享共建的外文科技文献信息资源协同保障体系，为科研、教学等机构提供保障服务，有效弥补了我国在外文科技文献信息资源保障的不足，优化和扩展了我国外文科技文献信息资源保障能力。[2]

（3）HathiTrust 安全管理组织

HathiTrust 云存储联盟信息资源安全管理依赖于各个信息服务机构的合作，执行委员会是 HathiTrust 项目的重要管理机构，管理人员主要由组成云存储联盟的各个图书馆的馆长或机构负责人担任。另外一个管理机构是战略顾问委员会，主要对日常的工作进行监管，并将相关信息向执行委员会反馈。战略顾问委员会的监管人员可以来自各个图书馆也可以来自第三方的监管机构。在 HathiTrust 云存储联盟中，图书馆之间的合作是实现业务及安全保障的关键。

HathiTrust 云存储联盟的资源和服务主要由 HathiTrust 的成员机构提供，不仅面向成员机构，也面向社会公众提供开放性服务，基于联盟发展、成员机构及用户需求进行联盟服务框架设计。[3] HathiTrust 云存储联盟中图书馆的合作主要通过协议实现，通过与各图书馆签订云存储协议，明确各成员馆的责任与义务，便于对各成员馆进行管理。[4] 签订合作协议，可以方便成员馆用户的信息资源传播与获取，减少各成员馆馆藏的重复建设，限制成员馆从存储库中

① 曾建勋. 基于发现系统的 NSTL 用户服务体系思考[J]. 情报杂志，2020，39(11)：134-138.

② 彭以祺，吴波尔，沈仲祺. 国家科技图书文献中心"十三五"发展规划[J]. 数字图书馆论坛，2016(11)：12-20.

③ 周秀霞，马宁，杨雨师. 数字资源长期保存联盟 HathiTrust 研究[J]. 图书馆建设，2018(11)：48-52.

④ 赵伯兴，方向明. 云图书馆环境下低利用率文献合作储存对策研究[J]. 中国图书馆学报，2013，39(3)：40-48.

撤回文献，成员馆不再需要补充丢失或损坏的文献，可保障其长期获取的权利等，促进在保障用户知识产权的特定条件下各成员馆共享资源。

　　HathiTrust 云存储联盟关注版权管理措施的制定，以维护用户知识产权。HathiTrust 云存储联盟服务过程中，对信息资源的获取进行了限制，开放获取的资源主要包括不受版权保护的出版物和 HathiTrust 云存储联盟以及有版权且有开放权限的文献。对于有获取限制的信息资源，可以与版权所有者进行协商，协商一致后方能进行开放获取。① HathiTrust 云存储联盟专门构建了版权协议的授权数据库，保存和跟踪信息资源的版权信息，并将版权数据库与书目数据库相关联，并进行实时更新。

　　① 　Teper T H, Guthro C, Kieft B, et al. HathiTrust Print Monographs Archive Planning Task Force: Final Report[R]. HathiTrust, 2015: 1-45.

参 考 文 献

[1]李飞，吴春旺，王敏. 信息安全理论与技术[M]. 西安：西安电子科技大学出版社，2016.

[2]何培育，马雅鑫，涂萌. Web 浏览器用户隐私安全政策问题与对策研究[J].图书馆，2019(2)：19-26.

[3]王佳隽，吕智慧，吴杰，等. 云计算技术发展分析及其应用探讨[J]. 计算机工程与设计，2010，31(20)：4404-4409.

[4]钱文静，邓仲华. 云计算与信息资源共享管理[J]. 图书与情报，2009，153(4)：47-52，60.

[5]肖冬梅，孙蕾. 云环境中科学数据的安全风险及其治理对策[J]. 图书馆论坛，2021，41(2)：89-98.

[6]Beunardeau M，Connolly A，Geraud R，et al. Fully homomorphic encryption：Computations with a blindfold[J]. IEEE Security & Privacy，2016，14(1)：63-67.

[7]胡昌平，吕美娇. 云环境下国家学术信息资源安全保障组织研究现状与问题[J]. 情报理论与实践，2017，40(11)：10-16.

[8]高原，吴长安. 云计算下的信息安全问题研究[J]. 情报科学，2015，33(11)：48-52.

[9]相丽玲. 信息法制建设研究[M]. 太原：山西人民出版社，2006：7-25.

[10]相丽玲，陈梦婕. 试析中外信息安全保障体系的演化路径[J]. 中国图书馆学报，2018，44(2)：113-131.

[11]上海社会科学院信息研究所. 信息安全辞典[M]. 上海：上海辞书出版社，2013：1.

[12]王世伟. 论信息安全、网络安全、网络空间安全[J]. 中国图书馆学报，2015，41(2)：72-84.

[13]尤婷. 网络信息安全监管机制之完善[D]. 长沙：湖南师范大学, 2017.

[14]彭珺, 高珺. 计算机网络信息安全及防护策略研究[J]. 计算机与数字工程, 2011, 39(1)：121-124, 178.

[15]吴小坤. 新型技术条件下网络信息安全的风险趋势与治理对策[J]. 当代传播, 2018(6)：37-40.

[16]尹佳音. 对外开放背景下我国信息安全体系建设思路研究[J]. 社会科学文摘, 2021(8)：11-13.

[17]刘忠华, 曾昭虎. 提高企业网络信息安全方法的研究[J]. 信息系统工程, 2017(5)：60.

[18]卢新德. 构建信息安全保障新体系[M]. 北京：中国经济出版社, 2007：15-21.

[19]黄瑞华. 信息法[M]. 北京：电子工业出版社, 2004：312.

[20]张焕国, 王丽娜, 黄传河, 等. 信息安全学科建设与人才培养的研究与实践[C]//全国计算机系主任(院长)会议论文集. 北京：高等教育出版社, 2005.

[21]马晓英. 图书馆数字化资源安全评估方法研究[J]. 图书情报工作, 2011, 54(1)：70-74.

[22]马晓亭, 陈臣. 云计算环境下数字图书馆信息资源安全威胁与对策研究[J]. 情报资料工作, 2011(2)：55-59.

[23]张宏亮. 数字图书馆安全新策略研究[D]. 长春：东北师范大学, 2008.

[24]刘万国, 黄颖, 周利. 国外数字学术信息资源的信息安全风险与数字资源长期保存研究[J]. 现代情报, 2015, 35(10)：3-6.

[25]程风刚. 基于云计算的数据安全风险及防范策略[J]. 图书馆学研究, 2014(2)：15-17, 36.

[26]Choi K, Cho I, Park H, et al. An empirical study on the influence factors of the mobile cloud storage service satisfaction[J]. Journal of the Korean Society for Quality Management, 2013, 41(3)：381-394.

[27]宁园. 健康码运用中的个人信息保护规制[J]. 法学评论, 2020, 38(6)：111-121.

[28]马遥. 大数据时代计算机网络信息安全与防护研究[J]. 科技风, 2020(16)：82.

[29]Carroll M, Van Der Merwe A, Kotze P. Secure cloud computing：Benefits, risks and controls[C]//Information Security South Africa (ISSA), 2011.

IEEE，2011：1-9.

[30] Brender N，Markov I. Risk perception and risk management in cloud computing：Results from a case study of Swiss companies［J］. International Journal of Information Management，2013，33（5）：726-733.

[31]江秋菊. 基于云计算数字图书馆信息安全实现研究［J］. 现代情报，2014，34（3）：68-71.

[32]袁艳. 高校图书馆私有云存储的安全性问题分析［J］. 出版广角，2015，9（下）：46-47.

[33]黄国彬，郑霞，王婷. 云服务协议引发的信息安全风险及图情机构的应对措施［J］. 图书情报工作，2020，64（12）：38-48.

[34]刘勃然，魏秀明. 美国网络信息安全战略：发展历程、演进特征与实质［J］. 辽宁大学学报（哲学社会科学版），2019，47（3）：159-167.

[35]柏慧. 美国国家信息安全立法及政策体系研究［J］. 信息网络安全，2009（8）：44-46，63.

[36]许畅，高金虎. 美国公民国家网络安全意识培养问题研究［J］. 情报杂志，2018，37（12）：135-139，146.

[37]国家信息技术安全研究中心. 美国奥巴马政府网络安全新举措［J］. 信息网络安全，2009（8）：11-15.

[38]刘耀华. 国际网络可信身份战略研究及对我国的启示［J］. 网络空间安全，2018，9（2）：1-5.

[39]李恒阳. 美国网络军事战略探析［J］. 国际政治研究，2015，36（1）：113-134.

[40]程工，孙小宁，张丽，等. 美国国家网络安全战略研究［M］. 北京：电子工业出版社，2015：43.

[41]林丽枚. 欧盟网络空间安全政策法规体系研究［J］. 信息安全与通信保密，2015（4）：29-33.

[42]周秋君. 欧盟网络安全战略解析［J］. 欧洲研究，2015，33（3）：60-78，6-7.

[43]雷小兵，黎文珠.《欧盟网络安全战略》解析与启示［J］. 信息安全与通信保密，2013（11）：52-59.

[44]张志华，蔡蓉英，张凌轲. 主要发达国家网络信息安全战略评析与启示［J］. 现代情报，2017，37（1）：172-177.

[45]方兴东，张笑容，胡怀亮. 棱镜门事件与全球网络空间安全战略研究［J］. 现代传播（中国传媒大学学报），2014，36（1）：115-122.

［46］梅丽莎·海瑟薇, 克里斯·德姆查克, 强森·科本, 等. 法国网络就绪度报告［J］. 信息安全与通信保密, 2017(10): 67-86.

［47］叶敏. 网络执政能力: 面向网络社会的国家治理［J］. 中南大学学报(社会科学版), 2012, 18(5): 173-180.

［48］陆冬华, 齐小力. 我国网络安全立法问题研究［J］. 中国人民公安大学学报(社会科学版), 2014, 30(3): 58-64.

［49］王晓君. 我国互联网立法的基本精神和主要实践［J］. 毛泽东邓小平理论研究, 2017(3): 22-28, 108.

［50］魏来, 李思航. 国内外科学数据隐私保护政策比较研究［J］. 新世纪图书馆, 2020(12): 17-23.

［51］蔡鹏鸿. 亚太经合组织应对新经济挑战的策略分析［J］. 上海社会科学院学术季刊, 2002(2): 61-67.

［52］刘跃进. 中国官方非传统安全观的历史演进与逻辑构成［J］. 国际安全研究, 2014, 32(2): 117-129, 159.

［53］Gentry C. Fully homomorphic encryption using ideal lattices［C］//STOC. 2009, 9: 169-178.

［54］Li J, Wang Q, Wang C, et al. Fuzzy keyword search over encrypted data in cloud computing［J］. Infocom, 2009(9): 1-5.

［55］Wang C, Cao N, Li J, et al. Secure ranked keyword search over encrypted cloud data［C］// Distributed Computing Systems (ICDCS), 2010 IEEE 30th International Conference. IEEE, 2010: 253 - 262.

［56］Song D, Shi E, Fischer I, et al. Cloud data protection for the masses［J］. Computer, 2012 (1): 39-45.

［57］Ateniese G, Burns R, Curtmola R, et al. Provable data possession at untrusted stores［C］// Acm Conference on Computer & Communications Security. ACM, 2007: 598-609.

［58］V Nirmala, R K Sivanandhan and R S Lakshmi. Data confidentiality and integrity verification using user authenticator scheme in cloud［C］// 2013 International Conference on Green High Performance Computing (ICGHPC). Nagercoil, 2013: 1-5.

［59］沈艺敏, 蒋小波. 基于 SIR 模型的隐蔽信道数据安全检测仿真［J］. 计算机仿真, 2020, 37(4): 385-388, 445.

［60］Zhao Y L. Research on data security technology in Internet of things［J］.

Applied Mechanics and Materials 2013：433-435.

［61］Liu H. A new form of DOS attack in a cloud and its avoidance mechanism ［C］// Proceedings of the 2nd ACM Cloud Computing Security Workshop，CCSW 2010. Chicago，IL，USA，October 8，2010：65-76.

［62］Martignoni L，Paleari R，Bruschi D. A framework for behavior-based malware analysis in the cloud［M］// Information Systems Security. Springer Berlin Heidelberg，2009：178-192.

［63］宋娟，潘欢，马晓. 带安全检测的云数据中心虚拟机迁移策略［J］. 重庆邮电大学学报（自然科学版），2021，33（2）：311-318.

［64］Xu F，Lin G，Huang H，et al. Role-based access control system for Web services［C］// The Fourth International Conference on Computer and Information Technology，2004. CIT '04，Wuhan，China，2004：357-362.

［65］Yan L，Rong C，Zhao G. Strengthen cloud computing security with federal identity management using hierarchical identity-based cryptography［M］//Cloud Computing. Springer Berlin Heidelberg，2009：167-177.

［66］靳姝婷，何泾沙，朱娜斐，等. 基于本体推理的隐私保护访问控制机制研究［J］. 信息网络安全，2021，21（8）：52-61.

［67］Popa L，Yu M，Ko S Y，et al. Cloud Police：Taking access control out of the network［C］//Proceedings of the 9th ACM SIGCOMM Workshop on Hot Topics in Networks. ACM，2010：7.

［68］Yu S，Wang C，Ren K，et al. Achieving Secure，Scalable，and Fine-grained Data Access Control in Cloud Computing［J］. Proceedings — IEEE INFOCOM，2010，29（16）：1-9.

［69］Pearson S，Shen Y，Mowbray M. A privacy manager for cloud computing ［M］// Cloud Computing. Springer Berlin Heidelberg，2009：90-106.

［70］Mowbray M，Pearson S. A client-based privacy manager for cloud computing ［C］// Proceedings of the 4th International Conference on Communication System Software and Middleware（COMSWARE 2009）. Dublin，Ireland. 2009.

［71］王辉，刘玉祥，曹顺湘，等. 融入区块链技术的医疗数据存储机制［J］. 计算机科学，2020，47（4）：285-291.

［72］李默妍. 基于联邦学习的教育数据挖掘隐私保护技术探索［J］. 电化教育研究，2020，41（11）：94-100.

［73］冯登国，张阳，张玉清. 信息安全风险评估综述［J］. 通信学报，2004（7）：

10-18.

[74] 曾海雷. 信息安全评估标准的研究和比较[J]. 计算机与信息技术, 2007
(5): 89-91, 94.

[75] 陈兵, 钱红燕, 冯爱民, 等. 电子政务安全概述[J]. 电子政务, 2005(Z5):
51-63.

[76] 郭建东, 秦志光, 刘乃琦. 组织安全保障体系与智能 ISMS 模型[J]. 电子
科技大学学报, 2007(5): 838-841.

[77] 黄璜. 美国联邦政府数据治理: 政策与结构[J]. 中国行政管理, 2017(8):
47-56.

[78] 项文新. 基于信息安全风险评估的档案信息安全保障体系构架与构建流程
[J]. 档案学通讯, 2012(2): 87-90.

[79] 王玥, 方婷, 马民虎. 美国关键基础设施信息安全监测预警机制演进与启
示[J]. 情报杂志, 2016, 35(1): 17-23.

[80] Reich V, Rosenthal D S H. Lockss (lots of copies keep stuff safe)[J]. New
Review of Academic Librarianship, 2000, 6(1): 155-161.

[81] Caplan P. Building a dark archive in the sunshine state: A case study[C]//
Archiving Conference. Society for Imaging Science and Technology, 2005(1):
9-13.

[82] 陈瑜. 日本国立国会图书馆网络信息资源采集保存项目介绍研究[J]. 图书
馆杂志, 2014, 33(3): 91-94.

[83] 陈力, 郝守真, 王志庚. 网络信息资源的采集与保存——国家图书馆的
WICP 和 ODBN 项目介绍[J]. 国家图书馆学刊, 2004(1): 2-6.

[84] 刘青, 孔凡莲. 中国网络信息存档及其与国外的比较——基于国家图书馆
WICP 项目的研究[J]. 图书情报工作, 2013, 57(18): 80-86, 93.

[85] 冯建华. 网络信息安全的辩证观[J]. 现代传播(中国传媒大学学报),
2018, 40(10): 151-154.

[86] 王笑宇, 程良伦. 云计算下多源信息资源云服务模型可信保障机制的研究
[J]. 计算机应用研究, 2014, 31(9): 2741-2744.

[87] 张秋瑾. 云计算隐私安全风险评估[D]. 昆明: 云南大学, 2015.

[88] 黄水清. 数字图书馆信息安全管理[M]. 南京: 南京大学出版社, 2011.

[89] 邵燕, 温泉. 数字图书馆的云计算应用及信息资源安全问题[J]. 图书馆研
究, 2014, 44(3): 39-42.

[90] 冯朝胜, 秦志光, 袁丁. 云数据安全存储技术[J]. 计算机学报, 2015, 38

（1）：150-163.

[91] 刘敖迪, 杜学绘, 王娜, 等. 区块链技术及其在信息安全领域的研究进展 [J]. 软件学报, 2018, 29(7): 2092-2115.

[92] 戴云, 范平志. 一种对密钥或口令文件的双重安全保护机制[J]. 计算机应用, 2002(3): 60-61.

[93] 赵琦, 王龙生, 郭园园, 等. 利用保密增强实现基于混沌激光同步的安全密钥分发[J]. 中国科技论文, 2016, 11(14): 1587-1593.

[94] 吴坤, 颉夏青, 吴旭. 云图书馆虚拟环境可信验证过程的设计与实现[J]. 现代图书情报技术, 2014(3): 35-41.

[95] 周彦伟, 杨波, 王鑫. 基于模糊身份的直接匿名漫游认证协议[J]. 软件学报, 2018, 29(12): 3820-3836.

[96] 赵朝奎, 姚鸿勋, 刘绍辉. 一种基于边信息的数字水印算法[J]. 通信学报, 2004(7): 115-120.

[97] 陈思. 云计算环境下朴素贝叶斯安全分类外包方案研究[J]. 计算机应用与软件, 2020, 37(7): 275-280.

[98] 蔡武越, 王珂, 郝玉洁, 等. 一种 Hadoop 集群下的行为异常检测方法[J]. 计算机工程与科学, 2017, 39(12): 2185-2191.

[99] 董颖, 张玉清, 乐洪舟. Joomla 内容管理系统漏洞利用技术[J]. 中国科学院大学学报, 2015, 32(6): 825-835.

[100] 毛子骏, 梅宏, 肖一鸣, 等. 基于贝叶斯网络的智慧城市信息安全风险评估研究[J]. 现代情报, 2020, 40(5): 19-26, 40.

[101] 罗森林, 王越, 潘丽敏, 等. 网络信息安全与对抗[M]. 第2版. 北京: 国防工业出版社, 2016.

[102] 龙凤钊. 2017 年全球信息安全立法与政策发展年度综述[J]. 保密科学技术, 2017(12): 18-22.

[103] 于志刚. 网络安全对公共安全, 国家安全的嵌入态势和应对策略[J]. 法学论坛, 2014, 6(13): 5-19.

[104] 陈梦华, 罗琎, 陈才麟, 等. 欧盟《一般数据保护条例》对我国个人信息保护的启示[J]. 海南金融, 2018, 360(11): 38-42.

[105] 牛小敏. 统一步调 密切协作 提高网络和信息安全保障水平 访北京邮电大学校长、中国工程院院士方滨兴[J]. 电信技术, 2009, 1(1): 44-47.

[106] 任琳, 吕欣. 大数据时代的网络安全治理: 议题领域与权力博弈[J]. 国际观察, 2017(1): 130-143.

[107]工业和信息化部网络安全管理局. 深化网络基础设施安全防护 大力开展网络生态治理[N]. 中国电子报, 2016-05-17, 2.

[108]Andrew Wright. 云计算支持 IT 安全的 12 种方式[N]. 中国信息化周报, 2019-05-20, 14.

[109]邓文兵. 人工智能时代信息安全监管面临的挑战及对策[J]. 中国信息安全, 2018(10): 106-108.

[110]严炜炜, 赵杨. 面向科研协同信息行为的风险管理体系构建[J]. 情报科学, 2018, 36(1): 19-23.

[111]冉从敬, 王冰洁. 网络主权安全的国际战略模式研究[J]. 信息资源管理学报, 2019, 9(2): 12-24.

[112]张显龙. 适应新形势 健全信息安全保障体系[J]. 中国党政干部论坛, 2013(3): 99-100.

[113]伦宏. 我国图书馆舆情信息工作的现状与服务方式创新——区域性图书馆舆情信息工作联盟构建设想[J]. 图书情报工作, 2014, 58(1): 48-53.

[114]胡昌平, 仇蓉蓉. 云计算环境下国家学术资源信息安全保障联盟建设构想[J]. 图书情报工作, 2017, 61(23): 51-57.

[115]张宝军. 网络入侵检测若干技术研究[D]. 杭州: 浙江大学, 2010.

[116]石宇, 胡昌平. 云计算环境下学术信息资源共享安全保障实施[J]. 情报理论与实践, 2019, 42(3): 55-59.

[117]林鑫, 胡潜, 仇蓉蓉. 云环境下学术信息资源全程化安全保障机制[J]. 情报理论与实践, 2017, 40(11): 22-26.

[118]Feigenbaum A V. Total quality-control[J]. Harvard Business Review, 1956, 34(6): 93-101.

[119]李铁男. ISO/DIS 8402—93 质量管理和质量保证——词汇[J]. 世界标准信息, 1994(1): 26-32.

[120]胡昌平. 管理学基础[M]. 武汉: 武汉大学出版社, 2010: 175-183.

[121]胡昌平, 万莉. 云环境下国家学术信息资源安全全面保障体系构建[J]. 情报杂志, 2017, 36(5): 124-128.

[12]雍瑞生, 郭笃魁, 叶艳兵. 石化企业安全链模型研究及应用[J]. 中国安全科学学报, 2011, 21(5): 23-28.

[123] McFadden K L, Henagan S C, Gowen C R. The patient safety chain: Transformational leadership's effect on patient safety culture, initiatives, and outcomes[J]. Journal of Operations Management, 2009, 27(5): 390-404.

［124］盛苗. 基于安全链的深基坑工程安全管控体系设计［D］. 武汉：华中科技大学, 2012：17-18.

［125］程建华. 信息安全风险管理、评估与控制研究［D］. 长春：吉林大学, 2008.

［126］王瑛, 汪送. 复杂系统风险传递与控制［M］. 北京：国防工业出版社, 2015.

［127］曾庆凯. 信息安全体系结构［M］. 北京：电子工业出版社, 2010：123-125.

［128］Drucker P F. People and performance：The best of Peter Drucker on management［M］. New York：Routledge, 1995.

［129］陈锟, 于建原. 营销能力对企业创新影响的正负效应——兼及对"Christensen 悖论"的实证与解释［J］. 管理科学学报, 2009, 12（2）：126-141.

［130］王翙. 我国高校与科研院所的创新职能及作用探讨［J］. 经营管理者, 2014（8）：239.

［131］谢开勇. 对高校职能的思考［J］. 西华大学学报（哲学社会科学版）, 2005（5）：87-89.

［132］张兴, 陈幼雷, 王艳霞. 云计算安全风险及安全方案探析［J］. 中国信息安全, 2014（10）：113-116.

［133］李志宏, 白雪, 马倩, 等. 基于 TAM 的移动证券用户采纳影响因素研究［J］. 管理学报, 2012, 9（1）：124-131.

［134］Patel K J, Patel H J. Adoption of internet banking services in Gujarat：an extension of TAM with perceived security and social influence［J］. International Journal of Bank Marketing, 2018, 36（1）：147-169.

［135］中共中央关于构建社会主义和谐社会若干重大问题的决定［J］. 求是杂志, 2006（20）：3-12.

［136］叶春晓, 郭东恒. 多域环境下安全互操作研究［J］. 计算机应用, 2012, 32（12）：3422-3425, 3429.

［137］孙夕晰. 社交网络环境下个人信息保护的路径重构［D］. 哈尔滨：黑龙江大学, 2018.

［138］马晓亭, 陈臣. 云安全 2.0 技术体系下数字图书馆信息资源安全威胁与对策研究［J］. 现代情报, 2011, 31（3）：62-66.

［139］方乐坤. 安宁利益的类型和权利化［J］. 法学评论, 2018, 36（6）：67-81.

［140］郭启全. 国家信息安全等级保护制度的贯彻与实施［J］. 信息网络安全,

2008, 8(5): 9, 12.

[141] 沈昌祥. 云计算安全与等级保护[J]. 信息安全与通信保密, 2012(1): 16-17.

[142] Khalil E, Dilkina B, Song L. Scalable diffusion-aware optimization of network topology [C]// Proceedings of the 20th ACM SIGKDD International Conference on Knowledge Discovery and Data Mining. ACM, 2014: 1226-1235.

[143] 宋会敏. 社区网络中信息传播控制技术研究[D]. 沈阳: 沈阳航空航天大学, 2017.

[144] 张智杰. 安全域划分关键理论与应用实现[D]. 昆明: 昆明理工大学, 2008.

[145] 黎水林. 基于安全域的政务外网安全防护体系研究[J]. 信息网络安全, 2012(7): 3-5.

[146] 邴晓燕, 邵贝恩. 基于 SOA 的企业应用跨安全域访问控制[J]. 清华大学学报(自然科学版), 2009, 49(7): 1066-1069.

[147] Anderson C L, Agarwal R. Practicing safe computing: A multimedia empirical examination of home computer user security behavioral intentions[J]. MIS Quarterly, 2010, 34(3): 613-643.

[148] Aurigemma S, Mattson T. Exploring the effect of uncertainty avoidance on taking voluntary protective security actions[J]. Computers & Security, 2018, 73: 219-234.

[149] Boss S R, Galletta D F, Lowry P B, et al. What do systems users have to fear? Using fear appeals to engender threats and fear that motivate protective security behaviors[J]. MIS Quarterly, 2015, 39(4): 837-864.

[150] Lee D, Larose R, Rifon N. Keeping our network safe: a model of online protection behaviour[J]. Behaviour & Information Technology, 2008, 27(5): 445-454.

[151] Verkijika S F. Understanding smartphone security behaviors: An extension of the protection motivation theory with anticipated regret [J]. Computers & Security, 2018, 77: 860-870.

[152] 朱侯, 张明鑫. 移动 App 用户隐私信息设置行为影响因素及其组态效应研究[J]. 情报科学, 2021, 39(7): 54-62.

[153] 单思远, 易明. 社交媒体用户信息隐私顾虑影响因素研究[J]. 情报资料

工作, 2021, 42(3): 94-104.

[154] Rogers R W. A protection motivation theory of fear appeals and attitude change1[J]. The Journal of Psychology, 1975, 91(1): 93-114.

[155] Maddux J E, Rogers R W. Protection motivation and self-efficacy: A revised theory of fear appeals and attitude change[J]. Journal of Experimental Social Psychology, 1983, 19(5): 469-479.

[156] Floyd D L, Prentice-Dunn S, Rogers R W. A meta-analysis of research on protection motivation theory[J]. Journal of Applied Social Psychology, 2000, 30(2): 407-429.

[157] Ifinedo P. Understanding information systems security policy compliance: An integration of the theory of planned behavior and the protection motivation theory[J]. Computers & Security, 2012, 31(1): 83-95.

[158] 张晓娟, 李贞贞. 智能手机用户信息安全行为意向影响因素的实证研究[J]. 情报资料工作, 2018(1): 74-80.

[159] Goodhue D L. Understanding user evaluations of information systems[J]. Management Science, 1995, 41(12): 1827-1844.

[160] Goodhue D L, Thompson R L. Task-technology fit and individual performance[J]. MIS Quarterly, 1995: 213-236.

[161] Hanus B, Wu Y A. Impact of users' security awareness on desktop security behavior: A protection motivation theory perspective[J]. Information Systems Management, 2016, 33(1): 2-16.

[162] Lee Y, Larsen K R. Threat or coping appraisal: determinants of SMB executives' decision to adopt anti-malware software[J]. European Journal of Information Systems, 2009, 18(2): 177-187.

[163] Thompson N, McGill T J, Wang X. "Security begins at home": Determinants of home computer and mobile device security behavior[J]. Computers & Security, 2017, 70: 376-391.

[164] Menard P, Bott G J, Crossler R E. User motivations in protecting information security: Protection motivation theory versus self-determination theory[J]. Journal of Management Information Systems, 2017, 34(4): 1203-1230.

[165] LaRose R, Rifon N J, Enbody R. Promoting personal responsibility for internet safety[J]. Communications of the ACM, 2008, 51(3): 71-76.

[166] Oliveira T, Faria M, Thomas M A, et al. Extending the understanding of

mobile banking adoption：When UTAUT meets TTF and ITM［J］. International Journal of Information Management，2014，34（5）：689-703.

［167］D'Ambra J，Wilson C S，Akter S. Application of the task-technology fit model to structure and evaluate the adoption of E-books by Academics［J］. Journal of the American Society for Information Science and Technology，2013，64（1）：48-64.

［168］Zhou T，Lu Y，Wang B. Integrating TTF and UTAUT to explain mobile banking user adoption［J］. Computers in Human Behavior，2010，26（4）：760-767.

［169］Lu H P，Yang Y W. Toward an understanding of the behavioral intention to use a social networking site：An extension of task-technology fit to social-technology fit［J］. Computers in Human Behavior，2014，34：323-332.

［170］Das A，Khan H U. Security behaviors of smartphone users［J］. Information & Computer Security，2016，24（1）：116-134.

［171］Jansen J，Van S P. The design and evaluation of a theory-based intervention to promote security behaviour against phishing ［J］. International Journal of Human-Computer Studies，2019，123：40-55.

［172］Bélanger F，Crossler R E. Dealing with digital traces：Understanding protective behaviors on mobile devices［J］. The Journal of Strategic Information Systems，2019，28（1）：34-49.

［173］Johnston A C，Warkentin M. Fear appeals and information security behaviors：an empirical study［J］. MIS Quarterly，2010：549-566.

［174］Nunnally J C，Bernstein I H，Berge J M F. Psychometric theory［M］. New York：McGraw-Hill，1967.

［175］Fornell C，Larcker D F. Evaluating structural equation models with unobservable variables and measurement error ［J］. Journal of Marketing Research，1981，18（1）：39-50.

［176］冯登国，张敏，张妍，等. 云计算安全研究［J］. 软件学报，2011，22（1）：71-83.

［177］Smith D. M. Hype Cycle for Cloud Computing，2011［R］. Gartner Inc，2011：1-73.

［178］刘华，许新巧. 从共享到共有：学术图书馆云存储联盟研究［J］. 图书馆，2014（4）：127-129.

［179］王文清，张月祥，陈凌. CALIS 高等教育数字图书馆技术体系［J］. 数字图书馆论坛，2013（1）：29-36.

［180］王文清，柴丽娜，陈萍，等. Shibboleth 与 CALIS 统一认证云服务中心的跨域认证集成模式［J］. 国家图书馆学刊，2015，24（4）：45-50.

［181］胡欣.《全国信息安全标准化技术委员会 2019 年度工作要点》发布［J］. 信息技术与标准化，2019（3）：10-11.

［182］国家电网公司. 国家电网公司全面落实信息安全等级保护制度信息安全保障能力显著提高［J］. 信息网络安全，2010（4）：75-77.

［183］赵泽良. 信息安全协调司：制定政策标准 维护信息安全［N］. 中国电子报，2012-12-25，13.

［184］刘志坚，郭秉贵. 大数据时代公共安全保障与个人信息保护的冲突与协调［J］. 广州大学学报（社会科学版），2018，17（5）：74-79.

［185］Etzkowitz H. The Triple Helix：University-industry-government Innovation in Action［M］. London：Routledge，2008：10-11.

［186］Wong C Y, Salmin M. M. Attaining a productive structure for technology：The Bayh-Dole effect on university-industry-government relations in developing economy［J］. Science and Public Policy，2016，43（1）：29-45.

［187］严炜炜. 基于 widget 的知识创新价值链融汇服务协同组织［J］. 情报科学，2013，31（8）：47-52.

［188］万汝洋. 从国家创新体系到创新型国家转变的哲学基础［J］. 科技管理研究，2007（7）：6-8.

［189］严炜炜，张敏. 科研协同中的数据共享与利用行为模式分析［J］. 情报理论与实践，2018，41（1）：55-60.

［190］严炜炜. 产业集群创新发展中的跨系统信息服务融合［D］. 武汉：武汉大学，2014.

［191］严炜炜，赵杨. 科研合作中的协同信息行为规范与控制体系构建［J］. 情报杂志，2018，37（1）：140-144，104.

［192］Anderson J E, Dunning D. Behavioral norms：Variants and their identification［J］. Social and Personality Psychology Compass，2014，8（12）：721-738.

［193］史美林. CSCW：计算机支持的协同工作［J］. 通信学报，1995，16（1）：55-61.

［194］李人厚，郑庆华. CSCW 的概念，结构，理论与应用［J］. 计算机工程与应用，1997，33（2）：28-34.

[195]李成锴,詹永照. 基于角色的 CSCW 系统访问控制模型[J]. 软件学报,2000,11(7):931-937.

[196]张志勇,杨林,马建峰,等. CSCW 系统访问控制模型及其基于可信计算技术的实现[J]. 计算机科学,2007,34(9):117-121.

[197]严炜炜. 科研合作中的信息需求结构与协同信息行为[J]. 情报科学,2016,34(12):11-16.

[198]张如辉,郭春梅,毕学尧. 美国政府云计算安全策略分析与思考[J]. 信息网络安全,2015(9):257-261.

[199] NIST Cloud Computing Security Working Group. NIST Cloud Computing Security Reference Architecture [R]. National Institute of Standards and Technology,2013.

[200] Jansen W,Grance T. Sp 800-144 Guidelines on Security and Privacy in Public Cloud Computing [R]. National Institute of Standards and Technology,2011.

[201]张慧,邢培振. 云计算环境下信息安全分析[J]. 计算机技术与发展,2011,21(12):164-166,171.

[202]Nurmi D,Wolski R,Grzegorczyk C,et al. The eucalyptus open-source cloud-computing system [C]// 2009 9th IEEE/ACM International Symposium on Cluster Computing and the Grid. 2009:124-131.

[203]陈清金,陈存香,李晓宇. 云计算安全框架分析[J]. 中兴通讯技术,2015(2):35-38.

[204]李郎达. CALIS 三期吉林省中心共享域平台建设[J]. 图书馆学研究,2013(2):78-80.

[205]杨黎斌,戴航,蔡晓妍. 网络信息内容安全[M]. 北京:清华大学出版社,2017:5-8.

[206]陈赟畅,邱国霞,杨静. 试析大学科技园模式下科研管理人员的专业化——基于社会分工的视角[J]. 科技管理研究,2013(24):139-143.

[207] Bromiley P,McShane M,Nair A,et al. Enterprise risk management:Review,critique,and research directions[J]. Long Range Planning,2015,48(4):265-276.

[208]Olson D L,Wu D D. Enterprise risk management [M]. Singapore:World Scientific Publishing,2015:15-17.

[209]胡晓鹏. 从分工到模块化:经济系统演进的思考[J]. 中国工业经济,2004

（9）：5-11.

[210]曹虹剑，张建英，刘丹. 模块化分工、协同与技术创新——基于战略性新兴产业的研究［J］. 中国软科学，2015（7）：100-110.

[211]余幸杰，高能，江伟玉. 云计算中的身份认证技术研究［J］. 信息网络安全，2012（8）：71-74.

[212]成诺. 基于区块链的无中心网络身份认证技术的研究与实现［D］. 西安：西安电子科技大学，2018.

[213]林闯，封富君，李俊山. 新型网络环境下的访问控制技术［J］. 软件学报，2007，18（4）：955-966.

[214]周知，吕美娇. 云服务中的数字学术信息资源安全风险防范［J］. 数字图书馆论坛，2017（7）：14-19.

[215]苏铓，李凤华，史国振. 基于行为的多级访问控制模型［J］. 计算机研究与发展，2014，51（7）：1604-1613.

[216]王于丁，杨家海，徐聪，等. 云计算访问控制技术研究综述［J］. 软件学报，2015，26（5）：1129-1150.

[217]邱震尧. 面向云存储数据共享的分层访问控制技术研究［D］. 西安：西安电子科技大学，2019.

[218]朱闻亚. 数据加密技术在计算机网络安全中的应用价值研究［J］. 制造业自动化，2012，34（6）：35-36.

[219]王秀翠. 数据加密技术在计算机网络通信安全中的应用［J］. 软件导刊，2011，10（3）：149-150.

[220]任福乐，朱志祥，王雄. 基于全同态加密的云计算数据安全方案［J］. 西安邮电大学学报，2013，18（3）：92-95.

[221]Menezes A J，Van Oorschot P C，Vanstone S A. 应用密码学手册［M］. 胡磊，等，译. 北京：电子工业出版社，2005.

[222]张勇. 密钥管理中的若干问题研究［D］. 上海：华东师范大学，2013.

[223]程芳权，彭智勇，宋伟，等. 可信云存储环境下支持访问控制的密钥管理［J］. 计算机研究与发展，2013（8）：43-57.

[224]甘宏，潘丹. 虚拟化系统安全的研究与分析［J］. 信息网络安全，2012（5）：68-70.

[225]莫建华. 基于虚拟化技术的云计算平台安全风险研究［J］. 信息技术与信息化，2019（10）：214-216.

[226]黄豪杰. 虚拟化技术应用方案及在金融业的应用分析［J］. 现代信息科技，

2019, 3(23)：144-146.

[227]唐建军, 刘帅辰. IDC 虚拟化安全防护技术应用研究[J]. 中国新通信, 2019, 21(24)：134-135.

[228]武志学. 云计算虚拟化技术的发展与趋势[J]. 计算机应用, 2017, 37 (4)：915-923.

[229]徐胭脂. 分布式系统数据传输平台安全模块的设计与实现[D]. 济南: 济南大学, 2012.

[230]李建. 基于 IPSec 安全协议的网络数据传输入侵检测模型[J]. 电子设计工程, 2020, 28(4)：82-85, 95.

[231]王树鹏, 云晓春, 余翔湛, 等. 容灾的理论与关键技术分析[J]. 计算机工程与应用, 2004(28)：54-58.

[232]孙国强, 金剑, 李宁. 基于存储虚拟化技术的数据容灾平台设计与实现[J]. 信息系统工程, 2019(4)：139.

[233]杜军龙, 金俊平, 周剑涛. 具备完整性追溯的系统数据容灾机制[J]. 计算机工程, 2019, 45(7)：170-175.

[234]吴科桦, 张艺夕. 基于企业级 LDAP 异地容灾的研究与设计[J]. 信息技术与信息化, 2020(3)：27-29.

[235]岳文玉, 胡昌平. 云环境下学术信息资源安全保障体系构建[J]. 图书馆学研究, 2019(3)：52-59.

[236]程鲁明, 肖菊香. Oracle 数据库容灾技术研究与实现[J]. 电子元器件与信息技术, 2020, 4(1)：80-82.

[237]时培胜. 层次化通信网络数据库容灾备份方法仿真[J]. 计算机仿真, 2019, 36(5)：222-225, 299.

[238]谢科军, 胡俊, 沙波. 基于 CDM 技术的复杂信息容灾备份系统设计[J]. 机械设计与制造工程, 2019, 48(11)：57-60.

[239]傅颖勋, 罗圣美, 舒继武. 安全云存储系统与关键技术综述[J]. 计算机研究与发展, 2013, 50(1)：136-145.

[240]薛矛, 薛巍, 舒继武, 等. 一种云存储环境下的安全存储系统[J]. 计算机学报, 2015, 38(5)：987-998.

[241]傅颖勋, 罗圣美, 舒继武. 一种云存储环境下的安全网盘系统[J]. 软件学报, 2014, 25(8)：1831-1843.

[242]仇蓉蓉, 胡昌平, 冯亚飞. 学术信息资源云存储安全保障架构及防控措施研究[J]. 图书情报工作, 2018, 62(23)：106-112.

［243］黎小平. 计算机信息系统安全及防范策略［J］. 电脑知识与技术, 2016, 12
    （36）: 46-47.

［244］曹波, 匡尧, 杨杉, 等. IT 运维操作安全评估及对策分析［J］. 中南民族大
    学学报（自然科学版）, 2011, 30(2): 88-91.

［245］Pawloski A, Wu L, Du X, et al. A practical approach to the attestation of
    computational integrity in hybrid cloud［C］// 2015 International Conference
    on Computing, Networking and Communications（ICNC）. IEEE, 2015:
    72-76.

［246］赵宇龙. 云存储中第三方审计机构在数据完整性验证中的应用［D］. 成
    都: 电子科技大学, 2015.

［247］卢川英. 大数据环境下的信息系统安全保障技术［J］. 价值工程, 2016, 35
    （4）: 188-190.

［248］张惠. 信息系统运维过程中的信息安全工作研究［J］. 河南科技, 2018
    （5）: 24-25.

［249］张浩. 面向云计算环境的虚拟边界安全防护方法研究［D］. 武汉: 武汉大
    学, 2014.

［250］白璐. 信息系统安全等级保护物理安全测评方法研究［J］. 信息网络安全,
    2011(12): 89-92.

［251］郭志刚. 物理安全信息管理平台研究［D］. 上海: 上海交通大学, 2012.

［252］夏卓群, 朱培栋, 欧慧, 等. 关键基础设施网络安全技术研究进展［J］. 计
    算机应用研究, 2014(12): 17-20.

［253］陈越峰. 关键信息基础设施保护的合作治理［J］. 法学研究, 2018, 40
    （6）: 175-193.

［254］廖方圆, 陈剑锋, 甘植旺. 人工智能驱动的关键信息基础设施防御研究综
    述［J］. 计算机工程, 2019, 45(7): 181-187, 193.

［255］张大伟, 沈昌祥, 刘吉强, 等. 基于主动防御的网络安全基础设施可信技
    术保障体系［J］. 中国工程科学, 2016, 18(6): 58-61.

［256］李新亮, 彭锦涛, 黄凯方. IMS 网络的安全运营探讨［J］. 电信技术, 2014
    （S1）: 1-5.

［257］张剑, 李韬. 安全运营让网络安全更加有效［J］. 网络安全技术与应用,
    2020(1): 6-7.

［258］刘琦. 浅谈关键信息系统安全保障体系设计［J］. 科技资讯, 2019, 17
    （8）: 4-8, 10.

[259]施驰乐. 电子政务系统网络安全防护之变——浅谈态势感知与安全运营平台[J]. 中国信息化, 2019(6): 59-62.

[260]麻建, 周静, 李中伟, 等. 云计算环境下的信息系统运维模式研究[J]. 电力信息与通信技术, 2015, 13(8): 140-144.

[261]顾伟. 美国关键信息基础设施保护与中国等级保护制度的比较研究及启示[J]. 电子政务, 2015(7): 93-99.

[262]韩冬, 付江, 杨红梅. 5G网络安全需求, 关键技术及标准研究[J]. 标准科学, 2018(9): 66-70.

[263]陈湉, 田慧蓉, 谢玮. 通信行业网络与信息安全标准体系架构研究[J]. 电信网技术, 2012(3): 29-35.

[264]侯永利. 浅谈信息系统运维外包的安全管理[J]. 电子技术与软件工程, 2014(10): 244-245.

[265]温桂玉. 物理安全监控平台的研究与实现[J]. 铁路计算机应用, 2015, 24(2): 17-21, 27.

[266]王越, 赵静, 杜冠瑶, 等. 网络空间安全日志关联分析的大数据应用[J]. 网络新媒体技术, 2020, 9(3): 1-7.

[267]王琴琴, 周昊, 严寒冰, 等. 基于恶意代码传播日志的网络安全态势分析[J]. 信息安全学报, 2019, 4(5): 14-24.

[268]陶源, 黄涛, 李末岩, 等. 基于知识图谱驱动的网络安全等级保护日志审计分析模型研究[J]. 信息网络安全, 2020, 20(1): 46-51.

[269]维克托迈尔舍恩伯格. 大数据时代[M]. 杭州: 浙江人民出版社, 2012.

[270]祝烈煌, 高峰, 沈蒙, 等. 区块链隐私保护研究综述[J]. 计算机研究与发展, 2017, 54(10): 2170-2186.

[271]刘明达, 陈左宁, 拾以娟, 等. 区块链在数据安全领域的研究进展[J]. 计算机学报, 2021, 44(1): 1-27.

[272]陈文捷, 蔡立志. 大数据安全及其评估[J]. 计算机应用与软件, 2016, 33(4): 34-38, 71.

[273]郝泽晋, 梁志鸿, 张游杰, 等. 大数据安全技术概述[J]. 内蒙古科技与经济, 2018(24): 75-78.

[274] Zhu Y, Fu S, Liu J, et al. Truthful online auction for cloud instance subletting[C]// 2017 IEEE 37th International Conference on Distributed Computing Systems (ICDCS). IEEE, 2017.

[275]Yamaguchi F, Wressnegger C, Gascon H, et al. Chucky: Exposing missing

checks in source code for vulnerability discovery [C]// Proceedings of the 2013 ACM Conference on Computer & Communication Security. Berlin, Germany, 2013: 499-510.

[276] 李韵, 黄辰林, 王中锋, 等. 基于机器学习的软件漏洞挖掘方法综述 [J]. 软件学报, 2020, 31(7): 2040-2061.

[277] 张冬松, 胡秀云, 邬长安, 等. 面向 DevOps 的政务大数据分析可视化系统[J]. 计算机技术与发展, 2020, 30(8): 1-7.

[278] 刘万里. 多环境下的 CI/CD 自动化集成部署设计[J]. 现代计算机(专业版), 2019(4): 83-87.

[279] 胡胜利, 赵宁. 基于遗传神经网络的多级信息融合模型研究[J]. 计算机工程与设计, 2010, 31(15): 3480-3482, 3486.

[280] 蔡谊, 郑志蓉, 沈昌祥. 基于多级安全策略的二维标识模型[J]. 计算机学报, 2004(5): 619-624.

[281] 马兰, 杨义先. 系统化的信息安全评估方法[J]. 计算机科学, 2011, 38(9): 45-49.

[282] 韩利, 梅强, 陆玉梅, 等. AHP-模糊综合评价方法的分析与研究[J]. 中国安全科学学报, 2004(7): 89-92, 3.

[283] 王海蓉, 马晓茜. Fuzzy-AHP 在 LNG 接收站风险辨识中的应用[J]. 中国安全科学学报, 2007(3): 131-135, 177.

[284] Dirk S, Sebastian H R, Welte J, et al. Integration of Petri Nets into STAMP / CAST on the example of Wenzhou 7.23 accident [J]. IFAC Proceedings Volumes, 2013, 46(25): 65-70.

[285] Wu D, Zheng W. Formal model-based quantitative safety analysis using timed Coloured Petri Nets[J]. Reliability Engineering & System Safety, 2018, 176(8): 62-79.

[286] Hird M D, Pfotenhauer S M. How complex international partnerships shape domestic research clusters: Difference-in-difference network formation and research re-orientation in the MIT Portugal Program [J]. Research Policy, 2017, 46(3): 557-572.

[287] Kaplan R S, Norton D P. The balanced score card: Measures that drive performance[J]. Harvard Business Review, 2005, 83(7): 172-180.

[288] 肖明. 信息资源管理: 理论与实践[M]. 北京: 机械工业出版社, 2014: 66-67.

[289] 濮小金, 刘文, 师全民. 信息管理学[M]. 北京: 机械工业出版社, 2007: 91-125.

[290] 赵杨. 国内外信息资源协同配置研究综述与实践进展[J]. 情报资料工作, 2010, 31(6): 53-57.

[291] 刘昆雄. 面向跨系统知识创新的信息服务协同组织研究[D]. 武汉: 武汉大学, 2013: 34-36.

[292] 汤兵勇. 云计算概论[M]. 北京: 化学工业出版社, 2014: 17-19.

[293] 李军, 王翔. 云数据中心网络安全的新挑战[J]. 保密科学技术, 2013 (8): 6-11.

[294] Foundation O N, Software-defined Networking: The New Norm for Networks [R]. 2012.

[295] 张朝昆, 崔勇, 唐翯祎, 等. 软件定义网络(SDN)研究进展. 软件学报, 2015, 26(1): 62-81.

[296] Montag J. Software Defined Networking[J]. Network, 2014, 11(2): 1-2.

[297] Wen Y, Liu B, Wang H M. A safe virtual execution environment based on the local virtualization technology[J]. Computer Engineering & Science, 2008, 30(4): 1-4.

[298] 林昆, 黄征. 基于Intel VT-d技术的虚拟机安全隔离研究[J]. 信息安全与通信保密, 2011, 9(5): 101-103.

[299] Azab A M, NingP, Sezer E C, et al. HIMA: A hypervisor-based integrity measurement agent[C]// Computer Security Applications Conference. IEEE Computer Society, 2009: 461-470.

[300] Bhatia S, Singh M, Kaushal H. Secure in-VM monitoring using hardware virtualization[C]// Proceedings of the 16th ACM Conference on Computer and Communications Security. ACM, 2009: 477-487.

[301] BD Payne, M Carbone, M Sharif, et al. Lares: An architecture for secure active monitoring using virtualization [C]// Proceedings of the IEEE Symposium on Security and Privacy. Washington: IEEE Computer Society, 2008: 233-247.

[302] Suleman H, Atkins A, Gonçalves M A, et al. Networked digital library of theses and dissertations: Bridging the gaps for global access[J]. D-Lib Magazine, 2001, 7(9).

[303] Lagoze C, Arms W, Gan S, et al. Core services in the architecture of the

national science digital library（NSDL）［C］// Proceedings of the 2nd ACM/
IEEE-CS joint conference on Digital libraries. ACM, 2002, 46(6)：201-209.

［304］胡四元. 区域性信息资源整合服务系统的实现［J］. 高校图书馆工作,
2009, 29(1)：35-37.

［305］沈艺. OAI 协议及其应用［J］. 现代图书情报技术, 2005(2)：1-3.

［306］陈培久. Z39. 50 协议应用的比较研究［J］. 情报学报, 2000, 19(1)：
31-37.

［308］茆意宏, 张俊, 黄水清. 异构数据库互操作协议 Z39. 50 和 OpenURL 的比
较研究［J］. 图书馆理论与实践, 2006(4)：101-104.

［308］Sidney C. Ontology negotiation between intelligent information agents［J］.
Knowledge Engineering Review, 2002, 17(1)：7-19.

［309］Lakshminarayan S. Semantic interoperability in digital libraries using inter-
ontological relationships［D］. The University of Georgia, 2000.

［310］高文, 刘峰, 黄铁军, 等. 数字图书馆：原理与技术实现［M］. 北京：清华
大学出版社, 2000.

［311］张付志. 异构分布式环境下的数字图书馆互操作技术［M］. 北京：电子工
业出版社, 2007：40.

［312］陈毓亮. 基于接口集成的云开放平台［D］. 武汉：华中科技大学, 2013：
13-16.

［313］Sun L, Chen S, Liang Q, et al. A QoS-based self-adaptive framework for
OpenAPI［C］// 2011 Seventh International Conference on Computational
Intelligence and Security. IEEE Computer Society, 2011：204-208.

［314］Jana S, Porter D E, Shmatikov V. TxBox：Building secure, efficient sand
boxes with system transactions［J］. IEEE Xplore, 2015.

［315］王洋, 王钦. 沙盒安全技术的发展研究［J］. 软件导刊, 2009(8)：152-153.

［316］何国贤. 基于沙盒技术的多平台恶意程序分析工具研究与实现［D］. 成
都：电子科技大学, 2013：38-40.

［317］Hacigumus H, Iyer B, Mehrotra S. Providing database as a service［C］//
Proceedings of the 18th International Conference on Data Engineering. IEEE
Computer Society, 2002：29-38.

［318］Hacigumus H, Iyer B, Li C, et al. Test of time award talk：ExecutingSQL
over encrypted data in the database-service-provider model［C］// Proceedings
of the 2012 ACM SIGMOD International Conference on Management of Data.

ACM, 2012.

[319] Hacigümüş H, Iyer B, Mehrotra S. Ensuring the integrity of encrypted databases in the database-as-a-service model[J]. Ifip International Federation for Information Processing, 2004, 142: 61-74.

[320] Hore B, Mehrotra S, Tsudik G. A privacy-preserving index for range queries [C]// International Conference on Very Large Data Bases. VLDB Endowment, 2004: 720-731.

[321] Wang H, Lakshmanan L V S. Efficient secure query evaluation over encrypted XML databases[J]. VLDB, 2006: 127-138.

[322] 刘念. DAS 模型中的数据库加密与密文检索研究[D]. 北京: 北京邮电大学, 2010: 11-13.

[323] Behrouz A Forouzan. 密码学与网络安全[M]. 北京: 清华大学出版社, 2009: 51-52.

[324] 李丹, 薛锐, 陈驰, 等. 基于透明加解密的密文云存储系统设计与实现 [J]. 网络新媒体技术, 2015(5): 26-32.

[325] 张凯, 潘晓中. 云计算下基于用户行为信任的访问控制模型[J]. 计算机应用, 2014, 34(4): 1051-1054.

[326] 林果园, 贺珊, 黄皓, 等. 基于行为的云计算访问控制安全模型[J]. 通信学报, 2012(3): 59-66.

[327] 王静宇. 面向云计算环境的访问控制关键技术研究[D]. 北京: 北京科技大学, 2015: 20-25.

[328] Sahai A, Waters B. Fuzzy identity based encryption[J]. Lecture Notes in Computer Science, 2004, 3494: 457-473.

[329] Goyal V, Pandey O, Sahai A, et al. Attribute-based encryption for fine-grained access control of encrypted data[J]. Proc. of Acmccs, 2006: 1-12.

[330] Bethencourt J, Sahai A, Waters B. Ciphertext-policy attribute-based encryption[C]// IEEE Computer Society, 2007: 321-334.

[331] Wang C, Wang Q, Ren K, et al. Privacy-preserving public auditing for data storage security in cloud computing [C]// INFOCOM, 2010 Proceedings IEEE. IEEE, 2010: 525-533.

[332] Wang Q, Wang C, Li J, et al. Enabling public verifiability and data dynamics for storage security in cloud computing[C]// Proc. of ESORICS'09, Saint. 2009: 355-370.

[333]赵洋，任化强，熊虎，等.无双线性对的云数据完整性验证方案[J].信息网络安全，2015(7)：7-12.

[334]谭霜，贾焰，韩伟红.云存储中的数据完整性证明研究及进展[J].计算机学报，2015，38(1)：164-177.

[335]范振华.云存储数据完整性验证和问责机制的研究[D].保定：河北大学，2014：20-24.

[336]钟睿明.富云：一种跨越异构云平台的互备可靠云存储系统的实现机制研究[D].北京：北京邮电大学，2014.

[337]金华敏，沈军等.云计算安全技术与应用[M].北京：电子工业出版社，2012.

[338]刘田甜，李超，胡庆成，等.云环境下多副本管理综述[J].计算机研究与发展，2011，48(S3)：254-260.

[339]罗易.存储数据复制技术在容灾系统中的应用[D].重庆：重庆大学，2008：6-8.

[340]Chen C, Chen H T. An adaptive heartbeat inspection algorithm for disaster recovery systems[J]. Computer Engineering & Science, 2008, 30(5)：53-54.

[341]蒋天民，胡新平.基于云的数字图书馆容灾模式研究[J].现代情报，2012，32(6)：43-45.

[342]张逢喆，陈进，陈海波，等.云计算中的数据隐私性保护与自我销毁[J].计算机研究与发展，2011，48(7)：1155-1167.

[343]Geambasu R, Kohno T, Levy A A, et al. Vanish：Increasing Data Privacy with Self-Destructing Data [C]// USENIX Security Symposium. 2009：299-316.

[344]Paul M, Saxena A. Proof of erasability for ensuring comprehensive data deletion in cloud computing[M]// Recent Trends in Network Security and Applications. Springer Berlin Heidelberg, 2010：340-348.

[345]冯贵兰，谭良.基于信任值的云存储数据确定性删除方案[J].计算机科学，2014，41(6)：108-112.

[346]张坤，杨超，马建峰，等.基于密文采样分片的云端数据确定性删除方法[J].通信学报，2015，36(11)：108-117.

[347]顾天竺，沈洁，陈晓红，等.基于 XML 的异构数据集成模式的研究[J].计算机应用研究，2007，24(4)：94-96.

[348]丁振国，袁巨星.联邦数字图书馆异构数据集成框架研究[J].情报杂志，

2008，27(1)：61-64.

[349]李尊朝，徐颖强，饶元，等. 基于 XML 的异构数据库间信息安全交换[J].
计算机工程与应用，2005，41(13)：163-165.

[350] Lewis G A. Role of standards in cloud-computing interoperability [C]//
System Sciences (HICSS)，2013 46th Hawaii International Conference.
IEEE，2013：1652-1661.

[351] Armbrust M，Fox A，Griffith R，et al. A view of cloud computing[J].
Communications of the ACM，2010，53(4)：50-58.

[352] Mezgár I，Rauschecker U. The challenge of networked enterprises for cloud
computing interoperability [J]. Computers in Industry，2014，65 (4)：
657-674.

[353]陈晓华. XML 安全技术在共享数据交换中的应用[D]. 长沙：中南大学，
2008：35-37.

[354]刘志都，贾松浩，詹仕华. SOAP 协议安全性的研究与应用[J]. 计算机工
程，2008，34(5)：142-144.

[355]刘竑宇. 4A 安全平台在管理信息系统中的部署和实现[D]. 西安：西安电
子科技大学，2013：14-15.

[356]卢定. 企业级 4A 安全管理平台的设计与实施[D]. 成都：电子科技大学，
2008：8.

[357]江伟玉，高能，刘泽艺，等. 一种云计算中的多重身份认证与授权方案
[J]. 信息网络安全，2012(8)：7-10.

[358]李升. 云计算环境下的服务监管模式及其监管角色选择研究[D]. 合肥：
合肥工业大学，2013：20.

[359]王笑宇. 云计算下多源信息资源云服务模型及可信机制研究[D]. 广州：
广东工业大学，2015：35.

[360]赵彦龙. UCDRS 系统的功能特点及其在图书馆联合参考咨询服务网络中
的应用[J]. 数字图书馆论坛，2006：66-68.

[361]胡俊荣. 构建跨系统联合数字参考咨询服务网络平台[J]. 图书情报工作，
2006，50(5)：83-87.

[362]邓仲华，涂海燕，李志芳，等. 基于 SLA 的图书馆云服务参与方的信任管
理[J]. 图书与情报，2012(4)：16-20.

[363]陈驰，于晶，等. 云计算安全体系[M]. 北京：科学出版社，2014.

[364]杨磊，郭志博. 信息安全等级保护的等级测评[J]. 中国人民公安大学学

报：自然科学版，2007，13（1）：50-53.

［365］肖国煜. 信息系统等级保护测评实践［J］. 信息网络安全，2011（7）：86-88.

［366］何明，沈军. 云计算安全测评体系研究［J］. 电信科学，2014（Z2）：98-102.

［367］李天枫，姚欣，王劲松. 大规模网络异常流量实时云监测平台研究［J］. 信息网络安全，2014（9）：1-5.

［368］黄勇. 基于P2DR安全模型的银行信息安全体系研究与设计［J］. 信息安全与通信保密，2008（6）：115-118.

［369］王祯学. 信息系统安全风险估计与控制理论［M］. 北京：科学出版社，2011：15.

［370］王希忠，马遥. 云计算中的信息安全风险评估［J］. 计算机安全，2014（9）：37-40.

［371］汪兆成. 基于云计算模式的信息安全风险评估研究［J］. 信息网络安全，2011（9）：56-59.

［372］Ross R S. NIST special publication 800-39［J］. Managing Information Security Risk：Organization，Mission，and Information System View，2011.

［373］周亚超，左晓栋. 网络安全审查体系下的云基线［J］. 信息安全与通信保密，2014（8）：42-44.

［374］Lundin M. Industry issues and standards-effectively addressing compliance requirements［J］. ISACA San Francisco Chapter，Consumer Information Protection Event，2009，4.

［375］李融，韩毅. 基于PDCA的数字图书馆质量管理研究［J］. 大学图书馆学报，2003，21（3）：12-15.

［376］茆意宏，黄水清. 数字图书馆信息安全管理依从标准的选择［J］. 中国图书馆学报，2010（4）：54-61.

［377］Son H，Kim S. Defense-in-depth architecture of server systems for the improvement of cyber security［J］. International Journal of Security & Its Applications，2014，8（3）：261-266.

［378］黄仁全，李为民，张荣江等. 防空信息网络纵深防御体系研究［J］. 计算机科学，2011（S1）：53-55.

［379］张尼. 云计算安全技术与应用［M］. 北京：人民邮电出版社，2014：101-102.

[380]向军，齐德昱，徐克付，钱正平. 基于综合联动机制的网络安全模型研究[J]. 计算机工程与应用，2008(13)：117-119.

[381]刘勇，常国岑，王晓辉. 基于联动机制的网络安全综合管理系统[J]. 计算机工程，2003，29(17)：136-137.

[382]Mather T, Kumaraswamy S, Latif S，等. 云计算安全与隐私[M]. 北京：机械工业出版社，2011：44.

[383]黄国彬，郑琳. 基于服务协议的云服务提供商信息安全责任剖析[J]. 图书馆，2015(7)：61-65.

[384]曹景源，李立新，李全良，等. 云存储环境下生命周期可控的数据销毁模型[J]. 计算机应用，2017，37(5)：1335-1340.

[385]徐刚红. 虚拟参考咨询服务中的知识产权问题探讨[J]. 情报资料工作，2007(5)：87 -89.

[386]袁纳宇. 基于云计算技术的信息服务与知识产权保护——由百度文库"侵权门"事件引发的思考[J]. 情报资料工作，2011(5)：68-71.

[387]秦珂. 云计算环境下图书馆的著作权法律风险规避[J]. 图书馆工作与研究，2013，1(12)：10-13.

[388]左祥宾. 云存储环境下版权侵权法律问题研究[D]. 广州：华南理工大学，2014：38-39.

[389]肖小勃，邵晶，张惠君. CALIS 三期 SaaS 平台及云服务[J]. 知识管理论坛，2012(3)：52-56.

[390]杨新涯，王文清，张洁，等. CALIS 三期共享域与图书馆系统整合的实践研究[J]. 大学图书馆学报，2012，30(1)：5-8.

[391]丁遒劲. 国家科技图书文献中心科技文献资源共享平台建设实践研究[J]. 图书馆学研究，2015(20)：39-41，51.

[392]徐文哲. 数字图书馆协同系统及其运行机制[D]. 南京：南京大学，2015：114-126.

[393]吕越华，林源. NSTL 广州服务站的建设、服务与思考[J]. 科技创业月刊，2017(5)：15-17.

[394]曾建勋. 开放融合环境下 NSTL 资源建设的发展思考[J]. 大学图书馆学报，2020，38(6)：63-70.

[395]Walker D P. HathiTrust：Transforming the library landscape[J]. Indiana Libraries, 2012, 31(1)：58-64.

[396]宋琳琳，李海涛. 大型文献数字化项目的信息资源整合研究[J]. 图书情

报知识，2014(4)：94-105.

[397]周秀霞，刘万国，杨雨师. 基于云平台的数字资源保存联盟比较研究——以 Hathitrust 和 Europeana 为例[J]. 图书馆学研究，2018(23)：52-60.

[398]张建勇，于倩倩，黄永文，等. NSTL 统一文献元数据标准的设计与思考[J]. 数字图书馆论坛，2016(2)：33-38.

[399]于倩倩，张建勇，黄永文. 大数据环境下的文献元数据标准设计特点分析[J]. 图书馆杂志，2018，37(11)：35-39，46.

[400]彭以祺，吴波尔，沈仲祺. 国家科技图书文献中心"十三五"发展规划[J]. 数字图书馆论坛，2016(11)：12-20.

[401]York J. Building a future by preserving our past：the preservation infrastructure of HathiTrust digital library[C]// 76th IFLA General Congress and Assembly. 2010：10-15.

[402]周秀霞，马宁，杨雨师. 数字资源长期保存联盟 HathiTrust 研究[J]. 图书馆建设，2018(11)：48-52.

[403]李凤媛. CALIS 三期建设之河北省中心服务策略与实践[J]. 科技信息，2013(35)：30.

[404]李晓华. 我国图书馆联盟的发展研究[D]. 湘潭：湘潭大学，2008：11-19.

[405]吴育良. 提升 NSTL 资源保障能力与服务质量的对策[J]. 图书馆学刊，2013，35(1)：79-82.

[406]曾建勋. 基于发现系统的 NSTL 用户服务体系思考[J]. 情报杂志，2020，39(11)：134-138.

[407]赵伯兴，方向明. 云图书馆环境下低利用率文献合作储存对策研究[J]. 中国图书馆学报，2013，39(3)：40-48.

[408]Teper T H, Guthro C, Kieft B, et al. HathiTrust Print Monographs Archive Planning Task Force：Final Report[R]. HathiTrust, 2015：1-45.